中国水电建设集团十五工程局有限公司 杨凌职业技术学院

校企合作特色教材

水利水电工程施工安全监控技术

主 编 冯 旭 芦 琴
主 审 刘逸军

中国水利水电出版社
www.waterpub.com.cn
·北京·

内容提要

本教材根据安全技术管理专业及其就业岗位群的培养目标为指导，以水利水电工程施工相关现行安全技术规范规程为依据进行编写。按照工程施工活动的先后顺序性、相近性与完整性进行内容构建，采用项目化的教学模式，且在每个项目中又分为相关任务单元。本教材包括铺垫知识、7个课程项目和后续知识共计9个板块。7个项目包括施工现场安全控制，爆破工程施工安全监控，地基与基础工程安全技术，混凝土工程施工安全监控，土石方工程施工安全监控，地下工程施工安全监控，以及水利水电工程与机电设备安装安全技术。

本教材可作为安全技术管理专业、水利水电工程建筑专业及其岗位群的教材，也可供施工一线工程施工安全技术人员学习与参考。

图书在版编目（CIP）数据

水利水电工程施工安全监控技术 / 冯旭，芦琴主编. -- 北京：中国水利水电出版社，2017.3(2024.7重印).
校企合作特色教材
ISBN 978-7-5170-5229-6

Ⅰ. ①水… Ⅱ. ①冯… ②芦… Ⅲ. ①水利水电工程－工程施工－安全监控－教材 Ⅳ. ①TV513

中国版本图书馆CIP数据核字(2017)第048483号

书　名	校企合作特色教材 **水利水电工程施工安全监控技术** SHUILI SHUIDIAN GONGCHENG SHIGONG ANQUAN JIANKONG JISHU
作　者	主编　冯旭　芦琴　　主审　刘逸军
出版发行	中国水利水电出版社 （北京市海淀区玉渊潭南路1号D座　100038） 网址：www.waterpub.com.cn E-mail：sales@mwr.gov.cn 电话：（010）68545888（营销中心）
经　售	北京科水图书销售有限公司 电话：（010）68545874、63202643 全国各地新华书店和相关出版物销售网点
排　版	中国水利水电出版社微机排版中心
印　刷	天津嘉恒印务有限公司
规　格	184mm×260mm　16开本　23印张　545千字
版　次	2017年3月第1版　2024年7月第2次印刷
印　数	2501—3500册
定　价	69.00元

凡购买我社图书，如有缺页、倒页、脱页的，本社营销中心负责调换
版权所有·侵权必究

中国水电十五局水电学院
校企合作特色教材编审委员会

主　任： 王周锁　杨凌职业技术学院院长

　　　　　梁向峰　中国水电十五局总经理

　　　　　邓振义　杨凌职业技术学院院长（退休）

副主任： 李康民　中国水电十五局副总经理

　　　　　陈登文　杨凌职业技术学院副院长（退休）

　　　　　张永良　杨凌职业技术学院副院长

委　员： 邵　军　中国水电十五局总经理助理、人力资源部主任

　　　　　何小雄　中国水电十五局总工程师

　　　　　齐宏文　中国水电十五局科技部主任

　　　　　王星照　中国水电十五局科研院院长（退休）

　　　　　赖吉胜　中国水电十五局人力资源中心主任

　　　　　汤轩林　中国水电十五局科研院院长

　　　　　李　晨　中国水电十五局科研院党委书记

　　　　　张宏辉　杨凌职业技术学院教务处处长

　　　　　拜存有　杨凌职业技术学院水利工程学院院长

　　　　　刘儒博　杨凌职业技术学院水利工程学院副院长

　　　　　杨　波　杨凌职业技术学院水利工程学院办公室副主任

本书编写团队

主　　编：冯　旭　杨凌职业技术学院　副教授

　　　　　芦　琴　杨凌职业技术学院　副教授

参编人员：郭利霞　华北水利水电大学　副教授

　　　　　卜贵贤　杨凌职业技术学院　副教授

　　　　　高振兴　杨凌职业技术学院　讲　师

　　　　　杨　波　杨凌职业技术学院　讲　师

　　　　　霍海霞　杨凌职业技术学院　讲　师

　　　　　黄梦琪　杨凌职业技术学院　副教授

主　　审：刘逸军　中国水电十五局　高工/项目经理

前　言

教材事关国家和民族的前途命运，教材建设必须坚持正确的政治方向和价值导向。本书坚持党的二十大精神，全面贯彻党的教育方针，落实立德树人根本任务，为党育人，为国育才，弘扬劳动光荣、技能宝贵、创造伟大的时代风尚。

随着我国高等职业教育改革的进一步深化，校企合作、协同育人成为职业教育培养高素质技术技能人才的一条有效途径。《国务院关于加快发展现代职业教育的决定》（国发〔2014〕19号）明确提出：突出职业院校办学特色，强化校企协同育人；鼓励行业和企业举办或参与举办职业教育，发挥企业重要办学主体作用；推动"五个对接"，即专业设置与产业需求对接，课程内容与职业标准对接，教学过程与生产过程对接，毕业证书与职业资格证书对接，职业教育与终身学习对接；规模以上企业要有机构或人员组织实施职工教育培训、对接职业院校，设立学生实习和教师实践岗位；多种形式支持企业建设兼具生产与教学功能的公共实训基地；支持企业通过校企合作共同培养、培训人才，不断提升企业价值。

杨凌职业技术学院与中国水电建设集团十五工程局有限公司的合作由来已久，可以说伴随着两个单位的成长与发展，共同繁荣与壮大，是职业教育校企合作的典范。企业全过程、全方位参与学院的教育教学过程，为学院的建设发展和人才培养作出了卓越贡献。学院为企业培养输送了一大批优秀的技术人才，成长为企业的技术骨干，在企业的发展壮大过程中作出了显著贡献。特别是自2006年示范院校建设以来，校企双方合作的广度和深度显著加大，在水利类专业人才培养方案制订与实施、专业建设、课程建设、校内外实验实训条件建设、学生生产实习和顶岗实习指导、教师下工地实践锻炼、兼职教师授课、资源共享、接收毕业生等方面开展了全方位、实质性的合作，成果突出。2013年3月，依托学院水利水电建筑工程专业，本着"合作共建，创新共赢"的原则，经双方共同协商，成立校企合作理事会和"中国水电十五工程局水电学院"，共同发挥各自的资源优势，协同为社会、行业、企业培养高素质水利水电工程技术技能人才。在水电学院的运行过程中，为了更好地实现"五个对接"、校企协同育人，双方多次协商研讨，共同策划编写本套校企合作特色教材，将企业的新技术、新成果引入到教学中。在教育部、财政部提升专业服务产业发展能力计划项目的支持下，主要围绕水利水电工程施工一线的施工员、造价员、质检员、安全员等关键技术岗位工作要求，培养学生的专业核心能力。本教材可作为水电学院学生的课程学习教材，同时也可作为企业员工工作参考。

本教材在编写思路上充分体现了企业工程技术人员对知识技能的需要，区别于知识系统化的本科教材，也区别于知识够用、技能为主的高职教材，具有相对系统的知识，采用项目化教学理念，植根于高职水建专业教学，又能为水利工程一线技术人员解决实际问题。

在内容安排上，基于水利水电工程的施工先后顺序安排教材编写大纲，为了体现课本内容在安全专业知识方面的通用性，增加了准备知识和补充知识两个板块，便于非安全技术管理专业的学生和工作人员对知识的理解和掌握。

本教材由课程建设团队成员共同组织编写，其中准备知识由华北水利水电大学郭利霞编写；课程项目1由杨凌职业技术学院芦琴编写；项目2由杨凌职业技术学院卜贵贤、高振兴编写；项目3由杨凌职业技术学院杨波编写；项目4由杨凌职业技术学院芦琴编写；项目5由杨凌职业技术学院霍海霞编写；项目6由杨凌职业技术学院冯旭编写；项目7由杨凌职业技术学院芦琴编写；补充知识由杨凌职业技术学院黄梦琪编写。全书由杨凌职业技术学院冯旭、芦琴担任主编。

本教材的编写得到了有关企业工程技术人员的鼎力协助，同时杨凌职业技术学院水利工程学院拜存有教授也给予了大力支持，并提出了建设性意见。在此，对本教材编写给予支持和所引用文献资料的作者一并表示致谢。由于编者水平有限，书中难免存在疏漏和不足，恳请读者与同行专家提出批评指导。

编者
2024年3月

目 录

前言

准备知识 ... 1
  1 水利安全员的特点 ... 1
  2 水利施工安全管理 ... 4
  3 安全生产管理制度 ... 6

项目1 施工现场安全控制 ... 11
  任务1.1 "五通一平"相关的安全技术 ... 11
  任务1.2 水利水电工程文明施工与环境保护控制 ... 38
  任务1.3 施工现场布置安全技术 ... 70
  思考题 ... 76

项目2 爆破工程施工安全监控 ... 77
  任务2.1 爆破工程施工安全基本规定 ... 77
  任务2.2 不同爆破程序安全注意事项 ... 95
  任务2.3 爆破作业安全技术 ... 99
  思考题 ... 103

项目3 地基与基础工程安全技术 ... 104
  任务3.1 混凝土防渗墙工程施工 ... 104
  任务3.2 岩基钻孔灌浆工程 ... 108
  任务3.3 灌注桩工程施工 ... 113
  任务3.4 振冲法施工、沉井法施工、深层搅拌法施工 ... 124
  任务3.5 预应力锚固工程施工 ... 128
  思考题 ... 129

项目4 混凝土工程施工安全监控 ... 130
  任务4.1 安全防护设施 ... 130
  任务4.2 砂石料开采与加工 ... 137
  任务4.3 水泥混凝土施工 ... 146
  任务4.4 混凝土施工机械安全操作 ... 182
  思考题 ... 196

项目 5 土石方工程施工安全监控 197
任务 5.1 土石方开挖施工 197
任务 5.2 施工支护安全技术 214
任务 5.3 土方填筑安全技术 216
任务 5.4 渠道工程施工安全技术 220
任务 5.5 堤防工程施工安全技术 221
任务 5.6 疏浚工程施工安全技术 223
任务 5.7 水闸及泵站施工安全技术 233
思考题 238

项目 6 地下工程施工安全监控 239
任务 6.1 洞室爆破安全技术 239
任务 6.2 开挖施工安全技术 244
任务 6.3 支护施工安全技术 252
思考题 252

项目 7 水利水电工程与机电设备安装安全技术 253
任务 7.1 安装现场安全技术 253
任务 7.2 金属结构制作与安装安全技术 264
任务 7.3 安装施工脚手架及平台施工安全技术 298
任务 7.4 机电设备安装施工安全技术 301
任务 7.5 施工用具及专用工具使用安全技术 342
思考题 348

补充知识 349
1 安全检查及验收 349
2 施工安全技术资料 354

参考文献 357

准 备 知 识

1 水利安全员的特点

1.1 安全员的作用和素质要求

1. 作用

安全员是在基本建设工作中从事劳动保护工作的安全检查人员。设置安全生产管理机构或者配备安全生产管理人员，这既是贯彻落实《中华人民共和国安全生产法》等法律法规的基本要求，也是企业安全生产管理工作的迫切需要。安全管理人员作为保证企业安全生产的核心力量，对企业安全生产负有重大的管理责任。

2. 素质要求

(1) 要求每个安全员应经培训合格后持证上岗，要有高度的热情和强烈的责任感，以及事业心，热爱安全工作，且在工作中敢于坚持原则，秉公执法。

(2) 要求熟悉安全生产方针政策，了解国家及企业有关安全生产的所有法律、法规、条例、操作规程、安全技术要求等。

(3) 要求熟悉工程所在地建设管理部门的有关规定，熟悉施工现场各项安全生产制度。

(4) 要求有一定的专业知识和操作技能，熟悉施工现场各道工序的技术要求，熟悉生产流程，了解各工种各工序之间的衔接，善于协调各工种、工序之间的关系。

(5) 要求有一定的施工现场工作经验和现场组织能力，有分析问题解决问题的能力，善于总结经验和教训，有洞察力和预见性，及时发现事故苗头并提出改善措施，对突发事故能够沉着应对。

(6) 要求对工地上经常使用的机械设备和电气设备的性能和工作原理有一定程度的了解，对起重、吊装、脚手架、爆破等容易发生事故的工种或工序应有一定程度的了解，懂得脚手架的负荷计算、架子的架设和拆除程序，土方开挖坡度计算和架设支撑，电气设备接零接地的一般要求等，发现问题能够正确处理。

(7) 要求有一定的防火防爆知识和技术，能够熟练地使用工地上配置的消防器材，会使用防护设施和劳保用品。

(8) 要求熟悉工伤事故调查处理程序，掌握一些简单的急救技术，能进行现场初级救生。

(9) 大工程和特殊工程施工现场安全员应该具有建筑力学、结构力学、建筑施工技等学科的一般知识。

1.2 安全员的职能和职责

1. 岗位职能

（1）遇到特别紧急的不安全情况时，有权指令先停止生产，并且立即报告领导研究处理。

（2）有权检查所属单位对安全生产方针或上级指示贯彻执行的情况。

（3）对少数执意违章者，有权执行罚款办法。

（4）对安全隐患存在较多严重的施工部位，有权签发隐患通知单，并责令班组负责人限期整改。

（5）对不认真执行安全生产方针或上级指示的单位或个人，有权越级向上汇报。

2. 岗位职责

（1）施工现场的安全员的主要职责是协助项目经理做好安全管理工作，指导班组开展安全生产。

（2）认证贯彻落实安全生产责任制，执行各项安全生产规章制度，经常深入现场检查，及时向上级汇报解决安全工作上存在的严重问题或严重安全事故隐患。

（3）会同有关部门做好安全生产的宣传教育和培训工作，组织安全工作检查评比，总结和推广安全生产的先进经验，并会同有关部门做好防毒、防尘、防暑降温以及女工保护工作。

（4）参加编制施工方案和安全技术措施，并每日进行安全巡查，发现事故隐患，及时纠正。

（5）督促有关部门按规定及时发放和合理使用个人防护用品。

（6）督促一线施工人员严格按照安全操作规程办事，认真做好安全技术交底，对违反操作规程的行为给予及时制止。

（7）根据施工特点和季节特点，提出每月、每季度、每年度的安全工作重点，编制安全计划，并针对存在问题，提供改造措施和重点注意事项。

（8）参加伤亡事故的调查处理，做好工伤事故统计、分析和报告，协助有关部门提出防御措施。根据施工现场实际情况，向安全管理部门和有关领导提出改善安全生产和改善安全管理的建议。

1.3 安全员的基本工作要求

1. 增强事业心，做到尽职尽责

安全员的职责是保护职工的生命安全和生产积极性，保护劳动工作是一项政策性、技术性、群众性较强的工作。安全监察人员要做到尽职尽责，经常深入工地发现问题，解决问题。

2. 努力钻研业务技术，做到精通本行专业

建筑施工与其他行业在生产安全方面有很多不同的特点，这给施工生产带来很多不安全因素，因此，安全生产的预见性、可控性难度很大。安全检查员要适应生产的发展需

要，抓住这些特点，努力学习，掌握其基本知识，精通本行专业，才能真正起到检查督促的作用。为此，首先要熟悉国家的有关安全规程、法规和管理制度；也要熟悉施工工艺和操作方法；要具有本专业的统计、计划报表的编制和分析整理能力；要具有管理基层安全工作的能力和经验；要具有根据过去经验或教训以及现存的主要问题，总结一般事故规律的能力等，这些是做好安全工作的基础。

3. 加强预见性，将事故消灭在发生之前

"安全第一，预防为主，综合治理"的安全生产方针是搞好安全工作的准则，也是搞好安全检查的关键，只有做好预防工作，才能处于主动。国家颁布的劳动安全法则，上级制定的安全规程、制度和办法，都是为了贯彻预防为主的方针，只要认真贯彻，就会收到好的效果。

（1）要有正确的学习态度。就是要从思想上认识到，学习是搞好工作的保证，从学习方法上，要理论联系实际，善于总结经验教训。从学科上讲，不仅要学习土建施工安全技术，还要学习电气、起重、压力容器、机械等的安全技术，通过学习，不断提高技术素质。

（2）要有积极的思想。就是要发挥主观能动作用，在施工前有预见性地提出问题、办法，定出措施，做好施工前准备。

（3）要有踏实的作风。就是要深入现场掌握情况，准确地发现问题，做到心中有数。

（4）要有正确的方法。就是既能提出问题，又要善于依靠群众和领导，帮助施工人员解决问题。这就要求安全检查人员，既要熟悉安全生存的方针政策、法令、安全的基本知识和管理的各项制度，又要熟悉生产流程、操作方法，要掌握分管专业安全方面的原始记录、报表和必要的历史资料，才能做好分析整理工作。

（5）做到依靠领导。一个安全员要做好安全工作，必须依靠领导的支持和帮助，要经常向领导请示、汇报安全生存情况，真正当好领导的参谋，成为领导在安全生存上的得力助手。安全工作中如遇到不能处理和解决的问题，对安全工作影响极大，要及时汇报，依靠领导出面解决问题；安全员组织开展安全生存评比竞赛、各个时期安全大检查，以及组织广大职工群众学习安全生存的展览、活动等，都必须取得领导的支持。

（6）做到走群众路线。"安全生产，人人有责"，劳动保护工作是广大职工的事业，只有动员群众，依靠群众，走群众路线，才能管好安全。要使广大群众充分认识到安全生产的政治意义与经济意义以及个人切身利益的关系，启发群众自觉贯彻执行安全生产规章制度。走群众路线，依靠群众管理好安全生产，除向职工进行宣传教育外，还要发动群众参加安全管理，定期开展安全检查和无事故竞赛，推动安全生产工作的开展。

（7）做到认真调查分析事故。工人职工伤亡事故的调查、登记、统计和报告，是研究生产中工伤事故的原因、规律和制度对策的依据。因此，对发生任何大小事故以及未遂事故，都应该认真调查、分析原因，吸取教训，从而找出事故规律，制定防护措施。安全员对发生的每一件事故，应认真全面调查和正确分析。掌握事故发生前后的每一细微情况，以及事故的全过程，全面研究、综合分析论证，才能找出事故真正原因，从中吸取教训。

2 水利施工安全管理

2.1 安全管理体系

1. 建立安全管理体系的原则

为贯彻"安全第一，预防为主"的方针，建立、健全安全生产责任和群防群治制度，确保工程项目施工过程的人身和财产安全，减少一般事故的发生，结合工程的特点，建立施工项目安全管理体系，编制原则如下。

(1) 要适用于建设工程项目全过程的安全管理和控制。

(2) 依据《中华人民共和国建筑法》《职业安全卫生管理体系标准》，以及国际劳工组织167号公约《建筑业安全卫生公约》和国家有关安全生产的法律、行政法规、规程进行编制。

(3) 结合安全管理体系必须包含的基本要求和内容，项目经理部应结合各自实际加以充实，建立安全生产管理体系，确保项目的施工安全。

(4) 建筑业施工企业应加强对施工项目的安全管理，指导、帮助项目经理部建立、实施并保持安全管理体系，施工项目安全管理体系必须由总承包单位负责策划建立，分包单位应结合分包工程的特点，制定相适宜的安全保证计划，并纳入接受总承包单位安全管理体系的管理。

2. 建立安全管理体系的作用

(1) 安全管理是提高经济效益，促进企业发展的重要手段。

(2) 安全管理是生产活动的前提和根本保证。

(3) 安全管理是满足职工对安全需求的有效途径。

2.2 安全管理组织机构

建筑公司要设专职安全管理部门，配备专职人员。安全管理部门是公司的一个重要的施工管理部门，是公司经理贯彻执行安全施工方针、政策和法规，实行安全目标管理的具体工作部门，是领导的参谋和助手。建筑公司施工队以上的单位，要设立专职安全员或安全管理机构，公司的安全技术干部或安全检查干部应列为施工人员，不能随便调动。按职工总数的2%~5%配备专职人员。

安全管理人员应挑选责任心强、有一定的经验和相当文化程度工程技术人员担任，以有利于促进安全科技活动，进行目标管理。

1. 项目处安全管理机构

公司下属的项目处，是组织和指挥施工的单位，对于管理施工、管理安全有着极为重要的影响。项目处经理为本单位安全施工工作第一责任者，根据本单位的施工规模及职工人数设置专职安全管理机构或配备专职安全员，并建立项目处领导干部安全施工值班制度。

2. 工地安全管理机构

工地应成立以项目经理为责任人的安全施工小组，配备专（兼）职安全管理员，同时要建立工地领导成员轮流安全施工值日制度，解决和处理施工中的安全问题和进行巡回安全监督检查。

3. 班组安全管理组织

班组是搞好安全施工的前沿阵地，加强班组安全建设是公司加强安全施工管理的基础。各施工班组要设立不脱产安全员，协助班长搞好班组安全管理。各班组要坚持岗位安全检查、安全值日和安全日活动制度，同时要坚持做好班组安全记录。由于建筑施工点多、面广、流动、分散，往往一个班组人员不会集中在一处作业，因此，工人要提高自我保护意识和自我保护能力，在同一作业面的人员要互相关照。

2.3 安全管理的特点

安全管理的特点表现在以下几个方面。

1. 长期性

安全管理随着生产的发展而发展，由于人们生存的需要而长期存在。安全管理的长期性是由于旧的不安全因素或隐患消除之后，还会出现新的不安全因素或隐患，还会产生新的问题。因此安全管理要常抓不懈，不允许有时间上的停顿和空间上的间隔。

安全管理的长期性，还由其艰巨性所决定。我国目前的工业生产和科学技术与发达的资本主义国家相比，仍然有很大差距，这就必然影响我国企、事业劳动条件的改善。这种情况下要做好安全生产工作，任务是艰巨的。安全管理的长期性是客观存在的，是不以人的意志为转移的，如果低估了这种形势，就有可能做出不切合实际的决定来。

2. 预防性

"安全第一，预防为主，综合治理"既是我们安全生产的方针，又是安全管理的原则。安全第一，预防为主是相辅相成的，生产与安全发生矛盾时，首先保证安全，采取各种措施保障劳动者的安全和健康，事故和危害的事后处理转变为事故和危害的事前控制。事故预防是安全管理的出发点，是安全管理的归宿点。伤亡事故的预防，贯穿于企事业生产经营活动的全过程。

（1）要根据建设发展制定事故预防的基本方针。

（2）从机械、物质、环境的不安全状态与人的不安全行为和因素等诸方面，对危险源进行分析。

（3）运用安全系统工程的原理和方法，制定消除危险的对策。

（4）将对策实施后的情况及时反馈，根据反馈情况确定新的对策。

3. 科学性

安全管理是一门科学，是人类在改造自然实践中长期积累的自我保护的知识体系。劳动生产错综复杂，不同行业有不同的生产特点。同一行业，由于生产工艺、产品、设备和材料不同，所带来的不安全、不卫生因素也不相同，长期以来人们不断进行各种现象的研究，正确认识人类社会发展、劳动生产的客观规律，逐渐形成了安全科学。

安全科学是一门综合性学科，它与单纯的自然社会学科不同。它不仅在本学科内每个层次之间存在着相互依存关系，而且又与其他各有关的自然、社会科学存在着密切的关系。例如，安全管理科学以社会科学中的政治经济学、哲学、社会学为基础理论，又与社会科学和自然科学的应用理论相互渗透、相互交叉（如事故预测与系统工程学、安全教育与教育学、心理学、行为科学等）。同样在工程技术方面，如防尘工程，它既要以安全科学的基础理论为依据，同时也要以自然科学的流体力学、气溶胶力学为基础理论，而某些内容又与通风工程学相渗透、交叉。这样，就形成了复杂的、综合的安全科学，决定了安全的科学性。

4. 群众性

群众性是群体动力学在安全管理中的应用。安全管理中运用群体动力学，是希望通过群体这个环境因素，来促进安全管理，并通过群体进行协调。安全管理中运用群体动力学实现其群众性，可以从以下几方面进行：

（1）提高群体内聚力。群体内聚力是群体成员之间的相互作用和他们之间的感情。群体内聚力影响着群体成员之间的团结、协调。一个组织内聚力大，各方面的工作都易于开展。同样，安全工作也只有通过团结、协调的群体才能顺利畅通的开展，反之就可能阻力重重。

（2）建立良好的群体规范。群体规范是群体所确立的行为准则，每个群体成员都必须遵守。通过树立安全生产的群体观念，使"生产必须安全，安全为了生产"的观念成为每个职工的行为准则，就能使安全管理工作有广泛的群众基础，从根本上得到保证。

（3）建立良好的人际关系。一个群体成员之间要发生交往，相互沟通与了解，进行思想交流。有良好的人际关系，就能使群体更为协调，而各种安全工作也就易于开展和落实。职工作为一个安全因素，同时又是防护对象，既是安全管理的推动者，又是被管理对象，这就决定了安全管理必须有广泛的群众性。

3 安全生产管理制度

3.1 安全教育

1. 基本概念

安全教育是企业安全生产的基本制度之一，也是预防和防止安全生产事故的一项重要对策。安全教育就是对企业内的领导和员工进行安全意识、法制观念的加强；对员工安全方面知识、技能的提高，从而进一步降低人的失误，减少物的不安全状态，环境的不安全因素，促进企业的安全生产所做的一切活动的总称。

国家法律法规规定，生产经营单位应对从业人员进行安全生产教育和培训，保证从业人员具备必要的安全生产知识，熟悉有关的安全生产规章制度和安全操作规范，掌握本岗位的安全操作技能。未经安全生产教育和培训的不合格的从业人员，不得上岗作业。

地方政府及行业管理部门对施工项目各级管理人员的安全教育培训做出了具体规定，要求施工项目安全教育培训率达到100%。

2. 安全教育的对象

施工项目安全教育培训的对象包括以下五类人员。

（1）工程项目经理，项目执行经理、项目技术负责人。工程项目主要管理人员必须经过当地政府或上级主管部门组织的安全生产专项培训，培训时间不得少于24h，经考核合格后，持《安全生产资质证书》上岗。

（2）工程项目基层管理人员。施工项目基层管理人员每年必须接受公司安全生产年审，经考核合格后，持证上岗。

（3）分包负责人、分包队伍管理人员。必须接受政府主管部门或总包单位的安全培训，经考核合格后持证上岗。

（4）特种作业人员。必须经过专门的安全理论培训和安全技术实际训练，经理论和实际操作的双项考核，合格者持《特种作业操作证》上岗作业。

（5）操作人员。新入场工人必须经过三级安全教育，考试合格后持"上岗证"上岗作业。

3. 安全教育的内容及形式

安全教育的内容主要包括安全思想教育、安全知识教育和安全技术教育。

开展安全教育的形式有很多种。按照教育对象的不同可以分为：新进人员的"三级安全教育"；干部安全教育；特种作业工人的安全教育、四新（新产品、新工艺、新技术、新设备）安全教育、复工安全教育、工种变更（调岗）安全教育；全员安全教育；安全专业技术人员的安全教育等。

3.2 安全生产责任制度

安全生产责任制是指对企业的各级领导、职能部门和个人在生产劳动的过程中应承担的安全生产责任的规定，它是企业管理的重要制度之一。不同的部门、不同的职务、不同的岗位所对应的权利和义务都各有不同，在安全生产中，应做到权责分明，责权到人。

1. 总包单位的安全责任

（1）项目经理是项目安全生产的第一负责人，必须认真贯彻执行国家和地方的有关法规、规范、标准，严格按文明安全工地标准组织施工生产。确保实现安全控制指标和实现文明安全工地达标计划。

（2）建立、健全安全生产保证体系，根据安全生产组织标准和工程规模设置安全生产机构，配备安全检查人员，并设置5～7人的安全生产委员会或安全生产领导小组，定期召开会议，负责对本工程项目安全生产工作的重大事项及时做出决策，组织督促检查实施，并将分包的安全人员纳入总包管理，统一活动。

（3）在编制、审批施工组织设计或施工方案和冬雨期施工措施时，必须同时编制、审批安全技术措施，如改变原方案时必须重新报批，并经常检查措施、方案的执行情况，对于无措施、无交底或针对性不强的，不准组织施工。

（4）工程项目经理部的有关负责人、施工管理人员、特种作业人员必须经当地政府安全培训和年审批获得资格证书、证件的才有资格上岗，凡在培训、考核范围内未取得安全资格的施工管理人员、特种作业人员不准直接组织施工、组织施工管理和从事特种作业。

(5) 强化安全教育，除对全员进行安全技术知识和安全意识教育外，要强化分包新入场人员的"三级安全教育"，教育覆盖必须达到100%。经教育培训考核合格，做到持证上岗，同时要坚持转场和调换工种的安全教育，并做好记录，做好登记建档工作。

(6) 根据工程进度情况除进行不定期、季节性的安全检查外，工程项目经理每半月由项目执行经理组织一次检查，每周由安全部门组织各分包进行专业检查。对查到的隐患，责成分包和有关人员立即或限期进行销项整改。

(7) 工程项目部与分包方应在工程实施之前或进场的同时及时签订含有明确安全目标和职责条款划分的经营合同或协议书，当不能按其签订时，必须签订临时安全协议。

(8) 根据工程进展情况和分包进场时间，应分别签订年度或一次性的安全生产责任书或责任状，做到分包在安全管理上责任划分明确，有奖有罚。

(9) 项目部实行"总包方统一管理，分包方各负责任"的施工现场管理体制，负责对发包方、分包方和上级各部门或政府部门的综合协调管理工作。工程项目经理对施工现场的管理工作负全面领导责任。

(10) 项目部有权责令分包将不能尽责的施工管理人员调离本工程，重新配备符合总包要求的施工管理人员。

2. 分包单位的安全责任

(1) 分包的项目经理、主管副经理是安全生产管理工作的第一责任人，必须认真贯彻执行总包在执行的有关规定，标准和总包的有关决定和指示，按总包的要求组织施工。

(2) 建立、健全安全保障体系。根据安全生产组织标准设置安全机构，配备安全检查人员，每50人要配备1名专职安全人员，不足50人的要设兼职安全人员。并接受工程项目安全部门的业务管理。

(3) 分包在编制分包项目或单项作业的施工方案或冬雨期方案措施时，必须同时编制安全消防技术措施。并经总包审批后方可实施，如改变原方案时必须重新报批。

(4) 分包必须执行逐级安全技术交底制度和班组长班前安全讲话制度，并跟踪检查管理。

(5) 分包必须按规定执行安全防护设施、设备验收制度，并履行书面验收手续，建档存查。

(6) 分包必须按规定接受总包以及上级主管部门的各种安全检查并接受奖罚。

(7) 强化安全教育，除对全体施工人员进行经常性的安全教育外，对新入场人员必须进行三级安全教育培训，做到持证上岗，同时要坚持转场和调换工种的安全教育。

(8) 分包必须按总包的要求实行重点劳动防护用品定点厂家产品采购、使用制度，对个人劳动防护用品实行定期、定量供应制，并严格按要求规定要求佩戴。

(9) 凡因分包单位管理不严而发生的因工伤亡事故，所造成的一切经济损失及后果由分包单位自负。

(10) 各分包方发生因工伤亡事故，要立即用最快捷的方式向总包方报告，并积极组织抢救伤员，保护好现场。

(11) 对安全管理纰漏多，施工现场管理混乱的分包单位除进行罚款处理外，对问题严重，屡禁不止甚至不服管理的分包单位，予以解除经济合同。

3. 施工单位安全生产责任
(1) 项目经理部安全生产责任:
1) 项目经理部是安全生产工作的载体,具体组织和实施项目安全生产、文明施工、环境保护工作,对本项目工程的安全生产负全面责任。
2) 贯彻落实各项安全生产的法律、法规、规章、制度,组织实施各项安全管理工作,完成各项考核标准。
3) 建立并完善项目部安全生产责任制和安全考核评价体系,积极开展各项安全活动,监督、控制分包队伍执行安全规定,履行安全职责。
4) 发生伤亡事故及时上报,并保护好事故现场,积极抢救伤员,认真配合事故调查开展伤亡事故的调查和分析,按照"四不放过"原则,落实整改防范措施,对责任人进行处理。
(2) 项目管理部安全生产责任:
1) 在编制项目总工期控制进度计划,年、季、月计划时,必须树立"安全第一"的思想,综合平衡各生产要素,保证安全工程与生产任务协调一致。
2) 对于改善劳动条件、预防伤亡事故的项目,要视同生产项目优先安排,对于施工中重要的安全防护设施,设备的施工要纳入正式工序,予以时间保证。
3) 在检查生产计划实施情况的同时,检查安全措施项目的执行情况。
4) 负责编制项目文明施工计划,并组织具体实施。
5) 负责现场环境保护工作的具体组织和落实。
6) 负责项目大、中、小型机械设备的日常维修、保养和安全管理。
(3) 机电部安全生产责任:
1) 选择机电分承包方时,要考核其安全资质和安全保证能力。
2) 平衡施工进度,交叉作业时,确保各方安全。
3) 负责机电安全技术培训和考核工作。
(4) 技术部安全生产责任:
1) 负责编制项目施工组织设计中安全技术措施方案,编制特殊、专项安全技术方案。
2) 参加项目安全设备、设施的安全验收,从安全技术角度进行把关。
3) 检查施工组织设计和施工方案的实施情况的同时,检查安全技术措施的实施情况,对施工中涉及的安全技术问题,提出解决办法。
4) 对项目使用的新技术、新工艺、新材料、新设备,制定相应的安全技术措施和安全操作规范,并负责供热的安全技术教育。
(5) 安全部安全生产责任:
1) 是项目安全生产的责任部门,是项目安全生产领导小组的办公机构,行使项目安全工作的监督检查职权。
2) 协助项目经理开展各项安全生产业务活动,监督项目安全生产保证体系的正常运转。
3) 定期向项目安全生产领导小组汇报安全情况,通报安全信息,及时传达项目安全决策,并监督实施。

4）组织、指导项目分包安全机构和安全人员开展各项业务工作，定期进行项目安全性测评。

（6）办公室安全生产责任：

1）负责项目全体人员安全教育培训的组织工作。

2）负责现场安全管理的组织和落实。

3）负责项目安全责任目标的考核。

4）负责现场文明施工与各相关方的沟通。

（7）合约部安全生产责任：

1）分包单位进场前签订总分包安全管理合同或安全管理责任书。

2）在经济合同中应分清总分包安全防护费用的划分范围。

3）在每月工程款结算单中扣除由于违章而被处罚的罚款。

（8）物资部安全生产责任：

1）重要劳动防护用品的采购和使用必须符合国家标准和有关规定，执行本系统重要劳动防护用品定点使用管理规定，同时，会同项目安全部门进行验收。

2）加强对在用机具和防护用品的管理，对自有及协力自备的机具和防护用品定期进行检查、鉴定，对不合格品及时报废、更新，确保使用安全。

3）负责施工现场材料堆放和物品储运的安全。

项目1 施工现场安全控制

任务1.1 "五通一平"相关的安全技术

子任务1.1.1 施工道路安全技术

（1）永久性机动车辆道路、桥梁、隧道，应按照《公路工程技术标准》（JTG B01—2003），并考虑施工运输的安全要求进行设计修建。

（2）永久性铁路或标准铁路，应按国家有关现行规定进行设计、布置、建设。

（3）施工生产区内机动车辆临时道路应符合以下规定。

1）道路纵坡不宜大于8%，个别短距离地段最大不得超过12%；道路最小转变半径不得小于15m；路面宽度不得小于施工车辆宽度的1.5倍，单车道在可视范围内应设有会车位置；双车道一般不得窄于7.0m，单车道不得窄于4.0m。

2）路基基础稳定坚实、边坡稳定。

3）在急弯、陡坡等危险路段应设有相应警示标志，岔路、涵洞口以及施工生产场所应设有警示标志。

4）悬崖陡坡、路边临空边缘应设有安全墩、挡墙及其他警示标志。

5）应保持路面完好、平坦、整洁、无积水，并经常清扫、维护和保养。

6）路面上不准随意堆放器材、弃渣，占用有效路面。

7）必须做好排水设施。

（4）交通繁忙的路口、危险地段应设专人指挥、监护。

（5）施工现场非机动车道路应符合以下要求：

1）宽度不小于1.5m。

2）纵坡不大于5%。

3）路面平坦、整洁、畅通。

（6）施工现场的轨道机车道路应符合以下规定：

1）基础稳固。

2）纵坡应小于3%。

3）机车轨道的端部应设有钢轨车挡，其高度不低于机车轮的半径，并设有红色警示灯。

4）机车轨道的外侧应设有宽度不小于0.6m的人行通道，人行通道临空高度大于2.0m时，边缘应设置防护栏杆。

5）机车轨道、现场公路、人行通道等的交叉路口应设置明显的警示标志或设专人值班监护。

6）设有专用的机车检修轨道。

7）通信联系信号齐全、可靠。

（7）施工现场临时性桥梁，应根据桥梁的用途、承重载荷和相应技术规范进行设计修建，并符合以下要求：

1）宽度不小于施工车辆最大宽度的1.5倍。

2）两侧有宽度不小于1.0m的人行通道和防护栏杆。

3）桥面平整，不积水。

（8）施工现场架设临时性跨越沟槽的便桥和边坡栈桥应符合以下要求：

1）基础稳固、平坦畅通。

2）人行便桥宽度不得小于1.2m。

3）手推车便桥宽度不得小于1.5m。

4）机动翻斗车便桥，应根据荷载进行设计施工，其最小宽度不得小于2.5m。

5）设有防护栏杆。

（9）施工现场的各种桥梁、便桥、栈桥应进行定期检查、及时维护、保养，确保牢固可靠，不得将设备、材料及弃料堆放在桥面上。

（10）施工交通隧道应符合以下要求：

1）隧道在平面上宜布置为直线。

2）机车交通隧洞的高度应满足机车以及装运货物设施总高度的要求，宽度不小于车体宽度与人行通道宽度之和的1.2倍。

3）汽车交通隧洞洞内单线路基宽度应不小于3.0m，双线路基宽度应不小于50m。

4）洞口有防护设施，洞内不良地质条件洞段必须进行支护。

5）长度100m以上的隧洞内应设有照明设施。

6）路面平整、不积水，设有排水沟，排水畅通。

7）隧洞内斗车路基的纵坡不宜超过1.0%。

（11）施工现场工作面、固定生产设备及设施处所等应设置人行通道，并符合以下要求：

1）基础牢固、平坦整洁、无障碍、无积水。

2）宽度不小于0.6m。

3）危险地段设置警示标志或警戒线。

4）冰雪后有防滑措施。

（12）高处施工通道的临空边缘必须设置安全防护栏杆，安全防护栏杆的下部设置挡脚板。

子任务1.1.2　施工现场用电安全

【学习目标】

知识目标：能陈述施工现场用电安全的主要技术要求。

能力目标：能运用安全用电的规定进行施工现场用电安全控制。

1.1.2.1 施工用电的基本规定

(1) 施工单位应编制施工用电方案及安全技术措施。

(2) 安装、维修或拆除临时用电工程，必须由主管部门专业培训考核持证的电工实施完成；非电工及无证人员禁止从事电气安装、维修工作。

(3) 从事电气安装、维修作业的人员应掌握安全用电基本知识和所用设备的性能，按规定穿戴和配备好相应的劳动防护用品，定期进行体检。

(4) 现场施工电源设施，除经常性维护外，每年雨季前应检修一次，并检测其绝缘电阻应符合要求。

(5) 在建工程（含脚手架）的外侧边缘与外电架空线路的边线之间必须保持安全操作距离。最小安全操作距离应不小于表 1.1 的规定。

表 1.1　　在建工程（含脚手架）的外侧边缘与外电架空线路的边线之间最小安全操作距离

外电线路电压/kV	<1	1~10	35~110	154~220	330~500
最小安全操作距离/m	4	6	8	10	15

注　上、下脚手架的斜道严禁搭设在有外电线路的一侧。

(6) 施工现场的机动车道与外电架空线路交叉时，架空线路的最低点与路面的垂直距离应不小于表 1.2 的规定。

表 1.2　　施工现场的机动车道与外电架空线路交叉时的最小垂直距离

外电线路电压/kV	<1	1~10	35
最小垂直距离/m	6	7	7

(7) 旋转臂架式起重机的任何部位或被吊物边缘与 10kV 以下的架空线路边线最小水平距离不得小于 2m。

(8) 施工现场开挖非热管道沟槽的边缘与埋地外电缆沟槽边缘之间的距离不得小于 0.5m。

(9) 达到不到上述第（5）~（7）条规定的最小距离时，必须采取停电作业或增设屏障、遮栏、围栏、保护网，并悬挂醒目的警示标志牌等安全防护措施。

(10) 用电场所电器灭火应选择适用于电气的灭火器材，用于带电灭火的灭火剂必须是不导电的，如二氧化碳、四氯化碳或二氟一氯一溴甲烷（1121）等，不得使用泡沫灭火器的灭火剂。

(11) 人员触电时，首先应切断电源，或用绝缘材料使触电者脱离电源，然后立即采用人工呼吸等急救方法进行抢救。如触电者在高处，在切断电源时，应采取防止坠落的措施。

(12) 隧洞作业应保持照明、通风良好、排水畅通，采取必要的措施防止坍塌。

(13) 施工现场电气设备应绝缘良好，线路敷设整齐，绝缘可靠。开关板设有防雨罩，闸刀、接线盒完整，装设漏电保护器，严禁私拉乱接电源，非电工不得从事电气作业。

(14) 施工照明及线路应符合下列要求：

1) 露天施工现场应尽量采用高效能的照明设备。
2) 施工现场及作业地点，应有足够的照明，主要通道应装设路灯。
3) 照明灯具的悬挂高度应在 2.5m 以上，有车辆通过的，线路架设高度应不得小于 4.3m。
4) 工作行灯必须带有防护网罩，电压应不超过 36V，在坑井、洞内等潮湿地点和金属容器内部工作时，电压不得超过 12V。
5) 在存放易燃、易爆物品场所或有瓦斯的巷道内，照明设备必须符合防爆要求。
6) 临时照明线路应固定在绝缘体上，且距工作面高度不得小于 2.5m；穿过墙壁应套绝缘管。

1.1.2.2 施工用电电工安全

1. 柴油发电机工

(1) 作业人员应经过专业培训，熟悉掌握发电机的性能、构造、原理及维护保养方法，并经考试合格方准独立操作。

(2) 不得将燃油或其他易燃物品存放在发电机附近，并熟悉消防器材的使用方法，如发生火警时，应迅速切断电源。

(3) 飞轮及发电机部分应围有防护栏杆，发动机的排气管应装有消声器，并接至室外。

(4) 机房内严禁燃烧木柴或油料取暖。若采用电炉等保暖时，炉子应远离燃油箱，并应有防范措施。

(5) 发电机在启动前，应检查各部整洁情况，接头连接和绝缘情况，配电器和操纵设置是否正常，电刷有没有卡住，各部螺丝是否紧固，整流子或滑环应用布擦净。

(6) 启动前应检查柴油发动机的储气瓶压力，机油油位、燃油箱油位。

(7) 检查一切连接发电机与线路的开关，励磁机磁场变阻器应在电阻最大位置，发电机及有关设备应完好，临时短路线应拆除。

(8) 发电机周围无障碍物及遗留工具，机内无异物，"盘车"时转动应灵活，可动部分与固定部分应有一定的安全距离。各部润滑系统正常，油杯完好无缺。

(9) 发电机在运行时，即使未加励磁，亦应认为带有电压，禁止在线路上工作和用手接触高压线或进行清扫工作。

(10) 电气设备上的标示牌，未经工作负责人同意，不得随意移动。

(11) 发电机组和配电屏装设的安全保护装置，不得任意拆除。

(12) 发电机组不得带病工作和超负荷运转，发现不正常情况，应停机检查。

(13) 发电机运行时，严禁人体接触带电部分。带电作业时，应有绝缘防护措施。

(14) 发电机运行中，操作人员不得离开机械，应经常倾听机械各部声响，留心观察仪表，并触摸轴承等转动部分有无过热现象。发现不正常情况时，应立即停机检查，找出原因排除故障后方可继续工作。

(15) 发电机在运行中，禁止任何保养、修理和调整工作。

(16) 发电机在运行中检查整流子和滑环时，操作工人应穿绝缘胶鞋、戴胶手套，并在靠近励磁机和转子滑环的地板上加铺胶皮垫。

（17）发电机检修后开始运行前，应检查转子与定子之间有无工具或其他材料遗留在内，以免运转时损坏发电机。

（18）发电机带电部分，即使绝缘良好，亦不准用手触摸；试验是否带电时，须用试电笔或查看仪表。

（19）发电机运行时升高的温度不得超过制造厂规定数值，如发现温度过高时，应停机慢慢冷却（不准用水灌浇）并查明原因后予以消除。

（20）长期停用的发电机、励磁机应定期测量电机及操作回路的绝缘电阻，其值应不小于 $1M\Omega/kV$。

（21）不得在柴油发动机运行过程中擦拭机组。

2. 外线电工

（1）作业人员应经过专业培训，并经考试合格取得特种作业人员操作证书后，方可上岗操作。

（2）外线电工应有两人以上共同作业，其中由一人进行监护，严禁独自一人带电作业。

（3）登杆人员在登杆前，应对杆上情况和上杆后的工作顺序，了解清楚，做好准备。

（4）登杆前，应检查所用的工器具，如踩板或脚扣、绳索、滑轮、紧线器、工具袋等是否紧固、适用，安全带是否完好、可靠。

（5）外线电工应穿长袖长裤工作服，登杆前应将衣袖裤腿扣好扎紧。

（6）电杆根部腐朽或未夯埋牢固，电杆倾斜，拉线不妥时禁止登杆。

（7）五级以上大风、大雪、雷雨、大雾及体力不佳、精神恍惚者禁止登杆作业。

（8）在地面工作的人员应戴安全帽，非因工作，不得在杆下逗留。杆下人员要离开电杆 3~5m。

（9）登杆前应检查杆根埋土深浅有无晃动现象，采取措施后，方可登杆；登杆后，应拴好安全带方能开始作业。

（10）杆上工作人员应站在踩板、脚扣、固定牢固的踩脚木或牢固的杆构件上。禁止将安全带拴在横担上或磁瓶柱上。

（11）在转角杆上工作时，应有防止电线滑出击伤的安全措施。

（12）杆上工作时，禁止上下抛丢任何工器具或材料，应用绳索系吊。

（13）杆上工作要带工具袋，暂时不用的工具和零星材料，应放在工具袋内，以防落下伤人。

（14）上下电杆应使用专用登杆工具（如脚扣、踩板），禁止攀援拉线或抱杆滑下，不得用绳索代替安全带。

（15）冬季作业水泥杆上挂霜时，不得使用脚扣登杆。

（16）登杆带电作业，应经有关技术领导批准后方可执行。

（17）登杆带电工作者应穿束袖工作衣、长裤。穿胶鞋戴安全帽，必要时加戴护目镜和橡皮手套。

（18）未受过单独带电作业训练的电工，严禁登杆进行带电作业。

（19）登杆前，应检查用具齐全、完好。带电作业电工在未登杆前，应详细了解工作性质、顺序、杆顶装置和电流方向，并应将上杆后的工作程序告诉监护人征得其同意后，方可登杆。

(20) 作业时，不允许同时接触两线，任何时候都应以一线工作为原则。

(21) 如杆顶同时有两个电工工作，不允许身体互相接触或直接递换工具材料。

(22) 在元件或线路较多的电杆上工作时，应先用橡皮布或其他绝缘物体，将靠近电工可能接触的导线遮盖。

(23) 不允许直接割断带负荷的线路，如因工作需要应割断时，应将割断处前后另用导线短接好后，方可割断。

(24) 带电导线断开后，不可同时接触两端的线头。

(25) 高空紧线时，操作人员应闪开紧线器，并将夹紧螺丝拧紧，以免滑脱伤人。

(26) 高压线路未切断电源前不应登杆。

(27) 高压线路登杆作业，当接到线路已经停电的命令后，登杆前应检查高压试电器是否良好，并准备好工作接地线和绝缘手套。

(28) 登杆到适当高处（安全距离）后，拴好安全带，进行下列工作后方能开始工作：

1) 验电：以高压试电器验证线路确无电压。

2) 放电：先将地线一端接于地线网上，再以地线另一端绕在绝缘棒上与高压线接触数次以消除静电。

3) 接地：将地线分别接于高压电线三相上。

(29) 登杆至杆顶后选好位置，拴好安全带，开始进行工作，工作时杆下应有熟练技工监护。

(30) 变（配）电站内，应在检修线路之高压断路开关上悬挂警告标示牌，必要时用安全锁或在站内接地。

(31) 工作完毕合闸前，应检查一切器材、工具、人员是否全部撤离，线路上及站内接地线是否全部拆除。

(32) 地面作业工作前应检查作业工器具（如锹、镐、撬棍、抬杠、绳索等）是否完好。

(33) 进行换杆工作时，应先用临时拉线将该电杆稳固，方可挖掘电杆基脚，禁止任何人立于电杆倒下的方向。在交通要道上进行换杆时，应选择人车来往稀少的时间进行。

(34) 起立电杆时，基坑内不得有人停留。拆除撑杆及拉绳的工作，应在电杆基脚充分埋好夯实牢固后进行。

3. 维护电工

(1) 作业人员应经过专业培训，并经考试合格取得特种作业人员操作证书后，方准上岗作业。

(2) 作业人员应服装整齐，扎紧袖口，头戴安全帽，脚穿绝缘胶鞋，手带干燥线手套，不准赤脚赤膊工作，不准戴金属丝的眼镜，不准用金属制的腰带和金属制的工具套。

(3) 工作前，应检查安全防护用具，试电器、橡皮手套、短路地线、绝缘靴等是否良好齐全；检查登杆工具踩板、安全带是否完好。

(4) 维护电工作业时，应有两人一起参加，其中一人操作，另一人监护。

(5) 常用小工具（如钳子、电工刀、螺丝刀、扳手等）应经常检查，使用时应遵守以下规定：

1) 随身佩带，注意保护。

2) 按功能正确使用工具，钳子、扳手不许当榔头用。

3) 使用电工刀时，刀口不可对人；螺丝刀不准用铁柄或穿心柄的。

4) 对于工具的绝缘部分应经常进行检查，如有损伤，不能保证其绝缘性能时，不得用于带电操作，应及时修理或更换。

(6) 使用梯子，倾斜角应不小于20°，但也不应大于60°。底脚应有防滑设施，禁止两人同登一个梯子。

(7) 工具袋应合适，背带要牢固，漏孔处要及时缝补好。

(8) 使用人字梯时，夹角应保持45°左右，梯脚应用软橡皮包住，两平梯间应用链子拉住，以防向外侧滑倒，必要时派人扶住。

(9) 室内修换灯头或开关时，应将电源断开，单极拉线开关应控制"火线"。如用镙口灯头，"火线"应接镙口灯头的中心。

(10) 设备安装完毕，应对设备及接线仔细检查，确认无问题后方可合闸试运转。

(11) 安装电动机时，应检查绝缘电阻是否合格，转动是否灵活，零部件是否齐全，同时应安装接地线。

(12) 拖拉电缆应在停电情况下进行。

(13) 进行停电作业时，应首先拉开刀闸开关，取走熔断器（管），挂上"有人工作，严禁合闸"的标示牌，并留人监护，以防万一。

(14) 在有灰尘或潮湿低洼的地方敷设电线，应采用橡皮电缆，如用橡皮线则须装于胶管中或铁管内。

(15) 拆除不用的电气设备，不应放在露天或潮湿的地方，应拆洗干净入库保管，以保证绝缘良好。

(16) 带熔断器的开关，其熔丝（片）应按负荷电流配装。更换后熔丝（片）的容量，不可过大或过小。若换低压闸刀开关上的熔丝（片），则应先拉开闸刀。

(17) 进户线或屋内电线穿墙时应用瓷管、塑料管。在干燥的地方或竹席墙，可用胶皮管或缠4层以上胶布，且与易燃物保持可靠的防火距离。

(18) 敷设在电线管或木线槽内的电线，不得有接头。

(19) 经常移动和潮湿的地方（如廊道）使用的电灯软线应采用双芯橡皮绝缘或塑料绝缘软线，并经常检查绝缘情况。

(20) 临时炸药库、油库的电线，应用没有接头的电线，严禁把架空明线直接引进库房。库内不得装设开关或熔断丝等易发生火花的电气元件；库内照明应用防爆灯。

(21) 熔丝或熔片不得削细削窄使用，也不应随意组合和多股使用，更不应使用铜（铝）导线代替熔丝或者熔片。

(22) 操作刀闸开关及油开关时，应戴绝缘手套，并要设专人监护。

(23) 40kW以上电动机，进行试运转时，应配有测量仪表和保护设备。一个电源开关不得同时试验两台以上的电气设备。

(24) 电气设备试验时,应有接地。电气耐压工作,应穿绝缘靴,戴绝缘手套,并设专人监护。

(25) 试验电气设备或器具时,应设围栏并挂上"高压危险!止步!"的标示牌,并设专人看守。

(26) 耐压结束,断开试验电源后,应先对地放电,然后方能拆除接线。

(27) 准备试验的电气设备,在未做耐压试验前,应先用摇表测量绝缘电阻,绝缘电阻不合格者禁止试验。

(28) 不应将易燃物和其他物品堆放在干燥室。

(29) 施工机械设备的电器部分,应由专职电工维护管理,非电气工作人员不得任意拆、卸、装、修。

4. 通信电工

(1) 通信电工应经培训,并经考试合格后,方准上岗作业。

(2) 通信电工应熟悉设备技术性能及工具、仪表、仪器的使用方法。

(3) 通信设备、线路及杆塔应有可靠的防雷措施。雷雨前后应对防雷设施做认真的检查、测试。

(4) 通信线路与低压交流线路"共杆"架设时,通信线路应在低压交流线路的下方,与低压交流线路的垂直距离应大于或等于1.5m。

(5) 在"共杆"上施工作业时,要有可靠的安全技术措施,避免触电。

(6) 应保证通信线路离路面的安全距离满足表1.3中的规定。

表1.3　　　　　　　　　跨越路面距离

序号	项目	最小距离/mm
1	线条距离地面(在一般地区)	3
2	线条距离地面(在市政人行道上)	4.5
3	线条距离地面(在高农作物地区)	3.5
4	线条距公路路面	6
5	线条距铁路轨面	7

(7) 应定期对线路、杆塔进行安全检查,防止倒杆、垮线、断线事故发生。

(8) 通信电工还应遵守外线电工、维护电工及充电工的有关安全规定。

1.1.2.3　接地(接零)与防雷安全

(1) 施工现场专用的中性点直接接地的电力线路中必须采用TN-S接零保护系统,并遵守以下规定:

1) 电气设备的金属外壳必须与专用保护零线(简称保护零线)连接。保护零线应由工作接地线、配电室的零线或第一级漏电保护器电源侧的零线引出。

2) 隧道地下工程等潮湿或条件特别恶劣施工现场的电气设备必须采用保护接零。

3) 当施工现场与外电线路共用同一个供电系统时,电气设备应根据当地的要求做保护接零,或做保护接地。不得一部分设备做保护接零,另一部分设备做保护接地。

4) 做防雷接地的电气设备,必须同时做重复接地。同一台电气设备的重复接地与防雷接地使用同一接地体时,接地电阻应符合重复接地电阻值的要求。

5) 在只允许做保护接地的系统中,因条件限制接地有困难时,应设置操作和维修电气装置的绝缘台。

6) 施工现场的电力系统严禁利用大地做相线或零线。

7) 保护零线不得装设开关或熔断器。保护零线应单独敷设,不作他用。重复接地线应与保护零线相接。

8) 接地装置的设置应考虑土壤干燥或冻结等季节变化的影响(表1.4),接地电阻值在一年四季均应符合后第(4)(5)条的要求,但防雷装置的冲击接地电阻值只考虑在雷雨季节中土壤干燥状态的影响。

表 1.4　　　　　　　　　　接地装置的季节系数 ϕ 值

埋深/m	水平接地体	长度 2～3m 的垂直接地体	备注
0.5	1.4～1.8	1.2～1.4	
0.8～1.0	1.25～1.45	1.15～1.45	深埋接地体
2.5～3.0	1.0～1.1	1.0～1.1	

注　大地比较干燥时,则取表中的较小值;比较潮湿时,则取表中较大值。

9) 保护零线的截面,应不小于工作零线的截面,同时必须满足机械强度要求,保护零线的统一标志为绿/黄双色线。

(2) 正常情况下,下列电气设备不带电的外露导电部分,应做保护接零。

1) 电机、变压器、电器、照明器具、手持电动工具的金属外壳。

2) 电气设备传动装置的金属部件。

3) 配电屏与控制屏的金属框架。

4) 室内、外配电装置的金属框架及靠近带电部分的金属围栏和金属门。

5) 电力线路的金属保护管、敷线的钢索、起重机轨道、滑升模板操作平台等。

6) 安装在电力线路杆(塔)上开关、电容器等电气装置的金属外壳及支架。

(3) 正常情况时,下列电气设备不带电的外露导电部分,可不做保护接零。

1) 在木质、沥青等不良导电地坪的干燥房间内;交流电压 380V 及以下的电气设置金属外壳(当维修人员可能同时触及电气设备金属外壳和接地金属物件时除外)。

2) 安装在配电屏,控制屏金属框架上的电气测量仪表、电流互感器、继电器和其他电器外壳。

(4) 电力变压器或发电机的工作接地电阻值不得大于 4Ω。

(5) 施工现场用电的接地与接零应符合以下要求。

1) 保护零线除必须在配电室或总配电箱处做重复接地外,还必须在配电线路的中间处和末端处做重复接地。保护零线每一重复接地装置时接地电阻值应不大于 10Ω。

2) 每一接地装置的接地线应采用两根以上导体,在不同点与接地装置做电气连接。不得用铝导体做接地体或地下接地线。垂直接地体宜采用角钢、钢管或圆钢,不宜采用螺纹钢材。

3) 电气设备应采用专用芯线做保护接零,此芯线严禁通过工作电流。

4) 手持式用电设备的保护零线,应在绝缘良好的多股铜线橡皮电缆内。其截面不得小于1.5mm², 其芯线颜色为绿/黄双色。

5) I类手持式用电设备的插销上应具备专用的保护接零（接地）触头。所用插头应能避免将导电触头误做接地触头使用。

6) 施工现场所有用电设备, 除做保护接零外, 必须在设备负荷线的首端处设置有可靠的电气连接。

(6) 移动式发电机供电的用电设备, 其金属外壳或底座, 应与发电机电源的接地装置有可靠的电气连接。接地应符合固定电气设备接地的要求。

(7) 施工现场内的起重机、井字架及龙门架等机械设备, 若在相邻建筑物、构筑物的防雷装置的保护范围以外, 应按表1.5的规定安装防雷装置。

表1.5　　　　　　　　施工现场内机械设备需安装防雷装置的规定

地区年平均雷暴日/d	机械设备高度/m	地区年平均雷暴日/d	机械设备高度/m
≤15	≥50	≥40, <90	≥20
>15, <40	≥32	≥90及雷害特别严重的地区	≥12

(8) 防雷装置应符合以下要求:
1) 施工现场内所有防雷装置的冲击接地电阻值不得大于30Ω。
2) 各机械设备的防雷引下线可利用该设备的金属结构体, 但应保证电气连接。
3) 机械设备上的避雷针（接闪器）长度应为1~2m。
4) 安装避雷针的机械设备所用动力、控制、照明、信号及通信等线路, 应采用钢管敷设, 并将钢管与该机械设备的金属结构体做电气连接。

1.1.2.4　变压器与配电室安全

(1) 施工用的10kV及以下变压器装于地面时, 一般应有0.5m的高台, 高台的周围应装设栅栏, 其高度不低于1.7m, 栅栏与变压器外廓的距离不得小于1m, 杆上变压器安装的高度应不低于2.5m, 并挂"止步, 高压危险"的警示标志。变压器的引线应采用绝缘导线。

(2) 变压器运行中应进行定期检查, 包括以下内容:
1) 油的颜色变化、油面指示、有无漏油或渗油现象。
2) 响声是否正常, 套管是否清洁, 有无裂纹和放电痕迹。
3) 接头有无腐蚀及过热现象, 检查油枕的集污器内有无积水和污物。
4) 有防爆管的变压器, 要检查防爆隔膜是否完整。
5) 变压器外壳接地情况, 接地线有无中断、断股或锈烂等情况。

(3) 配电室应符合以下要求:
1) 配电室应靠近电源, 并应设在无灰尘、无蒸汽、无腐蚀介质及振动的地方。
2) 成列的配电屏（盘）和控制屏（台）两端应与重复接地线及保护零线做电气连接。
3) 配电室应能自然通风, 并应采取防止雨雪和动物出入措施。
4) 配电屏（盘）正面的操作通道宽度, 单列布置应不小于1.5m, 双列布置应不小于

2m；侧面的维护通道宽度应不小于1m；盘后的维护通道应不小于0.8m。

5) 在配电室内设值班或检修室时，该室距电屏（盘）的水平距离应大于1m，并采取屏障隔离。

6) 配电室的门应向外开，并配锁。

7) 配电室内的裸母线与地面垂直距离小于2.5m时，采用遮栏隔离，遮栏下面通行道的高度不小于1.9m。

8) 配电室的围栏上端与垂直上方带电部分的净距不小于0.075m。

9) 配电装置的上端距天棚不小于0.5m。

10) 母线均应涂刷有色油漆（以屏、盘的正面方向为准），其涂色应符合表1.6规定。

表1.6　　　　　　　　　　母 线 涂 色 表

相别	颜色	垂直排列	水平排列	引下排列
A	黄	上	后	左
B	绿	中	中	中
C	红	下	前	右
D	黑			

11) 配电室的建筑物和构筑物的耐火等级应不低于3级，室内应配置砂箱和绝缘灭火器。

(4) 配电屏应符合以下要求：

1) 配电屏（盘）应装设有功、无功电度表，并应分路装设电流、电压表。电流表与计费电度表不得共用一组电流互感器。

2) 配电屏（盘）应装设短路、过负荷保护装置和漏电保护器。

3) 配电屏（盘）上的各配电线路应编号，并标明用途标记。

4) 配电屏（盘）或配电线路维修时，应悬挂停电标志牌。停、送电必须由专人负责。

(5) 电压为400/230V的自备发电机组应符合以下要求：

1) 发电机组及其控制、配电、修理室等，在保证电气安全距离和满足防火要求的情况下可合并设置也可分开设置。

2) 发电机组的排烟管道必须伸出室外，机组及其控制配电室内严禁存放储油桶。

3) 发电机组电源应与外电线路电源联锁，严禁并列运行。

4) 发电机组应采用三相四线制中性点直接接地系统，并须独立设置，其接地阻值不得大于4Ω。

5) 发电机组应设置短路保护和过负荷保护。

1.1.2.5　线路敷设

(1) 架空线路架设应符合以下要求：

1) 架空线必须设在专用电杆上，严禁架设在树木、脚手架上。宜采用混凝土杆或木杆，混凝土杆不得有露筋、环向裂纹和扭曲；木杆不得腐朽，其梢径应不小于130mm。

2) 电杆埋设深度宜为杆长 1/10 加 0.6m。但在松软土质处应适当加大埋设深度或采用卡盘等加固。

3) 拉线宜用镀锌铁线，其截面不得小于 $3\times\phi4.0$。拉线与电杆的夹角应在 $45°\sim30°$。拉线埋设深度不得小于 1m。钢筋混凝土杆上的拉线应在高于地面 2.5m 处装设拉紧绝缘子。

4) 因受地形环境限制不能装设拉线时，可采用撑杆代替拉线，撑杆埋深不得小于 0.8m，其底部应垫底盘或石块。撑杆与主杆的夹角宜为 $30°$。

(2) 架空线导线必须采用绝缘铜线或绝缘铝线，截面的选择应满足用电负荷和机械强度要求。接户线在档距内不得有接头，进线处离地高度不得小于 2.5m。接户线最小截面应符合表 1.7 规定。接户线线间及与邻近线路间的距离应符合表 1.8 的要求。

跨越铁路、公路、河流、电力线路档距内的架空绝缘线铝线截面不小于 25mm²。

表 1.7 接户线的最小截面

接户线架设方式	接户线长度/m	接户线截面/mm²	
		铜线	铝线
架空敷设	10~25	4.0	6.0
	≤10	2.5	4.0

表 1.8 接户线线间及与邻近线路间的距离

架设方式	档距/m	线间距离/mm
架空敷设	≤25	150
	>25	200
沿墙敷设	≤6	100
	>6	150
架空接户线与广播线、电话线交叉		接户线在上部，600 接户线在下部，300
架空或沿墙敷设的接户线零线和相线交叉		100

(3) 架空线路与邻近线路或设施的距离应符合表 1.9 的规定。

表 1.9 架空线路与邻近线路或设施的距离

项目	邻近线路或设施类别				
最小净空距离/m	过引线、接下线与邻线	架空线与拉线电杆外缘		树梢摆动最大时	
	0.13	0.05		0.5	
最小垂直距离/m	同杆架设线路通信线路	最大弧垂与地面		最大弧垂与暂设工程顶端	与邻近线路交叉
		施工现场	机动车道	铁路轨道		1kV 以下	1~10kV
	1.0	4.0	6.0	7.5	2.5	1.2	2.5
最小水平距离/m	电杆至路基边缘	电杆至铁路轨道边缘		边线与建筑物凸出部分	
	1.0	杆高+3.0		1.0	

(4) 配电线路应符合以下要求：

1) 配电线路采用熔断器做短路保护时，熔体额定电流应不大于电缆或穿管绝缘导线允许载流量的 2.5 倍或明敷绝缘导线允许载流量的 1.5 倍。

2) 配电线路采用自动开关做短路保护时，其过电流脱扣器脱扣电流整定值，应小于线路末端单相短路电流，并应能承受短时过负荷电流。

3) 经常过负荷的线路、易燃易爆物邻近的线路、照明线路，必须有过负荷保护。

4) 装设过负荷保护的配电线路，其绝缘导线的允许载流量，应不小于熔断器熔体额定电流或自动开关延长时过流脱扣器脱扣电流整定值的 1.25 倍。

(5) 电缆线路敷设应符合以下要求：

1) 电缆干线应采用埋地或架空敷设，严禁沿地面明设，并应避免机械损伤和介质腐蚀。

2) 电缆在室外直接埋地敷设的深度应不小于 0.6m，并应在电缆上下各均匀铺设不小于 50mm 厚的细砂，然后覆盖砖等硬质保护层。

3) 电缆穿越建筑物、构筑物、道路、易受机械损伤的场所及引出地面从 2m 高度至地下 0.2m 处，必须加设防护套管。

4) 埋地敷设电缆的接头应设在地面上的接线盒内，接线盒应能防水、防尘、防机械损伤并应远离易燃、易腐蚀场所。

5) 橡皮电缆架空敷设时，应沿墙壁或电杆设置，并用绝缘子固定，严禁使用金属裸线做绑线。固定点间距应保证橡皮电缆能承受自重所带来的荷重。橡皮电缆的最大弧垂距地不得小于 2.5m。

6) 电缆接头应牢固可靠；并应做绝缘包扎，保持绝缘强度，不得承受张力。

(6) 室内配线应符合以下要求：

1) 室内配线必须采用绝缘导线。采用瓷瓶、瓷（塑料）夹等敷设，距地面高度不得小于 2.5m。

2) 进户线过墙应穿管保护，距地面不得小于 2.5m，并应采取防雨措施。

3) 进户线的室外端应采用绝缘子固定。

4) 室内配线所用导线截面，应根据用电设备的计算负荷确定，但铝线截面应不小于 2.5mm^2，铜线截面应不小于 1.5mm^2。

5) 潮湿场所或埋地非电缆配线必须穿管敷设，管口应密封。采用金属管敷设时必须做保护接零。

6) 钢索配线的吊架间距不宜大于 12m。采用瓷夹固定导线时，导线间距应不小于 35mm，瓷夹间距应不大于 800mm；采用瓷瓶固定导线时，导线间距应不小于 100mm，瓷瓶间距应不大于 1.5m；采用护套绝缘导线时，允许直接敷设于钢索上。

1.1.2.6 配电箱、开关箱与照明安全

(1) 动力配电箱与照明配电箱宜分别设置，如合置在同一配电箱内，动力和照明线路应分别设置。

(2) 配电箱及开关箱安装使用应符合以下要求：

1) 配电箱、开关箱及漏电保护开关的配置应实行"三级配电，两级保护"，配电箱内

电器设置应按"一机一闸一漏"原则设置。

2) 配电箱与开关箱的距离不得超过 30m。开关箱与其控制的固定式用电设备的水平距离不宜超过 3m。

3) 配电箱、开关箱应装设在干燥、通风及常温场所；不得装设在有严重损伤作用的瓦斯、烟气、蒸汽、液体及其他有害介质环境中。不得装设在易受外来固体物撞击、强烈震动，液体浸溅及热源烘烤的场所。

4) 配电箱、开关箱周围应有足够两人同时工作的空间和通道。不得堆放任何妨碍操作、维修的物品；不得有灌木、杂草。

5) 配电箱、开关箱应采用铁板或优质绝缘材料制作，安装在坚固的支架上。固定式配电箱、开关箱的下底与地面的垂直距离应大于 1.3m，小于 1.5m；移动式分配电箱、开关箱的下底与地面的垂直距离宜大于 0.6m，小于 1.5m。

6) 配电箱、开关箱内的开关电器（含插座）应选用经主管部门认证的合格产品，并按其规定的位置固定在电器安装板上，不得歪斜和松动。

7) 配电箱、开关箱内的工作零线应通过接线端子板连接，并应与保护零线接线端子板分设。

8) 配电箱、开关箱内的连接线应采用绝缘导线，接头不得松动，不得有外露带电部分。

9) 配电箱和开关箱的金属箱体、金属电器安装板以及箱内电器的不应带电金属底座、外壳等必须保护接零。保护零线应通过接线端子板连接。

10) 配电箱、开关箱必须防雨、防尘和防砸。

(3) 总配电箱应设置总隔离开关和分路隔离开关、总熔断器和分路熔断器（或总自动开关和分路自动开关），以及漏电保护器。总开关电器的额定值、动作整定值应与分路开关电器的额定值、动作整定值相适应。

总配电箱应装设电压表、总电流表、总电度表及其他仪表。

(4) 每台用电设备应有各自专用的开关箱，严禁用同一个开关电器直接控制两台及两台以上用电设备（含插座）。

(5) 开关箱中必须装设漏电保护器，漏电保护器的装设应符合以下要求。

1) 漏电保护器应装设在配电箱电源隔离开关的负荷侧和开关箱电源隔离开关的负荷侧。

2) 漏电保护器的选择应符合《剩余电流动作保护电器的一般要求》（GB/Z 6829—2008），开关箱内的漏电保护器其额定漏电动作电流应不大于 30mA，额定漏电动作时间应小于 0.1s。

使用于潮湿和有腐蚀介质场所的漏电保护器应采用防溅型产品。其额定漏电动作电流应不大于 15mA，额定漏电动作时间应小于 0.1s。

3) 总配电箱和开关箱中两级漏电保护器的额定漏电动作电流和额定漏电动作时间应做合理配合，使之具有分级分段保护的功能。

4) 漏电保护器必须按产品说明书安装、使用和维护。

(6) 各种开关电器的额定值应与其控制用电设备的额定值相适应。手动开关电器只许用于直接控制照明电路的容量不大于 5.5kW 的动力电路，容量大于 5.5kW 的动力电路应采用自动开关电器或降压启动装置控制。

（7）配电箱、开关箱中导线的进线口和出线口应设在箱体的下底面，严禁设在箱体的上顶面、侧面、后面或箱门处。

移动式配电箱和开关箱的进、出线必须采用橡皮绝缘电缆。进、出线应加护套分路成束并做防水弯，导线束不得与箱体进、出口直接接触。

（8）配电箱开关箱使用与维护应遵守以下规定：

1）所有配电箱均应标明其名称、用途，做出分路标记；并应由专人负责。

2）所有配电箱、开关箱应每月进行检查和维修一次。检查、维修时必须按规定穿、戴绝缘鞋、手套，使用电工绝缘工具；必须将其前一级相应的电源开关分闸断电，并悬挂停电标志牌，严禁带电作业。

3）所有配电箱、开关箱的使用必须遵守下述操作顺序：①送电操作顺序为：总配电箱—分配电箱—开关箱；②停电操作顺序为：开关箱—分配电箱—总配电箱（出现电气故障的紧急情况除外）。

4）施工现场停止作业1h以上时，应将动力开关箱断电上锁。

5）配电箱、开关箱内不得放置任何杂物，并应经常保持整洁；更换熔断器的熔体时，严禁用不符合原规格的熔体代替。

6）配电箱、开关箱的进线和出线不得承受外力。严禁与金属尖锐断口和强腐蚀介质接触。

（9）现场照明应采用高光效、长寿命的照明光源。对需要大面积照明的场所，应采用高压汞灯、高压钠灯或混光用的卤钨灯。照明器具选择应符合下列规定：

1）正常湿度时，选用开启式照明器。

2）潮湿或特别潮湿的场所，应选用密闭型防水防尘照明器或配有防水灯头的开启式照明器。

3）含有大量尘埃但无爆炸和火灾危险的场所，应采用防尘型照明器。

4）对有爆炸和火灾危险的场所，必须按危险场所等级选择相应的防爆型照明器。

5）在振动较大的场所，应选用防振型照明器。

6）对有酸碱等强腐蚀的场所，应采用耐酸碱型照明器。

7）照明器具和器材的质量均应符合有关标准、规范的规定，不得使用绝缘老化或破损的器具和器材。

（10）一般场所宜选用额定电压为220V的照明器，对下列特殊场所应使用安全电压照明器：

1）隧道、地下工程，有高温、导电灰尘，且灯具离地面高度低于2.5m等场所的照明，电源电压应不大于36V。

2）在潮湿和易触及带电体场所的照明电源电压不得大于24V。

3）在特别潮湿的场所、导电良好的地面、锅炉或金属容器内工作的照明电源电压不得大于12V。

（11）使用行灯应符合下列要求：

1）电源电压不超过36V。

2）灯体与手柄应坚固、绝缘良好并耐热耐潮湿。

3）灯头与灯体结合牢固，灯头无开关。

4）灯泡外部有金属保护网。

5）金属网、反光罩、悬吊挂钩固定在灯具的绝缘部位上。

（12）照明变压器必须使用双绕组型，严禁使用自耦变压器。

（13）携带式变压器的一次侧电源引线应采用橡皮套电缆或塑料护套软线。其中绿/黄双色线做保护零线用，中间不得有接头，长度不宜超过 3m，电源插销应选用有接地触头的插销。

（14）在坑洞隧道、地下工程作业、夜间施工或自然采光差等场所，应设一般照明、局部照明或混合照明，并必须装设自备电源的应急照明。

1.1.2.7 电动机械与手持电动工具使用安全

（1）电动施工机械和手持电动工具的选购、使用、检查和维修必须遵守下列规定：

1）选购的电动施工机械、手持电动工具和用电安全装置，应符合相应的国家标准、专业标准和安全技术规程，并且有产品合格证和使用说明书。

2）建立和执行专人专机负责制，并定期检查和维修保养。

3）对产生振动的设备其保护零线的连接点不少于两处；并按要求装设漏电保护器。

（2）门（塔）式起重机、室外施工临时电梯、滑升模板的金属操作平台和需要设置避雷装置的井字架等，除应做好保护接零外，还必须按规定做重复接地。设备的金属结构架之间保证电气连接。

（3）电动建筑机械或手持电动工具的负荷线，必须按其容量选取无接头的多股铜芯橡皮护套软电缆。

每一台电动建筑机械或手持电动工具的开关箱内，除应装设过负荷、短路、漏电保护装置外，还必须装设隔离开关。

（4）潜水式电机设备的密封性能，应符合《电机低压电器外壳防护等级》中的 IP68 级规定。

（5）移动式机械电机设备使用应符合以下要求：

1）必须装设防溅型漏电保护器。其额定漏电动作电流不应大于 15mA，额定漏电动作时间应小于 0.1s。

2）负荷线应采用耐气候型的橡皮护套铜芯软电缆。

3）使用电动机械人员必须按规定穿戴绝缘用品，应有专人调整电缆。电缆线长度应不大于 50m。严禁电缆缠绕、扭结和被移动机械跨越。

4）多台移动式机械并列工作时，其间距不得小于 5m；串列工作时，不得小于 10m。

5）移动机械的操作扶手必须采取绝缘措施。

（6）手持式电动工具应符合以下要求：

1）一般场所应选用Ⅱ类手持式电动工具，并应装设额定动作电流不大于 15mA，额定漏电动作时间小于 0.1s 的漏电保护器。

若采用Ⅰ类手持式电动工具，还必须做保护接零。

2）露天、潮湿场所或在金属构架上操作时，必须选用Ⅱ类手持式电动工具，并装设漏电保护器。严禁使用Ⅰ类手持式电动工具。

3) 狭窄场所（锅炉、金属容器、地沟、管道内等），宜选用带隔离变压器的Ⅰ类手持式电动工具；若选用Ⅱ类手持式电动工具，必须装设防溅的漏电保护器。把隔离变压器或漏电保护器装设在狭窄场所外面，工作时并应有人监护。

4) 手持电动工具的负荷线必须采用耐气候型的橡皮护套铜芯软电缆，并不得有接头。

5) 手持式电动工具的外壳、手柄、负荷线、插头、开关等必须完好无损，使用前必须做空载检查，运转正常方可使用。

子任务 1.1.3 施工供水安全

【学习目标】

知识目标：能说出施工供水安全控制的一般内容。

能力目标：能运用供水安全规定进行施工现场供水安全控制工作。

1.1.3.1 供水标准

生活供水水质必须符合《生活饮用水卫生标准》（GB 5749—2006）的规定，见表1.10，并经当地卫生部门检验合格方可使用。生活饮用水源附近不准有厕所、粪坑、污水坑等污染源。

表 1.10　　　　　　　　　　　生活饮用水水质标准

编号		项目	标准
感官性状指标	1	色	色度不超过15度，并不得呈现其他异色
	2	浑浊度	不超过3度，特殊情况不超过5度
	3	臭和味	不得有异臭异味
	4	肉眼可见物	不得含有
化学指标	5	pH值	6.5～6.8
	6	总硬度（以CaO计）	不超过450mg/L
	7	铁	不超过0.3mg/L
	8	锰	不超过0.1mg/L
	9	铜	不超过1.0mg/L
	10	锌	不超过1.0mg/L
	11	挥发酚类	不超过0.002mg/L
	12	阴离合成洗涤剂	不超过0.3mg/L
毒理学指标	13	氟化物	不超过1.0mg/L，适宜浓度0.5～1.0mg/L
	14	氰化物	不超过0.05mg/L
	15	砷	不超过0.04mg/L
	16	硒	不超过0.01mg/L
	17	汞	不超过0.001mg/L
	18	镉	不超过0.01mg/L
	19	铬（六价）	不超过0.05mg/L
	20	铅	不超过0.05mg/L

续表

编　号		项　目	标　准
细菌学指标	21	细菌总数	不超过 100 个/mL
	22	大肠菌数	不超过 3 个/mL
	23	游离性余氯	在接触 30min 后应不低于 0.3mg/L，管网末梢水不低于 0.05mg/L

1.1.3.2　施工供水安全控制

（1）河流取水点应设在水质较好地点，居民区的上游；上游 1000m 至下游 100m 的水域内不得排入工业废水、生活污水及垃圾，也不得从事放牧。

（2）泵站（取水点）周围半径不小于 100m 的水域不得停靠船只、游泳、捕捞和可能污染水源的活动。

（3）水质冻凝消毒处理所用的药剂或过滤材料应符合卫生标准，用于生活的饮用水不得含有对人体健康有害的成分；用于生产的用水不得含有对生产有害的成分。对水质应定期进行化验，确保水质符合标准。

（4）缆车式泵站卷扬机牵引设施应固定牢固，轨道上端设有行程开关，下端设有车程等安全保险连锁装置，取水位置应有明显行车标志，并做到在移车前应检查卷扬机正常完好；启动时有明显音响等信号，升降时有专人监护指挥。

（5）浮船式泵站必须采取固船措施，船上设有航标灯或信号灯，汛期应设有专人监视水情和调整缆绳和输水管。

（6）固定式泵站的水泵地基应坚实，水泵机组必须牢固地安装在基础上。

（7）泵房内应有足够的通道，机组间距应不少于 0.8m，泵房门应朝外开。

（8）蓄水池应符合以下要求：

1）基础稳固。

2）墙体牢固，不漏水。

3）有良好的排污清理设施。

4）在寒冷地区应有防冻措施。

5）水池上有人行通道并设安全防护装置，防止人员掉入池内及冲入管道。

6）生活专用水池须加设防污染顶盖。

（9）阀门井大小应满足操作要求，安全可靠，有防冻措施。

（10）管道应尽量敷设于地下，采用明设时，应有保温防冻措施。在山区明设管道要避开滚石、滑坡地带，以防伤人或管道被砸坏。当明管坡度达 15°～25°时管道下应设挡墩支承，明管转弯处应设固定支墩。

（11）泵站及管路安装应遵守相应的安全技术操作规程。

子任务 1.1.4　供风及压力设备运行安全

【学习目标】

知识目标：能说出施工现场常用压力设备运行的安全规定。

能力目标：能依据压力设备运行安全规定进行安全控制工作。

1.1.4.1 空压机工安全

（1）作业人员应经过培训考试合格，取得上岗资格证书，方可上岗作业。

（2）作业人员应严守岗位，不得擅自离岗，严禁酒后操作。

（3）空压机房应保持清洁和干燥。防止空压机的电动机受潮或吸入尘土。

（4）不得将汽油、油棉纱等易燃易爆物品存放在机房内和储气罐附近，并定期检查消防设施。

（5）储气罐放处应通风良好。距储气罐 15m 以内不得进行焊接或热加工作业。

（6）空压机在运行过程中不得对其进行维护保养及检修工作。

（7）安装或检修后的空压机，应进行试运转，确认性能可靠后方可带负荷运行。

（8）操作高压开关柜，必须站在绝缘胶皮垫上，并戴上绝缘手套。

（9）严禁使用汽油或煤油清洗空压机的空气滤清器、气缸和其他压缩空气管路等零件。不得用燃烧方法清除管道油污。

（10）用压缩空气吹洗零件时，严禁将管口对着人体或其他设备。

（11）内燃机冷却水温过高需要打开水箱盖时，应戴手套或用厚布衬垫，人的面部应避开水箱口。

（12）加油时严禁吸烟和接近明火源。

（13）移动式油动空压机应符合以下要求：

1) 启动前的检查与准备：

a. 各连接部分应紧固可靠，各运转部分和阀门应动作灵活，加满冷却水；检查并添加燃油、润滑油；检查各油、水、气管道有无渗漏。

b. 应确认柴油机减压杆放在启动位置。

c. 应确认燃油调整杆放在低速位置。

d. 应确认主离合器处于分离状态。

e. 各防护装置齐全良好，储气罐内无存水。

2) 启动时应遵守下列规定：

a. 分离起动机离合器，打开汽油箱油阀。

b. 接通点火线路，将化油器风门关闭。

c. 套上起动手轮，缓慢转动至感觉手轮的阻力较大时，急速转动 2~3 次后，打开化油器风门，再转动手轮，直到发动为止。

3) 启动柴油机应遵守下列规定：

a. 起动机运转预热后，方可将变速箱手柄搬到高速位置。

b. 将接合机手柄向后拉，使起动机小齿轮与柴油机飞轮齿圈啮合。若啮合不顺，可短暂接合起动机离合器。

c. 松开调速器弯杆，将离合器手柄后拉，平稳地接合起动机离合器。

d. 起动机以正常转速带动柴油机，将减压杆手柄推向预热位置，待柴油机运转加热后，把燃油调整杆放在中间位置，再将减压杆推向工作位置。

e. 应密切注视机油压力。

f. 柴油机发动后，及时将起动机离合器分离，关闭汽油箱油阀，待汽缸内汽油烧完后切断点火线路，停止起动机，起动机连续运转时间不得超过 15min。

g. 柴油机起动后，必须分别用低速、中速、额定转速进行加热运转，同时注意各仪表读数是否正常，水温升至 55℃ 以上后，方可带负荷运转。

4）运转作业应遵守下列规定：

a. 注意柴油机仪表读数，倾听机械运转声音是否正常。如发现异常情况应立即停机检查。

b. 空压机的排气温度不得超过 160℃，润滑油温度为 50～85℃，润滑油压力应为 98～294kPa，但不得低于 98kPa。

c. 储气罐内最大压力不许超过铭牌规定的压力。

d. 所有连接部分不得有漏气、漏油或松动现象。

e. 每工作 2～4h，应开启中间冷却器和储气罐的冷凝油水排放门 1～2 次。

f. 搞好机器的清洁工作。空压机长时间连续运转后，禁止用冷水冲洗。

5）停机应遵守下列规定：

a. 停机时须逐渐开启储气罐的排气阀，使气压逐渐降低，并相应地降低柴油机转速，使空压机在无负荷，转速在 550～600r/min 情况下运转 5～10min。

b. 脱开主离合器，空压机停止运转。

c. 将柴油机转速降至 500～550r/min，继续运转 5min，然后停止供油，使柴油停止运转。

d. 关闭柴油机出油阀。

e. 冬季温度低于 +5℃ 时，停机后应立即放尽未加防冻液的冷却水。

f. 其他机型起动、运转、停机等操作按其说明书执行。

（14）固定式电动空压机应符合以下要求：

1）起动前的准备和检查：

a. 清除机体和电动机附近的工具和杂物，并清扫干净。

b. 曲轴箱中的油质和油量应符合要求。

c. 压气管路各阀门开闭应灵活，并处于开机前的位置。

d. 长期停机后，应向齿轮油泵内注满机油，摇动齿轮油泵使油压升到 100kPa 以上。

e. 各连接部位无松动现象，安全防护装置应齐全可靠，电动机及电气设备应正常，并应保证电器设备的外壳有良好接地装置。接地电阻不大于 4Ω；起动设备动作灵活，操作把手应置于零位，油断路器在断开位置，可控硅励磁装置所有开关均处于停机位置。

f. 中间冷却器如有气压，应进行排放；调节卸荷器，使空压机处于无负荷状态。

g. 打开冷却器进水阀，并调至适宜流量；向注油器内注入清洁的压缩机油至规定高度，摇动注油器手柄，向汽缸内注油，并确认油已进入气缸。

2）运转作业应遵守下列规定：

a. 各仪表指示，各部油位、油温、油压、水温、排气温度及气压等应符合要求。

b. 电动机及机械部分应无异常响声和振动，电气各部运行正常无过热现象，电流表、电压表的指示应在规定范围内。

c. 注油器工作应正常。

d. 中间冷却器及各管路等部位无漏水、漏气等现象。

e. 冷却水流量应均匀，不得有间歇性的排气及冒气泡等现象。

f. 卸荷器和安全阀压力调定后不得变动。

g. 中间冷却器及储气罐内积水和油每班应排放 2~3 次。

h. 各部螺丝、销子无松动现象。

3) 空压机运行中发现下列情况之一时，作业人员应停机检查：

a. 压缩机发生严重漏气或漏水；冷却水突然中断。

b. 润滑油压力降到 100kPa 以下或突然中断；润滑油温度过高。

c. 中间压力、二级排气压力或排气温度超过允许范围。

d. 电流表、压力表、温度表指示值突然超过规定。

e. 压缩机或电动机有不正常声响。电动机的滑环和电刷间有严重跳火现象。

4) 作业人员在停机时应遵守下列规定：

a. 应逐渐关闭减荷阀门，使空压机空载运转。

b. 应先关小冷却水的进水阀门，15min 后全部关闭。

c. 排放冷却水须待水温降到 60℃ 以下后进行。

d. 空压机日常维护保养及检修的废弃物（含油料）应集中保管处理，不应乱扔乱倒。

1.1.4.2 司炉工安全

(1) 作业人员应经过特种设备专业培训考试合格，取得上岗资格证书后方可上岗；作业时须按规定穿戴劳动保护用品。

(2) 工作前应检查锅炉本体和安全附件等，确认正常后方可操作。

(3) 执行交接班制度，并把本班运行情况、水质处理情况等，记入运行记录本上。

(4) 安全阀和压力表的铅封，不得任意拆开。

(5) 安全阀应每周进行一次手动排气试验，防止阀芯黏住。安全阀定压应符合特种设备的规定。

(6) 压力表弯管应每周进行一次冲洗，并在刻度盘上划上红线，指出工作压力。

(7) 水位表每班应冲洗一次，保证水位表清晰。

(8) 排污阀每班应开启一次。

(9) 每周应至少打扫一次火管中的烟灰和燃烧室的积灰。

(10) 锅炉运行必须按规定进行水质处理，否则不得运行。

(11) 新装和使用中的压力表，必须有国家计量部门一年以内的校验合格证明和铅封，否则不得使用。

(12) 煤粉炉的磨煤机作业场所，严禁吸烟和动用明火。

(13) 烘炉：

1) 对新装、移装和大修后的锅炉，在运行前应烘炉，进行干燥处理。

2) 应根据运行锅炉的型号，按其设备说明书规定的烘炉时间进行。

(14) 煮炉：

1) 煮炉用药、数量及煮炉时间按其设备说明书规定进行，并做好相关记录。

2) 在煮炉过程中，不要进行排污，应在煮炉之后，将污水一次排放。

3) 升压前应将透气阀开启。如有蒸汽从透气阀冒出而使炉内水位降低，应补充至正常水位。

4) 停炉冷却后排出炉水，并及时用清水（温水）将锅炉内部冲洗干净。当锅筒内壁呈现黑褐色时，煮炉达到合格。

(15) 锅炉经检查合格，准备工作完毕，方可升火。升火应遵守以下安全规定：

1) 检查合格后，关闭排污阀，向炉内进软化水。上水时打开透气阀或安全阀，以便排出炉内空气。

2) 进水时应检查人孔、手孔是否有渗漏，水位应维持不变。如有下降应查找原因，加以排除。

3) 燃煤锅炉宜在炉排上放上木柴等引燃物，打开引风机抽出冷空气或可燃气体，然后点火，着旺后添煤，再开鼓风机。

4) 煤炭应搭配合理，检查煤里有无炸药、雷管等危险物品，并加适当的水分。

5) 锅炉的升火时间（从点火到起压），一般火管锅炉为 5～6h，水管锅炉 3～4h。

6) 升火时，随时注意检查锅炉水位，如水位上升过快，可排污。

(16) 锅炉升压时应遵守以下安全规定：

1) 当开启的安全阀（或透气阀）冒蒸汽时，应将其关闭。

2) 当汽压升至 50～100kPa 时，应冲洗水位表。冲洗时应做好防护工作，以免玻璃管爆破伤人。

3) 当汽压升至 100～150 kPa 时，冲洗压力表存水弯管，校对两只压力表压力是否相同。

4) 当汽压升至 196～294kPa 时，检查各连接处有无渗漏现象。

5) 当汽压升至 294～392kPa 时，应试用给水设备和排污装置。

6) 汽压升至工作压力时，应进行暖管。

7) 当汽压升至工作压力时，检查安全阀是否灵敏、准确。

8) 在升压过程中，不得进行紧固工作。

(17) 安全阀的开启压力，在初次升火时，应按规定进行定压并铅封。

(18) 几台锅炉向同一蒸汽母管送汽时，应先并炉，然后供汽。并炉时应做到：

1) 减弱火力，开启蒸汽母管及主汽管上的疏水阀。

2) 锅炉汽压比蒸汽母管低 49～98kPa 时，即可开始并炉。缓慢打开主汽阀，有旁通阀时先开启，待暖管后，再逐渐开大主汽阀至全开启。主汽阀开足后应倒回一圈，然后再关闭旁通阀和过热气上的疏水阀。

3) 应保持汽压和水位正常。若管路里有水击现象，应加强疏水后再并炉。

(19) 锅炉供汽应做到以下几点：

1) 微开总汽阀，进行暖管，同时打开管路上的疏水阀泄出冷凝水，暖管时间不少于 0.5h。

2) 开启主汽阀应缓慢进行，根据阀径的大小，应控制在 4～9min。

3) 管道已热，管道里的冷凝水逐步减少以后，方可全开主汽阀。全开后，倒回一圈，防止卡住。

(20) 锅炉运行时，对于水位、汽压、风量、吹灰、排污等均应根据实际情况随时进行调节，确保运行正常。调节内容如下：

1) 保持锅炉正常水位。正常水位一般应在水位表中间，在低负荷时，应稍高于正常水位；在高负荷时，应稍低于正常水位，但上下变动范围不宜超过 4mm。不能连续上水的锅炉，每次上水应少上、勤上。

2) 保持汽压稳定。注意压力表的变化，当压力超过最高许可工作压力时，安全阀应迅速排汽。因故不能排汽时，必须立即用人工方法开启安全阀，进行排汽降压。

3) 有蒸汽过热器的锅炉，对过热蒸汽的温度应控制在规定范围内。

4) 合理配风。正常运行时，宜保持 2～3mm 水柱的炉膛负压。

5) 定期排污时，要有专人看炉内水位。

6) 受热面应定期吹灰和清除烟垢。

7) 手烧炉上水、添煤、拨火和出碴要错开，投煤动作要快，加煤应均匀。

(21) 停炉：

1) 锅炉暂时压火停炉，压火期间应有专人值班，防止造成缺水和超压事故。

2) 长期停炉应使炉内水位高于正常水位。如和正在运行的锅炉并炉时，必须采取安全防护措施，防止蒸汽母管压力顶回造成事故。

3) 锅炉运行时，遇有下列情况之一时，应立即停炉，然后报告有关业务管理部门：

a. 锅炉水位低到允许的最低水位以下，虽不断加大锅炉给水及采取其他措施，但水位仍继续下降。

b. 锅炉水位已升到允许的最高水位以上，虽经放水，仍不见水位下降。

c. 给水设备全部失效。

d. 水位表、压力表、排污阀和安全阀中，有一项全部失效。

e. 锅炉元件损坏，危及运行人员安全。

f. 燃烧设备损坏，炉墙倒塌或锅炉构件被烧红等。

g. 其他异常运行情况，且超过安全运行范围。

4) 作业人员在紧急停炉时应遵守以下规定：

a. 停止给煤和送风，减弱引风，关闭烟道挡板和灰门。

b. 扒出炉膛内的燃煤，使火熄灭。但不得往炉膛里浇水。

c. 将锅炉与蒸汽母管完全隔断，开启透气阀、安全阀和过热器疏水阀，迅速排放蒸汽，降低压力。

d. 在紧急停炉时，如无缺水现象，可采取排污和给水交替的降压措施。

e. 如遇缺水事故时，不得进行给水，可开启透气阀或提升安全阀，防止锅炉受到突然的温度或压力变化而扩大事故。

f. 如遇满水事故时，应立即停止给水，可关小烟道挡板，使燃烧减弱并开启排污阀放水。同时开启蒸汽母管及有过热器的疏水阀门，进行疏水。

(22) 热水锅炉除了按照蒸汽锅炉运行操作规程以外，还应做到以下几点：

1) 在开始上水、升火时，应检查进出水阀门是否开启，各处风门是否打开。

2) 启动大型循环水泵时，应先打开旁通门或者关小进、出水阀门，以免启动升压太快。待运转正常后，再关闭旁通门或开大进、出水阀门。

3) 运行中，应经常注意压力和温度不得超过规定的数值。

4) 运行时，应先开动循环水泵，等供热系统循环水运行正常后才能提高炉温。停炉时，不得立即停泵，待锅炉出水温度降到50℃以下时才能停泵。

5) 在严寒季节，要注意防止管道冻结、堵塞。要特别注意在停电、停水时做好维护工作。

(23) 热水锅炉运行中，遇有下列情况之一时，作业人员应立即停炉：

1) 因循环不良造成炉水汽化或锅炉出口热水温度上升到与出口压力下相应饱和温度的差小于20℃。

2) 炉水温度急剧上升失去控制。

3) 循环水泵或补给水泵全部失效。

4) 压力表或安全阀全部失效。

5) 锅炉元件损坏，危及运行人员安全。

6) 补给水泵不断补水，锅炉水位仍然继续下降。

7) 燃烧设备损坏、炉墙倒塌或锅炉构件烧红等，严重威胁锅炉安全运行。

8) 其他异常运行情况，且超过安全运行允许范围。

(24) 检修保养：

1) 锅炉在运行期间和停炉后检修，作业人员应遵守以下规定：

a. 搞好日常维护保养，防止锅炉部件损坏和发生事故。

b. 应有备品备件，如管子、阀门、水位表、玻璃管（板）炉排片、压力表等，以保证出故障后能及时更换、修理。

c. 对锅炉受压元件进行修补焊接时，必须经过锅炉安全检查人员同意，方可进行。

d. 停炉检修时，必须进行内、外部检验，确定检修项目和处理方案。

e. 锅炉每次检验、检修情况，应记入安全技术档案。

2) 锅炉使用或备用锅炉应采取防腐措施。

3) 锅炉水压试验应遵守以下安全规定：

a. 从工作压力升至试验压力的过程中，严禁任何人留在锅炉旁。

b. 水压试验发现泄漏，应当降压到零后处理，不得带压修理。

(25) 锅炉操作间应保持整洁，煤渣及其他废弃物要集中堆放处理。

1.1.4.3 冷冻（氨压）机工安全

(1) 作业人员必须经过专门培训，经考试合格取得上岗资格证书后方可上岗作业。

(2) 开车前，应全面检查机械、电气设备及各部管道有无漏气、漏水和其他异常现象，在确认整个设备完好后，才可按操作程序启动。

(3) 运转中应密切注意设备的工作情况，发现异常时，应停机检查。发生意外危险或事故时，应紧急停车处理。

(4) 储液器所储氨液应维持在容器容积的1/3～1/2，储液量不得超过容积的4/5，不得小于容积的1/3。

(5) 制冷设备的充氨应在宽敞平整的场所进行。充氨时附近严禁吸烟、电焊和生明火。氨瓶必须放置稳当,并将空瓶、实瓶严格分开。

(6) 严禁将氯化钠盐和氯化钙盐混合使用。

(7) 氨瓶应避免曝晒、撞击。氨气瓶与明火的距离一般不小于10m。

(8) 开关氨瓶阀门时,应站在阀门侧面慢慢操作。如遇瓶阀冻结时,可用温水解冻,严禁用火烘烤。

(9) 在检修冷冻机前,必须先将机内的氨气抽走;检查完毕以后,必须把机内空气抽出。

(10) 氨压机工必须掌握设备的泄氨紧急处理方法和对中毒人员进行急救的办法。

(11) 不应运转带"病"机械和电气设备及超负荷运转。试运转应按照安全技术措施进行。

(12) 定期检查机械和动力机座的稳固性,保证转动的危险部位设有防护装置。

(13) 电气设备和线路必须绝缘良好,各种电动机必须按规定接零接地,并设置单一开关,遇有临时停电或停工休息时,必须拉闸加锁。

(14) 安全阀、压力表须准确、灵敏、可靠,并按规定定期校验。

(15) 修理盛有氨的容器时,应事先放去其中的氨,放氨时,应戴防护手套和防毒面具。

1.1.4.4 施工供风安全

(1) 空气压缩机站(房)应选择在基岩或土质坚硬、地势较高的地点。并应适当离开要求安静和防震要求较高的场所。

(2) 空气压缩机站应远离散发爆炸性、腐蚀性、有毒害气体、产生粉尘的场所和生活区,并做好防火、防洪、防高温等各项措施。

(3) 寒冷地区压气站应有取暖设施以防由于润滑油过稠而发生事故。

(4) 机房应宽敞明亮,尽可能利用自然采光,并设有排风、降温设施,以利于检修和散热。

(5) 机房应有足够的高度。在单机排气量等于或大于 $20m^3/min$,总安装容量等于或大于 $60m^3/min$ 的压缩空气站,宜安装桥(门)式起重机等起重设备,以便于检修工作的安全、可靠。

(6) 机组之间应有足够的宽度,一般不少于2.5~3m,机组的一侧与墙之间的距离不应小于2.5m,另一侧应有宽敞的空地,以利于检修。

(7) 机房的墙壁和屋顶应安装吸音材料以减少噪声,空压机房内的噪声不得超过90dB(A),进气口应安装于室外,并装有消音器。

(8) 压缩机的安全阀、压力表、空气阀、调压装置,应齐全灵敏可靠,并按有关规定进行定期检验和标定。

(9) 储气罐应符合以下要求:

1) 储气罐罐体应符合国家有关压力容器的规定。

2) 安装在机房外,距离不小于2.5~3m。

3) 必须安装安全阀,该阀全开时的通气量必须大于空压机排气量。

4)罐与供气总管之间应装设切断阀门。

(10) 空气压缩机的冷却水应符合以下要求:

1)必须是清洁无杂质水,脏污的水或酸性水不准作为冷却水使用。

2)水质硬度较高时应进行软化处理,方可作为冷却水使用。

3)冷却水的压力应不低于0.2MPa,进排水温差不低于10℃。

4)冷却水回水管坡度不小于30%并坡向冷却水池,以保证回水顺利。

5)冷却水池周围,设有防护栏杆及水池排污管。

(11) 空气压缩机房的维修平台和电动机地坑的周围,应设置防护栏杆,栏杆下部,应有防护网或板,地沟应铺设盖板。

(12) 压缩空气站应设废油收集沟,对废油进行回收。

(13) 移动式空气压缩机安装,应基础牢固,宜设防雨、防晒棚和隔离护栏等设施。

(14) 供风管道宜布设在道路、设施的边缘,联结牢固,标志清楚,通过道路、作业场地时应采用埋设。

(15) 供风管道布设在滚石、塌方等区域时,应采用埋设或设置防护挡墙,并设警告标志,在坡度大于15°的坡面铺设管道下面应设挡墙支撑,明管弯段应设固定支墩。

子任务1.1.5 施工通信安全

【学习目标】

知识目标:能说出施工通信安全规定的主要内容。

能力目标:能依据施工通信安全规定进行控制工作。

1.1.5.1 通信站址选择与机房设置要求

(1) 通信站址的选择,应尽量接近线路网中心,应满足下列要求:

1)应尽量避开经常有较大震动或强噪声的地方。

2)应尽量避开易爆、易燃的地方以及空气中粉尘含量过高,有腐蚀性气体,有腐蚀性排放物的地方,如无法避开时,应将通信站设在上述腐蚀性气体或产生粉尘、烟雾、水汽较多的厂房的全年最大频率风向的上风侧。

3)应尽量避开总降压变电所以及易燃、易爆的建筑物和堆积场附近。

4)应选择地形较平坦,地质较坚实,地下水位较低,干扰少的地区。

5)通信站址应选择在不易受洪水淹灌的地区,如无法避开时,可选在基地高程高于要求的计算洪水水位0.5m以上的地方。

(2) 机房建筑的屋面构造应具有防渗漏、保温隔热、耐久的性能。屋内应考虑所需架设通信设备的荷载和构造措施。

(3) 机房屋面上设有天线杆、微波天线基础(包括轨道)、工艺孔洞时应采取防漏措施。

(4) 机房内保温层应采用轻质材料,除应满足工艺结构强度和稳定性要求外,还应符合航空无线部门的有关规定。

(5) 机房及有关走廊等地段的土建工程设计时,主要出入口的高度和宽度尺寸除符合工艺设计要求外,还应满足在紧急情况下的消防要求。

(6) 机房照明，插座的数量和总量符合设计配置要求，安装工艺良好，满足使用要求。

(7) 机房空调设备性能良好，通风管道应清扫干净，达到洁净度规定要求，室内温度和相对湿度应满足局用程控交换设备运转条件要求，即温度18～28℃，相对湿度20%～80%。

(8) 在铺设活动地板的机房内，应对活动地板进行专门检查，地板板块铺设严密坚固，符合安装要求，每平方米水平误差应不大于2mm，地板支柱接地良好，活动地板的系统电阻值应符合 $1.0 \times 10^5 \sim 1.0 \times 10^{10}\Omega$ 的有关规定。

1.1.5.2 通信线路设置要求

(1) 消防及警卫业务中继线，应从每个电话站各引出不少于一对，接到本企业的消防哨和警卫部门。

(2) 有线广播线路应采用双线回路。广播网的用户线电压宜采用30V。

(3) 广播明线与低压电力线同杆架设时，电力线电压不应超过380V，广播线应在电力线下面，其间距不应小于1.5m，线位的确定应考虑安装和维护方便。

(4) 广播明线与通信电缆同杆时，广播线应在通信电缆的上面，其间距不应小于0.6m，且通信电缆每隔200m左右接地一次。

(5) 架空广播明线引入室内或与电缆相连接时，应加装保护设备。

(6) 通信明线线路不应与电力线路同杆架设。

(7) 通信电缆一般不应与电力线路同杆架设，否则应符合以下要求：

1) 与1～10kV电力线路相距不得小于2.5m。

2) 与1kV以下电力线路间距不得小于1.5m。

3) 电缆及吊线每隔200m左右应做一次接地，接地电阻按不大于10Ω考虑，每隔1000m左右应做一次绝缘。

(8) 通信电（光）缆线路施工时，应考虑以下施工环境的影响：

1) 通信电（光）缆穿越道路，在条件允许时可采用钻孔顶管方法敷缆，以利安全和环保。

2) 线路穿越江、河时，在稳固的桥梁上宜采取桥上敷挂和穿槽道方案，以尽量避免扰动水体。

(9) 通信机站建筑物施工建设时应注意采取减轻噪声对周围环境的影响，噪声量级应符合《建筑施工场界噪声限值》的规定。

(10) 特殊施工部位的安全要求：

1) 爆破部位的通信线不能靠近爆破引爆线。

2) 廊道部位的通信线应注意线路的防潮。

3) 缆机部位的通信线应注意线路的折弯移动和线路屏蔽。

4) 高架部位的通信线应注意线路的途中固定不能过疏。

(11) 无线电通信应注意通信设备的频带、功率等有关数据指标是否符合当地无线电管理体系的要求。

(12) 蓄电池室应符合以下有关人身安全的要求：

项目1　施工现场安全控制

1）尽可能设于底层，否则对地面结构应采取防酸液渗入的措施。

2）有可能与蓄电池室、贮酸室的室内空气相接触的一切非耐酸材料和设备均应采取防酸措施。

3）室内应设洗涤和地漏。

4）在通向其他房间的隔墙上不宜开门或窗。

任务1.2　水利水电工程文明施工与环境保护控制

【学习目标】

知识目标：能说出施工现场职业卫生与环保安全控制内容及一般技术要求。

能力目标：能运用职业卫生与环保规定，正确控制与处理现场环保和卫生问题。

子任务1.2.1　文明施工的条件与内容

文明施工是指保持施工场地整洁、卫生，施工组织科学，施工程序合理的一种施工活动。实现文明施工，不仅要着重做好现场的场容管理工作，而且还要相应做好现场材料、机械、安全、技术、保卫、消防和生活卫生等方面的管理工作。一个工地的文明施工水平是施工地乃至所在企业各项管理工作水平的综合体现。

1. 文明施工的基本条件

(1) 有整套的施工组织设计（或施工方案）。

(2) 有健全的施工指挥系统和岗位责任制度。

(3) 工序衔接交叉合理，交接责任明确。

(4) 有严格的成品保护措施和制度。

(5) 大小临时设施和各种材料、构件、半成品按平面布置堆放整齐。

(6) 施工场地平整，道路畅通，排水设施得当，水电线路整齐。

(7) 机具设备状况良好，使用合理，施工作业符合消防和安全要求。

2. 文明施工的基本要求

(1) 工地主要入口要设置简朴规整的大门，门旁必须设立明显的标牌，标明工程名称、施工单位和工程负责人姓名等内容。

(2) 施工现场建立文明施工责任制，划分区域，明确管理负责人，实行挂牌制，做到现场清洁整齐。

(3) 施工现场场地平整，道路坚实畅通，有排水措施，基础、地下管道施工完后要及时回填平整，清除积土。

(4) 现场施工临时水电要有专人管理，不得有长流水、长明灯。

(5) 施工现场的临时设施，包括生产、办公、生活用房、仓库、料场、临时上下水管道以及照明、动力线路，要严格按施工组织设计确定的施工平面图布置、搭设或埋设整齐。

(6) 工人操作地点和周围必须清洁整齐，做到活完脚下清、工完场地清，丢洒在楼梯、楼板上的砂浆混凝土要及时清除，落地灰要回收过筛后使用。

(7) 砂浆、混凝土在搅拌、运输、使用过程中要做到不洒、不漏、不剩,使用地点盛放砂浆、混凝土必须有容器或垫板,如有洒、漏要及时清理。

(8) 要有严格的成品保护措施,严禁损坏污染成品,堵塞管道。高层建筑要设置临时便桶,严禁在建筑物内大小便。

(9) 施工现场不准乱堆垃圾及余物。应在适当地点设置临时堆放点,并定期外运。清运渣土垃圾及流体物品,要采取遮盖防漏措施,运送途中不得遗撒。

(10) 根据工程性质和所在地区的不同情况,采取必要的围护和遮挡措施,并保持外观整洁。

(11) 针对施工现场情况设置宣传标语和黑板报,并适时更换内容,切实起到表扬先进、促进后进的作用。

(12) 施工现场严禁家属居住,严禁居民、家属、小孩在施工现场穿行、玩耍。

(13) 现场使用的机械设备,要按平面布置规划固定点存放,遵守机械安全规程,经常保持机身及周围环境的清洁,机械的标记、编号明显,安全装置可靠。

(14) 清洗机械排出的污水要有排放措施,不得随地流淌。

(15) 在用的搅拌机、砂浆机旁必须设有沉淀池,不得将浆水直接排入下水道及河流等处。

(16) 塔吊轨道按规定铺设整齐稳固,塔边要封闭,道渣不外溢,路基内外排水畅通。

(17) 施工现场应建立不扰民措施,针对施工特点设置防尘和防噪声设施,夜间施工必须有当地主管部门的批准。

3. 文明施工的工作内容

文明施工应包括下列工作:

(1) 进行现场文化建设。

(2) 规范场容,保持作业环境整洁卫生。

(3) 创造有序生产的条件。

(4) 减少对居民和环境的不利影响。

项目经理部应对现场人员进行培训教育,提高其文明意识和素质,树立良好的形象,并按照文明施工标准,定期进行评定、考核和总结。

子任务 1.2.2 环境管理的程序与内容

1. 环境管理的程序

企业应根据批准的建设项目环境影响报告,通过对环境因素的识别和评估,确定管理目标及主要指标,并在各个阶段贯彻实施。项目的环境管理应遵循下列程序:

(1) 确定项目环境管理目标。

(2) 进行项目环境管理策划。

(3) 实施项目环境管理策划。

(4) 验证并持续改进。

2. 环境管理的内容

项目经理负责现场环境管理工作的总体策划和部署,建立项目环境管理组织机构,制定相应制度和措施，组织培训，使各级人员明确环境保护的意义和责任。

项目经理部的工作应包括以下几个方面：

(1) 按照分区划块原则，搞好项目的环境管理，进行定期检查，加强协调，及时解决发现的问题，实施纠正和预防措施，保持现场良好的作业环境、卫生条件和工作秩序，做到污染预防。

(2) 对环境因素进行控制，制定应急准备和相应措施，并保证信息通畅，预防可能出现非预期的损害。在出现环境事故时，应消除污染，并应制定相应措施，防止环境二次污染。

(3) 应保存有关环境管理的工作记录。

(4) 进行现场节能管理，有条件时应规定能源使用指标。

子任务 1.2.3 职业健康

1.2.3.1 职业健康安全管理的概念及要求

1. 职业健康安全相关概念

职业健康安全是指预知人类在生产和生活各个领域存在的固有的或潜在的危险，并且为消除这些危险所采取的各种方法、手段和行动的总称。

职业健康安全生产是指在劳动生产过程中，通过努力改善劳动条件，克服不安全因素，防止伤亡事故发生，使劳动生产在保障劳动者安全健康和国家财产及人民生命财产不受损失的前提下顺利进行。

职业健康安全生产管理是指经营管理者对职业健康安全生产工作进行的策划、组织、指挥、协调、控制和改进的一系列活动，目的是保证在生产经营活动中的人身安全、财产安全，促进生产的发展，保持社会的稳定。

项目职业健康安全管理就是用现代管理的科学知识，概括项目职业健康安全生产的目标要求，进行控制、处理，以提高职业健康安全管理工作的水平。在施工过程中只有用现代管理的科学方法去组织、协调生产，方能大幅度降低伤亡事故，才能充分调动施工人员的主观能动性。在提高经济效益的同时，改变不安全、不卫生的劳动环境和工作条件，在提高劳动生产率的同时，加强对工程项目的职业健康安全管理。

2. 职业健康安全管理的重要性

项目施工现场存在着较多不安全因素，属于事故多发的作业现场。因此，加强对施工现场进行职业健康安全管理具有重要意义。

职业健康安全管理是安全系统管理的关键，是保证水利水电施工企业处于安全状态的重要基础。在施工中多单位、多工种集中在一个场地，而且人员、作业位置流动性较大，因此，加强对施工现场各种要素的管理和控制，对减少职业健康安全事故的发生非常重要。同时，随着我国经济改革的发展，水利水电施工企业迅速发展壮大，难免良莠不齐，为了规范市场，也必须加强职业健康安全管理。

3. 职业健康安全管理的内容

(1) 职业健康安全组织管理。为保证国家有关安全生产的政策、法规及施工现场安全管理制度的落实，水利水电工程施工企业应建立健全职业健康安全管理机构，并对职业健康安全管理机构的构成、职责及工作模式做出规定。水利水电施工企业还应重视职业健康安全档案管理工作，及时整理、完善安全档案、安全资料，对预防、预测、预报职业健康安全事故提供依据。

(2) 职业健康安全制度管理。项目确立以后，施工单位就要根据国家及行业有关职业健康安全生产的政策、法规、规范和标准，建立一整套符合项目特点的职业健康安全管理制度，包括安全生产责任制度，安全生产教育制度，安全生产检查制度，现场安全管理制度，电气安全管理制度，防火、防爆安全管理制度，高处作业安全管理制度，劳动卫生安全管理制度等。用制度约束施工人员的行为，达到职业健康安全生产的目的。

(3) 施工人员操作规范化管理。水利水电施工单位要严格按照国家及行业的有关规定，按各工种操作规程及工作条例的要求规范施工人员的行为，坚决贯彻执行各项职业健康安全管理制度，杜绝由于违反操作规程而引发的工伤事故。

(4) 职业健康施工安全技术管理。在施工生产过程中，为了防止和消除伤亡事故，保障职工职业健康安全，企业应根据国家及行业的有关规定，针对工程特点、施工现场环境、使用机械以及施工中可能使用的有毒有害材料，提出职业健康安全技术和防护措施。职业健康安全技术措施在开工前应根据施工图编制。施工前必须以书面形式对施工人员进行职业健康安全技术交底，对不同工程特点和可能造成的职业健康安全事故，从技术上采取措施，消除危险，保证施工职业健康安全。施工中对各项职业健康安全技术措施要认真组织实施，经常进行监督检查。对施工中出现的新问题，技术人员和职业健康安全管理人员要在调查分析的基础上，提出新的职业健康安全技术措施。

(5) 施工现场职业健康安全设施管理。根据有关规定对施工现场的运输道路，附属加工设施，给排水、动力及照明、通信等管线，临时性建筑（仓库、工棚、食堂、水泵房、变电所等），材料、构件、设备及器具的堆放点，施工机械的行进路线，安全防火设施等一切施工所必需的临时工程设施进行合理设计、有序摆放和科学管理。

4. 职业健康安全管理的要求

(1) 正确处理职业健康安全的五种关系：

1) 职业健康安全与危险的关系。职业健康安全与危险在同一事物的运动中是相互对立的，也是相互依赖而存在的，因为有危险，所以才进行职业健康安全生产过程控制，以防止或减少危险。安全与危险并非是等量并存、平静相处，随着事物的运动变化，职业健康安全与危险每时每刻都在起变化，彼此进行斗争。事物的发展将向斗争的胜方倾斜。可见，在事物的运动中，都不会存在绝对的职业健康安全或危险。保持生产的职业健康安全状态，必须采取多种措施，以预防为主。危险因素是可以控制的，因为危险因素是客观地存在于事物运动之中的，是可知的，也是可控的。

2) 职业健康安全与生产的统一。生产是人类社会存在和发展的基础，如生产中的人、物、环境都处于危险状态，则生产无法顺利进行，因此，职业健康安全是生产的客观要求，当生产完全停止，职业健康安全也就失去意义；就生产目标来说，组织好职业健康安全生产就是对国家、人民和社会最大的负责。有了职业健康安全保障，生产才能持续、稳定、健康发展。若生产活动中事故不断发生，生产势必陷于混乱、甚至瘫痪。当生产与职业健康安全发生矛盾，危及员工生命或资产时，停止生产经营活动进行整治、消除危险因素以后，生产经营形势会变得更好。

3）职业健康安全与质量同步。质量和职业健康安全工作，交互作用，互为因果。职业健康安全第一，质量第一，两个第一并不矛盾。职业健康安全第一是从保护生产经营因素的角度提出的。而质量第一则是从关心产品成果的角度而强调的，职业健康安全为质量服务，质量需要职业健康安全保证。生产过程哪一头都不能丢掉，否则，将陷于失控状态。

4）职业健康安全与速度互促。生产中违背客观规律，盲目蛮干、乱干，在侥幸中求得的进度，缺乏真实与可靠的安全支撑，往往容易酿成不幸，不但无速度可言，反而会延误时间，影响生产。速度应以安全做保障，职业健康安全就是速度，我们应追求职业健康安全加速度，避免职业健康安全减速度。职业健康安全与速度成正比关系。一味强调速度，置职业健康安全于不顾的做法是极其有害的。当速度与职业健康安全发生矛盾时，暂时减缓速度，保证职业健康安全才是正确的选择。

5）职业健康安全与效益同在。职业健康安全技术措施的实施，会不断改善劳动条件，调动职工的积极性，提高工作效率，带来经济效益，从这个意义上说，职业健康安全与效益完全是一致的，职业健康安全促进了效益的增长。在实施职业健康安全措施中，投入要精打细算、统筹安排。既要保证职业健康安全生产，又要经济合理，还要考虑力所能及。为了省钱而忽视职业健康安全生产，或追求资金盲目高投入，都是不可取的。

（2）做到"六个坚持"：

1）坚持生产、职业健康安全同时管。职业健康安全寓于生产之中，并对生产发挥促进与保证作用，因此，职业健康安全与生产虽有时会出现矛盾，但从职业健康安全、生产管理的目标，表现出高度的一致和统一。职业健康安全管理是生产管理的重要组成部分，职业健康安全与生产在实施过程中，两者存在着密切的联系，存在着进行共同管理的基础。国务院在《关于加强企业生产中安全工作的几项规定》中明确指出："各级领导人员在管理生产的同时，必须负责管理安全工作。""企业中各有关专职机构，都应该在各自业务范围内，对实现安全生产的要求负责。"管生产同时管安全，不仅是对各级领导人员明确职业健康安全管理责任，同时，也向一切与生产有关的机构、人员明确了业务范围内的职业健康安全管理责任。由此可见，一切与生产有关的机构、人员，都必须参与职业健康安全管理，并在管理中承担责任。认为职业健康安全管理只是职业健康安全部门的事，是一种片面的、错误的认识。各级人员职业健康安全生产责任制度的建立，管理责任的落实，体现了管生产同时管安全的原则。

2）坚持目标管理。职业健康安全管理的内容是对生产中的人、物、环境因素状态的管理，在于有效地控制人的不安全行为和物的不安全状态，消除或避免事故，达到保护劳动者的职业健康安全的目标。没有明确目标的职业健康安全管理是一种盲目行为。盲目的职业健康安全管理，往往劳民伤财，危险因素依然存在。在一定意义上，盲目的职业健康安全管理，只能纵容威胁人的职业健康安全的状态，向更为严重的方向发展或转化。

3）坚持预防为主。职业健康安全生产的方针是"安全第一、预防为主"，安全第一是从保护生产力的角度和高度，表明在生产范围内，职业健康安全与生产的关系，肯定职业健康安全在生产活动中的位置和重要性。进行职业健康安全管理不是处理事故，而是在生产经营活动中,针对生产的特点,对生产要素采取管理措施,有效地控制不安全因素的发生与扩大,把可能发生的事故,消灭在萌芽状态,以保证生产经营活动中,人的职业健康安全。预防为主,首先是端正对生产中不安全因素的认识和消除不安全因素的态度,选准消除不安全因素的时机。在安排与布置生产经营任务的时候,针对施工生产中可能出现的危险因素,采取措施予以消除是最佳选择,在生产活动过程中,经常检查,及时发现不安全因素,采取措施,明确责任,尽快地、坚决地予以消除,是职业健康安全管理应有的鲜明态度。

4)坚持全员管理。职业健康安全管理不是少数人和职业健康安全机构的事,而是一切与生产有关的机构、人员共同的事,缺乏全员的参与,职业健康安全管理不会有生气、不会出现好的管理效果。当然,这并非否定职业健康安全管理第一责任人和职业健康安全监督机构的作用。单位负责人在职业健康安全管理中的作用固然重要,但全员参与职业健康安全管理更加重要。职业健康安全管理涉及生产经营活动的方方面面,涉及从开工到竣工交付的全部过程、生产时间和生产要素。因此,生产经营活动中必须坚持全员、全方位的职业健康安全管理。

5)坚持过程控制。通过识别和控制特殊关键过程,达到预防和消除事故,防止或消除事故伤害。在职业健康安全管理的主要内容中,虽然都是为了达到职业健康安全管理的目标,但是对生产过程的控制,与职业健康安全管理目标关系更直接,显得更为突出,因此,对生产中人的不安全行为和物的不安全状态的控制,必须列入过程安全制定管理的节点。事故发生往往由于人的不安全行为运动轨迹与物的不安全状态运动轨迹的交叉所造成的,从事故发生的原因看,也说明了对生产过程的控制应该作为职业健康安全管理重点。

6)坚持持续改进。职业健康安全管理是在变化着的生产经营活动中的管理,是一种动态管理。其管理就意味着是不断改进发展的、不断变化的,以适应变化的生产活动,消除新的危险因素。需要的是不间断地摸索新的规律,总结控制的办法与经验,指导新的变化后的管理,从而不断提高职业健康安全管理水平。

1.2.3.2 职业健康安全管理体系

1. 建立职业健康安全管理体系的作用

(1)职业健康安全状况是经济发展和社会文明程度的反映。使所有劳动者获得安全与健康,是社会公正、安全、文明、健康发展的基本标志,也是保持社会安定团结和经济可持续发展的重要条件。

(2)职业健康安全管理体系对企业环境的职业健康安全状态规定了具体的要求和限定,通过科学管理使工作环境符合职业健康安全标准的要求。

(3)职业健康安全管理体系的运行主要依赖于逐步提高、持续改进,是一个动态的、自我调整和完善的管理系统,同时也是职业健康安全管理体系的基本思想。

(4)职业健康安全管理体系是项目管理体系中的一个子系统,其循环也是整个管理系统循环的一个子系统。

2. 建立职业健康安全管理体系的意义

(1)提高项目职业健康安全管理水平的需要。改善职业健康安全生产规章制度不健全、管理方法不适应、职业健康安全生产状况不佳的现状。

(2) 适应市场经济管理体制的需要。随着我国经济体制的改革，职业健康安全生产管理体制确立了企业负责的主导地位，企业要生存发展，就必须推行"职业健康安全管理体系"。

(3) 顺应全球经济一体化趋势的需要。建立职业健康安全管理体系，有利于抵制非关税贸易壁垒。因为世界发达国家要求把人权、环境保护和劳动条件纳入国际贸易范畴，将劳动者权益和职业健康安全状况与经济问题挂钩，否则，将受到关税的制约。

(4) 加入世界贸易组织（WTO），参与国际竞争的需要。我国加入了WTO，国际的竞争日趋激烈，而我国企业职业健康安全工作，与发达国家相比明显落后，如不尽快改变这一状况，就很难参与竞争。而职业健康安全管理体系的建立，就是从根本上改善管理机制和改善劳工状况。所以职业健康安全管理体系的认证是我国加入世贸组织，企业进入世界经济和贸易领域的一张国际通行证。

3. 职业健康安全管理体系的目标

(1) 使员工面临的职业健康安全风险减少到最低限度，最终实现预防和控制工伤事故、职业病及其他损失的目标。帮助企业在市场竞争中树立起一种负责的形象，从而提高企业的竞争能力。

(2) 直接或间接获得经济效益。通过实施"职业健康安全管理体系"，可以明显提高项目职业健康安全生产管理水平和经济效益。通过改善劳动者的作业条件，提高劳动者身心健康和劳动效率。对项目的效益具有长时期的积极效应，对社会也能产生激励作用。

(3) 实现以人为本的职业健康安全管理。人力资源的质量是提高生产率水平和促进经济增长的重要因素，而人力资源的质量是与工作环境的职业健康安全状况密不可分的。职业健康安全管理体系的建立，将是保护和发展生产力的有效方法。

(4) 提升企业的品牌和形象。在市场中的竞争已不再仅仅是资本和技术的竞争，企业综合素质的高低将是开发市场的最重要的条件，是企业品牌的竞争。而项目职业健康安全则是反映企业品牌的重要指标，也是企业素质的重要标志。

(5) 促进项目管理现代化。管理是项目运行的基础。随着全球经济一体化的到来，对现代化管理提出了更高的要求，必须建立系统、开放、高效的管理体系，以促进项目大系统的完善和整体管理水平的提高。

(6) 增强国家经济发展能力。加大对职业健康安全生产的投入，有利于扩大社会内部需求，增加社会需求总量；同时，做好职业健康安全生产工作可以减少社会总损失。而且，保护劳动者的职业健康安全也是国家经济可持续发展的长远之计。

4. 职业健康安全管理体系的原则

为贯彻"安全第一、预防为主"的方针，建立健全职业健康安全生产责任制和群防群治制度，确保项目施工过程的人身和财产安全，减少一般事故的发生，应结合工程的特点，建立项目职业健康安全管理体系，其编制原则如下。

(1) 要适用于建设工程项目全过程的职业健康安全管理和控制。

(2) 依据《中华人民共和国建筑法》《职业安全卫生管理体系标准》（GB/T 24001—1996），国际劳工组织167号公约《建筑业安全卫生公约》及国家有关职业健康安全生产的法律、行政法规和规程进行编制。

(3) 建立职业健康安全管理体系必须包含的基本要求和内容。项目经理部应结合各自实际加以充实,建立职业健康安全生产管理体系,确保项目施工的职业健康安全。

(4) 水利水电工程施工企业应加强对施工项目的职业健康安全管理,指导、帮助项目经理部建立、实施并保持职业健康安全管理体系。施工项目职业健康安全管理体系必须由总承包单位负责策划建立,分包单位应结合分包工程的特点,制定相适宜的职业健康安全保证计划,并纳入接受总承包单位职业健康安全管理体系的管理。

5. 职业健康安全管理体系的要求

(1) 基本术语:

1) 职业健康安全策划。确定职业健康安全以及采用职业健康安全管理体系条款的目标和要求的活动。

2) 职业健康安全体系。为实施职业健康安全管理所需的组织结构、程序、过程和资源。职业健康安全体系的内容应以满足职业健康安全目标的需要为准。

3) 职业健康安全审核。确定职业健康安全活动和有关结果是否符合计划安排,以及这些安排是否有效地实施并适合于达到预定目标的、系统的、独立的检查。

4) 职业健康安全事故隐患。可能导致伤害事故发生的人的不安全行为、物的不安全状态或管理制度上的缺陷。

5) 业主。以协议或合同形式,将其拥有的项目交予水利水电施工企业承建的组织,业主的含义包括其授权人,业主也是标准定义中的采购方。

6) 项目经理部。受水利水电施工企业委托,负责实施管理合同项目的一次性组织机构。

7) 分包单位。以合同形式承担总包单位分部分项工程或劳务的单位。

8) 供应商。以合同或协议形式向水利水电施工企业提供安全防护用品、设施或工程材料设备的单位。

9) 标志。采用文字、印鉴、颜色、标签及计算机处理等形式表明某种特征的记号。

(2) 管理职责:

1) 职业健康安全管理目标。项目实施施工总承包的,由总承包单位负责制定项目的职业健康安全管理目标并确保目标达成。

a. 项目经理为项目职业健康安全生产第一责任人,对职业健康安全生产应负全面的领导责任,实现重大伤亡事故为零的目标。

b. 应用适合于项目规模、特点的职业健康安全技术。

c. 应符合国家职业健康安全生产法律、行政法规和行业职业健康安全规章、规程及对业主和社会要求的承诺。

d. 形成全体员工所理解的文件,并实施、保持。

2) 职业健康安全管理组织:

a. 职责和权限。项目对从事与职业健康安全有关的管理、操作和检查人员,特别是需要独立行使权力开展工作的人员,规定其职责、权限和相互关系,并形成文件。文件内容包括:

a) 编制职业健康安全计划,决定资源配备。

b) 职业健康安全管理体系实施的监督、检查和评价。

c) 纠正和预防措施的验证。

b. 资源。项目经理部应确定并提供充分的资源,以确保职业健康安全管理体系的有效运行和职业健康安全管理目标的实现。资源包括:

a) 配备与职业健康安全相适应并经培训考核持证的管理、操作和检查人员。

b) 施工职业健康安全技术及防护设施。

c) 用电和消防设施。

d) 施工机械职业健康安全装置。

e) 必要的职业健康安全检测工具。

f) 职业健康安全技术措施的经费。

子任务1.2.4 文明施工与环境保护控制操作

1.2.4.1 施工现场环境保护

1. 施工现场管理基本规定

(1) 项目经理部应在施工前先了解经过施工现场的地下管线,标出位置,加以保护。施工时发现文物、古迹、爆炸物、电缆等,应当停止施工,保护现场,及时向有关部门报告,并按照规定处理。

(2) 施工中需要停水、停电、封路而影响环境时,应经有关部门批准,事先告示。在行人、车辆通过的地方施工,应当设置沟、井、坎、洞覆盖物和标志。

(3) 项目经理部应对施工现场的环境因素进行分析,对于可能产生的污水、废气、噪声、固体废弃物等污染源采取措施,进行控制。

(4) 施工垃圾和渣土应堆放在指定地点,定期进行清理。装载工程材料、垃圾或渣土的运输机械,应采取防止尘土飞扬、散落或流溢的有效措施。施工现场应根据需要设置机动车辆冲洗设施,冲洗污水应进行处理。

(5) 除有符合规定的装置外,不得在施工现场熔化沥青和焚烧油毡、油漆,亦不得焚烧其他可产生有毒、有害烟尘和恶臭气味的废弃物。项目经理部应按规定有效地处理有毒、有害物质。禁止将有毒、有害废弃物现场回填。

(6) 施工现场的场容管理应符合施工平面图设计的合理安排和物料器具定位管理标准的要求。

(7) 项目经理部应依据施工条件,按照施工总平面图、施工方案和施工进度计划的要求,认真进行所负责区域的施工平面图的规划、设计、布置、使用和管理。

(8) 现场的主要机械设备、脚手架、密封式安全网与围挡、模具、施工临时道路、各种管线、施工材料制品堆场及仓库、土方及建筑垃圾堆放区、变配电间、消火栓、警卫室、现场的办公、生产和生活临时设施等的布置,均应符合施工平面图的要求。

(9) 现场入口处的醒目位置,应公示下列内容:

1) 工程概况。

2) 职业健康安全纪律。

3) 防火须知。

4）职业健康安全生产与文明施工规定。

5）施工平面图。

6）项目经理部组织机构图及主要管理人员名单。

（10）施工现场周边应按当地有关要求设置围挡和相关的职业健康安全预防设施。危险品仓库附近应有明显标志及围挡设施。

（11）施工现场应设置畅通的排水沟渠系统，保持场地道路的干燥坚实。施工现场的泥浆和污水未经处理不得直接排放。地面宜做硬化处理。有条件时，可对施工现场进行绿化布置。

2. 项目现场环境保护基本规定

（1）把环保指标以责任书的形式层层分解到有关单位和个人，列入承包合同和岗位责任制，建立一支懂行善管的环保自我监控体系。

（2）要加强检查，加强对施工现场粉尘、噪声、废气的监测和监控工作。要与文明施工现场管理一起检查、考核、奖罚，及时采取措施消除粉尘、废气和污水的污染。

（3）施工单位要制定有效措施，控制人为噪声、粉尘的污染和采取技术措施控制烟尘、污水、噪声污染。建设单位应该负责协调外部关系，同当地居委会、村委会、办事处、派出所、居民、施工单位、环保部门加强联系。

（4）要有技术措施，严格执行国家的法律、法规。在编制施工组织设计时，必须有环境保护的技术措施。在施工现场平面布置和组织施工过程中，都要执行国家、地区、行业和企业有关防治空气污染、水源污染、噪声污染等环境保护的法律、法规和规章制度。

（5）水利水电工程施工由于技术、经济条件限制，对环境的污染不能控制在规定范围内的，建设单位应当同施工单位事先报请当地人民政府建设行政主管部门和环境行政主管部门批准。

3. 项目现场环境保护措施

（1）防大气污染措施：

1）施工现场道路采用焦渣、级配砂石、粉煤灰级配砂石、沥青混凝土或水泥混凝土等，有条件的可利用永久性道路，并指定专人定期洒水清扫，形成制度，防止道路扬尘。

2）袋装水泥、白灰、粉煤灰等易飞扬的细颗散粒材料，应库内存放。室外临时露天存放时，必须下垫上盖，严密遮盖，防止扬尘。

3）散装水泥、粉煤灰、白灰等细颗粉状材料，应存放在固定容器（散灰罐）内。没有固定容器时，应设封闭式专库存放，并具备可靠的防扬尘措施。

4）运输水泥、粉煤灰、白灰等细颗粉状材料时，要采取遮盖措施，防止沿途遗撒、扬尘。卸运时，应采取措施，以减少扬尘。

5）车辆不带泥沙出现场的措施包括：在大门口铺一段石子，定期过筛清理；做一段水沟冲刷车轮；人工拍土，清扫车轮、车帮；挖土装车不超装；车辆行驶不猛拐，不急刹车，防止撒土；卸土后注意关好车厢门；场区和场外安排人清扫洒水，基本做到不撒土、不扬尘，减少对周围环境污染。

6）除设有符合规定的装置外，禁止在施工现场焚烧油毡、橡胶、塑料、皮革、树叶、枯草、各种包皮等，以及其他会产生有毒、有害烟尘和恶臭气体的物质。

7) 机动车都要安装 PCA 阀，对那些尾气排放超标的车辆要安装净化消声器，确保不冒黑烟。

8) 工地茶炉、大灶、锅炉，尽量采用消烟除尘型茶炉、锅炉和消烟节能回风灶，烟尘降至允许排放为止。

9) 工地搅拌站除尘是治理的重点，有条件的要修建集中搅拌站，由计算机控制进料、搅拌、输送全过程，在进料仓上方安装除尘器，可使水泥、砂、石中的粉尘降低 99％以上。采用现代化先进设备是解决工地粉尘污染的根本途径。

10) 工地采用普通搅拌站，先将搅拌站封闭严密，尽量不使粉尘外泄、扬尘污染环境，并在搅拌机拌筒出料口安装活动胶皮罩，通过高压静电除尘器或旋风滤尘器等除尘装置将风尘分开净化，达到除尘目的。最简单易行的是将搅拌站封闭后，在拌筒的出料口上方和地上料斗侧面装几组喷雾器喷头，利用水雾除尘。

11) 拆除旧有建筑物时，应适当洒水，防止扬尘。

(2) 防水污染措施：

1) 禁止将有毒、有害废弃物作为土方回填。

2) 施工现场搅拌站废水，现制水磨石的污水、电石（碳化钙）的污水须经沉淀池沉淀后再排入城市污水管道或河流。最好采取措施，将沉淀水回收利用，用于工地洒水降尘。上述污水未经处理不得直接排入城市污水管道或河流中去。

3) 现场存放油料时，必须对库房地面进行防渗处理，如采用防渗混凝土地面、铺油毡等。使用时，要采取措施，防止油料跑、冒、滴、漏，污染水体。

4) 施工现场 100 人以上的临时食堂，污染排放时可设置简易有效的隔油池，定期掏油和杂物，防止污染。

5) 工地临时厕所、化粪池应采取防渗漏措施。临时厕所可采取水冲式厕所、蹲坑上加盖，并有防蝇、灭蝇措施，防止污染水体和环境。

6) 化学药品、外加剂等要妥善保管，库内存放，防止污染环境。

(3) 防止噪声污染措施：

1) 严格控制人为噪声，进入施工现场不得高声喊叫、无故甩打模板、乱吹哨，限制高音喇叭的使用，最大限度地减少噪声扰民。

2) 凡在人口稠密区进行强噪声作业时，须严格控制作业时间，一般从晚 10 点到次日早 6 点停止强噪声作业。确系特殊情况必须昼夜施工时，尽量采取降低噪声措施，并会同建设单位与当地居委会、村委会或当地居民协调，出安民告示，取得群众谅解。

3) 尽量选用低噪声设备和工艺代替高噪声设备与加工工艺，如低噪声振捣器、风机、电动空压机、电锯等。

4) 在声源处安装消声器消声，即在通风机、鼓风机、压缩机、燃气轮机、内燃机及各类排气放空装置等进出风管的适当位置设置消声器。常用的消声器有阻性消声器、抗性消声器、阻抗复合消声器、穿微孔板消声器等。具体选用哪种消声器，应根据所需消声量、噪声源频率特性和消声器的声学性能及空气动力特性等因素而定。

5) 采取吸声、隔声、隔振和阻尼等声学处理的方法来降低噪声。

吸声是利用吸声材料（如玻璃棉、矿渣棉、毛毡、泡沫塑料、吸声砖、木丝板、干蔗板等）和吸声结构（如穿孔共振吸声结构、微穿孔板吸声结构、薄板共振吸声结构等）吸收通过的声音，减少室内噪声的反射来降低噪声。

隔声是把发声的物体、场所用隔声材料（如砖、钢筋混凝土、钢板、厚木板、矿棉被等）封闭起来与周围隔绝。常用的隔声结构有隔声间、隔声机罩、隔声屏等。有单层隔声和双层隔声结构两种。

隔振就是防止振动能量从振源传递出去。隔振装置主要包括金属弹簧、隔振器、隔振垫（如剪切橡胶、气垫）等。常用的材料还有软木、矿渣棉、玻璃纤维等。

阻尼就是用内摩擦损耗大的一些材料来消耗金属板的振动能量并变成热能散失掉，从而抑制金属板的弯曲振动，使辐射噪声大幅度地削减。常用的阻尼材料有沥青、软橡胶和其他高分子涂料等。

4. 施工区环境卫生管理

（1）环境卫生管理责任区。为创造舒适的工作环境，养成良好的文明施工作风，保证职工身体健康，施工区域和生活区域应有明确划分，把施工区和生活区分成若干片，分片包干，建立责任区，从道路交通、消防器材、材料堆放到垃圾、厕所、厨房、宿舍、火炉、吸烟等都有专人负责，做到责任落实到人（名单上墙），使文明施工、环境卫生工作保持经常化、制度化。

（2）环境卫生管理措施：

1）施工现场要天天打扫，保持整洁卫生，场地平整，各类物品堆放整齐，道路平坦畅通，无堆放物、无散落物，做到无积水、无黑臭、无垃圾，有排水措施。生活垃圾与建筑垃圾要分别定点堆放，严禁混放，并应及时清运。

2）施工现场严禁大小便，发现有随地大小便现象要对责任区负责人进行处罚。施工区、生活区有明确划分，设置标志牌，标牌上注明责任人姓名和管理范围。

3）卫生区的平面图应按比例绘制，并注明责任区编号和负责人姓名。

4）施工现场零散材料和垃圾，要及时清理，垃圾临时放不得超过 3d，如违反本条规定要处罚工地负责人。

5）办公室内做到天天打扫，保持整洁卫生，做到窗明、地净，文具摆放整齐，达不到要求，对当天卫生值班员罚款。

6）职工宿舍铺上、铺下做到整洁有序，室内和宿舍四周保持干净，污水和污物、生活垃圾集中堆放，及时外运，发现不符合此条要求，处罚当天卫生值班员。

7）冬季办公室和职工宿舍取暖炉，必须有验收手续，合格后方可使用。

8）施工现场的厕所，做到有顶、门窗齐全并有纱，坚持天天打扫，每周撒白灰或打药一两次，消灭蝇蛆，便坑须加盖。

9）为了广大职工身体健康，施工现场必须设置保温桶（冬季）和开水（水杯自备），公用杯子必须采取消毒措施，茶水桶必须有盖并加锁。

10）施工现场的卫生要定期进行检查，发现问题，限期改正。

5. 生活区卫生管理

（1）宿舍卫生管理规定：

1）职工宿舍要有卫生管理制度，实行室长负责制，规定一周内每天卫生值日名单并张贴上墙，做到天天有人打扫，保持室内窗明地净，通风良好。

2）宿舍内各类物品应堆放整齐，不到处乱放，做到整齐美观。

3）宿舍内保持清洁卫生，清扫出的垃圾倒在指定的垃圾站堆放，并及时清理。

4）生活废水应有污水池，二楼以上也要有水源及水池，做到卫生区内无污水、无污物，废水不得乱倒乱流。

5）夏季宿舍应有消暑和防蚊虫叮咬措施。冬季取暖炉的防煤气中毒设施必须齐全、有效，建立验收合格证制度，经验收合格发证后，方准使用。

6）未经许可一律禁止使用电炉及其他用电加热器具。

（2）办公室卫生管理规定：

1）办公室的卫生由办公室全体人员轮流值班，负责打扫，排出值班表。

2）值班人员负责打扫卫生、打水，做好来访记录。整理文具，文具应摆放整齐，做到窗明、地净、无蝇、无鼠。

3）冬季负责取暖炉的人员，落地炉灰要及时清扫，炉灰按指定地点堆放，定期清理外运，防止发生火灾。

4）未经许可一律禁止使用电炉及其他电加热器具。

6. 食堂卫生管理

为加强工地食堂管理，严防肠道传染病的发生，杜绝食物中毒，把住病从口入关，各单位要加强对食堂的治理整顿。

根据《中华人民共和国食品卫生法》规定，依照食堂规模的大小、入伙人数的多少，应当有相应的食品原料处理、加工、储存等场所及必要的上、下水等卫生设施。要做到防尘、防蝇，与污染源（污水沟、厕所、垃圾箱等）应保持 30m 以上的距离。食堂内外每天做到清洗打扫，并保持内外环境的整洁。

（1）食品卫生应遵守如下规定：

1）采购运输：

a. 采购外地食品应向供货单位索取县级以上食品卫生监督机构开具的检验合格证或检验单；必要时可请当地食品卫生监督机构进行复验。

b. 采购食品使用的车辆、容器要清洁卫生，做到生熟分开、防尘、防蝇、防雨、防晒。

c. 不得采购制售腐败变质、霉变生虫、有异味或在《中华人民共和国食品卫生法》中明文规定禁止生产经营的食品。

2）储存、保管：

a. 根据《中华人民共和国食品卫生法》的规定，食品不得接触有毒物、不洁物。工程使用的防冻盐（亚硝酸钠）等有毒有害物质，各施工单位要设专人专库存放，严禁亚硝酸盐和食盐同仓共储，要建立、健全管理制度。

b. 储存食品要隔墙、离地，注意做到通风、防潮、防虫、防鼠。食堂内必须设置合格的密封熟食间，有条件的单位应设冷藏设备。主副食品、原料、半成品、成品要分开存放。

c. 盛放酱油、盐等副食调料要做到容器物见本色，加盖存放，清洁卫生。

d. 禁止用铝制品、非食用性塑料制品盛放熟菜。

3) 制售过程的卫生要求：

a. 制作食品的原料要新鲜卫生，做到不用、不卖腐败变质的食品，各种食品要烧熟煮透，以免食物中毒的发生。

b. 制售过程及刀、墩、案板、盆、碗及其他盛器、筐、水池子、抹布和冰箱等工具要严格做到生熟分开，售饭时要用工具销售直接入口食品。

c. 非经过卫生监督管理部门批准，工地食堂禁止供应生吃凉拌菜，以防止肠道传染疾病。剩饭、菜要回锅彻底加热再食用，一旦发现变质，不得食用。

d. 共用食具要洗净消毒，应有上下水洗手和餐具洗涤设备。

e. 使用的代价券必须每天消毒，防止交叉污染。

f. 盛放丢弃食物的桶（缸）必须有盖，并及时清运。

（2）炊管人员卫生要求：

1) 凡在岗位上的炊管人员，必须持有所在地区卫生防疫部门办理的健康证和岗位培训合格证，并且每年进行一次体检。

2) 凡患有痢疾、肝炎、伤寒、活动性肺结核、渗出性皮肤病以及其他有碍食品卫生的疾病，不得参加接触直接入口食品的制售及食品洗涤工作。

3) 民工炊管人员无健康证的不准上岗，否则予以经济处罚，责令关闭食堂，并追究有关领导的责任。

4) 炊管人员操作时必须穿戴好工作服、发帽，做到"三白"（白衣、白帽、白口罩），并保持清洁整齐，做到文明操作，不赤膊、不光脚，禁止随地吐痰。

5) 炊管人员必须做好个人卫生，要坚持做到四勤（勤理发、勤洗澡、勤换衣、勤剪指甲）。

（3）集体食堂发放卫生许可证验收标准如下：

1) 新建、改建、扩建的集体食堂，在选址和设计时应符合卫生要求，远离有毒有害场所，30m内不得有露天坑式厕所、暴露垃圾堆（站）和粪堆畜圈等污染源。

2) 需有与进餐人数相适应的餐厅、制作间和原料库等辅助用房。餐厅和制作间（含库房）建筑面积比例一般应为1∶1.5，其地面和墙裙的建筑材料，要用具有防鼠、防潮和便于洗刷的水泥等。有条件的食堂，制作间灶台及其周围要镶嵌白瓷砖，炉灶应有通风排烟设备。

3) 制作间应分为主食间、副食间、烧火间，有条件的可开设生食间、择菜间、炒菜间、冷荤间、面点间。做到生与熟，原料与成品、半成品、食品与杂物、毒物（亚硝酸盐、农药、化肥等）严格分开。冷荤间应具备"五专"（专人、专室、专容器用具、专消毒、专冷藏）。

4) 主、副食应分开存放。易腐食品应有冷藏设备（冷藏库或冰箱）。

5) 食品加工机械、用具、炊具、容器应有防蝇、防尘设备。用具、容器和食用苫布（棉被）要有生、熟及反、正面标记，防止食品污染。

6) 采购运输要有专用食品容器及专用车。

7) 食堂应有相应的更衣、消毒、盥洗、采光、照明、通风和防蝇、防尘设备，以及通畅的上下水管道。

8)餐厅设有洗碗池、残渣桶和洗手设备。

9)公用餐具应有专用洗刷、消毒和存放设备。

10)食堂炊管人员(包括合同工、临时工)必须按有关规定进行健康检查和卫生知识培训并取得健康合格证和培训证。

11)具有健全的卫生管理制度。单位领导要负责食堂管理工作,并将提高食品卫生质量、预防食物中毒列入岗位责任制的考核评奖条件中。

12)集体食堂的经常性食品卫生检查工作,各单位要根据《中华人民共和国食品卫生法》有关规定及《工地食堂卫生管理标准和要求》进行管理检查。

(4)职工饮水卫生规定,施工现场应供应开水,饮水器具要卫生。夏季要确保施工现场的凉开水或清凉饮料供应,防止中暑脱水现象发生。

7. 厕所卫生管理

(1)施工现场要按规定设置厕所,厕所的合理设置方案要求,厕所的设置要离食堂30m以外,屋顶墙壁要严密,门窗齐全有效,便槽内必须铺设瓷砖。

(2)厕所要有专人管理,应有化粪池,严禁将粪便直接排入下水道或河流沟渠中,露天粪池必须加盖。

(3)厕所定期清扫制度:厕所设专人天天冲洗打扫,做到无积垢、垃圾及明显臭味,并应有洗手水源,市区工地厕所要有水冲设施保持厕所清洁卫生。

(4)厕所灭蝇蛆措施:厕所按规定采取冲水或加盖措施,定期打药或撒白灰粉,消灭蝇蛆。

8. 项目现场安全色标管理

(1)安全色。安全色是表达信息含义的颜色,用来表示禁止、警告、指令、指示等,其作用在于使人们能迅速发现或分辨职业健康安全标志,提醒人们注意,预防事故发生。

1)红色表示禁止、停止、消防和危险的意思。

2)蓝色表示指令,必须遵守的规定。

3)黄色表示通行、安全和提供信息的意思。

(2)职业健康安全标志。职业健康安全标志是指在操作人员容易产生错误,有造成事故危险的场所,为了确保职业健康安全所采取的一种标示。此标示由安全色、几何图形符号构成,是用以表达特定职业健康安全信息的特殊标示,设置职业健康安全标志的目的,是为了引起人们对不安全因素的注意,预防事故发生。

1)禁止标志,是不准或制止人们的某种行为(图形为黑色,禁止符号与文字底色为红色)。

2)警告标志,是使人们注意可能发生的危险(图形警告符号及字体为黑色,图形底色为黄色)。

3)指令标志,是告诉人们必须遵守的意思(图形为白色,指令标志底色均为蓝色)。

4)提示标志,是向人们提示目标的方向,用于消防提示(消防提示标志的底色为红色,文字、图形为白色)。

(3)项目现场安全色标数量及位置。项目现场安全色标数量及位置见表1.11。

表 1.11　　　　　　　　　　项目现场安全色标分布表

类别		数量	位置
禁止类 (红色)	禁止吸烟	8个	材料库房、成品库、油料堆放处、易燃易爆场 料场地、木工棚、施工现场、打字复印室
	禁止通行	7个	外架拆除、坑、沟、洞、槽、吊钩下方、危险部位
	禁止攀登	6个	外用电梯出口、通道口、马道出入口
	禁止跨越	6个	首层外架四面、栏杆、未验收的外架
指令类 (蓝色)	必须戴 安全帽	7个	外用电梯出入口、现场大门、吊钩下方、危险部位、马道出入口、通道口、上下交叉作业
	必须系 安全带	5个	现场大门口、马道出入口、外用电梯出入口、高处作业场所、特种作业场所
	必须穿 防护服	5个	通道口、马道出入口、外用电梯出入口、电焊作业场所、油漆防水施工场所
	必须戴 防护眼镜	12个	通道口、马道出入口、外用电梯出入、通道出入口、车工操作间、焊工操作场所、抹灰操作场所、机械喷漆场所、修理间、电镀车间、钢筋加工场所
警告类 (黄色)	当心弧光	1个	焊工操作场所
	当心塌方	2个	坑下作业场所、土方开挖
	机械伤人	6个	机械操作场所、电锯、电钻、电刨、钢筋加工现场、机械修理场所
提示 (绿色)	安全状态 通行	5个	安全通道、行人车辆通道、外架施工层防护、人行通道、防护棚

1.2.4.2　现场职业卫生控制

（1）凡产生粉尘、噪声、有毒有害物质及危害因素的施工生产作业场所，应采取有效措施加以控制，使其允许值符合国家有关标准。

（2）生产作业场所常见生产性粉尘、有毒物质在空气中允许浓度及限值见表1.12。

表 1.12　　　　　常见生产性粉尘、有毒物质在空气中允许浓度及限值

序号	有害物质名称	阈限值/(mg/m³)		
		最高容许浓度 Pc-MAC	时间加权平均允许 浓度 Pc-TWA	短时间接触允许 浓度 Pc-STEL
1	矽尘			
	总尘：含 10%～50% 游离 SiO₂ 　　　含 50%～80% 游离 SiO₂ 　　　含 80% 以上游离 SiO₂		1 0.7 0.5	2 1.5 1.0
	呼吸尘：含 10%～50% 游离 SiO₂ 　　　　含 50%～80% 游离 SiO₂ 　　　　含 80% 以上游离 SiO₂		0.7 0.3 0.2	1.0 0.5 0.3
2	石灰石粉尘： 总尘 呼吸尘		8 4	10 8

续表

序号	有害物质名称	阈限值/(mg/m³)		
		最高容许浓度 Pc-MAC	时间加权平均允许浓度 Pc-TWA	短时间接触允许浓度 Pc-STEL
3	硅酸盐水泥 总尘（游离 SiO_2<10%） 呼吸尘（游离 SiO_2<10%）		4 1.5	6 2
4	电焊烟尘		4	6
5	其他粉尘		8	10
6	锰及无机化合物（按 Mn 计）		0.15	0.45
7	一氧化碳 非高原 高原：海拔 2000~3000m 　　　海拔>3000m	20 15	20	30
8	氨		20	30
9	溶剂汽油		300	450
10	丙酮		300	450
11	三硝基甲苯（TNT）		0.2	0.5
12	铅及无机化合物（按 Pb 计） 铅尘 铅烟	0.05 0.03		
13	四乙基铅（皮、按 Pb 计）		0.02	0.06

(3) 生产车间和作业场所工作地点噪声声级卫生限值见表 1.13。

表 1.13　　　　　　　　　生产性噪声声级卫生限值

日接触噪声时间/h	卫生限制/dB（A）	日接触噪声时间/h	卫生限制/dB（A）
8	85	2	91
4	88	1	94

(4) 生产性噪声传播至非噪声作业地点噪声声级的卫生限值见表 1.14。

表 1.14　　　　生产性噪声传播至非噪声作业地点噪声声级的卫生限值

地点名称	卫生限值/dB（A）	等效限值/dB（A）
噪声车间办公室	75	
非噪声车间办公室	60	超过 55
会议室	60	
计算机、精密加工室	70	

(5) 常见产生粉尘危害的作业场所，应采取以下相应措施控制粉尘浓度：

1) 土石方开挖钻孔，严禁直接打干钻，应采取湿式作业，或采取干式捕尘措施。

2) 水泥储存、运送、混凝土拌和等作业应采取隔离、密封措施。

3) 密闭容器、构件及狭窄部位进行电焊作业时应加强通风,并配戴防护电焊烟尘的防护用品。

4) 隧洞施工作业应有强制通风设施,确保洞内粉尘、烟尘、废气及时排出。

5) 作业人员配备防尘口罩等防护用品。

(6) 常见产生噪声危害的作业场所应有相应措施,控制噪声,使其符合规定的要求。

1) 筛分楼、破碎车间、制砂车间、空压机站、水泵房、拌合楼等生产性噪声危害作业场所应设置声级不大于75dB(A)的隔音值班室,作业人员应配戴防噪耳塞等防护用品。

2) 木工机械、风动工具、喷砂除锈、锻造、铆焊等临时性噪声危害严重的作业,应配备防噪耳塞等防护用品。

3) 砂石料的破碎、筛分、混凝土拌和楼、金属结构制作厂等噪声严重的施工设施,不得布置在靠近居民区、工厂、学校、生活区。因条件限制时,应采取降噪措施,使运行时噪声排放符合规定标准。

(7) 应优先采用无毒或低毒的原材料及先进的生产工艺,对易产生毒物危害的作业场所要采取通风、净化装置或密闭等措施,使毒物排放符合规定要求。

(8) 产生粉尘、噪声、毒物等危害因素的作业场所,应实行评价监测和定期监测制度,对超标的作业环境及时治理。

评价监测应由取得职业卫生技术服务资质的机构承担,一般每年一次。生产使用周期在2年以上的大中型人工砂石料生产系统、混凝土生产系统,正式投产前应进行一次评价监测。

定期监测可由单位监测,也可委托职业卫生技术服务机构监测,其监测周期如下:

1) 粉尘作业区至少每季度测定一次粉尘浓度,作业区浓度严重超标应及时监测;并采取可靠的防范措施。

2) 毒物作业点至少每半年测定一次,浓度超过最高允许浓度的测点,应及时测定,直至浓度降至最高允许浓度。

3) 噪声作业点至少每季度测定一次A声级,每半年进行一次频谱分析。

4) 高温监测每年在高温季度监测一次。

5) 每年监测一次辐射,特殊情况及时监测。

(9) 水利水电工程施工常见的危害物及相应职业病见表1.15。

表 1.15 水利水电工程施工常见危害物及职业病

序号	危 害 物		职业病名称
1	粉尘类	(1) 矽尘(游离SiO_2含量超过10%的无机粉尘)	矽肺
		(2) 水泥尘	水泥尘肺
		(3) 电焊烟尘	电焊工尘肺
		(4) 铸造粉尘	铸工尘肺
		(5) 其他粉尘	其他尘肺

续表

序号	危害物		职业病名称
2	放射性物质类（电离辐射）	X射线、γ射线等	外照射放射病；内照射放射、放射性皮肤疾病、白内障、肿瘤、骨损伤、甲状腺疾病、性腺疾病；放射复合伤、其他放射性损伤
3	化学物质类	（1）锰及其化合物（锰烟、尘、化合物）	锰及其化合物中毒
		（2）氨	氨中毒
		（3）氮氧化合物	氮氧化合物中毒
		（4）一氧化碳	一氧化碳中毒
		（5）苯	苯中毒
		（6）甲苯	甲苯中毒
		（7）二甲苯	二甲苯中毒
		（8）汽油	汽油中毒
4	物理因素	（1）高温	中暑
		（2）高气压	减压病
		（3）低气压	高原病、航空病
		（4）局部振动	手臂振动病
5	导致职业性皮肤病的危害因素	紫外线	电光性皮炎
6	导致职业性眼病的危害因素	紫外线	电光性眼炎
7	导致职业性耳病的危害因素	噪声	噪声聋
8	导致职业性肿瘤的危害因素	苯	苯所致白血病

（10）工程建设各单位应建立职业卫生管理规章制度和施工人员职业健康档案，对从事尘、毒、噪声等职业危害的人员应每年进行一次职业体检，对确认职业病职工应及时给予治疗，并调离原工作岗位。

（11）控制施工生产废渣、废气、废水等污染物的排放，排放超过标准的，应当采取相应有效措施进行回收治理。

（12）施工生产弃渣不准乱丢乱放，应运放到指定地点倾倒，集中处理。

（13）土石方开挖施工中钻孔、装运渣土、破碎、填筑应采取湿式降尘措施，施工现场道路应清扫维护洒水降尘，保持整洁，减少施工区域扬尘污染。

（14）水泥搬运、装卸、拆包、进出料拌和应采取密封措施，减少向大气排放水泥粉尘。

（15）燃煤锅炉烟尘应经处理后，方可排放。

（16）施工废水、生活污水应符合污水综合排放标准。砂石料系统洗砂废水应经沉淀池沉淀等处理后回收利用。

（17）施工生产生活区域应设有相应卫生清洁设施和管理保洁人员，保持生产生活环境整洁、卫生。

子任务 1.2.5 危险物品管理

1. 基本规定

（1）危险化学品系指《常用危险化学品分类及标志》中规定的爆炸品、压缩气体和液化气体、易燃液体、易燃固体、自燃物品和遇湿易燃物品、氧化剂和有机过氧化物、有毒品和腐蚀品等的单质、化合物或混合物，以及有资料表明其危险的化学品。

（2）危险化学品管理应有下列安全措施：

1) 仓库应有严格的保卫制度，人员出入必须有登记制度。

2) 储存危险化学品的仓库内严禁吸烟和使用明火。对进入仓库区内的机动车辆必须采取防火措施。

3) 严格执行有毒有害物品入库验收、出库登记和检查制度。

4) 各种物品包装要完整无损，如发现破损、渗漏等，须立即进行处理。

5) 装过危险化学品的容器，应清洗干净集中保管和销毁。

6) 销毁、处理危险化学品，应当采取安全措施并征得所在地环境保护、公安等有关部门同意。

7) 使用危险化学品的单位，应根据危险化学品的种类、性质，设置相应的通风、防火、防爆、防毒、监测、报警、降温、防潮、避雷、防静电、隔离操作等安全设施。

8) 危险化学品仓库四周，应有良好的排水，设置刺网或围墙，高度不小于2m，与仓库保持规定距离，库区内严禁有可燃物品。

9) 消防安全重点应当履行下列消防安全职责：

a. 建立防火档案，确定消防安全重点部位，设置防火标志，实行严格管理。

b. 实行每日防火巡查，并建立巡查记录。

c. 对职工进行消防安全培训。

d. 制定灭火和应急疏散预案，定期组织演练。

（3）储存危险化学品，应当符合下列要求：

1) 危险化学品应当分类分项存放，堆垛之间的主要通道应当有安全距离，不得超量储存。

2) 遇水、遇潮容易燃烧、爆炸或产生有毒气体的危险化学物品，不得在露天、潮湿、漏雨和低洼容易积水的地点存放；库房应有防潮、保温等措施。

3) 受阳光照射容易燃烧、爆炸或产生有毒气体的危险化学物品和桶装、罐装等易燃液体、气体不得在露天或高温的地方存放，应存放在温度较低、通风良好的场所，并应设专人定时测温，必要时应采取降温及隔热措施。

4) 化学性质或防护、灭火方法相互抵触的危险化学品，不得在同一仓库内存放。

2. 易燃物品

（1）储存易燃物品的仓库，必须符合《危险化学品安全管理条例》第二章关于危险化学品储存实行"统一规划、合理布局和严格控制"，实行审批制度的有关规定，并符合下列要求：

1）库房建筑一般应采用单层建筑；建筑应采用防火材料；库房应有足够的安全出口，一般不宜少于两个；所有门窗应向外开。

2）库房内一般不宜安装电器设备，如需安装时，应根据易燃物品性质，安装防爆或密封式的电器及照明设备，并按规定设防护隔墙。

3）仓库位置应尽量选择在天然屏障的地区，或设在地下、半地下，宜选在生活区和生产区年主导风向的下风侧。

4）不得设在人口集中的地方，与周围建筑物间，应留有足够的防火间距。

5）应设置消防车通道和与储存易燃物品性质相适应的消防设施；库房地面应采用不易打出火花的材料。

6）易燃液体库房，应设置防止液体流散的设施。

7）易燃液体的地上或半地下储罐应按有关规定设置防火堤。

（2）储存易燃物品的库房，应按照《建筑设计防火规范》（GB 50016—2014）有关建筑物的耐火等级和储存物品的火灾危险性分类的规定来确定，其层数和面积应符合表1.16的要求，与相邻建筑物的防火间距不应小于表1.17的规定。

表1.16　　　　　　　　　　库房的耐火等级、层数和面积

储存物品类别		耐火等级	最多允许层数	最大允许占地面积/m²	
				每座库房	防火墙隔间
甲	3项	一级	1	180	60
	4、5、6项	一、二级	1	750	250
乙	1、2、3项	一、二级	1	1000	250
		三级	1	500	250

表1.17　　　　　　　　　　库房与相邻建筑物的间距　　　　　　　　　　单位：m

储存物品类别		储量/t	相邻建筑物名称			
			民用建筑	其他建筑的耐火等级		
				一、二级	三级	四级
甲	1、2、3项	≤5	30	15	20	25
		>5	40	20	25	30
	4、5、6项	≤5	25	12	15	20
		>5	30	15	20	25

注　1. 两库相邻两面的外墙为非燃烧体且无门窗、洞口、无外露的燃烧体屋檐，其防火间距可按本表减少25%。
　　2. 甲类物品库房与明火或散发火花地点的防火间距，不应小于30m。
　　3. 甲类物品库房之间的防火间距，不应小于20m。
　　4. 甲类物品库房与重要公共建筑物的防火间距，不宜小于50m。

（3）易燃、可燃液体的储罐区、堆场与建筑物的防火间距不应小于表1.18的规定。

任务 1.2 水利水电工程文明施工与环境保护控制

表 1.18　　　　　易燃、可燃液体的储罐区、堆场与建筑物的防火间距　　　　　单位：m

名称	一个罐区堆场总储量/m³	耐火等级		
		一、二级	三级	四级
易燃液体	1～50	12	15	20
	51～200	15	20	25
	201～1000	20	25	30
	1001～5000	25	30	40
可燃液体	5～250	12	15	20
	251～1000	15	20	25
	1001～5000	20	25	30
	5001～25000	25	30	40

注　1. 易燃、可燃液体的储罐区设防火堤时，防火堤外侧基脚线至建筑物的距离不应小于 10m；
　　2. 易燃、可燃液体的储罐区、堆场与甲类物品库房以及与民用建筑的防火间距，应按本表的规定增加 25%，并不应小于 25m；与明火或散发火花地点的防火间距，应按本表耐火等级四级建筑物的规定增加 25%；
　　3. 储罐区之间的防火间距不应小于本表相应储量耐火等级四级建筑物的较大值。储罐区设防火堤时，堤外侧基脚线之间的距离不应小于 10m；
　　4. 计算一个储罐区的总储量时，应按照 1m³ 的易燃体等于 5m³ 的可燃体折算。

（4）易燃、可燃液体储罐之间的防火间距，不应小于表 1.19 的规定。

表 1.19　　　　　易燃、可燃液体储罐之间防火间距

名称	储罐形式		
	地上	半地下	地下
易燃液体	D	$0.75D$	$0.5D$
可燃液体	$0.75D$	$0.5D$	$0.4D$

注　1. "D" 为相邻储罐中较大罐的直径（m）。
　　2. 不同液体，不同储罐形式之间的防火间距，应采用本表规定的较大值。

（5）易燃、可燃液体储罐，如储量不超过表 1.20 的规定，可成组布置。组内储罐的布置不应超过两行，易燃液体储罐之间的距离不应小于相邻较大罐的半径。储罐组之间的距离，应按与储罐组总储量相同的单罐考虑。

表 1.20　　　　　易燃、可燃液体储罐成组布置的限量

名　称		单罐最大储量/m³	一组最大储量/m³
易燃液体		50	300
可燃液体	闪点≤120℃	250	1500
	闪点>120℃	500	2000

（6）易燃、可燃液体设置的防火堤内空间容积不应小于储罐地上部分储量的一半，且不小于最大罐的地上部分储量。防火堤内侧基脚线至储罐外壁的距离，不应小于储罐的半径。防火堤的高度宜为 1～1.6m。

（7）易燃、可燃液储罐与其泵房、装卸设备的防火间距，不应小于表 1.21 的规定。

59

表 1.21　　易燃、可燃液体储罐与其泵房、装卸设备的防火间距　　单位：m

名称	项别		
	泵房	铁路装卸设备	汽车装卸设备
易燃液体	15	20	15
可燃液体	10	12	10

注　1. 泵房、装卸设备与防火堤外侧基脚线的距离不应小于 5m。
　　2. 装卸设备与建筑物的防火间距不宜小于 15m。

（8）可燃、助燃气体储罐，其防火间距应根据《建筑设计防火规范》（GB 50016—2014）有关章节执行。

（9）液化石油气储罐或储区与建筑物、堆场的防火间距，不应小于表 1.22 的规定。

表 1.22　　液化石油气储罐（区）与建筑物、堆场的防火间距　　单位：m

名称		总容积/m³			
		1～30	31～200	201～500	>500
防火或散发火花的地点，民用建筑		40	50	60	70
易燃液体储罐		35	45	55	65
可燃液体储罐		30	35	45	55
易燃材料堆场		30	40	50	60
其他建筑	耐火等级一、二级	18	20	25	20
	耐火等级三级	20	25	30	40
	耐火等级四级	25	30	40	50

注　1. 容积超过 1000m³ 的单罐或超过 5000m³ 的罐区，与建筑物的防火间距，应按本表的规定增加 25%；
　　2. 储罐之间的防火间距，不宜小于相邻较大罐的半径，单罐容积或储罐总容积超过 2500m³ 时，应分组布置。组与组之间的防火间距不宜小于 20m；组内储罐的布置不应超过两行；
　　3. 气瓶库的总储量不超过 10m³ 时，与建筑物的防火间距，不应小于 10m，超过时不应小于 15m，其四周宜设置非燃烧体的实体围墙；
　　4. 气瓶库与主要道路的间距不应小于 10m，与次要道路不应小于 5m。

（10）易燃、可燃材料的露天、半露天堆场、储罐、库房与铁路、道路的防火间距，不应小于表 1.23 的规定。

表 1.23　　堆场、储罐、库房与铁路、道路间的防火间距　　单位：m

名称	厂外铁路（中心线）	厂内铁路（中心线）	厂外道路（路边）	厂内道路（路边）	
				主要	次要
甲类物品库房	40	30	20	10	5
易燃材料堆场	30	20	15	10	5
可燃液体储罐	30	20	15	10	5
易燃液体储罐	35	25	20	15	10
可燃、助燃气体储罐	25	20	15	10	5
液化石油气储罐	45	35	25	15	10

注　1. 与架空电力线的防火间距，不应小于电杆高度的 1.5 倍。
　　2. 厂内铁路装卸线与甲类物品装卸站台库房的防火间距，可不受本表规定的限制。

(11) 易燃物品的储存应符合下列规定。

1) 应分类存放在专门仓库内。与一般物品以及性质互相抵触和灭火方法不同的易燃、可燃物品,必须分库储存,并标明储存物品名称、性质和灭火方法。

2) 堆存时,堆垛不得过高、过密,堆垛之间,以及堆垛与堤墙之间,应留有一定间距。通道和通风口,主要通道的宽度一般不应小于 2m,每个仓库必须规定储存限额。

3) 遇水燃烧,爆炸和怕冻、易燃、可燃的物品,不得存放在潮湿、露天、低温和容易积水的地点。库房应有防潮、保温等措施。

4) 受阳光照射容易燃烧、爆炸的易燃、可燃物品,不得在露天或高温的地方存放,应存放在温度较低、通风良好的场所,并应设专人定时测温,必要时应采取降温及隔热措施。

5) 包装容器应当牢固、密封,发现破损、残缺、变形、渗漏和物品变质、分解等情况时,应立即进行安全处理。

6) 在入库前,应有专人负责检查,对可能带有火险隐患的易燃、可燃物品,应另行存放,经检查确无危险后,方准入库或归垛。

7) 性质不稳定,容易分解和变质,以及混有杂质而容易引起燃烧、爆炸的易燃、可燃物品,应经常进行检查、测温、化验,防止燃烧、爆炸。

8) 储存易燃、可燃物品的库房、露天堆垛、储罐规定的安全距离内,不准进行试验、分装、封焊、维修、动用明火等可能引起火灾的作业和活动。

9) 库房内不准设办公室、休息室,不准住人,不准用可燃材料搭建货架;仓库区必须严禁烟火。

10) 库房一般不应采暖,如储存物品需防冻时,可用暖气采暖;散热器与易燃、可燃物品堆垛应保持安全距离。

11) 对散落的易燃、可燃物品应及时清除出库。

12) 易燃、可燃液体贮罐的金属外壳应接地,防止静电效应起火,接地电阻应不大于 10Ω。

(12) 易燃物品装卸与运输应符合下列要求:

1) 易燃物品装卸,必须轻拿轻放,严防振动、撞击、摩擦、重压、倾置、倾覆。不准使用能产生火花的工具,工作时不准穿带钉子的鞋;在可能产生静电的容器上,应装设可靠的接地装置。

2) 易燃物品与其他物品以及性质相抵触和灭火方法不同的易燃物品,不得同一车船混装运输。怕热、怕冻、怕潮的易燃物品运输时,应采取相应的隔热、保温、防潮等措施。

3) 运输易燃物品时,必须事先进行检查,发现包装、容器不牢固、破损或渗漏等不安全因素时,在采取安全措施后,方可启运。

4) 装运易燃物品的车船,不得同时载运旅客。严禁携带易燃品搭乘载客车船。

5) 运输易燃物品的车辆,应避开人员稠密的地区装卸和通行。途中停歇时,应远离机关、工厂、桥梁、仓库等场所,并指定专人看管,严禁在附近动火、吸烟,禁止无关人员接近。

6）运输易燃物品的车船，应备有与所装物品灭火方法相适应的消防器材，并应经常检查。

7）车船运输易燃物品，不准超载、超高、超速行驶。编队行进时，前后车船之间应保持一定的安全距离。并应有专人押运，不准丢失，车船上一般应用苫布盖严，应有明显标志。

8）油品运输槽车改变运输品种时，必须对槽罐进行彻底的清理后，方可使用。

9）运输易燃物时，应遵守《危险化学品管理条例》中关于危险化学品的运输的有关规定。

10）装卸作业结束后，应对作业场所进行检查，对散落、渗漏在车船或地上的易燃物品，必须及时清除干净，妥善处理后方可离开作业场所。

11）各种机动车辆在装卸易燃物品时，排气管的一侧不准靠近易燃物品，各种车辆进入易燃物品库时，必须戴防火罩或有防止打出火花的安全装置，并且不准在库区、库房内停放、加油和修理。

（13）易燃物品使用应符合下列要求：

1）使用易燃物品，必须有安全防护措施和安全用具，建立和执行安全技术操作规程和各种安全管理制度，严格遵守用火管理制度。

2）易燃、易爆物品进库、出库、领用，必须有严格的制度。

3）使用易燃物品时，应加强对电源、火源的管理，作业场所应备足相应的消防器材，严禁烟火。

4）遇水燃烧、爆炸的易燃物品，使用时应注意防潮、防水。

5）怕晒的易燃物品，使用时应注意采取防晒、降温、隔热等措施。

6）怕冻的易燃物品，使用时应注意保温、防冻。

7）性质不稳定，容易分解和变质，以及性质互相抵触和灭火方法不同的易燃物品应经常检查，分类存放，发现可疑情况时，及时进行安全处理。

8）作业结束后，及时将散落、渗漏的易燃物品清除干净。

3. 有毒有害物品

（1）有毒有害物品储存应符合下列要求：

1）化学毒品库房设计除符合《建筑设计防火规范》（GB 50016—2014）的规定外，还应符合下列要求：

a. 化学毒品必须储存于专设的仓库内，库内不准存放与其性质有抵触的物品。

b. 库房墙壁应用防火防腐材料；应有避雷接地设施，应有与毒品性质相适应的消防设施。

c. 仓库应保持良好的通风，并有足够数量的安全出口。

d. 仓库内应备有防毒、消毒、人工呼吸设备和备有足够的个人防护用具。

e. 仓库应与车间、办公室、居民住房等保持一定安全防护距离。安全防护距离应同当地公安局、劳动、环保等主管部门根据具体情况决定，但一般不宜少于100m。

2）有毒有害物品必须储存在专用仓库、专用储存室（柜）内，并设专人管理。剧毒化学品应实行双人收发，双人保管制度。

3) 化学毒品（如三氧化二砷、黄磷、升汞等）储存，必须符合下列规定：

a. 应根据毒品的性质来储存，储存的金属容器或玻璃容器应密闭，包装应严密，如有破损现象，应进行处理；堆存时，堆垛间应留通道；性质相互抵触的，分库储存。

b. 各种盛装毒品的容器，一律标记明显的"毒物"字样。

c. 毒品库应备有专用称量工具，该工具不得称量其他物品，对散落的毒品，应及时清除干净。

d. 遇水燃烧、爆炸或怕冻、怕晒的毒品，应根据其性质采取相应的防水、防潮，保温、防晒、降温等措施，并经常检查，发现情况及时处理。

e. 在电镀、热处理等使用剧毒物品车间附设的仓库内，不得存放剧毒物品，领回后，应立即投入生产使用。

f. 无关人员，严禁进入剧毒物品库。

g. 毒品严禁与粮食、蔬菜、医药、食品等同库存放。

4) 化学毒品库，应建立严格的进、出库手续，详细记录入库、出库情况。记录内容应包括：物品名称、入库时间、数量来源和领用单位、时间、用途、领用人、仓库发放人等。

5) 对性质不稳定，容易分解和变质以及混有杂质可引起燃烧、爆炸的化学毒品必须经常进行检查、测量、化验，防止燃烧爆炸。

（2）有毒有害物品装卸与运输应符合下列要求：

1) 运输装卸危险化学物品，应当遵守下列规定：

a. 轻拿轻放，防止撞击、拖拉和倾倒。

b. 碰撞、互相接触容易引起燃烧、爆炸或造成其他危险的危险化学物品，以及化学性质或防护、灭火方法互相抵触的危险化学物品，不得违反配装限制和混合装运。

c. 遇热、遇潮容易引起燃烧、爆炸或产生有毒气体的危险化学物品，运输时要采取防晒、降温、防潮措施。

2) 装运危险化学物品的车辆（火车除外）通过市区时，应当遵守所在地公安机关规定的行车时间和路线，中途不得随意停车。

3) 装卸运输毒害物品时，应穿戴个人防护用品或防毒用具。

4) 运输毒害物品的车船严禁同时装载蔬菜、粮食、食品、医药等物资。

5) 运输毒害物品的车船不得同时装载乘客和易燃、易爆物品。

6) 易燃物品的相关。

（3）从事有毒有害物品使用应符合下列要求：

1) 使用有毒物品作业的单位应当使用符合国家标准的有毒物品，不得在作业场所使用用国家明令禁止使用的有毒物品或者使用不符合国家标准的有毒物品。

2) 使用有毒物品作业场所，除应当符合《中华人民共和国职业病防治法》规定的职业卫生要求外，还必须符合下列要求：

a. 作业场所与生活场所分开，作业场所不得住人。

b. 有害作业与无害作业分开，高毒作业场所与其他作业场所隔离。

c. 设置有效的通风装置；可能突然泄漏大量有毒物品或者易造成急性中毒的作业场

所，设置自动报警装置和事故通风设施。

d. 高毒作业场所设置应急撤离通道和必要的泄险区。

e. 应当在醒目位置设置警示标志和中文警示说明，载明产生危害的种类、后果、预防以及应急救治措施等内容。

3) 使用有毒物品作业场所应当设置黄色区域警示线、警示标志。高毒作业场所应当设置红色区域警示线、警示标志。

4) 从事使用高毒物品作业的用人单位，应当配备应急救援人员和必要的应急救援器材、设备、物资，制定事故应急救援预案，并根据实际情况变化对应急救援预案适时进行修订，定期组织演练。

5) 使用单位应当确保职业中毒危害防护设备、应急救援设施、通信报警装置处于正常适用状态，不得擅自拆除或者停止运行。对设施进行经常性的维护、检修，定期检测其性能和效果，确保其处于良好运行状态。

6) 有毒物品的包装应当符合国家标准，并以易于劳动者理解的方式加贴或者拴挂有毒物品安全标签。有毒物品的包装必须有醒目的警示标志和中文警示说明。

7) 使用危险化学物品，应当根据危险化学物品的种类、性能，设置相应的通风、防火、防爆、防毒、监测、报警、降温、防潮、避雷、防静电、隔离操作等安全设施。并根据需要，建立消防和急救组织。

8) 盛装危险化学物品的容器，在使用前后，必须进行检查，消除隐患，防止火灾、爆炸、中毒等事故发生。

9) 化学毒品领用必须遵守以下规定：

a. 化学毒品必须经单位主管领导批准，方可领取，如发现丢失或被盗，应立即报告。

b. 使用保管化学毒品的单位，应指定专人负责，领发人员有权负责监督直至投入生产为止；一般一次领用量不得超过当天所用数量。

c. 化学毒品应放在专用的厨柜内并加锁。

10) 禁止在使用化学毒品的场所吸烟、就餐、休息等。

11) 使用化学毒品的工作人员，必须穿戴专用工作服、口罩、橡胶手套、围裙、防护眼镜等个人防护用品。工作完毕，应更衣洗手、漱口或洗澡。要定期进行体检。

12) 使用化学毒品场所，车间还应备有防毒用具、急救设备。操作者应熟悉中毒急救常识和有关安全卫生常识。发生事故应采取紧急措施，保护好现场，并及时报告。

13) 使用化学毒品场所或车间，应有良好的通风设备，保证空气清洁，各种工艺设备应尽量密闭，并遵守有关的操作工艺规程。工作场所应有消防设施，并注意防火。

14) 工作完毕，应清洗工作场所和用具；按照环境保护法的规定，妥善处理废水、废气、废渣。

15) 销毁、处理有燃烧、爆炸、中毒和其他危险的废弃危险化学物品，应当采取安全措施，并征得所在地公安和环境保护等部门同意。

4. 放射性物品

(1) 从事放射性工作的单位，应按照国家现行放射性同位素与射线装置放射防护条例，取得从事放射性工作的许可证后，持证上岗。

(2) 从事放射性工作的单位,必须设立防护监测组织,或配备专(兼)职防护人员,负责本单位射线防护监测工作。禁止将射源转让或借给无工作许可证的任何单位。

(3) 对于从事放射性工作人员,应加强放射防护知识的教育,自觉遵守有关放射防护的规定,避免一切不必要的照射。

(4) 从事放射性工作的单位领导,要关心从事放射性工作人员的身体健康。建立从事放射性工作人员的健康、剂量监督等档案。

(5) 从事放射性工作的人员,必须经过就业前的健康检查,有不适应症者不得参加放射性工作。

(6) 已经从事放射性工作的人员,必须接受定期检查,一般每年至少进行一次职业性体检,若发现有不适应症时,应酌情予以减少接触、短期脱离、疗养或调离等处理。

(7) 从事放射性工作人员,其接受全身照射的日最大允许剂量当量,不得超过0.05rem;每周最大允许剂量当量为0.3rem,累计终身剂量当量不得超过250rem,每年最大允许剂量当量按表1.24规定。

表1.24 放射性工作人员每年最大允许剂量当量

受照射部位		年最大允许剂量当量/rem
器官分类	名称	
第一类	全身、性腺、红骨髓、眼晶体	5
第二类	皮肤、骨、甲状腺	30
第三类	手、前臂、足、踝	75
第四类	其他器官	15

注 孕妇、哺乳期妇女(指内照射)每年受照当量应低于本表规定的3/10。

(8) 放射性射源的贮藏库房,必须符合下列要求:

1) 仓库应干燥、通风、平坦,要划出警戒线,并采取一定的屏蔽防护。各种射线常用的屏蔽吸收材料见表1.25。

表1.25 各种射线常用的屏蔽吸收材料

射线种类	材 料 名 称
α射线	空气、铝箔
β射线	铅板、铁板、有机玻璃、塑料、木材
γ射线	铅层、铁层、铅橡皮、铅玻璃、混凝土、岩石、砖、土壤、水
中子流	水、石蜡、硼酸

2) 放射性同位素不得与易燃、易爆、腐蚀性物品放在一起,其储存场所必须采取有效的防火、防盗、防泄漏的安全防护措施,并指定专人负责保管。储存、领取、使用、归还放射性同位素时必须进行登记、检查,做到账物相符。

3) 存放过放射性物品的地方,应在卫生部门指派专业人员监督指导下,进行彻底清洗,否则不得存放其他物品。

4) 储藏室应采取有效的防护措施,使相邻的非从事放射性工作人员接受辐射剂量不超过从事放射性工作人员最大允许剂量的1/10。

5)施工现场不得存放射源,确需短时间存放时,应经单位主管领导批准,并必须采取有效的防护措施,如制作铅储存容器、铅房等,并设围栏和醒目的标志,射源容器必须加锁。

6)射源容器需经计算,并经实测复核,确认符合安全要求后,方可使用。一般距射源容器0.5m处剂量率应低于3mrem/h。

7)射源应指定专人管理,定期检查,严格领用制度。

(9)射源保管人员,必须掌握射源的物理、化学性质和毒性及防护措施等基本知识。

(10)托运、承运和自行运输放射性同位素或者装过放射性同位素的空容器,必须按国家有关运输规定进行包装和剂量检测,经县以上运输和卫生行政部门核查后方可运输。

(11)长途托运或转让运输时,射源必须妥善地包装好,并有可靠的防护措施。射源运到目的地后,必须立即进行交接检查,确认射源是否完好,并办理交接手续。

(12)在现场搬运射源时,搬运人员一般应距射源容器不小于0.5m,容器抬起高度不得超过膝部。

(13)放射性物品使用应遵守下列规定:

1)放射性同位素的使用场所必须设置防护设施。其入口处必须设置放射性标志和必要的防护安全联锁、报警装置或者工作信号。

2)放射工作单位必须严格执行国家对放射工作人员个人剂量监测和健康管理的规定。

3)对已从事和准备从事放射工作的人员,必须接受体格检查,并接受放射防护知识培训和法规教育,合格者方可从事放射工作。

4)从事放射工作的哺乳期妇女、妊娠初期三个月孕妇应尽量避免接受照射,在妊娠或哺乳期间不得参与造成内照射的工作,并不得接受事先计划的特殊照射。

5)在现场进行射线探伤时,应遵守下列规定:

a. 根据现场防护要求,规定安全范围,并设置红色安全围栏,悬挂醒目警告牌,严禁非工作人员进入。

b. 操作时应由一人操作,一人监护;并经常测量工作场所的射线剂量。

c. 射源处于工作状态时,工作人员严禁离开现场,并密切注意工作场所状态。

6)利用射源进行探伤时,应采取安全可靠的措施,防止射源失落。若发生失落时,现场所有人员应立即全部撤离。设专人守卫,并及时报告领导和保卫部门,在做好安全防护措施后,方可组织地用仪器寻找。

7)在进行探伤时,工作人员应极其小心谨慎,严格遵守操作规程,严守安全防护措施,避免发生意外。如工作场所在室内时,应注意经常换气。

(14)放射防护应遵守以下规定:

1)射源丢失或被盗时,应保护好现场,立即报请公安保卫部门和卫生部门查处。

2)凡从事放射性工作人员均应有防护工作服、工作帽、面罩及橡皮手套等。工作服等防护用品应经常换洗,洗涤被污染的工作服应在专门的洗衣房或洗衣池内进行,不许和普通衣服混在一起洗,以免污染。

3)从事放射性工作人员,进行工作时,对射源要轻装、轻卸,严禁肩扛、背负、捆绑、碰撞等。

4) 从事放射性工作人员，工作完毕，必须脱掉个人防护用品，更衣洗手，最好洗澡后才能就餐、饮水、吸烟等。

5) 沾染放射性物质的污物，应放在专门的污物室内的污物桶中，不得任意乱放。废水、废气需达到国家允许的排放标准后，才能排放。废渣送到指定地点处理。

6) 发生放射事故的单位，必须立即采取防护措施，控制事故影响，保护事故现场，并向县以上卫生、公安部门报告。对可能造成环境污染事故的，必须同时向所在地环境保护部门报告，在做好防护措施后，进行消除污染的处理。

5. 油库管理

(1) 油库必须根据实际情况，建立油库安全管理制度、用火管理制度、外来人员登记制度、岗位责任制和具体实施办法，并严格贯彻执行。

(2) 油库员工应懂得石油商品的基本知识，熟悉油库管理制度和油库设备技术操作规程，经培训，考试合格取得相应证件后方可上岗。

(3) 油库应建立出入库管理制度，在大门外设立醒目的告示牌，由门卫负责监督检查实施。对进入油库场所人员车辆，必须执行国家有关消防安全的规定。

(4) 禁止在油库与周围使用明火；因特殊情况需要用火作业的，应当按照用火管理制度办理用火证，用火证审批人必须亲临现场检查防火措施落实后，才能批准用火证。危险区由所在单位指定专人防火，一般防火区由用火单位指定专人防火，防火人有权根据情况变化停止用火。用火人接到用火证后，要逐项检查防火措施，全部落实后方可用火。切实做到三不用火，即没有用火证不用火，防火措施不落实不用火，防火人不在现场不用火。

(5) 防静电规定如下：

1) 地面立式金属罐的接地装置技术要求要符合规定。其电阻值不得大于10Ω。油库中其他部位的静电接地装置的电阻值不得大于100Ω。

2) 油罐汽车装油时必须保持有较长的接地拖链，在装油前先接好静电接地线。使用非导电胶管输油时，要用导线将胶管两端的金属法兰进行跨接。

(6) 油品入库管理应符合下列要求：

1) 油库接到发货方的启运通知和交通运输部门的车、船到达预报后要做好接收准备。主管人员必须亲自检查准备工作情况。

2) 车、船到达后，要按照启运通知认真核对到货凭证及车号。散装油品，要检查车、船体技术状况，进行化验、计量。桶装油品，要清点件数、检斤、计重、检查质量。尽快卸收，防止积压车、船。发现问题，要查明原因，做出记录，按有关规定进行处理。

3) 卸收铁路罐车油品时，要收净底部余油。遇有雷雨、大雪、大风沙天气时，应暂时停止接卸。卸收船装油品时，轻油要注水冲舱，黏油要进行刮抽。

4) 卸收和输转油品时，必须严格遵守操作规程，指定专人巡视输油管线。连续作业时要办理好交接班手续。

5) 油品卸收完毕后，要及时办理入库手续，做好登记、统计工作。

(7) 罐装油品的储存保管规定如下：

1) 所有油罐，均须逐个建立分户保管账，及时准确记载油品的收、发、存数量，做到账货相符。

2) 油罐储油不得超过安全容量。

3) 对不同品种不同规格的油品，要实行专罐储存。

(8) 桶装油品的储存保管规定如下：

1) 保管应符合下列要求：

a. 要严格执行夏秋、冬春季定量灌装标准，并做到标记清晰、桶盖拧紧、无渗漏。

b. 对不同品种、规格、包装的油品，要实行分类堆码，建立货堆卡片，逐月盘点数量，定期检验质量，做到货、卡相符。

c. 润滑油和润滑脂应当入库保管，其中润滑脂类，变压器油、电容器油、汽轮机油、听装油品及各种工业用汽油等，不得露天存放。

2) 库内堆垛应符合下列要求：

a. 一律立放，双行并列，桶身靠紧，垒层牢固，桶口向外。

b. 油品闪点在28℃以下的，不能超过2层；闪点在28~45℃的，不能超过3层；闪点在45℃以上的，不能超过4层。

c. 桶装库的主通道宽度不能小于1.8m，垛与垛的间距不能小于1m，垛与墙的间距不能小于0.25~0.5m。

3) 露天堆垛应符合下列要求：

a. 堆放场地要坚实平整，高出地面0.2m，四周有排水设施。

b. 卧放时要做到，双行并列，底层加垫，桶口朝外，大口向上，垛高不超过3层；放时要做到，下部加垫，桶身与地面成75°角，大口向上。

c. 堆垛长度不能超过25m，宽度不应超过15m，堆垛内排与排的间距，不能小于1m；垛与垛的间距，不能小于3m。

d. 汽、煤油要斜放，不能卧放。润滑油要卧放，立放时必须加以遮盖。

(9) 油泵房的管理规定如下：

1) 油泵房建筑必须符合石油库设计规范要求。

2) 地下、半地下轻油泵房要加强通风，油蒸气浓度不得大于1.58%（体积）。

3) 油泵及管线要做到技术状态良好，不渗不漏，附件、仪表齐全，安装符合规定，维修保养好。

4) 电气设备及安装符合技术规定。

5) 作业、运行、交接班记录完整。

6) 司泵工坚守工作岗位，严格遵守操作规程。

7) 新泵和经过大修的泵，要进行试运转，管线、附件要进行水压试验，达到规定要求。

(10) 安全用电规定如下：

1) 油罐区、收发油作业区、轻油泵库、轻黏油合用泵房、轻油灌油间等的电气设备，必须符合下列规定：

a. 电动机必须是防爆、隔爆型。

b. 开关、接线盒、起动器、变压器、配电装置必须是防爆、隔爆型。

c. 电气仪表、照明用具、通信电器可以选用防爆、隔爆型或安全火花型。

2) 润滑油装卸、储存、输转、灌装场所的电气设备，必须符合下列规定：

a. 电动机、通信电气必须是封闭式。

b. 电器和仪表、配电装置必须是保护型。

3) 轻油装卸、输转、灌装、储存场所及用于运输的车、船，必须使用固定式防爆照明用具。油库必须使用防爆式手电筒。

(11) 消防器材的配置与管理规定如下：

1) 灭火器材的配置：

a. 加油站油罐库罐区，应配置石棉被，推车式泡沫灭火机、干粉灭器及相关灭火设备。

b. 各油库、加油站应根据实际情况制定应急救援预案，成立应急组织机构。消防器材摆放的位置、品名、数量，要绘成平面图加强管理，不准随便移动和挪作他用。

2) 供水系统的管理和检修：

a. 消防水池要经常存满水。池内不得有水草杂物。

b. 地下供水管线要常年充水，主干线阀门要常开。地下管线每隔2~3年，要局部挖开检查，每半年应冲洗一次管线。

c. 消防水管线（包括消火栓），每年要做一次耐压试验，试验压力应不低于工作压力的1.5倍。

d. 每天巡回检查消火栓。每月做一次消火栓出水试验。距消火栓5m范围内，严禁堆放杂物。

e. 固定水泵要常年充水，每天做一次试运转。消防车要每天发动试车，按规定检查、养护。

f. 消防水带要盘卷整齐，存放在干燥的专用箱里，防止受潮霉烂。每半年对全部水带按额定压力做一次耐压试验，持续5min，不漏水者合格。使用后的水带要晾干收好。

3) 泡沫系统的管理和检修：

a. 灭火剂的保管应注意，空气泡沫液应储存于温度在5~40℃的室内，禁止靠近一切热源，每年检查一次泡沫液沉淀状况。化学泡沫粉应储存在干燥通风的室内，防止潮结。酸碱粉（甲、乙粉）要分别存放，堆高不得超过1.5m，每半年将储粉容器颠倒放置一次。灭火剂每半年抽验一次质量，发现问题及时处理。

b. 对化学泡沫发生器的进出口，每年做一次压差测定；空气泡沫混合器，每半年做一次检查校验；化学泡沫室和空气泡沫产生器的空气滤网，要经常刷洗，保持不堵不烂，隔封玻璃要保持完好。

c. 各种泡沫枪、钩管、升降架等，使用后都要擦净、加油，每季进行一次全面检查。

d. 泡沫管线，每半年用清水冲洗一次；每年进行一次分段试压，试验压力应不小于1.18MPa，5min无渗漏。

4) 各种灭火机，要避免曝晒、火烤，冬季要有防冻措施，要定期换药，每隔1~2年进行一次筒体耐压试验，发现问题及时维修。

(12) 油库环境管理规定如下：

项目1 施工现场安全控制

1) 油库清洗容器的污水,油罐的积水等,要有油水分离、沉淀处理等净化设施,污水的排放,要遵守当地环保规定。失效的泡沫液(粉)等,要集中处理。

2) 油库排水系统,要有控制设施,严加管理,防止发生事故油品流出库外。

3) 清洗油罐及其他容器的油渣、泥渣,可作为燃料或深埋等其他处理。

4) 油库要有绿化规划,多种树木、花草,美化环境,净化水源,调剂空气。应创造条件,回收油气,防止污染。

任务1.3 施工现场布置安全技术

子任务1.3.1 现场安全布置

1. 一般要求

(1) 施工设施、临时建筑、管道线路等设施的设置,均应符合防汛、防火、防砸、防风以及职业卫生等安全要求。

(2) 现场存放的设备、材料、半成品、成品应分类存放、标识清晰、稳固整齐、通道畅通,不准乱堆乱放。

(3) 场地应保持平整整洁,无积水;排水管、沟及时清理维修,保持畅通;废渣弃物及时清理,施工作业面应做到工完场清。

(4) 施工现场的井、洞、坑、沟、升降口、漏斗口等危险处应加盖板或设置围栏,必要时设有明显警示标志,夜间有灯光警示标志。

(5) 高处作业面(坝顶、坡顶、排架、平台、屋顶等)、通道(栈桥、栈道)等临水、临空边缘等应设置高度不低于1.2m的安全防护栏杆,栏杆下部设置高度不低于0.2m的挡脚板。

(6) 施工生产现场临时的机动车道路,宽度不小于3.0m,人行通道宽度不小于0.8m,做好道路日常清扫、保养和维修。

(7) 交通频繁的施工道路、交叉路口及开挖、倒渣场地应设专人指挥,并有警示标志或信号指示灯。

(8) 施工单位在特种设备安装前应告知当地质量技术监督部门;特种设备安装工作结束后,应按设计要求和技术规范要求组织验收,并经地方质量技术监督部门检验合格后方准投入使用。

(9) 爆破作业必须统一指挥,统一信号,划定安全警戒区,并实施专人警戒。爆破后,须经爆破人员检查,确认安全后,其他人员方能进入现场。

挖洞、通风不良的狭窄作业场所爆破作业必须经过通风、恢复照明及安全处理后,方可进行其他作业。

(10) 脚手架、排架平台等施工设施的搭设应符合设计要求,满足施工负荷,操作平台应满铺牢固,临空边缘应设置挡脚板,并经验收合格后,方可投入使用。

(11) 上下层垂直立体作业的中间应设有隔离防护棚,或者将作业时间错开,并有专人监护。

(12) 高边坡作业前应处理边坡危石和不稳定体,并在作业面上方设置防护设施。

(13) 施工生产区应按消防的有关规定,设置相应消防池、消防栓、水管等消防器材,并保持消防通道畅通。

(14) 施工生产中使用明火和使用易燃物品时应做好相应防火措施。

(15) 存放和使用易燃易爆物品的场所禁止明火和吸烟。

(16) 大型拆除工作应符合下列要求:

1) 拆除项目开工前,应制定专项安全技术措施,确定施工范围,进行封闭管理,并有专人指挥和专人安全监护。

2) 拆除作业开始前,应对风、水、电等动力管线妥善移设、防护或切断。

3) 拆除作业一般应自上而下进行,严禁多层或内外同时进行拆除。

4) 拆除作业范围,应划定警戒区。通往拆除作业区的交通道路或作业警戒范围,应设专人警戒。

5) 模板和架子的拆除应遵守高处作业相关规定,并及时清理现场。

2. 技术要求

(1) 现场施工总体规划布置,应遵循的基本原则是:合理使用场地,有利施工,便于管理;分区布置,满足防洪、防火等有关安全要求。

(2) 生产、生活、办公区和危险化学品仓库的布置应符合以下要求:

1) 布置必须与工程施工顺序和施工方法相适应。

2) 选址地质稳定,不受洪水、滑坡、泥石流、塌方及危石等威胁。

3) 交通道路畅通,区域道路尽量避免与施工主干线交叉。

4) 生产车间,生活、办公房屋,仓库的间距必须符合防火安全要求。

5) 危险化学品仓库应远离其他区布置,严格执行申报审批制度。

(3) 施工区内起重设施、施工机械、移动式电焊机及工具房、水泵房、空压机房、电工值班房等布置应符合安全、卫生、环保要求。

(4) 混凝土、砂石料等辅助生产系统和制作加工维修厂、车间的布置应符合以下要求。

1) 单独布置,基础稳固,交通方便、畅通。

2) 应设置处理废水、粉尘等污染的设施。

3) 尽量避免因施工生产产生的噪声对生活区、办公区的干扰,施工生产期间产生的噪声限值应符合表 1.26 的规定。

表 1.26   施工生产期间产生的噪声限值

类　　别	等效声级/dB(A)	
	昼间	夜间
以居住、文教机关为主的区域	55	45
居住、商业、工业混杂区及商业中心区	60	50
工业区	65	55
交通干线道路两侧	70	55

(5) 生产区仓库、堆料场布置应符合以下要求。

1) 单独设置并紧靠所服务的对象区域，进出交通畅通。

2) 存放易燃、易爆、有毒等危险物品的仓储场所与办公、生活区应有 300m 以上的距离。

3) 应设置隔离带。

4) 有消防通道和消防设施。

(6) 生产区大型施工机械与车辆停放场的布置应与施工生产相适应，要求场地硬化平坦、排水畅通、基础稳固，并满足消防安全要求。

(7) 弃渣场布置应满足环境保护和卫生防护的要求。

(8) 生活区生活设施的布置应符合以下规定：

1) 应远离施工粉尘、噪声污染区域。

2) 大气环境质量应不低于《环境空气质量标准》(GB 3095—2012) 三级标准。

3) 设有供施工人员就餐的食堂，卫生条件应符合国家标准。

4) 生活垃圾处理及污水排放应符合国家有关规定。

(9) 各区域应根据人群分布状况修建公共厕所或设置移动式公共厕所。

(10) 各区域应有合理排水系统，沟、管、网排水畅通。

(11) 工程项目建设单位应设立供施工生产人员医疗救治的医疗急救中心（站），其规模应满足施工生产人员医疗救治要求。医疗急救中心（站）宜布置在生活区内。

(12) 施工现场设立现场救护站，并配备医疗人员、急救药品、医疗器具及急救车辆等。

子任务 1.3.2　现场安全保卫

1. 一般要求

(1) 施工生产区域应实行封闭管理。主要进出口处应设有明显的施工警示标志和安全文明规定、禁令，与施工无关的人员、设施不应进入封闭区。在危险作业场所应设有事故报警及紧急疏散通道设施。

(2) 进入施工生产区域的人员应遵守施工现场安全文明生产管理规定，正确穿戴使用防护用品和佩戴标志。

(3) 施工生产现场应设有专（兼）职安全人员进行值班安全检查，及时督促整改隐患，纠正违章行为。

(4) 爆破、高边坡与隧洞开挖、水上（下）、高处、多层交叉、大件起重运输、大型施工设备安装及拆除等危险作业应有专项安全防护措施，并有专人进行安全监护。

2. 操作技术

(1) 水利水电施工现场安全保卫工作应坚持贯彻预防为主、单位负责、突出重点、保障安全的方针。

(2) 业主应依据工程的规模和防范重点要害部位的要求，设置治安保卫机构，配备专业的治安保卫人员。并将治安保卫机构的设置和人员的配备情况报告当地主管公安机关备案。

(3) 施工现场安全保卫工作,由业主负责,其主要职责是:
1) 贯彻执行国家保卫工作的有关规定,加强对施工单位治安保卫工作的组织与领导。
2) 制定重点施工项目、要害部位治安保卫工作总体方案并上报所在地主管公安机关。
3) 督促、检查、落实重点项目与要害部位安全保卫措施,制定应付突发事件的应急预案。
4) 指导、检查、监督施工单位建立现场治安体系和各项管理制度与防范措施。
5) 协调解决施工单位之间在施工现场发生的重大治安保卫问题。
6) 配合地方人民政府有关部门协调、处理施工区域有关治安纠纷。
(4) 参加工程施工单位应在各自的生活和施工区域内负责做好如下安全保卫工作:
1) 根据承担的施工任务制定适合施工特点的现场及生活区保卫制度,确定主管责任人,建立单位治保机构并落实治安保卫人员。
2) 制定本单位在工程施工期间的治安保卫工作方案及应急方案,报业主审批并报当地公安机关主管部门备案。
3) 认真落实本单位重点要害部位及生产、生活区的各项治安防范措施,消除治安隐患。
4) 加强劳务人员及外来施工队伍的管理,协调处理施工单位内部纠纷,协助业主解决外部现场治安保卫纠纷。
5) 及时向业主和当地公安机关报告在单位管理范围内发生的刑事、治安案件和治安灾害事故,保护发案现场。
6) 加强对本单位施工人员的法制教育、安全教育和文明施工教育,配合业主和公安机关做好其他治安保卫工作。
(5) 施工现场施工人员的管理,实行"谁用工,谁负责"的原则,用人单位对临时务工人员应当依照有关规定严格审查,证件齐全方可雇用。从事使用、保管危险物品等特殊工作人员,施工单位应当进行相应的技术考核和培训,持证上岗。
(6) 施工现场应在业主的领导下,依据工程规模和地理环境,实施封闭管理,建立施工现场控制区。配置相应的安全防范设施和警示标志,以及专职保卫人员。坚决禁止下列行为的发生:
1) 攀(钻)越损毁施工防护栏杆。
2) 故意损坏、挪动测量勘标。
3) 无通行标志强行进入施工现场控制区。
4) 故意堵塞施工通道,影响施工进行。
5) 强行为施工单位提供工程物资、运输条件或承包施工任务。
6) 强行或擅自连接、拆除施工现场输水、输电管线路。
7) 扰乱施工现场秩序的其他行为。
(7) 施工现场的下列场所应当列为治安保卫的重点要害部位,业主与施工单位应按照责任分工,制定切实可行的防范方案和措施,并强化实施:
1) 储存易燃易爆、放射性、剧毒等危险物品的仓库。
2) 供电、供水、供气、通信等枢纽场所。

3) 存放重要勘察设计图纸、资料的部位。

4) 放置贵重物品、永久设备的仓库和关键施工部位。

5) 对工程有重大影响的施工工序或施工环节。

6) 重要的运输道路、桥梁和隧洞。

(8) 施工现场重点要害部位的治安保卫工作应当具备下列基本条件：

1) 制定完善的防火、防盗、防破坏、防爆炸、防止灾害事故等治安保卫措施和处置突发事件的方案，报当地公安机关审查备案。

2) 建立健全要害部位值班制度、出入制度、治安保卫责任制和重点要害部位人员上岗标准。

3) 配备能够有效预防、处置突发事件的专职保卫人员和必要的安全技术防范设施。

(9) 施工现场治安保卫工作所需经费由项目法人和施工单位在工程管理费中予以安排。

(10) 建设项目法人及各施工单位应当建立同当地公安机关的治安保卫工作联系制度，及时通报有关情况，依法及时制止、查处干扰施工正常进行的治安事件。

子任务 1.3.3　施工排水安全技术

(1) 施工前应充分考虑施工场地的用水排量和外界的渗水量，配备足够的排水能力和备用能力，以保证施工机械和作业人员的正常施工。

(2) 施工现场排水系统的布置，应进行规划设计并做好排除降雨和防御山洪的措施。

(3) 排水系统设备供电应有独立的动力电源（尤其是洞内排水），必要时应有备用电源，并保证电源线路绝缘良好，供电安全可靠。

(4) 施工排水系统的设备、设施等，安全完成后，应分别按相关规定逐一进行检查验收，合格后方可投入使用。

(5) 排水系统的机械、电气设备应定期进行检查维护、保养，排水沟、集水井等设施应经常进行清淤与维护，排水系统必须保持畅通。

(6) 施工区域排水系统应进行规划设计，并按照工程所在地的气象、地形、地表（下）、降雨量等情况，以及工程规模、排水时段，确定相应的洪水标准（即设计频率），作为施工排水规划设计的基本依据。

(7) 土方开挖应注重边坡和坑槽开挖的施工排水，要特别注意对地下水的排水处理。

1) 坡面开挖时，应根据土质情况，间隔一定高度设置永久性戗台，台面横向应为反向排水坡，并在坡脚设置护脚和排水沟。

2) 坑槽开挖施工前，应做好地面外围截、排水设施，防止地表水流入基坑（槽），冲刷边坡发生坍塌事故。

3) 进行地下水较为丰富的坑槽开挖时，应在坑槽外设置临时排水沟和集水井，将基坑水位降低至坑槽以下再进行开挖。

4) 场地狭窄，土层自稳性能和防冲刷性能较差，明沟难以形成的施工区应采取埋管排水。

(8) 石方开挖工区施工排水应合理布置，选择适当的排水方法，并应符合以下规定要求：

1）一般建筑物基坑（槽）的排水，采用明沟或明沟与集水井排水时，应在基坑周围，或在基坑中心位置设排水沟，每隔30～40m设一个集水井。集水井应低于排水沟至少1m左右，井壁应做临时加固措施。

2）厂坝基坑（槽）深度较大，地下水位较高时，应在基坑边坡上设置2～3层明沟，进行分层抽排水。

3）大面积施工场区排水时，应在场区适当位置布置纵向深沟作为干沟，干沟沟底应低于基坑1～2m。使四周边沟、支沟与干沟连通将水排出。

4）岸坡或基坑开挖应设置截水沟，截水沟距离坡顶安全距离不小于5m；明沟距道路边坡距离应不小于1m。

5）工作面积水、渗水的排水，应设置临时集水坑，集水坑面积宜为2～3m^2，深1～2m，并安装移动式水泵排水。

（9）边坡工程排水设施规定及要求：

1）周边截水沟，一般应在开挖前完成，截水沟深度及底宽不应小于0.5m，沟底纵坡不应小于0.5%；长度超过500m时，须设置纵排水沟、跌水或急流槽。

2）急流槽的纵坡不宜超过1:1.5；急流槽过长时应分段，每段不宜超过10m；土质急流槽纵度较大时，应设多级跌水。

3）边坡排水孔应在边坡喷护之后施工，坡面上的排水孔应上倾10%左右，孔深3～10m。排水管应采用塑料花管。

4）挡土墙应设有排水设施，防止墙后积水形成静水压力，导致墙体坍塌。

5）采用渗沟排除地下水措施时，渗沟顶部应设封闭层，寒冷地区沟顶回填土层小于冻层厚度时，应设保温层；渗沟施工应边开挖、边支撑、边回填，开挖深度超过6m时，必须采用框架支撑；渗沟每隔30～50m或平面转折和坡度由陡变缓处宜设检查井。

（10）地下厂房、隧洞等地下工程施工期间产生的废水和山体渗水，应从各工作面将水集中后排至洞外的废水处理池中，经沉淀后排出。

（11）砂石料场排水要求：

1）根据料场地形、降雨特点等情况，确定合理的排水标准，并进行排水规划布置。

2）料场周围布置排水沟，排水沟应有足够过流断面。

3）顺场地布置排水沟时，应辅以支沟。

4）排水系统与进场道路布置应相协调，主要道路两侧均应设排水沟，道路与水沟交叉处设管涵。

5）当料场低于地平面时，应设水泵进行排水。

（12）土质料场的排水应采取截、排结合，以截为主的排水措施。对地表水应在采料高程以上修截水沟加以拦截，对开采范围的地表水应挖纵横排水沟排出。

（13）基坑排水要求：

1）采用明沟排水方法时的要求：

a. 坡面过长或有集中渗水时，应增加一级排水沟和集水井。

b. 基坑集水井的位置，要始终低于开挖工作面，并根据水量大小、基坑长度、基建面地形布置一个或多个集水井。

c. 基坑向外排水，应由基坑水泵排至两岸坡开挖（或不砌筑）的排水渠排出坝外，或在坝上设置排水槽引出。

d. 应根据基坑边界条件计算排水量，必要时可通过抽水试验验证，排水设备、供电容量和排水渠的大小应留有 20%～50% 的余量。

2）采用深井（管井）排水方法时的要求：

a. 管井水泵的选用应根据降水设计对管井的降深要求和排水量来选择，所选择水泵的出水量与扬程应大于设计值的 20%～30%。

b. 管井宜沿基坑或沟槽一侧或两侧布置。井位距基坑边缘的距离一般不应小于 1.5m。管埋置的间距应为 15～20m。

c. 井深应大于设计降深 5m 以上。

3）采用井点排水方法时的要求：

a. 井点布置应经设计，选择合适方式及地点，井点管的埋设必须符合技术要求。

b. 井点管距坑壁不得小于 1.0～1.5m，间距应为 1.0～2.5m。

c. 滤管必须埋在含水层内，应比所挖基坑底低 0.9～1.2m。

d. 集水总管标高宜接近地下水位线，且沿抽水水流方向有 2‰～5‰ 的坡度。

e. 当一级井点不能满足降水深度要求时，应采用明沟排水和井点相结合的方法排水。

思 考 题

1. 项目现场布置时需要注意的事项有哪些？
2. 施工现场安全保卫有哪些规定？
3. 什么是安全色？安全标志有哪几大类并举例说明。
4. 查找一份现场用电安全技术交底资料，并在小组内讲解。
5. 施工现场"五通一平"工作的重要性及其内容和注意事项都有哪些？
6. 施工现场的安全保卫工作由谁负责，该如何开展？

项目 2　爆破工程施工安全监控

【学习目标】
知识目标：能陈述爆破实施的安全规定与爆破材料的安全管理要求
能力目标：能根据爆破安全规定进行爆破实施现场安全控制

任务 2.1　爆破工程施工安全基本规定

（1）本任务涉及的爆破器材系一般钻爆法施工所使用的各类爆破器材。

（2）爆破作业和爆破器材的采购、运输、储存、加工和销毁，必须按照《爆破安全规程》和《中华人民共和国民用爆炸物品管理条例》执行。

（3）采用新的爆破器材和爆破技术应经过试验，制定相应的安全规定。

（4）未经专门培训并考试合格取得相应资质的人员，严禁从事相应的爆破作业。

（5）从事爆破工作的单位，必须建立严格的爆破器材领发、清退制度，工作人员的岗位责任制，培训制度以及重大爆破技术措施的审批制度。

（6）爆破器材必须储存于专用仓库内。特殊情况时，经当地公安机关批准，派出所备案后，方可在专用仓库以外的地点少量存放爆破器材。

子任务 2.1.1　爆破器材库安全

1. 安全距离

（1）设置爆破器材库或露天堆放爆破材料时，仓库或药堆至外部各保护对象的安全距离应按下列条件确定：

1）外部距离的起算点是：库房的外墙墙根、药堆的边缘线、隧道式洞库的洞口地面中心。

2）爆破器材储存区内有一个以上仓库或药堆时，应按每个仓库或药堆分别核算外部安全距离并取最大值。

（2）仓库或药堆与住宅区或村庄边缘的安全距离，应符合下列规定：

1）地面库房或药堆与住宅区或村庄边缘的最小外部距离按表 2.1 确定。

表 2.1　地面库房或药堆与住宅区或村庄边缘的最小外部距离　　单位：m

存药量/t	>150 ≤200	>100 ≤150	>50 ≤100	>30 ≤50	>20 ≤30	>10 ≤20	>5 ≤10	≤5
最小外部距离/m	1000	900	800	700	600	500	400	300

2）隧道式洞库至住宅区或村庄边缘的最小外部距离不得小于表 2.2 中的规定。

表 2.2　　隧道式洞库至住宅区或村庄边缘的最小外部距离　　　　　　　　单位：m

与洞口轴线交角 α	存药量/t				
	≤100 >50	≤50 >30	≤30 >20	≤20 >10	≤10
0°至两侧 70°	1500	1250	1100	1000	850
两侧 70°～90°	600	500	450	400	350
两侧 90°～180°	300	250	200	150	120

3) 由于保护对象不同，因此在使用当中对表 2.1、表 2.2 的数值应加以修正，修正系数见表 2.3。

表 2.3　　对不同保护对象的最小外部距离修正系数

序号	保护对象	修正系数
1	村庄边缘、住宅边缘、乡镇企业围墙、区域变电站围墙	1.0
2	地县级以下乡镇、通航汽轮的河流航道、铁路支线	0.7～0.8
3	总人数≤50 人的零散住户边缘	0.7～0.8
4	国家铁路线、省级及以上公路	0.9～1.0
5	高压送电线路　500kV	2.5～3.0
	高压送电线路　220kV	1.5～2.0
	高压送电线路　110kV	0.9～1.0
	高压送电线路　35kV	0.8～0.9
6	人口≤10 万人的城镇规划边缘、工厂企业的围墙、有重要意义的建筑物、铁路车站	2.5～3.0
7	人口>10 万人的城镇规划边缘	5.0～6.0

注　上述各项外部距离，适用于平坦地形。依地形条件有利时可适当减少，反之应增加。

4) 炸药库房间（双方均有土堤）的最小允许距离见表 2.4。

表 2.4　　炸药库房间（双方均有土堤）的最小允许距离　　　　　　　　单位：m

存药量/t	炸药品种			
	硝铵类炸药	梯恩梯	黑索金	胶质炸药
>150～≤200	42	—	—	—
>100～≤150	35	100	—	—
>80～≤100	30	90	100	—
>50～≤80	26	80	90	—
>30～≤50	24	70	80	100
>20～≤30	20	60	70	85
>10～≤20	20	50	60	75
>5～≤10	20	40	50	60
≤5	20	35	40	50

注　1. 相邻库房储存不同品种炸药时，应分别计算，取其最大值；
　　2. 在特殊条件下，库房不设土堤时，本表数字增大的比值为：一方有土堤为 2.0，双方均无土堤为 3.3；
　　3. 导爆索按每万米 140kg 黑索金计算。

任务 2.1 爆破工程施工安全基本规定

5）雷管库与炸药库、雷管库与雷管库之间的允许距离（双方均有土堤）见表 2.5 中的规定。

6）无论查表或计算的结果如何，表 2.4、表 2.5 所列库房间距均不得小于 35m。

表 2.5　　　　雷管库与炸药库、雷管库与雷管库之间最小允许距离　　　　单位：m

库房名称	雷管数量/万发								
	200	100	80	60	50	40	30	20	10	5
雷管库与炸药库	42	30	27	23	21	19	17	14	10	8
雷管库与雷管库	71	50	45	39	35	32	27	22	16	11

注　当一方设土堤时表数字应增大比值为 2，双方均无土堤时增大比值为 3.3。

2. 库区照明

（1）从库区变电站到各库房的外部线路，应采用铠装电缆埋地敷设或挂设，外部电气线路不许通过危险库房的上空。

（2）库房照明禁止安装电灯，宜自然采光或在库外安设探照灯进行投射采光，灯具距库房的距离不应小于 3m。

（3）电源开关和保险器，应设在库外，并安装在配电箱中。

（4）采用移动式照明时，应使用防爆手电筒，不应使用电网供电的移动手提灯。

（5）地下爆破器材库的照明还应遵守下列规定：

1）必须采用防爆型或矿用密闭型电气器材，电源线路应采用铠装电缆。

2）库区电压宜为 36V。

3）储存室内不得安装灯具。

4）电源开关和保险器，应设在外包铁皮的专用开关箱内，电源开关箱应设在辅助洞室内。

5）有可燃性气体和粉尘爆炸危险的地下库区，只准使用防爆型移动电灯和防爆手电筒。其他地下库区应使用蓄电池灯、防爆手电筒或汽油安全灯作为移动式照明。

3. 库区防雷与接地

（1）使用年限超过一年的各种爆破器材库和覆盖厚度小于 10m 的地下库，均应设置防雷装置。

（2）爆破器材库区各类建筑物的防雷等级与防雷装置，应参照《民用爆破器材工厂设计安全规范》的有关规定。

（3）爆破器材库区各类建筑物的防雷设施应根据防雷等级要求设置，一般高度为 h 的单支避雷针在地面的保护半径为 $1.5h$，接地电阻值应不大于 10Ω，接闪器、引下线和接地装置所用的材料应有足够的机械强度和截面积，并满足耐腐蚀的要求。全部金属导电部分应采取防锈、防腐蚀措施。

（4）库房内所有金属物体应全部接地，接地电阻值应不大于 4Ω。

（5）避雷针与建筑物的距离应大于 3m，每个避雷针应设单独的接地极板。

（6）库区的防雷装置应定期检查，凡不符合要求的应及时处理。

4. 库区消防

(1) 库区必须配备足够的消防设施，库区围墙内的杂草必须及时清除。

(2) 进入库区不准携带烟火及其他引火物。

(3) 进入库区不应穿带钉子的鞋和易产生静电的化纤衣服，不应使用能产生火花的工具。

(4) 库区的消防设备、通信设备和警报装置，应定期检查。

(5) 在库区应设置消防水管。没有条件设置消防水管的库容量较小的库区，可在库区修建高位消防水池：库容量小于100t时，水池容量$50m^3$；库容量100～150t时，水池容量$100m^3$。库容量超过500t时，必须设消防水管。消防水池距库房应不大于100m。消防管路距库房应不大于50m。

(6) 草原和森林地区的库区周围，应修筑防火沟渠，沟渠边缘距库区围墙不小于10m，沟渠宽1～3m，深1m。

5. 库区保卫

(1) 具有健全可行的安全保卫管理制度。

(2) 配备符合要求的专职守卫人员和保管员。

(3) 有较完善的防盗警报措施。

(4) 库区必须昼夜警卫值班，加强巡逻，无关人员不准进入库区。严禁在库房内住宿和进行其他活动。

(5) 库区周围应设围墙，围墙高度不应低于2.0m，围墙至最近库房墙脚的距离应不小于25m。

子任务2.1.2 爆破材料安全管理

爆破器材库房的管理，应建立健全安全管理制度，岗位安全责任制，安全操作规程，爆破器材发放、领取、治安保卫、防火、保密等制度。

1. 爆破器材装卸

(1) 从事爆破器材装卸的人员，必须经过有关爆破材料性能的基础教育和熟悉其安全技术知识。装卸爆破器材时，严禁吸烟和携带发火物品。

(2) 搬运装卸作业宜在白天进行，炎热的季节可在清晨或傍晚进行。如必须在夜间装卸爆破器材时，装卸场所应有充足的照明，并只允许使用防爆安全灯照明，禁止使用油灯、电石灯、汽灯、火把等明火照明。

(3) 装卸爆破器材时，装卸现场应设置警戒岗哨，有专人在场监督。

(4) 搬运时应谨慎小心，轻搬轻放，禁止冲击、撞碰、拉拖、翻滚和投掷。不准在装有爆破材料的容器上面踩踏。

(5) 人力装卸和搬运爆破器材，每人一次以25～30kg为限，搬运者相距不得少于3m。

(6) 同一车上不得装运两类性质相抵触的爆破器材以及不得与其他货物混装。雷管等起爆器材与炸药不允许同时在同一车厢或同一地点装卸。

(7) 装卸过程中司机不得离开驾驶室。在雷电时间，禁止装卸和运输爆破器材。

(8) 装车后必须在车辆上加盖帆布,并用绳子绑牢,检查无误方可开车。

2. 爆破器材运输

(1) 运输爆破器材必须遵守下列基本规定:

1) 运输时除驾驶员外,必须有押运人员护送。

2) 运输车(船)应按指定路(航)线行驶,严禁超速或抢行。严禁超载。

3) 车(船)不准在人多的地方、交叉路口或桥上(下)停留。

4) 车(船)应有帆布覆盖,并设有明显的危险警示标志。

5) 非押运人员不准乘坐。

6) 气温低于10℃运输易冻的硝化甘油炸药时,或气温低于-15℃运输难冻硝化甘油炸药时,必须采取防冻措施。

7) 禁止用翻斗车、自卸汽车、拖车、机动三轮车、人力三轮车、摩托车和自行车等运输爆破器材。

8) 运输炸药雷管时,装车高度要低于车厢10cm。车厢、船底应加软垫。雷管箱不许倒放或立放,层间也必须垫软垫。

9) 运输人员严禁吸烟和携带发火物品。

(2) 水路运输爆破器材必须遵守下列规定:

1) 遇浓雾及大风浪必须停航。

2) 停泊地点距岸上建筑物不得小于250m。

3) 船头船尾设有警示牌,夜间及雾天设红色安全灯。

4) 船上要有足够的消防器材。

5) 禁止使用筏类运输工具。

6) 机动船运输须事先切断装爆破器材船舱的电源;地板和垫物无缝隙,舱口必须关闭;与机舱和相邻的船舱应设有隔墙。

(3) 汽车运输爆破器材必须遵守下列规定:

1) 汽车应装设专门的缓冲器。

2) 汽车的排气管宜设在车前下侧,并应设置防火罩装置。

3) 车上应配备灭火器材,并按规定配挂明显的危险标志。

4) 谨慎驾驶,避免急刹车或意外事故的发生。

5) 汽车在工区内行驶时速不得超过30km(工作区内不得超过15km);在弯多坡陡、路面狭窄的山区行驶,时速应保持在5km以内。行车间距:平坦道路应大于50m,上下坡应大于300m。

6) 途中遇雷雨停车时,应停在远离建筑物、大树的空旷地方。

7) 车厢底板、侧板和尾板均不得有空隙,所有空隙应予以严密堵塞。严防所运爆破器材的微粒落在摩擦面上。

8) 在高速公路上运输爆破器材时,应按国家有关规定执行。

3. 往爆破作业地点运输爆破器材

(1) 在竖井、斜井运输爆破器材,应遵守下列规定:

1) 事先通知卷扬司机和信号工。

2）在上下班或人员集中的时间内，不应运输爆破器材。

3）除爆破人员和信号工外，其他人员不应与爆破器材同罐乘坐。

4）用罐笼运输硝铵类炸药，装载高度不应超过车厢厢高；运输硝化甘油类炸药或雷管，不应超过两层，层间应铺软垫。

5）用罐笼运输硝化甘油类炸药或雷管时，升降速度不应超过 2m/s；用吊桶或斜坡卷扬运输爆破器材时，速度不应超过 1m/s；运输电雷管时应采取绝缘措施。

6）爆破器材不应在井口房或井底车场停留。

（2）用矿用机车运输爆破器材时，应遵守下列规定：

1）机车前后设"危险"标志。

2）采用封闭型的专用车厢，车内应铺软垫，运行速度不超过 2m/s。

3）在装爆破器材的车厢与机车之间，以及装炸药的车厢与装起爆器材的车厢之间，应用空车厢隔开。

4）用架线式电力机车运输，在装卸爆破器材时，机车应断电。

（3）在斜坡道上用汽车运输爆破器材时，应遵守下列规定：

1）行驶速度不超过 10km/h。

2）不应在上、下班或人员集中时运输。

3）车头、车尾应分别安装特制的蓄电池红灯作为危险标志。

4）应在道路中间行驶，会车让车时应靠边停车。

（4）用人工搬运爆破器材时，应遵守下列规定：

1）在夜间或井下，应随身携带完好的矿用蓄电池灯、安全灯或绝缘手电筒。

2）不应一人同时携带雷管和炸药；雷管和炸药应分别放在专用背包（木箱）内，不应放在衣袋里。

3）领到爆破器材后，应直接送到爆破地点，不应乱丢乱放。

4）不应提前班次领取爆破器材，不应携带爆破器材在人群聚集的地方停留。

（5）一人一次运送的爆破器材数量不超过：雷管，5000 发；拆箱（袋）运搬炸药，20kg；背运原包装炸药，1 箱（袋）；挑运原包装炸药，2 箱（袋）。

（6）用手推车运输爆破器材时，载重量不应超过 300kg，运输过程中应采取防滑、防摩擦和防止产生火药等安全措施。

4．爆破器材储存

（1）爆破器材必须储存在专用仓库、储存室内，并设专人管理，不准任意存放。严禁将爆破器材分发给个人保存。

（2）使用爆破器材的单位临时存放爆破器材时，要选择安全可靠的地方单独存放，指定专人看管，并报所在地县、市公安局批准。临时小量存放的，向所在地公安派出所备案。没有公安派出所的地方，向乡人民政府备案。

（3）储存爆破器材的仓库、储存室，必须做到：

1）建立出入库检查、登记制度。收存和发放爆破器材必须进行登记，做到账目清楚，账物相符。

2）库房内储存的爆破器材数量不得超过设计容量，爆破器材宜单一品种专库存放。

库房内严禁存放其他物品。

(4) 若发现爆破器材丢失、被盗，必须及时报告所在地公安机关。

(5) 爆破器材的堆放要平稳、牢固、整齐，堆放高度要符合规定，留出一定的通道，以利搬运和通风检查。

(6) 爆破器材应按下列规定堆垛：宽度应小于5m，垛与垛之间宽度为0.7~0.8m，堆垛与墙壁之间应有0.2m的空隙，炸药堆垛高度为1.6m。

(7) 爆破材料不应直接堆放在地面上，应采用方木和垫板垫高20cm。库房内严禁火种。

(8) 装爆破材料的开箱不得在库房内进行，严禁在存有爆破器材的库房内进行房屋修缮。

5. 爆破器材领用

(1) 使用爆破器材，必须建立严格的领取、清退制度。领取数量不得超过当班使用量，剩余的要当天退回。

(2) 禁止非爆破员领取爆破器材，应指定专人（爆破员）负责爆破器材的领取工作。

(3) 严禁任何单位和个人私拿、私用、私藏、赠送、转让、转卖、转借爆破器材。严禁使用爆破器材炸鱼、炸兽。

(4) 不准使用非标准和过期产品，选用爆破器材要适合环境的要求。

6. 爆破器材销毁

(1) 对运输、保管不当、质量可疑及储存过期的爆炸器材，均应按有关规定进行检验。经检验变质和过期失效的不合格爆破器材，应及时清理出库，予以销毁。销毁前要登记造册，提出实施方案，报上级主管部门批准，并向所在地县、市公安局备案，在县、市公安局指定的适当地点妥善销毁。销毁后应有两名以上销毁人员签名，并建立台账及销毁档案。

(2) 爆破材料销毁方法：

1) 硝铵炸药可以采用水溶、爆炸等方法。

2) 胶质炸药只准采用爆破法。

3) 雷管销毁只准采用爆破法。

4) 导火索只准采用燃烧法。

5) 导爆索采用爆破法。

(3) 销毁工作应做好以下事项：

1) 销毁工作应有专人负责组织指挥，单位领导、安全技术人员以及公安保卫人员参加，并指派有经验的人员进行销毁。

2) 销毁爆破器材应选择在天气较好的白天进行，禁止在暴风、雷雨、大雪天或风向不定的天气或夜晚进行。

3) 销毁前，对所用的器材、起爆材料、场址及安全设备等，应进行认真细致的检查，以确保安全。

4) 销毁前，必须在销毁地区设置安全警戒人员，禁止一切无关人员和车辆进入危险区。

5）一切报废的爆破器材应防止在阳光下曝晒。

6）清理销毁场地，必须在场地冷却后进行，并确保销毁完全彻底。

7．爆破器材检验

（1）对新入库的爆破器材应抽样进行性能检验。对超过储存期、出厂日期不明和质量可疑的爆破器材，必须进行严格的检验以确定其能否使用。

（2）爆破器材的检验应由试验员进行。

（3）爆破器材的爆炸性能检验，应在与库区隔离的安全的地方进行。

（4）检验爆破器材的仪器或仪表，应进行定期检测，合格者应予加封，不合格者即行维修，使之经常处于良好状态。否则不准使用。

（5）导火索、导爆索、非电导爆管、火雷管、电雷管、硝铵类炸药要严格按照相应的检验规程进行检验。

子任务 2.1.3 爆破安全距离

（1）爆破作业设计时，爆炸源与人员和其他保护对象之间的安全允许距离应按爆破各种有害效应（地震波、冲击波、个别飞石等）分别核定，并取最大值。

（2）确定爆破安全允许距离时，应考虑爆破可能诱发滑坡、滚石、雪崩、涌浪、爆堆滑移等次生有害影响，适当扩大安全允许距离或针对具体情况划定附加的危险值。

（3）各种爆破器材库之间及仓库与临时存放点之间的距离，应大于相应的殉爆安全距离。各种爆破作业中，不同时起爆的药包之间的距离，也应满足不殉爆的要求。

（4）电雷管网路爆破区边缘同高压线最近点之间的距离不得小于表2.6的规定（亦适用于地下电源）。

表2.6　　　　　爆破区边缘同高压线最近点之间的距离

高压电网/kV	水平安全距离/m	高压电网/kV	水平安全距离/m
3～10	20	20～50	100
10～20	50		

（5）飞石：

1）爆破时，个别飞石对被保护对象的安全距离，不得小于表2.7规定的数值。

表2.7　　　　　爆破飞石对人员安全距离

序号	爆破种类及爆破方法			危险区域的最小半径/m
1	岩基开挖工程	一般钻孔法爆破		不小于300
		药壶法	扩壶爆破	不小于50
			药壶爆破	不小于300
		深孔药壶法	扩壶爆破	不小于100
			药壶爆破	根据设计确定，但不小于300
		深孔法	松动爆破	根据设计确定，但不小于300
			抛掷爆破	根据设计确定

续表

序号	爆破种类及爆破方法			危险区域的最小半径/m
2	地下开挖工程	平洞开挖爆破	独头的洞内	不小于200
			有折线的洞内	不小于100
			相邻的上下洞间	不小于100
			相邻的平行洞间	不小于50
			相邻的横洞或横通道间	不小于50
		井开挖爆破	井深小于3m	不小于200
			井深为3~7m	不小于100
			井深大于7m	不小于50
3	裸露药包法爆破			不小于400
4	用放在坑内的炸药击碎巨石			不小于400
5	用炸药拔树根的爆破			不小于200
6	泥沼地上塌落土堤的爆破			不小于100
7	水下开挖工程	非硬质土壤上爆破		不小于100
		岩石上爆破		不小于300
		有冰层覆盖时土壤和岩石爆破		不小于300

2) 洞室爆破个别飞石的安全距离,不得小于表2.8的规定数值。

3) 在浅水中进行爆破,当最小抵抗线(W)大于2倍水深时,对于人员的安全距离可参照表2.7的规定;当W小于2倍水深时,W安全距离可适当缩小;当水深大于6m时,可不考虑飞石安全距离。

表2.8　　　　　　　　　洞室爆破个别飞石安全距离n值　　　　　　　　　单位:m

最小抵抗线	n值									
	1.0	1.5	2.0	2.5	3.0	1.0	1.5	2.0	2.5	3.0
	对于人员					对于机械及建筑物				
1.5	200	300	350	400	400	100	150	250	300	300
2.0	200	400	500	600	600	100	200	350	400	400
4.0	300	500	700	800	800	150	250	500	550	550
6.0	300	600	800	1000	1000	150	300	550	650	650
8.0	400	600	800	1000	1000	200	300	600	700	700
10.0	500	700	900	1000	1000	250	400	600	700	700
12.0	500	700	900	1200	1200	250	400	700	800	800
15.0	600	800	1000	1200	1200	300	400	800	1000	1000
20.0	700	800	1200	1500	1500	350	400	900	1000	1000
25.0	800	1000	1500	1800	1800	400	500	900	1000	1000
30.0	800	1000	1700	2000	2000	400	500	1000	1200	1200

注　当n值小于1时,可将抵抗线值修改为$W_P=\dfrac{5W}{7}$,再按$n=1$的条件查表。

(6) 爆破冲击波应满足下列安全距离规定：

1) 进行地面爆破时，应参照下列条件确定空气冲击波的安全距离。

a. 对在掩体内的人员，其最小安全距离按式（2-1）确定：

$$R_k = 25\sqrt[3]{Q} \tag{2-1}$$

式中　R_k——对掩体内人员的最小安全距离，m；

　　　Q——一次爆破的炸药量，kg。

b. 爆破作用指数 $n<3$ 时，随着药包埋深的增加，空气冲击波的效应迅速减弱。此时对人的防护应首先考虑飞石和地震安全距离。

2) 进行地下爆破时，对人员保护的安全距离应根据洞型、巷道分布、药量以及损害程度等因素，经测试确定。

3) 水中爆破冲击波对人员的安全距离可参照表 2.9 执行。

表 2.9　　　　　　　　　水中爆破冲击波对人员的最小安全距离

装药及人员状况		炸药量/kg		
		≤50	>50~≤200	>200~≤1000
水中裸露装药/m	游泳	900	1400	2000
	潜水	1200	1800	2600
钻孔或药室装药/m	游泳	500	700	1100
	潜水	600	900	1400

4) 水中爆破冲击波对施工船舶的安全距离执行表 2.10 的规定，对客船按 1500m 确定。

表 2.10　　　　　　　　　对船舶的水冲击波最小安全距离

爆破方式	装药量/kg	最小安全距离/m		
		非机动船	机动船	
			停泊	航行
裸露药包	20~5	90	120	200
钻孔装药	200~500			
裸露药包	50~150	120	150	300
钻孔装药	500~100			

(7) 爆破震动安全距离满足下列要求：

1) 为防止房屋、建筑物、岩体等因爆破震动而受到损坏，须严格按照允许振速确定安全距离。

2) 爆破对建筑物和构筑物的爆破震动安全判据，可采用保护对象所在地的质点峰值振动速度和主振频率，以主振频率的频段确定相应的振动速度，其安全标准见表 2.11。

任务 2.1　爆破工程施工安全基本规定

表 2.11　　　　　　　　　爆破震动安全标准

序号	地面建筑物和隧道的分类		不同频段的爆破振动速度/(cm/s)		
			1～10Hz	10～50Hz	50～100Hz
1	土窑洞、土坯房、毛石房屋		0.5	0.5～1.0	1.0
2	一般砖房、非抗震的大型砌块建筑物		1.0	1.0～2.5	2.5～3.0
3	钢筋混凝土框架房屋		2.0	2.0～4.0	4.0～5.0
4	一般古建筑与古迹		0.2	0.2～0.6	0.6
5	水工隧洞		5	5～8	8～10
6	交通隧道		7	7～12	12～15
7	矿山巷道		20	20～40	40～60
8	水电站及发电厂中心控制室设备		0.2	0.2～0.5	0.5
9	电站中控室、厂房及输变电设备基座		3.0	3.0～4.5	4.5～5.0
10	新浇大体积混凝土	龄期 1～3d	1.5	1.5～2.0	2.0～2.5
		龄期 3～7d	2.5	2.5～5.0	5.0～7.0
		龄期 7～28d	7.0	7.0～9.0	9.0～10.0

注　1. 主频率系指最大振幅所对应的震波频率。
　　2. 频率范围应根据现场实测结果确定。也可参考下列数据：洞室爆破＜15Hz；深孔爆破为 10～15Hz；浅孔爆破为 15～60Hz。个别情况可超出上述频率范围。

3）爆破震动安全允许距离，可按式（2-2）计算。

$$R=\left(\frac{K}{V}\right)^{\frac{1}{\alpha}}Q^{\frac{1}{3}} \qquad (2-2)$$

式中　R——爆破震动安全允许距离，m；
　　　Q——计算药量，kg，齐发爆破时 Q 为总药量，秒延时和毫秒延时爆破 Q 为最大一段药量；
　　　V——保护对象所在地的质点振动安全允许振速，cm/s；
　　　K,α——爆破点至计算保护对象间的地形、地质条件有关的系数和衰减指数，可按表 2.12 选取，或通过现场试验确定。

表 2.12　　　　　　　　　爆区不同岩性的 K，α 值

岩性	K	α
坚硬岩石	50～150	1.3～1.5
中硬岩石	150～250	1.5～1.8
软岩石	250～350	1.8～2.0

子任务 2.1.4　爆破作业人员安全技术

1. 潜孔钻司机

（1）潜孔钻司机应经过专门训练，了解设备的性能、构造、保养规程，掌握操作技能，经考试合格取证后方可独立操作。

(2) 放炮时应将设备撤退到指定的安全地点避炮，必要时加以遮盖进行防护。放炮后应及时对设备进行全面检查。

(3) 遇到六级以上大风时，不准上滑架。严禁乘坐回转机构上下滑架。

(4) 孔口有人工作时，严禁向冲击器送风。拆装钻头时，应关闭回转，提升机构。

(5) 对传动部位的清扫、注油修理等工作，都应在停机的状态下才能进行。

(6) 应经常检查风水管接头是否坚固，有无跑风，漏水现象，以防脱节伤人。

(7) 不得将钻机电缆敷设在水中或在金属管道上通过。当钻机整机移位时，随机移动的电缆确需穿越车行过道的，应将电缆穿套绝缘皮套管后嵌入槽沟内进行保护以免发生触电事故。

(8) 钻机的工作地面应平坦，当在倾斜地面工作时，履带板下方应用楔形块塞紧。严禁在斜坡上横向钻孔作业。

(9) 夜间作业中，如发生照明故障，应立即停机，并切断工作电源，待修复后方可继续工作。

(10) 开机前应充分做好以下各项准备工作：

1) 要对钻机的滑架滑板、连接螺丝、拉杆连接、回转机构、齿轮传动、轴承压盖、空心主轴、提升推进机构、钢丝绳、制动器、离合器、行走机构、传动皮带、链条、履带板、钻杆接头、冲击器、钻头、除尘装置、电缆及其他电气元部件等各部位的操作机构进行全面仔细地检查。使操作系统灵敏、完好，运转系统牢固可靠、工作有效。

2) 润滑部位应加注润滑油（脂）。

3) 接通电源，电压变动范围不超过额定值的－5％～＋10％。

4) 接好风管，风压应达到490～588kPa。

5) 进行湿式作业时，应接好水管，其压力应等于或大于风压。管路无渗漏现象。

6) 安全用具、工具、易损部件和辅助材料准备齐全。

(11) 凿岩作业时，应先开动吸尘机。随时观察冲击器的声响及机械运转情况，如发现异常，应立即停机检查，并排除故障。

(12) 开钻时，应有充足的水量，减少粉尘飞扬和对环境的污染。作业中，应随时观察排粉情况，尤其是钻下向孔时，应加强吹洗，必要时应提钻强吹。有收尘装置的集尘袋应及时清理，破损时应更新，以防止部分粉尘的泄漏。作业人员应该佩戴口、面罩等劳保防护用具。

(13) 当气压低于392kPa时，应停止钻孔。

(14) 钻进中，不得反转电动机或回转减速器，应避免钻杆突然脱扣。

(15) 应经常注意调整推进机构钢丝绳的松紧程度，排列整齐无挤压现象，绳头牢固。注意检查提升滑轮组和提升推进器上、下行程开关工作的可靠程度，以免电机发生过载或拉断钢丝绳等事故。滑架摆动严重时，应减小轴压。

(16) 钻机行走应符合下列安全规定：

1) 行走机构各部传动灵活可靠，履带板，履带销连接完好。

2) 查看供电线路，及时排除故障，路面宽度不应小于3.5m，弯道半径不应小于4m。最大爬行坡度不应超过15°。

3) 行走距离超过 300m 或横跨道路上空的障碍物有碍通行时,应放平滑架和钻臂,保持机体平稳。穿过带电线路时,钻机各部与导线间的距离见表 2.13 规定。

表 2.13　　　　　　　　　钻机与带电导线的安全距离

线路电压/kV	<1	1～20	35～110
安全距离/m	1.5	2	4

4) 在未放平滑架而做较长距离行走时,应拆掉风管、水管,接通行走电机电源。钻头球面离地不小于 30cm,冲击器应用卡瓦固持。

5) 行走时要有专人指挥,做好上下联络,车后人员应拉好电缆和风、水管路。

6) 转向时,不应急转向。尤其在松软路面做大角度转向时,应铺垫木板,以免陷车或脱轨。遇转向困难时,不可强行硬扭。

2. 凿岩台车工

(1) 操作人员应经过专门训练,了解设备的性能、构造、保养规程,掌握操作技能,经考试合格取证后方可独立操作。

(2) 前进道路上,事先应清理场地,排除一切障碍物,台车才能进入工作面。

(3) 前进或退出,要有专人指挥,统一信号,台车与牵引车司机应密切配合,行车速度应缓慢,防止台车倾倒。

(4) 电气部分发生故障,应由专职电工进行检修。

(5) 最高行走速度不得超过 10km/h,最大爬行坡度不得超过 14% (1∶7)。车辆下坡时,应用低速挡行驶,严禁空挡溜滑车。

(6) 检查轮胎气压,臂系统脚制动器是否可靠灵敏,以及电缆支架插销是否拴牢。

(7) 检查电缆卷筒支架插销是否拴牢。

(8) 发动机起动后,应空转 3～5min,以中速空负荷运转,使水温上升至 70～90℃,观察油压、各仪表、指示灯以及各部元件有无异响声音,确认各部正常后,才能开始载负荷运转。

(9) 牵引车行驶前,制动气压应达到 490kPa 以上,松开制动闸后才能起步,不准在制动器系统故障情况下运行。

(10) 在凿岩或用升降平台上作业时,台车应张开支腿固定,不应移动机体。

(11) 移动钻臂时,应先退回导杆,使顶点离开工作面。钻臂下不应站人。

(12) 作业前应先将周围及顶部松碎岩石撬挖干净,裂隙及松散部位,应采取措施,以防落石、塌方。

(13) 检查风水管路有无堵塞,接头处是否严密可靠,冲洗后,将水软管接至台车上。

(14) 将电源接至台车,检查三相电压是否正常,有无漏电现象,指示灯是否完好并做漏电保护器可靠性试验。

(15) 按通油泵空气开关、起动油泵及空压机,其自动卸荷压力应调至 686kPa,检查油泵、电机空转、电流是否正常。

(16) 要合理划分各臂的作业区域,严禁两臂在一条垂直线上同时工作。

(17) 严禁在岩石破碎、裂隙、残孔等处钻孔。

(18) 作业时应经常观察各信号灯和压力表指示，分析岩石变化及钎运转情况，严防卡钎或钻杆扭曲。防止油管缠结或脱落受损。

(19) 更换钎头时，应将钎杆轻轻顶在岩石上，先拉操纵回转手柄和冲击手柄，关闭冲洗水之后拉开两手柄，松开后再慢慢向前推动，即可将钎头敲松。

(20) 凿岩机停机、保养应遵守以下规定。

1）凿岩作业完成后，收回凿岩机、推进器和臂杆系统，做好拖牵前的各项准备。

2）断开电源，收回电缆。拆除冲洗水软管。

3）发动机急速运转数分钟，使其温度稍降后，方可熄火。

4）对臂系统及推进器滑面进行清洁、加油润滑，并检查其定位压力是否正常。

5）查看电缆和外露部分有否破损并检查是否漏电。

6）检查各连接部位，坚固各连接螺栓。

7）按规定对各润滑部位进行润滑，及时添加或更换油料。

3．风钻工

(1) 操作人员应了解凿岩机的构造和性能，并熟悉操作和保养规程，掌握操作技能，否则不应单独操作。

(2) 凿岩工作应使用捕尘器或采取湿式作业。为防止部分粉尘的泄漏，作业人员应该佩戴口、面罩等劳动防护用具。

(3) 开钻前应检查凿岩机各部件是否松动，准备好所用的工（器）具。

(4) 应选择长短适应的钎杆，并检查是否有弯曲，中心孔应不偏斜无堵塞。

(5) 风管与风钻对接时，应先将管内脏物吹净，再行连接。

(6) 供风胶管不得缠绕打结，并严禁采用折叠风管的方法来停止供风。

(7) 风管接头应连接牢固，防止脱落伤人，应随时检查接头是否松动。

(8) 钻孔开孔时，风门应开小一些，把钎的人戴保护眼镜。

(9) 开钻时，检查周围有无不稳定的岩石，操作人员两脚应前后侧身站稳，防止断钎伤人。

(10) 钻孔时，手不能离开钻机风门，严禁采用骑马式作业，以防断钎伤人。

(11) 钻水平孔时，严禁用胸部顶住风钻。钻孔前面不应站人。

(12) 在孔深 1.2m 以上，应备有长短钎和采用长短钎配套交替进行使用，不应采取一根长钎一次钻够深度的钻孔方法。

(13) 严禁在旧孔上重新钻孔。

(14) 更换钢钎时，要关闭风水阀门，防止钻机转动。

(15) 风水管穿过交通通道时，应挖小沟，把管放在沟中盖好，以防压坏。

(16) 在山坡上拉风管时，要注意山下的人和机械等，以免石块滚下伤人。

(17) 钻机停止工作时，应先将风水总阀门关闭，然后再卸风水管。

(18) 钻孔完毕，所有机具、风水胶管要放在安全地方，以免被爆破飞石砸坏。

(19) 吹炮孔时，吹风管应用转心阀门，并注意前后左右是否有人。严禁采用对折风管停风的方法吹孔。

(20) 当使用钻机支架时（如立式或横式移动台车等）。若钎杆和钻机前进方向不一致，应立即加以调整。

（21）气动支架应支牢固，工作时不应滑动。

（22）要随时注意顶板岩石因断层破碎及地下水、岩石发育各种因素而形成的不稳定情况，如发现异常现象，应立即退出。

（23）在高处打钻作业时，作业人员应对搭设的脚手架、作业平台整体稳固性进行安全检查。

（24）停钻、撤钻或向前移动气腿时，先关风门，同时应防止卡手。拔钎时应注意左右、后边的人员，以免伤人。

（25）发现瞎炮，禁止强拉导火线和随意处理，应及时通知炮工或相关人员处理。

4. 爆破工

（1）爆破工作人员，必须是具有独立民事行为能力的人。应经过专业培训，掌握操作技能，并经当地设区的市级公安部门考核合格取得相应类别和作业范围、级别的爆破作业人员许可证后，方可从事爆破作业。

（2）爆破工的工作职责是：

1) 保管所领取的爆破器材，不应遗失或转交他人，不应擅自销毁和挪作他用。

2) 按照爆破指令单和爆破设计规定进行爆破作业。

3) 严格遵守爆破规程本操作规定。

4) 爆破后检查工作面，发现盲炮和其他不安全因素应及时上报或处理。

5) 爆破结束后，应将剩余的爆破器材如数及时交回爆破器材库。

6) 定期接受爆破技术知识和安全操作的培训教育。

（3）爆破工对火工品的搬运与加工的要求如下：

1) 爆破所用的电雷管、火雷管、导爆索、导爆管、炸药等物品，在搬运装卸时，应轻拿轻放，不得抛掷。

2) 运输火工材料的汽车不准停留在人员密集的地方，车上应示有醒目的危险标志。押车人员严禁吸烟及带火种。

3) 从爆破器材库领出的各种起爆破器材送往施工现场时，要根据背运人员的体力强弱来负重。

4) 往现场运送爆破器材途中，运送人员严禁吸烟。禁止在有明火处休息。不准靠近汽车排气管和在电力线路下行走。

5) 炸药运到工作面时，应与明火、机械设备、电源及供电线路等保持一定的安全距离，并设专人看守。

6) 在加工导火索时，应首先查清是否同厂、同批，试验燃速，不准和异厂、异批导火索混合使用，以防燃速不同发生事故。

7) 加工火炮插管时，应严格清查管数，导火索头与雷管的数量应相符。

8) 导火索插入管内时，管内杂物应倒净，以免杂物堵塞导火索药芯造成瞎炮，严禁用嘴吹。火雷管插好后缠胶布时，手指应轻微顶住管尾，以免接触不良脱节造成瞎炮。

9) 绑炮时若遇药卷过硬时，可用手指将药卷捻松后再慢慢把管插入，严禁用力硬插。

10) 严禁电雷管用力硬插入起爆药内。在插电雷管时，应先在药卷一端用竹、木锥子钻成眼后，将雷管顺眼慢慢插入，绑扎时，注意保护电雷管封闭口及脚线不受到损伤。

11) 在切割导爆索时，应用锋利的刀子，严禁用钳子、石头、铁器砸切。已放入炮孔中的导爆索严禁切割。对结块炸药的粉碎，应用木器碾压碎，严禁用铁器和石头砸碎。

12) 加工和装放火炮时，现场严禁生明火，严禁吸烟、打闹，禁止将绑好的炸药包乱抛。

13) 电雷管在使用前，应检查其导电性，并按电阻大小来选配。

14) 禁止爆破人员身穿化纤类服装和带钉子的鞋，不应携带非绝缘电筒或其他金属用具。不应使用手机。

15) 加工电炮时，应使用专用爆破测量仪表，同时应认真检查，确认仪表完好正常并符合标准时，方可使用。

16) 在进行起爆管和导爆管加工时，应在单独专门的加工房内进行，同时应远离爆破材库，其安全距离应符合规定。加工好的起爆管和导爆管应分开存放，导爆管上应系上标志，加工起爆管时，应用特制的紧口钳子夹紧管体口部边缘。

17) 加工完毕，彻底清查现场，应核对领出数与加工数是否相符。

(4) 爆破工对火工品领用的要求如下：

1) 严格领退手续，做到认真负责，填写爆破单据应真实、明细，注明工程项目及单位、时间、地点、班次、领用数量、发放人、领用人和施工单位，并要三方签字方能生效，各签字人应对工作面实际耗材的数量核实负责，否则以手续不清和失职来进行追究责任。

2) 每班爆破作业工作完成后，应及时清理经核查实耗数量无误后，将现场用完剩余的火工材料如数退库登记。

3) 不使用的起爆药包，应由爆破工组长负责按规定退库日后统一销毁处理。

(5) 对爆破工的爆破作业要求如下：

1) 在火炮作业点炮前，爆破工应记清分管炮位上的导火索数量，清点炮孔数目，应事先选好进入避炮地点的线路。

2) 放炮人员在起爆前，应迅速撤离至安全坚固牢靠的避炮掩蔽体处，所撤退道路上不得有障碍物。

3) 对于火炮作业进行炮孔分组爆破或一次点燃数目超过5个炮时，点炮应明确分工，并指定专人负责指挥。

4) 使用火炮严禁用明火点燃导火索，应使用香或专用点火器来进行点火。

5) 用于防潮工作面的起爆药包，在放入雷管的药卷端口部，应涂防潮剂。在潮湿地点采用电力方法起爆时，应使用防水绝缘材料的雷管起爆。

6) 爆后应超过5min方准爆破工进入爆破作业地点检查，如不能确认有无盲炮，应经过15min后才能进入爆区检查。

7) 所有装好的电炮，应一次合闸同时起爆，否则不应同时装药。

8) 电力起爆宜使用闸刀开关，装置盒均应装箱上锁，从进入现场装药至起爆的全部时间内，应指定专人负责看管。应听从统一信号来控制合闸时间。

9) 如果通上电流而未起爆，则应将母线从电源上解下连成短路，锁上电闸箱，待母线断5min后，沿母线进入工地检查拒爆原因。

10) 爆破工在爆后主要检查的是：确认有无盲炮。有无危坡、坠石。地下爆破有无冒顶、危石存在，支撑是否被破坏，炮烟是否排除。

（6）当隧洞倾斜角大于30°时，严禁采用火花起爆，必须采用电力起爆方式。

（7）严禁用导爆索、导火索当绳子上下吊东西、捆绑炸药和代替安全绳使用。导爆索装好或联网后，要指定专人看守，严禁其他闲人进入现场，以免踩踏而发生事故。在爆破作业现场工作面的周边50m范围内严禁有其他施工机械作业。

（8）在水下或潮湿的条件下使用导爆索时，应将索端涂以防潮剂或戴防潮帽进行密封处理。

（9）防水炸药使用前，应认真细致的检查，若发现药卷上有小孔或两头封闭不好，应立即处理，以达到防水。

（10）装炮前，首先检查工作面的电源，若杂散电流达到30mA以上时，禁止放炮。

（11）装炮前，爆破工要观察施工现场的情况。特别是永久建筑物及设备、机械距离远近，是否安全，若有问题应及时向有关领导汇报，采取措施。

（12）装放电炮时，装炮人员应服从安排，并按分工要求进行操作。

（13）装药和堵塞应使用竹、木制作的炮棍，捣时不应用力过猛，严禁用金属棍棒装填，以防止捣响或者捣伤导火索及脚线造成瞎炮。

（14）起爆前，应将剩余爆破器材撤出现场，运回仓库，不得藏放于工地。

（15）爆破工在从事不同级别的洞室、深孔、拆除等各种爆破作业和在深井、含有瓦斯、粉尘、高温等特殊环境下进行上述工程爆破作业时，应遵守《爆破安全规程》（GB 6722—2003）有关条款规定和进行分级管理的要求，应按爆破设计施工方案和警戒措施要求做好相应的安全防护。应严格控制药量、做好压盖控制飞石方向和安全警戒，以免伤人。

5. 撬挖工

（1）撬挖工应在爆破查炮确认完毕后，方可进入工作面进行撬挖。撬挖现场工作面应有足够的照明亮度。

（2）爆破后，对破碎、松散的岩石或孤石，应撬挖清除后，方可进行其他工作。遇有松动大块石，人力不能撬除时，可用少量药包进行爆破处理。

（3）撬挖顺序应按先近后远，先顶部后两侧，先上后下原则进行；两人以上同时撬挖应保持一定的安全距离。

（4）撬挖工作面的下方，严禁做其他工作，不准站人和通行，并有专人监护警戒和指挥。

（5）撬挖时，作业人员应站在安全地点，保障个人安全。如发现岩石破碎极可能有坍落危险时，应立即停止撬挖并设置明显标志，报告有关人员处理。

（6）放炮后在棚架上进行顶部撬挖时，应有防护措施，并详细检查岩石情况，可能挣落的岩石应及时处理。

（7）撬棍撬大石时，应将撬棍端紧抵胸腹部；在平地撬大石时，不应将撬棍放在肩上用力，以免巨石滑落压棍时将人压伤。

（8）正在撬挖工作面的附近，风钻、装岩机震动和及其他噪声、震动较大的施工机械、设备等均不得开动。

（9）蹬梯撬挖时，梯子应牢固可靠，防止梯滑、梯断伤人，并专人监护。

（10）使用反铲挖掘机撬挖作业时，应按挖掘机司机有关规定执行。

（11）在高处撬挖施工，作业人员腰部应系安全绳，并适时对安全绳磨损和拴挂处情况进行受力检查。

6. 锻钎工

（1）锻钎机操作人员应经过专门训练，了解设备的性能、构造、保养规程，掌握操作技能，经考试合格后方可独立操作。

（2）锻钎工作应专人开机，其他人员不应擅自动用锻钎设备。

（3）锻钎机的基础应牢固，在作业前，应检查受震动部分有无松动，钎模及工具有无破裂。在安装或更换模具、调整锤头行程，装换零部件工具时，应先将压缩空气关闭，垫好安全垫，在未垫好前，严禁将手伸入。

（4）工作前应严格检查锻钎机，各种模子及所用工具是否良好，如发现破损和规格不符合要求时，应立即修理或更换。

（5）检查各个润滑部位，应经常加注润滑油，保持足够的润滑油量。

（6）检查输风管的各连接处是否牢固可靠以及供风是否达到正常工作的风压。

（7）制钎工作时，禁止清刷和修理，如发现机器工作不正常，应停车后再进行修理。

（8）操作锻钎机时，严禁使其空击，应注意轻推手闸，以免损坏机件。

（9）在风吹钎眼通孔时，吹孔前方不得站人。

（10）工作结束后，应作下列工作：

1）将机器内部的凝结水放出，并清扫机器。

2）进行清炉，在未冷却前，即将炉渣清扫干净，同时关好风门。

3）清扫前，应将炉渣用水浇熄。

4）司机在下班前，应将本班运转情况填写清楚。

7. 石工

（1）搬运石料应拿牢放稳，绳索工具应牢固。

（2）两人抬运石料时，应相互配合，动作一致。

（3）用车子装料不应装得太满，防止滚落伤人。

（4）往坑槽内运石料时，应确认下方人员躲到安全地点时才可使用溜槽或吊运。

（5）在脚手架上砌石时，不得使用大锤。修整石块时，应戴防护眼镜，不得两人面对操作。

（6）在槽内砌石基础时，应检查两侧边坡土质稳定情况，如有裂缝或坍塌可能发生时，应采取加固措施，方可进行砌筑。工作面采用机械等手段垂直运输材料时，作业人员还应注意避让上空的吊运线路，防止吊运中物体突然坠落伤人。

（7）砌搬毛石应戴手套，搬运时应稳拿稳放，待石块就位平稳后，方可松手。

（8）工作完毕应将脚手架上的石碴碎片清理干净。

任务 2.2　不同爆破程序安全注意事项

1. 基本规定

(1) 在进行爆破设计的同时，必须制定安全技术措施，否则，不得进行爆破作业。

(2) 露天深孔爆破装药前，爆破工程技术人员应对第一排孔的最小抵抗线进行测定。洞室爆破前必须进行安全评估。

(3) 爆破材料在使用前必须检验，凡不符合技术标准的爆破器材一律禁止使用。

(4) 爆破工作开始前，必须明确规定安全警戒线，制定统一的爆破时间和信号，并在指定地点设安全哨，执勤人员应有红色袖章、红旗和口笛。

(5) 装药前，非爆破作业人员和机械设备均应撤离至指定的安全地点或采取防护措施。撤离之前不得将爆破器材运到工作面。

(6) 夜间无照明、浓雾天、雷雨天和五级以上风（含五级）等恶劣天气，均不得进行露天爆破作业。

(7) 当井内无关工作人员未撤离工作面时，严禁爆破器材下井。

(8) 往井下吊运爆破材料时，应遵守下列规定：

1) 检查起吊设备及吊运工具是否安全可靠。

2) 在上下班或人员集中的时间内，不应运输爆破器材，严禁人员与爆破器材同罐吊运。

3) 禁止雷管、炸药同时吊运。

4) 吊运速度不得大于 1m/s。

5) 装雷管的箱子必须绝缘。

6) 禁止将爆破器材存放在井口房、井底或其他巷道内。

(9) 利用电雷管起爆的作业区，加工房以及接近起爆电源线路的任何人，均不准携带不绝缘的手电筒，以防引起爆炸。

(10) 对报话机经检查无漏电、感应电时，方可在电力起爆区作为通信联系工具。

(11) 明挖爆破音响信号规定如下：

1) 预告信号，间断鸣三次长声，即鸣 30s、停、鸣 30s、停、鸣 30s、停，此时现场停止作业，人员迅速撤离。

2) 准备信号，在预告信号 20min 后发布，间断鸣一长、一短三次，即鸣 20s、鸣 10s、停、鸣 20s、鸣 10s、停、鸣 20s、鸣 10s。

3) 起爆信号，准备信号 10min 后发出，连续三短声，即鸣 10s、停、鸣 10s、停、鸣 10s。

4) 解除信号，炮响后 20min，检查人员方可进入现场进行检查。确认安全后，由爆破作业负责人通知警报房发出解除信号，一次长声，鸣 60s。

在特殊情况下，如准备工作尚未结束，可由爆破负责人通知警报房拖后发布起爆信号，并用广播器通知现场全体人员。

(12) 装药时，严禁将爆破器材放在危险地点或机械设备和电源火源附近。

(13) 在下列情况下，禁止装药：
1) 炮孔位置、角度、方向、深度不符合要求。
2) 孔内岩粉未按要求清除。
3) 孔内温度超过 35℃。
4) 炮区内的其他人员未撤离。
(14) 装药和堵塞应使用木、竹制作的炮棍。严禁使用金属棍棒装填。
(15) 使用信号管和计时导火索的长度不得超过该次被点导火索中最短导火索长度的 1/3。
(16) 爆破后炮工应检查所有装药孔是否全部起爆，如发现盲炮，应及时按照盲炮处理的规定妥善处理，未处理前，必须在其附近设警戒人员看守，并设明显标志。
(17) 暗挖放炮，自爆破器材进洞开始，即通知有关单位施工人员撤离，并在安全地点设警戒员。禁止非爆破工作人员进入。
(18) 地下相向开挖的两端在相距 30m 以内时，放炮前必须通知另一端暂停工作，退到安全地点。当相向开挖的两端相距 15m 时，一端应停止掘进，单头贯通。斜井相向开挖，除遵守上述规定外，并应对距贯通尚有 5m 长地段自上端向下打通。
(19) 起爆前，必须将剩余爆破器材撤出现场，运回药库，严禁藏放于工地。
(20) 地下开挖爆破禁止使用黑火药。
(21) 起爆药包应根据每次爆破需要量进行加工，不得存放、积压，加工起爆药包应在专用的加工房内进行。
(22) 加工起爆药包所使用的炸药、雷管、导火索、传爆线，应是经过检验合格的产品，电力起爆同一网路应使用同厂同型号的电雷管。
(23) 采用火花起爆时，点炮人员事先必须选定安全掩蔽地点。当爆破地点没有安全可靠的撤离条件时，严禁使用火花起爆。
(24) 当工作面杂散电流大于 30mA 和有可能产生静电放电或感应电流时，应采用抗杂散电流雷管或非电起爆。
(25) 用于潮湿有水工作面的起爆药包，必须进行严格的防水处理。
(26) 地下井挖洞内空气含沼气或二氧化碳浓度超过 1‰ 时，禁止进行爆破作业。

2. 炸药的干燥、粉碎
(1) 用硝铵类炸药加工各种规格的药卷时，要根据炮孔的直径，按规定进行。严禁把块状的炸药装入药卷内。
(2) 人工粉碎粉（粒）状硝铵炸药，应用不产生火花的工具，当粉硝铵炸药结块较坚硬时不得再加工及粉碎，应及时销毁。
(3) 炸药拆箱应在库外确认安全的地方进行，开箱时严禁敲打。
(4) 处理防水炸药时，一定要认真细致地检查，若发现药卷上有小孔或两头封闭不好应立即处理。
(5) 散落在地面上的炸药，要及时清扫干净，并分类分别集中，妥善处理，以免踩踏、撞击引起爆炸。
(6) 药卷挂蜡或沥青及石蜡的混合材料时，温度应控制在不超过 70℃，浸泡时间应控制在 4~8s（温度高时间短，温度低时间长）。

（7）水胶炸药加工之前，若发现药卷变软、淌水、药水分离等现象，应做试验，确认没有问题后才许加工。

3. 火花起爆药包

（1）火花起爆使用的导火索，要先做燃速试验，并根据燃速确定长度。非同厂同批的导火索严禁混合使用，以防燃速不同发生事故。切割时要细心操作，不准剪成马蹄形或过分扭伤，以免影响燃速或不着火出现盲炮。

（2）切割好的导火索每 10 根一把，顺方向盘好，放在干燥处，严禁放在潮湿的地面上。

（3）导火索与雷管连接时，必须在专用加工房内操作，无关人员不得入内。

（4）雷管内有杂物时，应先将管内杂物倒干净，严禁用嘴吹和用工具掏雷管内的杂物。

（5）导火索插入纸壳火雷管后，须用胶布将导火索与火雷管相接处缠牢。插入金属壳雷管时，要用安全紧口钳把雷管口与导火索卡紧。严禁用钳子夹雷管有药部位，严禁用牙咬雷管卡紧导火索。

（6）插管完毕，必须严格清查导火索与雷管使用量是否相符，以防雷管遗失，被踏响伤人。

（7）火雷管插导火索后包缠胶布时，手指应轻微顶到管尾，以免导火索与雷管接触不紧密造成盲炮。

（8）加工起爆药包（柱）时，应在爆破作业面附近的安全地点进行，加工数量不应超过当班爆破作业的需要量。

4. 电力起爆药包

（1）用爆破电桥检查电雷管之前，首先检查电桥是否完好，干电池盒子是否拧紧，无异常情况方可使用。

（2）选择电雷管时，其电阻误差应不大于 0.25Ω。

（3）检测各种电雷管时，应将电雷管放入 4cm 厚木箱内（一次只放 10 个），在无炸药、无他人的单独房间内单个检测。

（4）加工起爆药包时，先在药卷一端用竹（木）锥子钻开小眼，将雷管慢慢插入小眼内，严禁用力过猛。绑扎时注意不要损伤电雷管封闭口及脚线处。

（5）电雷管接线用钳子拧紧接头时用力应适度，以免损伤雷管脚线。

5. 炮孔装药与堵塞

（1）炮孔的装药结构、药卷直径，必须符合设计要求。

（2）爆破炮孔四周的大块石应首先清除。

（3）深孔装药可用提绳将药放入孔中，药卷不得直接抛掷入孔。

（4）禁止将起爆药包从孔中拔出或拉出。

（5）利用机械装药不宜采用电力起爆，若必须采用时，应使用抗静电雷管，并应有相应安全措施，以防静电引起早爆。

（6）堵塞物应采用土壤、细砂或其他混合物。禁止使用块状的及可燃的材料。

(7) 除扩药壶外，禁止采用不堵塞炮孔的爆破方法。

(8) 装药和堵塞过程中，均须谨慎保护导爆索、导爆管以及连接件等。

(9) 严禁边打孔边装药。

(10) 进行深孔的装药、堵塞作业时，应有爆破技术人员在现场进行技术指导和监督。

(11) 各种爆破作业都应做好装药原始记录。

6. 药室的装药与堵塞

(1) 药室开挖完毕，必须进行测量验收，将其实际位置绘于图上，药室中心位置必须准确。对全部药室应按爆破设计进行编号。

(2) 装药前，必须检查巷道、洞室的顶拱围岩及支护的稳固程度，并清除杂物、导电体和巷道内残存的爆炸材料。

(3) 装药时，不得在爆破地点周围200m或根据设计规定的范围内进行其他爆破工作。

(4) 起爆药包、电雷管脚线和引出线在未接入主线前，应一直处于短路状态。

(5) 电雷管起爆药包装入前，应切断一切电源，只准使用马灯和绝缘手电筒照明，并不得在工作面及巷道内拆换电池。

(6) 堵塞前，应组织专人对回填前一切准备工作进行验收，并做好原始记录。

(7) 靠近药室的堵塞物一般采用干砂或黄土，堵塞超过药室长度后，方可采用开挖的弃渣进行堵塞。

(8) 堵塞应密实，不留空穴。堵塞高度应达药室顶板。

(9) 堵塞时不得撞击炸药，不得损坏起爆网路。

7. 火花起爆

(1) 深孔、竖井、倾角大于30°的斜井、有瓦斯和粉尘爆炸危险等工作面的爆破，禁止采用火花起爆。

(2) 炮孔的排距较密时，导火索的外露部分不得超过1.0m，以防止导火索互相交错而起火。

(3) 一人连续单个点火的火炮，暗挖不得超过5个，明挖不得超过10个。并应在爆破负责人指挥下，做好分工及撤离工作。

(4) 当信号炮响后，全部人员必须立即撤出炮区，迅速到安全地点掩蔽。

(5) 点燃导火索必须使用香或专用点火工具，禁止使用火柴、香烟和打火机。

8. 电力起爆

(1) 用于同一爆破网路内的电雷管，电阻值应相同。康铜桥丝雷管的电阻极差不得超过0.25Ω，镍铬桥丝雷管的电阻极差不得超过0.5Ω。

(2) 网路中的支线、区域线和母线彼此连接之前各自的两端应短路、绝缘。

(3) 装炮前工作面一切电源应切除，照明至少设于距工作面30m以外，只有确认炮区无漏电、感应电后，才可装炮。

(4) 雷雨天严禁采用电爆网路。

(5) 供给每个电雷管的实际电流应大于准爆电流。具体要求如下：

直流电源：一般爆破不小于2.5A；对于洞室爆破或大规模爆破不小于3A。

交流电源：一般爆破不小于3A；对于洞室爆破或大规模爆破不小于4A。

（6）网路中全部导线必须绝缘。有水时导线应架空。各接头应用绝缘布包好，两条线的搭接口禁止重叠，至少应错开10cm。

（7）测量电阻只许使用经过检查的专用爆破测试仪表或线路电桥。严禁使用其他电气仪表进行量测。

（8）通电后若发生拒爆，必须立即切断母线电源，将母线两端拧在一起，锁上电源开关箱进行检查。进行检查的时间：对于即发电雷管，至少在10min以后；对于延发电雷管，至少在15min以后。

9. 导爆索起爆

（1）导爆索只准用快刀切割，不应用剪刀剪断导火索。

（2）支线要顺主线传爆方向连接，搭接长度不应少于15cm，支线与主线传爆方向的夹角应不大于90°。

（3）起爆导爆索的雷管，其聚能穴应朝导爆索的传爆方向。

（4）导爆索交叉敷设时，应在两根交叉导爆索之间设置厚度不小于10cm的木质垫板。

（5）连接导爆索中间不应出现断裂破皮、打结或打圈现象。

10. 导爆管起爆

（1）用导爆管起爆时，必须有设计起爆网路，并进行传爆试验。网路中所使用的连接元件必须经过检验合格。

（2）禁止导爆管打结，禁止在药包上缠绕。网路的连接处应牢固，两元件应相距2m。敷设后应严加保护，防止冲击或损坏。

（3）一个8号雷管起爆导爆管的数量不宜超过40根，层数不宜超过3层。

（4）只有确认网路连接正确，与爆破无关人员已经撤离，才准许接入引爆装置。

任务2.3 爆破作业安全技术

子任务2.3.1 露天爆破安全技术

（1）在爆破危险区内有两个以上的单位（作业组）进行露天爆破作业时，应由部门和发包方组织各施工单位成立统一的爆破指挥部，指挥爆破作业。各施工单位应建立避爆掩体，并采用远距离起爆。

（2）同一区段的二次爆破，应采用一次点火或远距离起爆。

（3）松软岩土或砂床爆破后，应在爆区设置明显标志，并对空穴、陷坑进行安全检查，确认无塌陷危险后，方准许恢复作业。

（4）露天爆破需设避炮掩体时，掩体应设在冲击波危险范围之外并构筑坚固紧密，位置和方向应能防止飞石和炮烟的危害；通达避炮掩体的道路不应有任何障碍。

（5）裸露药包爆破应遵守下列规定：

1）在人口密集区、重要设施附近及存在有气体、粉尘爆炸危险的地点，不应采用裸露药包爆破。

2) 裸露药包爆破，应使炸药与被爆体有较大接触面积，炸药裸露面用水袋或黄泥土覆盖，覆盖材料中不应含有碎石、砖瓦等容易产生远距离飞散的物质。

3) 安排裸露药包起爆顺序时，应保证先爆药包产生的飞石空气冲波不致破坏后爆药包，否则应采取齐发爆破。

4) 除非采取可靠的安全措施，并获爆破工作领导人批准，否则不应将药包直接塞入石缝中进行爆破。

5) 在旋回、漏斗等设备、设施中的裸露爆破，应在停电、停机状态下进行，并应采取相应的安全措施。

6) 在沟谷中及特殊气象条件下进行裸露爆破时，应考虑空气冲击波反射、绕射的影响，加大相应方向的安全距离。

(6) 浅孔爆破应遵守下列规定：

1) 露天浅孔爆破宜采用台阶法爆破。

2) 在台阶形成之前进行爆破应加大警戒范围。

3) 采用导火索起爆、非电导爆管雷管秒延时起爆，应保证先爆炮孔不会显著改变后爆炮孔的最小抵抗线，否则应采用齐爆或毫秒延时爆破。

4) 装填的炮孔数量，应以一次爆破为限。

5) 在高坡和陡坡上不宜采用导火索点火起爆。

6) 露天采区二次爆破，起爆前应将机械设备撤至安全地点。

(7) 深孔爆破应遵守下列规定：

1) 验孔时，应将孔口周围 0.5m 范围内的碎石、杂物清除干净，孔口岩壁不稳者，应进行维护。

2) 水孔应使用抗水爆破器材。

3) 深孔验收标准是：孔深为 ± 0.5m，间距为 ± 0.3m，方位角和倾角为 $\pm 1°30'$；发现不合格时应酌情采取补孔、补钻、清孔、填塞孔等处理措施。

4) 应采用非电导爆管雷管或导爆索起爆；采用地表延时非电导爆管网路时，孔内宜装高段位雷管，地表用低段位雷管。

5) 爆破工程技术人员在装药前应对第一排各钻孔的最小抵抗线进行测定，对形成反坡或有大裂隙的部位应考虑调整药量或间隔填塞。底盘抵抗线过大的部位，及时进行清理，使其符合设计要求。

6) 爆破员应按爆破设计说明书的规定进行操作，不应自行增减药量或改变填塞长度；如确需调整，应征得现场爆破工程技术人员同意并做好变更记录。

7) 在装药和填塞过程中，应保护好起爆网络；如发生装药阻塞，不应用钻杆捣捅药包。

(8) 预裂爆破、光面爆破应遵守下列规定：

1) 临近永久边坡和堑沟、基坑、基槽爆破，应采用预裂爆破或光面爆破技术，并在主炮孔和预裂孔（光面孔）之间布设缓冲孔；运用该技术时，验孔、装药等应在现场爆破工程技术人员指导监督下由熟练爆破员操作。

2) 预裂孔、光面孔应按照设计图纸的要求钻凿在一个布孔面上,钻孔偏斜误差不超过1°。

3) 布置在同一平面上的预裂孔、光面孔,宜用导爆索连接并同时起爆,如环境限制单段药量时,也可以分段起爆。

4) 预裂爆破、光面爆破均应采用不耦合装药,缓冲炮孔可采用不耦合装药和间隔装药。若采用药串结构药包,在加工和装药过程中应防止药卷滑落;若设计要求药包装于孔轴线,则应使用专门的定型产品。

5) 预裂爆破、光面爆破都应按设计进行填塞。

(9) 复杂环境深孔爆破应遵守下列规定:

1) 爆破前应对爆区周围人员、地面和地下建(构)筑物及各种设备、设施分布情况等进行详细的调查研究,然后进行爆破方案设计。

2) 应有爆破有害效应对周围环境影响的详细计算和论证;有防止爆破有害效应的安全措施;划定既能保证安全又要尽量减少扰民范围的警戒区。

3) 爆破孔深不宜超过20m。

4) 宜采用毫秒延时爆破,并严格控制可能重叠的段数;应按环境要求限制单段最大爆破药量,并采取必要的减震措施。

5) 填塞长度宜大于底盘抵抗线与装药顶部抵抗线平均值的1.2倍。

6) 起爆网路连接应由有经验的爆破员和爆破工程技术人员进行,并经现场爆破和设计负责人检查验收。

7) 应设立指挥部和警戒组。

8) 爆破有害效应的监测除按有关规定执行,对于B级及其以下级别工程爆破可能引起民房及其他建(构)筑物损伤时,应做相关有害效应的监测工作。

(10) 药壶和蛇穴爆破应遵守下列规定:

1) 扩壶爆破和药壶、蛇穴爆破,应由有经验的爆破员操作。

2) 扩壶时,应清除孔口附近的碎石、杂物。

3) 用硝铵类炸药扩壶,每次爆破后应等待15min或满足设计确定的等待时间,才准许重新装药;用导火索引爆扩壶药包时,导火索的长度应保证作业人员撤到50m以外所需的时间;深孔扩壶时,不应向孔内投掷起爆药包;孔深超过5m时,不应使用导火索引爆扩壶药包。

4) 扩壶完成后,应实测最小抵抗线及药壶间距,计算每个药壶的爆破方量和装药量,不应超量装药。

5) 蛇穴爆破应实测最小抵抗线,按松动爆破设计药量,每个蛇穴的装药量应控制在200kg之内,并应按设计的位置和药量装药。

6) 药壶及蛇穴爆破,应严格按设计要求进行填塞。

7) 两个以上药壶爆破或蛇穴爆破,应采用齐发爆破或毫秒延时爆破;如用导火索起爆或秒延时雷管起爆,先爆药包不应改变后爆药包最小抵抗线的方向与大小。

子任务2.3.2 盲炮处理安全技术

(1) 发现或怀疑有盲炮时,应立即报告,并在其附近设立标志,派人看守,并采取相应的安全措施。

（2）处理盲炮必须派有经验的炮工进行。

（3）处理时，无关人员不准在场，危险区内禁止进行其他工作。

（4）禁止掏出或拉出起爆药包。

（5）发生电炮盲炮时，应及时将盲炮电路短路。

（6）盲炮处理后，应仔细检查爆堆，并将残余的爆破器材收集起来，未判明有无残药前，应采取预防措施。

（7）处理裸露爆破的盲炮时，允许用手小心地去掉部分封泥，安置起爆雷管重新封泥起爆。

（8）处理浅孔盲炮，允许用以下方法：

1）经检查起爆网路良好时，可重新起爆。

2）可采用打平行钻孔装药起爆，使盲炮殉爆，但平行孔距盲炮不得少于 0.3m，且方向、角度必须一致，为保证平行，可取出盲炮孔 20cm 深的堵塞物。

3）可用木制或竹制工具取出堵塞物，装入起爆药卷。

4）可用水冲出残药，水压不宜大于 0.5MPa。

5）本班未处理完可交下一班继续进行。

（9）处理深孔盲炮可采用下列方法：

1）网路未破坏，可重新连线起爆。

2）当原孔用导爆索起爆和装入硝铵类炸药，可以取出拒爆药包。

3）距盲炮孔口不小于 10 倍炮孔直径处另打平行孔装药起爆。

4）非抗水性硝铵炸药可用灌水使之失效，再进一步处理。

（10）处理洞室盲炮，必须遵守下列规定：

1）按原测药室位置在地面标出。

2）清除堵塞物，取出炸药和起爆体。

3）当网路、导爆索、导爆管经检查确认正常尚能使用时，可连线起爆。

子任务 2.3.3 拆除爆破安全技术

（1）拆除爆破作业前，必须编制专门的施工方案和专项安全技术措施，经上级工程技术部门和地方相关部门批准后实施，并向全体作业人员交底。拆除爆破工作必须由具有资质的专业队伍承担作业，并有技术和安全人员在现场监护。

（2）拆除爆破应进行封闭式施工，对爆破作业地段进行围挡，设置明显的警戒标志，并安排人员警戒。在作业地段张贴施工公告及发布爆破公告，接近交通要道和人行通道的部位，应设置防护屏障。规定断绝、封锁道路的地段和时间。

（3）起爆前，应对网路覆盖及近体防护等进行验收，对不合格的进行处理。

（4）进入爆破作业现场的施工人员，应佩戴标志。与爆破作业无关的人员，不准进入现场。

（5）每个药包均应严格按爆破设计要求准确称量，并按药包重量、雷管段别、药包个数分类编组放置。药包应由专人保管，履行领取登记手续。应安排专人对装药作业进行监督检查。

(6) 起爆网路应采用电爆网路或复式导爆管起爆网路，不应采用导火索、火雷管起爆。在城镇进行的拆除爆破，一般不应采用导爆索起爆网路。

(7) 当起爆网路附近有输电线和发射台时，为防止感应电流和射频电引起误爆，宜采用非电起爆网路。

(8) 在有瓦斯和可燃粉尘的环境进行拆除爆破，应参照煤矿井下爆破的有关规定，制定安全操作细则。

(9) 起爆前，必须在危险区边缘设置警戒，并安排专人检查和现场人员清退工作，确认危险区无人后，报告爆破施工指挥部或爆破工作负责人，经许可后，方可下达起爆指令。

思 考 题

1. 爆破作业的基本程序有几个步骤？
2. 如何处理盲炮？
3. 明挖爆破对于音响信号有何规定？
4. 对于爆破安全距离有何规定？

项目 3　地基与基础工程安全技术

任务 3.1　混凝土防渗墙工程施工

【学习目标】

知识目标：能说出混凝土防渗墙施工安全控制的主要内容。

能力目标：能依据混凝土防渗墙施工安全控制规定进行安全控制。

子任务 3.1.1　操作规定

(1) 钻机施工平台应平整、坚实。枕木放在坚实的地基上。道轨间距必须与平台车轮距相符。

(2) 出渣出浆平台应保证出浆顺畅。宜用混凝土现场制作。

(3) 导墙应用混凝土现场制作。应有满足设备使用的强度。

(4) 钻机的安装与拆除均应在机长的指导下进行。

(5) 吊装钻机应满足下列要求：

1) 吊装钻机的吊车，宜选用起吊能力 16t 以上的吊车，严禁超负荷吊装。

2) 吊装用的钢丝绳应完好，直径不小于 16mm。

3) 套挂应稳固，并经检查可靠后方能试吊。

4) 吊装钻机应先行试吊，试吊高度为离地 10~20cm，同时检查钻机套挂是否平稳，吊车的制动装置以及套挂的钢丝绳是否可靠，只有在确认无误的情况下，方可正式起吊。下降应缓慢，装入平台车应轻放就位。

(6) 钻机就位后，应用水平尺找平后才能安装。

(7) 钻机桅杆升降注意事项如下：

1) 检查离合器、闸带是否灵活可靠。

2) 检查钢丝绳、蜗轮、销轴是否完好。

3) 警告钻机周围人员散开，严禁有人在桅杆下面停留、走动。

4) 随着桅杆的升起或落放，应用桅杆两边的绷绳，或在桅杆中点绑一保险绳，两边配以同等人力拉住，以防桅杆倾倒。立好桅杆后，应及时挂好绷绳。

(8) 开机前的准备工作如下：

1) 检查地锚，埋深不能少于 1.2m，引出绳头应用钢丝绳，不宜用脆性材料。

2) 稳好钻机，塞垫好三角木，收紧绷绳，紧固所有连接螺丝。检查钻具重量是否与钻机性能参数相符，所有钻头、抽筒均应焊有易拉、易挂、易捞装置。

3) 检查并调整各操纵系统，使之灵活可靠，离合器间隙应调至适当位置，不能过紧或太松，紧圈上的三个扒爪应均匀压紧在压力盘上，使压力盘与摩擦带受力均匀。检查制动闸，调整摩擦带间隙，一般保持在1.5～2mm，使闸带在松开情况下不与制动轮轮缘接触。

4）按钻机保养、使用规程检查各润滑部位的加油情况。

5）钻机上应有的安全防护装置应齐全、可靠。

6）检查冲击臂缓冲弹簧，其两边压紧程度应保持一致，否则应进行调整。

7）检查电气部分。三相按钮开关应安装在操纵手把附近以方便操作。

(9) 冲击钻进应遵守以下规定：

1）开机前应拉开所有离合器，严禁带负荷启动。

2）开孔应采用间断冲击，直至钻具全部进入孔内且冲击平稳后，方可连续冲击。

3）钻进中应经常注意和检查机器运行情况，如发现轴瓦、钢丝绳、皮带等有损坏或机件操作不灵等情况，应及时停机检查修理。

4）下钻速度不能过快，应用闸把控制下落速度。

5）每次取下钻具，抽筒应有三人操作，并检查钻角、提梁、钢丝绳、绳卡、保护铁、抽筒活门、活环螺丝等处的完好程度，发现问题应及时处理，具体要求如下：

a. 钻角磨损2cm，应补焊至原直径。

b. 钻具提梁直径磨损超过1/3者应补焊至原直径。

c. 主绳绳卡不得少于3个，副绳绳卡不得少于2个，提渣斗绳不少于3个，绳卡螺丝应紧固。

d. 如保护铁磨损至钢丝绳与提梁直接接触，应更换保护铁。

e. 抽筒活门应灵活，活环螺丝应紧固。

f. 当钢丝绳断丝超过10%或一股的1/2以上者，应将破坏部分割去，否则不得继续使用；破坏部分较多时，应更换新绳。

6）钻机突然发生故障，应立即拉开离合器，如离合器操作失灵，应立即停机。

7）操作离合器手把时，用力应平稳，不得猛拉猛推，以免造成拉断钢丝绳或拉翻钻机。

8）遇到此类状况时严禁开车：钻头距离钻机中心线2m以上时；钻头埋紧在相邻的槽孔内或深孔内提有障碍时；钻机未挂好、收紧绑绳时；孔口有塌陷痕迹时。

9）遇到暴风、暴雨和雷电时，严禁开车，并应切断电源。

10）基岩中钻进时，开孔钻头和更换的钻头均应采用同一规格，钻进一定深度后应起钻，下抽筒清理孔底钻渣，以免卡钻。

11）钻进中，突然发现有塌孔迹象或成槽以后突然大量漏浆，应立即采取措施进行处理。

12）钻机使用的钢丝绳应与钻头重量相匹配。

13）改变电动机转向，应在电机停稳后进行。

14）运行中，如遇钢丝绳缠绕，应立即停机整理。

15）钻机移动前，应将车架轮的三角木取掉，松开绷绳，摘掉挂钩，钻头、抽筒应提出孔口，经检查确认无障碍时，方可移车。

16）电动机运转时，不得加注黄油，严禁在桅杆上工作。

17）除钻头部位槽板盖因工作打开外，其余槽板盖不得敞开，以防止人或物件掉入槽内。

18）当钻具提升到槽口时，应立即打开大链离合器，同时将卷筒闸住。钻头应放置在钻头承放板上，放时应慢速轻放。

19）钻进中使用的各种钻具，用完后应及时放回适当位置，不得放在槽孔边缘。

20）上桅杆进行高空作业时，应配戴安全带；并设专人看管动力开关。

21）钻机后面的电线宜架空，以免妨碍工作及造成触电事故。

22）钻机桅杆宜设避雷针。

23）因突然停电或其他原因停机，而短时间内不能送电，应采取措施将钻具提离孔底5m以上；若采用人工转动，应先切断电源。

24）孔内发生卡钻、掉钻、埋钻等事故，应摸清情况，分析原因，然后采取有效措施进行处理。不得盲目行事。

（10）制浆及输送应遵守以下规定：

1）泥浆搅拌机开机前，应检查电气部分，紧固所有连接螺丝，并加注润滑油。

2）搅拌机进料口及皮带、暴露的齿轮传动部位应设有安全防护装置。否则，不得开机运行。

3）当人进入搅拌槽内之前，应切断电源，开关箱应加锁，并挂上"有人操作，严禁合闸"的标示牌。

4）采用自流式输送泥浆时，其管路架设应牢固可靠。满足管路坡度大于5％的要求。

5）使用泥浆泵输送泥浆时，应遵守下列规定：

a. 启动前，应检查并拧紧所有紧固件、检查连杆衬瓦间、十字头销间和曲柄轴轴径间等各部位间隙是否符合要求，齿轮箱内及各摩擦部位润滑油是否足量和清洁。

b. 检查压力表是否指示正确和安全阀是否开启灵活。

c. 检查泥浆泵皮带的位置是否正确、松紧程度是否适当和防护罩是否完好。

d. 盖好泵盖，保持严密。

e. 进出浆皮管接头应绑扎牢固。

f. 开机前用手拉动皮带轮，使活塞转动1~2个行程，检查是否灵活。

g. 启动时应警告周围人员离开机械及其转动部分。

h. 按电气操作规程启动，待转速正常后合上离合器，启动泵体工作。

i. 启动后，应检查机械各部位声响和排浆情况，确认正常后，方能调整三通阀门使其开始输送浆液，并将压力调整至施工规定的数值范围以内，严禁超过规定压力运转。

j. 严禁在运转时修理机器及调整零件。

k. 应经常保持管路畅通，不可将皮管随便扭结。当管路堵塞时，应先旋开三通阀门。

（11）浇筑导管安装及拆卸工作，应遵守以下要求。

1）安装前认真检查导管是否完好、牢固。吊装的绳索挂钩应牢固、可靠。

2）导管安装应垂直于槽孔中心线，不得与槽壁相接触。

3) 起吊导管时,应注意天轮不能出槽,由专人拉绳;人的身体不能与导管靠得太近。

(12) 发生卡钻、埋钻等事故时可采取以下措施。

1) 查明卡钻的原因,确定适当的处理方法。避免处理不当损伤钢丝绳和钻头提梁造成掉钻。

2) 如果卡钻是由于泥浆中钻渣沉淀造成,可采用高压射水装置和空气升液法清除钻头四周的渣土。

3) 先用反冲击、下加重杆振动等简单方法处理。

4) 如果是探头石卡钻,可采用爆破的方法处理。

5) 如果是由于钻孔弯曲造成卡钻,可采用直径稍大的空心钻具扩孔,使被卡钻头脱离孔壁。

6) 在钢丝绳承载力许可的范围内用滑轮组增力提拉钻头。

7) 在钢丝绳承载力许可的范围内用千斤顶顶拔钻头。

子任务 3.1.2 地下连续墙施工人员安全技术要求

(1) 钻机的安装与拆除均应在机长的监护指导下进行。

(2) 钻机就位后,应用水平尺找平后垫稳才能安装。

(3) 钻机桅杆升降时应遵守下列规定:

1) 检查离合器、闸带是否灵活可靠。

2) 检查钢丝绳、蜗轮、销轴是否完好。

3) 撤离在桅杆下面的人员。

4) 桅杆的升起或落放,应用桅杆两边的绷绳,或在桅杆中点绑保险绳,两边配以同等人力拉住,以防桅杆倾倒。立好桅杆后,应及时挂好绷绳。

(4) 开机前应拉开所有离合器,严禁带负荷启动。

(5) 检查钻机上安全防护装置是否齐备、可靠。

(6) 钻进中应检查机器运行情况,如发现轴瓦、钢丝绳、皮带等有损坏或机件操作不灵等情况,应及时停机检修。

(7) 每次取下钻具,抽筒应由三人操作,取下钻具后应检查钻角、提梁、钢丝绳、绳卡、保护铁、抽筒活门、活环螺丝等处的完好程度,发现问题应及时处理。

(8) 钻机发生故障,应立即拉开离合器,如离合器操作失灵,应立即停机检修。

(9) 操作离合器手把时,操作人员应用力平稳,不得猛拉猛推,以免拉翻钻机或拉断钢丝绳。

(10) 运行中,如遇钢丝绳缠绕,应立即停机用工具将钢丝绳拨开。

(11) 钻机移动前,必须将车架轮的三角木取掉,松开绷绳,摘掉挂钩。钻头、抽筒应提出孔口,经检查确认无障碍后,方可移车。

(12) 电动机运转时,不得加注黄油,严禁在桅杆上工作。

(13) 除钻头部位槽板盖因工作应打开外,其余槽板盖不得敞开,以防止人或物件掉入槽内。

(14) 当钻具提升到槽口时,应立即打开大链离合器,同时将卷筒闸住。钻头应放置在钻头承放板上,应慢速轻放。

(15) 上桅杆进行高空作业时,应正确配戴安全带;动力闸刀应设专人看管。

(16) 钻机后面的电线应架空,以免妨碍工作及造成触电事故。

(17) 孔内发生卡钻、掉钻、埋钻等事故,应立即了解情况,分析原因,制定有效措施处理,不得随意处理。

(18) 泥浆搅拌机进料口及皮带、暴露的齿轮传动部位应设有安全防护装置及防护罩。

(19) 施工人员进入搅拌槽内检修之前,应切断电源,开关箱应加锁,并挂上"有人操作,严禁合闸"的警示标志。

(20) 使用泥浆泵输送泥浆时,应遵守下列规定:

1) 启动前,应检查并拧紧所有紧固件、检查连杆衬瓦间、十字头销间和曲柄轴轴径间等各部位间隙是否符合要求,齿轮箱内及各摩擦部位润滑油是否足量和清洁。

2) 检查压力表是否指示正确和安全阀是否开启灵活。

3) 检查泥浆泵皮带的位置是否正确、松紧程度是否适当和防护罩是否完好。

4) 严禁在运转时修理机器及调整零件。

(21) 混凝土浇筑时导管安装及拆卸工作,应遵守下列规定:

1) 安装前应检查导管是否完好、牢固,吊装的绳索挂钩应牢固可靠。

2) 起吊导管时,天轮不得出槽,并由专人拉绳,卷扬操作应慢、稳;下坡导管时,人的身体不能与导管靠得太近,以防导管晃动伤人。

任务 3.2　岩基钻孔灌浆工程

【学习目标】

知识目标:熟知地层各种灌浆安全操作要求,知道钻灌安全工的作业要领。

能力目标:在现场能安全进行钻灌作业和安全分析与判断。

子任务 3.2.1　水泥灌浆操作安全技术

(1) 钻机平台应平整坚实牢固,满足最大负荷 1.3~1.5 倍的承载安全系数,钻架脚周边一般应保证有 50~100cm 的安全距离,临空面应设置安全防护栏杆。

(2) 安装、拆卸钻架应遵守下列规定:

1) 立、拆钻架工作应在机长或其指定人员统一指挥下进行。

2) 应严格遵守先立钻架后装机、先拆机后拆钻架、立架自下而上、拆架自上而下的原则。

3) 立、放架的准备工作就绪后,指挥人员应确认各部位人员已就位、责任已明确和设施完善牢固,方可发出信号。

(3) 钻架腿应用坚固的杉木或相应的钢管制作。在深孔或处理故障时,若负载过大,架腿应安座在地梁上,并用夹板螺栓固定牢靠。

(4) 钻架正面(钻机正面)两支腿的倾角以 60°~65°为宜。两侧斜面应对称。

(5) 钻架立毕应做好下列加固工作:

1) 腿根应打有牢固的柱窝或其他防滑设施。

2) 至少有两面支架应绑扎加固拉杆。

3) 至少加固对称缆风绳三根，缆绳与水平夹角一般不大于 45°。特殊情况下，应采取其他相应加固措施。

(6) 移动钻架、钻机应有安全措施。若以人力移动，支架腿不应离地面过高，并注意拉绳，抬动时应同时起落，并清除移动范围内的障碍物。

(7) 机电设备拆装应遵守下列规定：

1) 机械拆装解体的部件，应用支架稳固垫实，回转机构应卡死。

2) 拆装各部件时，不得用铁锤直接猛力敲击，可用硬木或铜棒承垫。铁锤活动方向不得有人。

3) 用扳手拆装螺栓时，用力应均匀对称，同时应一手用力，一手做好支撑防滑。

4) 应使用定位销等专用工具找正孔位，不得用手伸入孔内试探；拆装传动皮带时，不得将手指伸进皮带里面。

5) 电机及起动、调整装置的外壳应有良好的保护接地装置；有危险的传动部位应装设安全防护罩；照明电线应与铁架绝缘。

(8) 钻进应遵守下列规定：

1) 开机前，应进行下列检查工作，确认无误后，方可开钻：

a. 各部位螺丝、水龙头丝扣已拧紧，机身平稳。

b. 将各操纵手把放在不同位置，油压调到最大限度检查油路系统是否正常，并按规定对各部位加注润滑油脂。

c. 各操作手把和离合器、电气控制装置灵活可靠。

d. 机械传动正常，转向正确，防护设施齐备牢固。

e. 动力系统正常，线路绝缘良好。

f. 清除机身、机旁异物，使运转无阻。

g. 卡盘松开状态下，机上钻杆能上下滑动自然顺畅；如有异常，应修整卡紧装置。

h. 钻机安装好后，滑车、立轴、钻孔三者的中心应在同一条直线上，钻杆应卡在卡盘的中心位置。

i. 水龙头应系保护绳，开车时应随时注意机上钻杆和送水胶管情况，不得出现较大摆动和缠绕。

2) 在准备工作全部就绪后方可正常钻进。

(9) 扫孔遇阻力过大时，不得强行开车。

(10) 升降钻具过程中应遵守下列规定：

1) 严格执行岗位分工，各负其责，动作一致，紧密配合。

2) 认真检查塔架支腿、回转、给进机构是否安全稳固。确认卷扬提引系统符合起重要求。

3) 提升的最大高度，以提引器距天车不得小于 1m 为宜；遇特殊情况时，应采取可靠安全措施。

4) 操作卷扬，不得猛刹猛放；任何情况下都不得用手或脚直接触动钢丝绳，如缠绕不规则时,可用木棒拨动。

5) 使用普通提引器,倒放或拉起钻具时,开口应朝下,钻具下面不得站人。

6) 起放粗径钻具,手指不得伸入下管口提拉,亦不得用手去试探岩心,应用一根有足够拉力的麻绳将钻具拉开。

7) 跑钻时,严禁抽插垫叉,抽插垫叉应提持手把,不得使用无手把垫叉。

8) 升降钻具时,若中途发生钻具脱落,不得用手去抓。

(11) 水泥灌浆应遵守下列规定:

1) 灌浆前,应对机械、管路系统进行认真检查,并进行 10~20min 该灌注段最大灌浆压力的耐压试验。高压调节阀应设置防护设施。

2) 搅浆人员应正确穿戴防尘保护用品。

3) 压力表应经常核对,超出误差允许范围的不得使用。

4) 处理搅浆机故障时,传动皮带应卸下。

5) 灌浆中应有专人控制高压阀门并监视压力指针摆动,避免压力突升或突降。

6) 灌浆栓塞下孔途中遇有阻滞时,应起出后扫孔处理,不得强下。

7) 在运转中,安全阀应确保在规定压力时动作;经校正后不得随意调节。

8) 对曲轴箱和缸体进行检修时,不得一手伸进试探、另一手同时转动工作轴,更不得两人同时进行此动作。

(12) 孔内事故处理,应遵守下列规定:

1) 事故发生后,应将孔深、钻具位置、钻具规格、种类和数量、所用打捞工具及处理情况等详细填入当班报表。

2) 发现钻具(塞)刚被卡时,应立即活动钻具(提塞),严禁无故停泵。

3) 钻具(塞)在提起中途被卡时,应用管锚搬扭或设法将钻具(塞)下敷一段,同时开泵送水冲洗,上下活动、慢速提升,不得使用卷扬机和立轴同时起拔事故钻具。

4) 使用打吊锤处理事故,应遵守下列规定:

a. 由专人统一指挥,检查钻架的绷绳是否安全牢固。

b. 吊锤处于悬挂状况打吊锤时,周围不得有人。

c. 不应在钻机立轴上打吊锤;必要时,应对立轴做好防护措施。

5) 用千斤顶处理事故,应遵守下列规定:

a. 操作时,场地应平整坚实,千斤顶应安放平稳,并将卡瓦及千斤顶绑在机架上,以免顶断钻具时卡瓦飞出伤人。

b. 不得使用有裂纹的丝杆、螺母。

c. 使用油压千斤顶时,不得站在保险塞对面。

d. 装紧卡瓦时,不得用铁锤直接打击,卡瓦塞应缠绑牢固,受力情况下,不得面对顶部进行检查。

e. 扳动螺杆时,用力应一致,手握杆棒末端。

f. 使用管钳或链钳扳动事故钻具时,严禁在钳把回转范围内站人,也不得用两把钳子进行前后反转。掌握限制钳者,应站在安全位置。

子任务 3.2.2 化学灌浆安全操作技术

1. 施工准备

(1) 查看工程现场,搜集全部有关设计和地质资料,搞好现场施工布置与检修钻灌设备等准备工作。

(2) 材料仓库应布置在干燥、凉爽和通风条件良好的地方;配浆房的位置宜设置在阴凉通风处,距灌浆地点不应过远,以便运送浆液。

(3) 做好培训技工的工作。培训内容包括化灌基本知识、作业方法、安全防护和施工注意事项等。

(4) 根据施工地点和所用的化学灌浆材料,必须设置有效的通风设施。尤其是在大坝廊道、隧洞及井下作业时,必须保证能够将有毒气体彻底排除现场,引进新鲜空气。

(5) 施工现场应配备足够的消防设施。

2. 制浆、储浆设备

(1) 制浆与储浆设备一般应满足以下要求:

1) 化学浆液对金属有腐蚀作用,浆桶宜用钢化玻璃、塑料或不锈钢等材料制成。

2) 储浆桶应配备桶盖,以利浆液密闭储存,避免浆液挥发。

(2) 灌浆泵应尽可能靠近出口,应有足够的排浆量并在设计要求压力下安全工作。且耐化学腐蚀。

3. 管路及孔口、孔内装置

(1) 安装在管路上的压力表,必须配有油盅。

(2) 射浆管可用铁管或硬质塑料管,也可用聚乙烯塑料软管。

4. 灌浆

(1) 灌浆前必须先行试压,以便检查各种设备仪表及其安装是否符合要求,止浆塞隔离效果是否良好;管路是否通畅;有无渗漏现象等,只有在整个灌浆系统畅通无漏的情况下,才可开始化学灌浆。

(2) 灌浆时严禁浆管对准工作人员,注意观测灌浆孔口附近有无返浆、跑浆、串漏等异常现象,若有,应立即采取有效措施及时处理。

(3) 灌浆结束后,止浆塞应保持封闭不动,或用乳胶管封口,以免浆液流失和挥发,施工现场应及时清理,用过的灌浆设备和器皿应用清水或丙酮及时清洗,灌浆管路拆卸时,应同时检查其腐蚀堵塞情况并予处理。

(4) 清理灌浆时落弃的浆液,可使用专用小提桶盛装,妥善处理。严禁废液流入水源,污染水质。

5. 施工现场

(1) 易燃药品不允许接触火源、热源和靠近电器起动设备,若需加温可用水浴等方法间接加热。

(2) 不得在现场大量存放易燃品;施工现场严禁吸烟和使用明火,严禁非工作人员进入现场。

(3) 加强灌浆材料的保管,按灌浆材料的性质不同,采取不同的存储方法,防曝晒、防潮、防泄漏。

(4) 按环境保护的有关规定进行施工,防止化灌材料对环境造成污染,尤其应注意施工对地下水的污染。

(5) 施工中的废浆、废料及清洗设备、管路的废液应集中妥善处理,不得随意排放。

6. 劳动保护

(1) 化学灌浆施工人员,应穿防护工作服,根据浆材的不同,酌情配戴橡胶手套、眼镜、防毒口罩。

(2) 当化学药品溅到皮肤上时,应用肥皂水或酒精擦洗干净,不得使用丙酮等渗透性较强的溶剂洗涤,以防有毒物质渗入皮肤。

(3) 当浆液溅到眼睛里时,应立即用大量清水或生理盐水彻底清洗,冲洗干净后迅速到医院检查治疗。

(4) 严禁在施工现场进食,以防有毒物质通过食道进入人体。

(5) 对参加化灌工作的人员,应根据《中华人民共和国劳动保护法》,定期进行体格检查。

7. 事故处理

(1) 运输中若出现盛器破损,应立即更换包装、封好,液体药品用塑料盛器为宜,粉状药物和易溶药品应分开包装。

(2) 当出现溶液药品黏度增大,应首先使用,不宜再继续存放。

(3) 当玻璃仪器破损,致人体受伤,应立即进行消毒包扎。

(4) 当试验设备仪器发生故障,应立即停止运转,关掉电源,进行修复处理。

(5) 当发生材料燃烧或爆炸时,应立即拉掉电源,熄灭火源,抢救受伤人员,搬走余下药品。

子任务 3.2.3 钻探灌浆施工人员安全技术要求

(1) 拆、装钻架时分工明确,应有专人指挥。

(2) 安装钻架前应检查架腿、滑轮、钢丝绳等是否合乎要求;上架时,作业人员不得脚穿容易滑跌的硬底鞋进行施工,应系好安全带。工具、螺丝等要放在工具袋中。

(3) 拆、装钻架时,严禁架上、架下同时作业,钻架及所有机械设备的各部位螺丝必须上紧,铁线、绳子必须捆绑结实。

(4) 机械传动的皮带或链条必须配备防护罩。

(5) 钻架若整体移动时,用人抬起钻架离地面不应超过 30cm,移动前要清除移动范围内的障碍物,做到同起同落。

(6) 开动钻机时应先打招呼,确认机器转动部位无人靠近时方可开机。

(7) 操作离合器要平稳、禁止离合器处于似离不离的状态。

(8) 钻机需要变速时,应先拉开离合器,切断动力再变速。

(9) 机械转动时不得拆装零件和擦洗运转着的部位。

(10) 对机械各部位要经常检查,发现异常现象应及时采取措施处理。

(11) 升降钻具、灌浆机具过程中应遵守下列规定:

1）升降钻具进行中，操作人员应注意天车、卷扬和孔口部位。

2）提升的最大高度，以提引器距天车不得小于1m为准；遇特殊情况时，应采取可靠安全措施。

3）操作卷扬，不得猛刹猛放；任何情况下都不得用手或脚直接触动钢丝绳，如缠绕不规则时，可用木棒拨动。

4）孔口操作人员，应站在钻具起落范围以外，摘挂提引器时应注意回绳碰打。

5）起放各种钻具，手指不得伸入下管口提拉，不得用手去试探岩心，应用一根有足够拉力的麻绳将钻具拉开。

6）孔口人员抽插垫叉时，不得手扶垫叉底面，跑钻时严禁抽插垫叉。

（12）灌浆作业应遵守下列规定：

1）灌浆前，必须对机械、管路系统进行认真检查。

2）对高压调节阀应设置防护设施。

3）处理搅浆机机内故障时，传动皮带应卸下。

4）灌浆中应有专人控制高压阀门并监视压力指针摆动，避免压力突升或突降。

5）在运转中，安全阀应确保在规定压力时动作；经校正后不得随意调节。

6）对曲轴箱和缸体进行检修时，不得一手伸进试探、另一手同时转动工作轴，更不得两人同时进行此动作。

任务 3.3 灌注桩工程施工

【学习目标】

知识目标：能说出灌注桩钻孔钢筋安装及混凝土灌注作业安全的技术要领。

能力目标：能依据灌注桩安全技术要领进行现场安全指导与控制。

子任务 3.3.1 钻孔作业安全

（1）回转钻机操作应符合下列要求：

1）吊装钻机的吊车，应选用大于钻机自重1.5倍以上的型号，严禁超负荷吊装。

2）起重用的钢丝绳应满足起重要求规定的直径。

3）吊装时先进行试吊，高度一般10～20cm，检查确定牢固平稳后方可正式吊装。

4）钻机就位后，应用水平尺找平。

（2）开钻前的准备工作应符合下列要求：

1）塔架式钻机，各部位的连接一定要牢固、可靠。

2）有液压支腿的钻机，其支腿应用方木垫平、垫稳。

3）钻机上应有的安全防护装置，并应齐全、适用、可靠。

（3）供水、供浆管路安装时，接头应密封、牢固，各部分连接一定应符合压力和流量的要求。

（4）钻进操作时应符合下列要求：

1）钻孔过程中，应严格按工艺要求进行操作。

2) 对于有离合器的钻孔，开机前拉开所有离合器，不得带负荷启动。

3) 开始钻进时，钻进速度不宜过快。

4) 在正常钻进过程中，应以钻机不产生跳动，振动过大时应控制钻进速度。

5) 用人工起下钻杆的钻机，应用吊环吊稳钻杆，垫好垫叉，方可正常起下钻杆。

6) 钻进过程中，若发现孔内异常，应停止钻进，分析原因，或起出钻具，处理后再行钻进。

7) 孔内发生卡钻、掉钻、埋钻等事故，应分析原因，采取有效措施后，才能进行处理，不得随意行事。

8) 突然停电或其他原因停机、且短时间内不能送电时，应采取措施将钻具提离孔底5m以上。

9) 遇到暴风、雷电时，应暂停施工。

子任务 3.3.2　钢筋笼加工与安装作业安全

1. 钢筋笼搬运和下设

(1) 搬运和吊装钢筋笼应防止其发生变形。

(2) 吊装钢筋笼的机械应满足起吊的高度和重量要求。

(3) 下设钢筋笼时，应对准孔位，避免碰撞孔壁，就位后应立即固定。

(4) 钢筋笼安放就位后，应用钢筋固定在孔口的牢固处。

2. 钢筋笼加工、焊接

钢筋笼首节的吊点强度应满足全部钢筋笼的重量的吊装要求：

(1) 焊接设备：

1) 电弧焊电源必须有独立而容量足够的安全控制系统，如熔断器或自动断电装置、漏电保护装置等。控制装置应能可靠地切断设备最大额定电流。

2) 电弧焊电源熔断器应单独设置，禁止两台或以上的电焊机共用一组熔断器，熔断丝应根据焊机工作的最大电流来选定，禁止使用其他金属丝代替。

3) 焊接设备应设置在固定或移动式的工作台上，电弧焊机的金属机壳必须有可靠的独立的保护接地或保护接零装置。焊机的结构必须牢固和便于维修，各个接线点和连接件应连接牢靠且接触良好，不得出现松动或松脱现象。

4) 电弧焊机所有带电的外露部分必须有完好的隔离防护装置。焊机的接线桩、极板和接线端应有防护罩。

5) 电焊把线必须采用绝缘良好的橡皮软导线，其长度一般不应超过50m。

6) 焊接设备使用的空气开关、磁力启动器及熔断器等电气元件应装在木制开关板或绝缘性能良好的操作台上，严禁直接装在金属板上。

7) 露天工作的焊机应设置在干燥和通风的场所，其下方应防潮且高于周围地面，上方应设棚遮盖和有防砸措施。

(2) 焊条电弧焊：

1) 从事焊接工作时，必须使用镶有滤光镜片的手柄式或头戴式面罩。

2) 清除焊渣、飞溅物时，必须戴平光镜，并避免对着有人的方向敲打。

3) 电焊时所使用的凳子必须用木板或其他绝缘材料制作。

4) 露天作业遇下雨时，必须采取防雨措施，不得冒雨作业。

5) 在投入或拉开电源闸刀时，应戴干燥手套，另一只手不得按在焊机外壳上，推拉闸刀的瞬间面部不得正对闸刀。

6) 在金属容器内焊接时，应采取通风除烟尘措施，其内部温度不得超过40℃，否则应实行轮换作业，或采取其他对人体的保护措施。

7) 在坑井或深沟内焊接时，必须首先检查有无集聚的可燃气体或一氧化碳气体，如有应排除并保持其通风良好。必要时应采取通风除尘措施。

8) 电焊钳应完好无损，不得使用有缺陷的焊钳；更换焊条时，必须戴干燥的帆布手套。

9) 工作时禁止将焊把线缠在、搭在身上或踏在脚下，当电焊机处于工作状态时，不得触摸导电部分。

10) 身体出汗或其他原因造成衣服潮湿时，不得靠在带电的焊件上施焊。

(3) 埋弧焊：

1) 凡从事埋弧焊的工作人员必须严格遵守有关焊条电弧焊的有关规定。

2) 操作自动焊、半自动焊、埋弧焊的焊工，应穿绝缘鞋和戴皮手套或线手套。

3) 埋弧焊会产生一定数量的有害气体，在通风不良的场所或构件内工作，必须有通风设备。

4) 开机前应检查焊机的各部分导线连接是否良好、绝缘性能是否可靠、焊接设备是否可靠接地、控制箱的外壳和接线板上的外罩是否完好，埋弧焊用电缆是否满足焊机额定焊接电流的要求，发现问题应修理好后方可使用。

5) 在调整送丝机构及焊机工作时，手不得触及送丝机构的滚轮。

6) 焊接过程中应保持焊剂连续覆盖，注意防止焊剂突然供不上而造成焊剂突然中断，露出电弧光辐射损害眼睛。

7) 焊接转胎及其他辅助设备或装置的机械传动部分，应加装防护罩。在转胎上施焊的焊件应压紧卡牢，防止松脱掉下砸伤人。

8) 埋弧焊机发生电气故障时必须由电工进行修理，不熟悉焊机性能的人不得随便拆卸。

9) 罐装、清扫、回收焊剂应采取防尘措施，防止吸入粉尘。

(4) 二氧化碳气体保护焊：

1) 凡从事二氧化碳气体保护焊的工作人员必须严格遵守本章基本规定和有关焊条电弧焊的规定。

2) 焊机不得在漏水、漏气的情况下运行。

3) 二氧化碳在高温电弧作用下，可分解产生一氧化碳有害气体，工作场所必须通风良好。

4) 二氧化碳气体保护焊焊接时飞溅大，弧光辐射强烈，工作人员必须穿白色工作服，戴皮手套和防护面罩。

5) 装有二氧化碳的气瓶不得在阳光下曝晒或接近高温物体，以免引起瓶内压力增大

项目 3 地基与基础工程安全技术

而发生爆炸。

6）二氧化碳气体预热器的电源应采用 36V 电压，工作结束时将电源切断。

（5）手工钨极氩弧焊：

1）焊机内的接触器、断电器的工作元件，焊枪夹头的夹紧力以及喷嘴的绝缘性能等，应定期检查。

2）高频引弧焊机或焊机装有高频引弧装置时，焊炬、焊接电缆都应有铜网编制屏蔽套，并可靠地接地。使用高压脉冲引弧稳弧装置，防止高频电磁场的危害。

3）焊机不得在漏水、漏气的情况下运行。

4）磨削钨棒的砂轮机须设有良好的排风装置，并戴口罩操作，打磨时产生的粉末必须由抽风机抽走。钍钨极有放射性危害，宜使用铈钨极或钇钨极，并放在铅盒内保存。

5）手工钨极氩弧焊，焊工除戴电焊面罩、手套和穿白色帆布工作服外，还宜戴静电口罩或专用面罩，并有切实可行的预防和保护措施。

3. 采用吊车下设钢筋笼、浇筑导管

（1）链式起重机（手拉葫芦）应符合下列要求：

1）对制造厂铭牌不明或更换过主要受力零件的链式起重机，应根据链条、蜗母轮的计算能力做荷重试验，试验合格后按规定工作荷重使用。

2）链式起重机在使用前，应详细检查吊钩、链条与轴是否变形、损坏，链条终端部位的销子是否固定牢固；链子是否打扭、手拉链条是否有滑链或掉链现象。所有检查工作完成后先做无负荷起落一次，检查刹车和传动装置是否灵活，然后进行工作。

3）有此类情况时起重机禁止使用：链式起重机的链条、齿轮裂纹、齿面磨损达齿厚的 30%；链条发生塑性变形，生锈或链条磨损达 15%，塑性伸长达 5%；链条发生卡链、制动片制动力矩达不到要求、吊钩损坏达到报废标准的。

4）链式起重机在起重时，不能超出起重能力使用。在任何方向使用时，拉链方向应与链轮方向相通，注意防止手拉链脱槽，拉链子的力量要均匀，速度不能过快过猛。

5）应根据链式起重机起重能力大小决定拉链人数。如手拉链拉不动时，应查明原因，不能增加人数强行猛拉。链式起重机拉链人数按表 3.1 规定确定。

表 3.1　　　　　　　　　根据起重能力确定拉链人数

链式起重机起重量/t	0.5~3	3~5	5~8	10~15
拉链人数/人	1	1~2	2	2

6）链式起重机在起吊重物中途停止时间较长时，应将手拉链拉在起重链上，以防止由于时间过长而自锁失灵。

7）链式起重机的转动部分要保持润滑，减少磨损。切勿将润滑油掺进摩擦胶木片内，以防止自锁失灵；链式起重机闲置时，应把它挂起来，以防锈蚀损坏。

（2）电动和手动卷扬机：

1）卷扬机应安装在坚固的基础上，安装地点必须使工人能清楚地看见重物的起吊位置，否则应使用自动信号或设多级指挥。

2）钢构件或重大设备起吊时，必须使用齿轮传动的卷扬机，禁止使用摩擦式或皮带式卷扬机。

3）启动前，检查卷扬机各部分零件是否灵活。然后开空车运转，再进行负载试验，检验制动闸、棘轮停止是否运行正常。确认正常后，再投入使用。

4）电动卷扬机卷筒上钢丝绳余留圈数应不少于3圈。

5）电动卷扬机的卷筒与选用的钢丝绳直径应当匹配。

6）卷扬机工作结束时，要切断电源，控制器放到零位，用保险闸制动刹紧，跑绳应放松。

7）用多台电动卷扬机吊装设备时，其牵引速度应相同，并且要做到统一指挥，统一动作，同步操作。

8）吊装大型设备时，电动卷扬机应设专人监护，发现不正常情况，应及时进行处理。

9）操作人员，应经考试合格，持证上岗，操作时精神集中，听从信号指挥。

10）使用地锚的注意事项如下：

a. 地锚不准超载使用。只限于在规定方向允许受力，其他方向不准受力。

b. 地锚需要挖土方时，其土质应符合要求，开挖的基槽要规整。

c. 埋设地锚处的场地须平整，不潮湿，不积水，以保证其坚固性。拉杆或拉绳与地锚木连接处，要用薄铁板垫好，避免应力集中，损坏地锚木。

d. 重要的地锚，要经过试拉，确认无误后，才能正式使用。在起吊过程中，还要有专人看护，发现问题，及时加以处理。

e. 地锚附近不准取土，以保护其不被破坏。地锚拉绳与地平面夹角应在30°左右。

f. 在起吊作业中，可利用稳固的建筑物或构筑物作为地锚使用。但必须经过有关单位同意，并核算受力符合要求后，才能使用。

（3）桥（门）式起重机：

1）起重机应设有大小车行程限制器和吊钩的升降限位器，大车轨道终点应装有缓冲器。

2）起重机的两条轨道必须按规定保持平行和连接零件无松动，以免车轮啃轨或出轨。

3）架设在桥（门）式起重机上的临时设施，必须固定牢靠，并不得向下扔东西。

4）供电滑线应有鲜明色标并挂警示牌。使用电缆时，绝缘应良好，不得有破损漏电现象。

5）吊物起升后，一般高出地面最高障碍物0.5m为宜，吊物必须从安全通道吊运。对于较复杂的施工现场，吊运物体时，起重设备必须安全可靠，吊物捆绑应牢固。

6）桥机安装应向当地主管部门提交安装申请报告，在主管部门批准后，才能进行安装；安装结束后，应邀请当地主管部门对其进行验收；桥机验收合格并取得主管部门颁发的桥机使用许可证后，方可投入使用。

（4）施工临时电梯（含吊笼）：

1）施工临时电梯与吊笼应按国家相应安全技术规范和设计要求进行安装验收、使用、维护、保养和拆除。

2）电梯、吊笼等施工临时提升设备应设置以下安全装置，并保持灵敏可靠。

a. 上下限位和极限限位装置。

b. 断绳保护装置。

c. 限速保护装置。

d. 超载保护装置等。

3) 载人吊笼设计使用还应符合以下规定：

a. 吊笼承载能力设计按有关规定执行。

b. 吊笼顶部在任意 $0.4m^2$ 的面积上应能承受 1500N 垂直力的作用而无永久变形。

c. 吊笼为整体结构，笼内净高不得小于 2.0m，吊笼底面积人均不小于 $0.2m^2$。设置水平拉门，门高度不低于 1.9m，并设有可靠的紧锁装置。

d. 吊笼内有足够的照明，吊笼外安装滚轮或滑动导向靴。

4) 吊笼钢结构井架强度、刚度和稳定性必须满足使用安全要求。

5) 临时电梯吊笼升降运行时应稳定，其导轨应能承受额定重量偏载、超载制动的负荷。

6) 临时电梯、提升吊笼的传动设备应符合以下要求：

a. 卷扬机基础牢固，安装稳固。

b. 采用慢速可逆式卷扬机，其升降速度不大于 0.15m/s。

c. 卷扬机制动装置可靠，应采用常闭式制动装置，供电时制动装置松开。

d. 卷扬机设有防止乱绳缠绕的排绳装置，不得采用摩擦式和皮带传动卷扬机。

e. 电气设备绝缘良好，接地电阻不大于 4Ω。

7) 电梯轿厢门、吊笼门与上下平台出入口连接处应设有宽度不小于 0.5m 的安全走道，边缘设有高度不低于 1.05m 的扶手或栏杆。

8) 提升钢丝绳应符合以下规定：

a. 钢丝绳安全系数不得小于 14。

b. 钢丝绳 10 倍直径长度范围内断丝根数不得大于总根数的 5%。

c. 钢丝绳绳头固定宜采用巴氏合金填充绳套，套筒箍头紧固绳环固定。

d. 钢丝绳绳头在卷筒上固定牢靠，在卷筒上安全圈数不得小于 3 圈。

9) 钢丝绳固定应符合规定，绳卡压板应在钢丝绳长头一边，其绳卡间距不得小于钢丝绳直径的 6 倍，不得正反交错设置。

10) 滑轮应符合以下规定：

a. 滑轮槽应光洁平滑，不得有损伤钢丝绳的缺陷。

b. 滑轮绳槽圆弧半径比钢丝绳名义半径大 5%～7.5%；槽深不得小于钢丝绳直径的 1.5 倍。

c. 应有防止钢丝绳跳出轮槽的装置。

d. 吊顶滑轮和导向滑轮固定可靠。

11) 临时电梯轿厢内外和吊笼外平台处应安装紧急停止开关。

12) 临时电梯轿厢与楼层间、吊笼平台进出口和提升机操作处应安装双向通信联系系统和信号指示系统。

13) 临时电梯所经过的楼层，应设置有机械电气联锁装置的防护门或栅栏。

14) 临时电梯吊笼进出口处应有安全操作规程和限载使用规定。

15)临时电梯、吊笼安装后,应组织设计安装、使用单位有关安全、技术、质检等主管人员进行验收、试运行,经特种设备检验检测机构检验、检测合格,取得安全使用证或者安全标志后,才准投入使用。

16)临时电梯、提升吊笼操作维修人员应经专门技术培训,考核合格并取得相应的合格证后,方可上岗。

(5)其他类型起重机:

1)悬臂式起重机应有不同幅度的起重量指示器。

2)电动起重机驾驶室和电气室内应铺橡胶绝缘垫。电动起重机检修时应切断电源,并挂上"禁止合闸"等警告牌。

3)履带式、轮胎式、汽车式起重机在行驶前,应先检查道路,以免压坏地下沟渠或陷入深坑。如在泥泞或松软的路面行驶时,应先用砖头石块或木头将道路铺平。

4)履带式、轮胎式起重机不得在斜坡上吊装或旋转。必须工作时,应将斜坡道路垫平。爬坡度一般不大于25°。爬坡时,起重臂不得旋转。

5)履带式、轮胎式、汽车式起重机吊物回转时应低速回转,以免引起过大的离心力造成起重机倾翻或吊物在变幅方向形成游摆。

6)各式起重机应根据需要安设起升限制器、起重量指示器、夹轨器、联锁开关等安全装置。齿轮、转轴等旋转部位露出时,应加保护装置。

7)电动起重机的金属结构和电气设备外壳,均应可靠接地,并应设固定式照明和供检修用的低压照明装置。

8)移动式起重机的驾驶室,均应装有音响或色灯信号装置,以便操作时警告附近人员回避。

9)起重机的电气室内应备有二氧化碳、四氯化碳灭火器。禁止使用泡沫灭火器。

(6)人字架、走线滑子和绞磨:

1)组立人字架和走线滑子应由有经验的起重工绑设。所用材料应按设计规定,一般可用黄花松、白松、红松或杉木,必要时可用型钢,其尺寸大小应进行计算。

2)组立人字架或走线支架所用圆木必须仔细检查,有节疤、腐朽、横向裂纹等缺陷,不得使用。所用拖拉绳、地锚绳及地锚均应按最大工作负荷计算。地锚绳的安全系数应不小于3.5。

3)捆绑人字架或走线支架所用钢丝绳,应按工作荷重决定,人字架的夹角一般以30°为宜,并必须依次围绕绑紧。

4)挂设人字架或走线支架的拖拉绳,不得挂在未经计算的建筑物或其他物件上,其底脚应用枕木或厚木板垫平,并绑有绊脚绳。

5)移动人字架、走线支架时,应保持上下平衡,不得倾斜,架底绊脚绳不得解开。

6)使用人字架或定线支架起重前,每班都必须详细检查基础、地锚是否稳固;走线绳、缆风绳是否拉紧,地锚绳是否紧固。

7)使用人字架或走线支架起重时,禁止起吊重量超过允许荷载,禁止偏拉斜吊。

8)绞磨必须设有制动及逆止的安全装置,绞磨曳引钢丝绳必须在磨芯上绕四圈半以上,并不许重叠。磨芯应有防脱绳的安全装置。

9) 绞磨应有专人指挥，推磨工人必须听从指挥，未经许可，不准离开绞磨。

(7) 扒杆、人字扒杆及斜外臂扒杆：

1) 木制独脚扒杆及人字扒杆，一般只用在起重量 6t 以下，起吊高度不超过 6m。

2) 独脚扒杆至少应有 4 根缆风绳，人字扒杆至少应有 2 根缆风绳，所有缆风绳均应固定在可靠的地锚或建筑物上。

3) 缆风绳的固定点的最小距离不得小于桅杆高度的 2 倍。

4) 桅杆使用前要进行全面检查，各部件均应符合安全技术要求，不准超载使用；当重物起吊离开地面时，要检查机具的各部位是否正常，确认无误后，方可继续起升。

5) 卷扬机至桅杆底部导向滑轮处的距离要大于桅杆高度。其最小距离不少于 8m，以使钢丝绳与卷筒保持垂直。

6) 在起吊过程中，要有专人检查地锚和缆风绳的受力情况，发现不正常情况时，应及时加以处理或报告。

7) 用以固定斜臂扒杆的滑轮组，其固定点与扒杆底支承的中心线及起吊点应在同一垂直面上。使用时斜臂与水平面所成的角度应在 30°至 80°之间。

8) 斜臂扒杆的起重滑轮组，除了向扒杆所在平面方向倾斜外，不得向其他方向倾斜。

(8) 滚杠运输：

1) 滚杠下面应铺设枕木，防止设备压力过大，影响设备的正常搬运。

2) 摆放滚杠时，要将滚杠头放整齐，使滚杠受力一致。

3) 摆放和调整滚杠时，应将四个指头放在滚杠（钢管）内，以避免压伤手部。

4) 在搬运过程中，发现滚杠走向偏移时，可用大锤锤打加以调整和纠正。

5) 卷扬机操作人员与搬运人员应听从统一的指挥，配合要协调一致。

6) 运输路线要选择好，要保持路面平整、畅通，无障碍物。

7) 要找好设备的重心，以利于滚杠在底排下面顺利进行滚动。

8) 滚杠搬运遇到上坡或下坡时，应有防止下滑的措施，用绳索控制前进的速度，严防设备自行下滑。

(9) 高处作业吊篮：

1) 大坝垂直面的维修处理，以及竖井、电梯井、闸门井部位的埋件安装与检查宜采用高处作业吊篮施工。

2) 施工吊篮的选用应充分考虑现场作业条件和环境以及荷载大小，同时，必须选用符合《高处作业吊篮》标准，经国家技术监督部门认证的专业制造厂家生产的高处作业吊篮系列产品。

3) 施工吊篮的安装、使用、维修与检验应严格执行产品说明书中规定的安全技术操作程序和操作规程，并结合现场实际，制定补充规定。

4) 使用自制吊篮，只可作为临时零星悬空作业，吊篮的制作必须专门设计和检验，并制定安全技术操作规程，经总工程师审批后，方可使用。

5) 自制吊篮工作时，必须有专人监护，吊篮内作业人员必须拴安全带，并采取双保险措施，保险绳上端必须拴牢并设专人负责升降。

(10) 钢丝绳：

1) 钢丝绳的安全系数应符合表 3.2 规定。

表 3.2 钢丝绳安全系数（K）

起重机类型	特性和使用范围		钢丝绳最小安全系数
桅杆式起重机、自行式起重机及其他类型的起重机和卷扬机	手传动		4.5
	机械传动	轻型	5
		中型	5.5
		重型	6
1t 以下手动卷扬机			4
缆索式起重机	承担重量的钢丝绳		3.5
各种用途的钢丝绳	运输热金属、易燃物、易爆物		6
	拖拉绳（缆风绳）		3.5
	载人的升降机、吊篮绳		14

2) 钢丝绳有下列情况之一，则应报废。

a. 钢丝绳的断丝数达到表 3.3 所规定的数值时。

表 3.3 钢丝绳断丝报废数值

钢丝绳型号	6d 内断丝数	30d 内断丝数
6×19+NF	5	10
6×37+NF	10	19

注 钢丝绳表面可见断丝总数超过表内规定的数值则应报废。当吊运熔化或赤热金属、酸溶液、爆炸物、易燃易爆及有毒物品时，表中断丝数应减少一半。

b. 当吊运熔化或炽热金属、酸溶液、爆炸物、易燃物及有毒物品时，表 3.3 所规定的断丝数相应减少一半。

c. 断丝紧靠在一起形成局部聚集时。

d. 出现整根绳股的断裂时。

e. 当钢丝绳的纤维芯损坏或绳芯（或多层结构中的内部绳股）断裂而造成绳径显著减少时。

f. 钢丝绳的弹性显著减少，虽未发现断丝，但钢丝绳明显的不易弯曲和直径减小时。

g. 当外层钢丝磨损达到其直径的 40% 时；钢丝绳直径相对于公称直径减小 7% 或更多时。

h. 当钢丝绳表面因腐蚀而出现深坑，钢丝相当松弛时。

i. 当确认钢丝绳有严重的内部腐蚀。

j. 钢丝绳压扁变形及表面起毛刺严重。

k. 当钢丝绳出现笼状畸变、严重的钢丝挤出、绳径局部严重增大或减小、扭结、压扁、波形变形等情况之一时。

l. 由于热或电弧的作用而引起损坏的钢丝绳应予以报废。

m. 钢丝绳受冲击负荷后，长度伸长 0.5% 时。

3)使用钢丝绳注意事项如下。

a. 使用钢丝绳时,不能使它发生锐角曲折、挑圈,或由于被夹、被砸而被压成扁平。

b. 钢丝绳应缓慢受力,不准急剧改变升降速度,起动和制动均应缓慢进行。

c. 穿钢丝绳的滑轮边缘不许有破裂现象。滑轮槽的宽度宜比绳的直径大1~2.5mm。轮槽过大,绳易压扁,过小则易磨损。

d. 钢丝绳与设备构件及建筑物的棱角接触时,必须垫木板、管子皮、麻袋、胶皮板或其他柔软垫物。

e. 在任何情况下,钢丝绳不得与电焊线或其他电线接触。

f. 钢丝绳应经常保持清洁,并定期涂抹特制的无水分的防锈油(其成分的重量比为:煤焦油68%,三号沥青10%,松香10%,工业凡士林7%,石墨3%,石蜡2%)。也可用其他浓矿物油(如汽缸油、钢丝绳油等)。长时间存放时,每半年涂一次油,并放在库房内干燥的木板上。

g. 切断钢丝绳时,必须先将欲切断部分的两边用细铁丝绑扎牢固。

h. 穿过滑轮的钢丝绳,只能沿轮槽转动,不得与滑车皮或其他物体相摩擦。

i. 钢丝绳的绳套,应装有铁套环;用编结法结成绳套时,编结部分的长度不得小于绳径的15倍,并且不得小于300mm。

j. 一般捆绑绳间夹角不大于90°,使用吊环时绳间夹角不大于60°,环绳的允许荷重与其张开角度关系见表3.4。

表3.4　　　　　　　　　　　环绳的允许荷重与张角的关系

环绳角度	0°	45°	60°	90°	120°
允许荷重/%	100	97	86	70	50

4)钢丝绳绳夹注意事项如下:

a. 钢丝绳弯转过来的绳头应用绳卡(螺丝卡箍)夹牢,使用的卡子一般不少于表3.5规定。一般绳夹的间距最小为钢丝绳直径的6倍。绳夹的数量不得少于3个。

表3.5　　　　　　　　　　　绳夹连接的安全要求

钢丝绳直径/mm	6~16	17~27	28~37	38~45
卡子个数/个	3	4	5	6

注　绳卡压板应在钢丝绳长头一边,绳卡间距不应小于钢丝绳直径的6倍。

b. 使用绳夹时,应将U型环部分卡在绳头(即活头)一边。每个绳夹应拧紧至卡子内钢丝绳压扁1/3为标准。

c. 钢丝绳受力后,要认真检查绳夹是否移动。如钢丝绳受力后产生变形时,要对绳夹进行二次拧紧。

d. 起吊重要设备时,可在绳头尾部加一保险绳夹,观察是否出现移动现象,以便及时采取措施。

(11)卸扣:

1)按规定负荷使用卸扣,不得超负荷使用,以防止出现问题。

2）为防止卸扣横向受力，在连接绳索或吊环时，应将其中一根套在横销上，另一根套在弯环上，不准分别套在卸扣的两个直段上面。

3）起吊作业进行完毕后，要及时卸下卸扣，并将横销插入弯环内，上好丝扣。

4）卸扣上的螺纹部分，要定时涂油，保证其润滑不生锈。

5）卸扣要存放在干燥的地方，并用木板将其垫好。

6）不准使用横销无螺纹的卸扣。

（12）麻绳：

1）麻绳、棕绳或棉纺绳在潮湿状态下，允许荷重应减半使用。

2）麻绳、棕绳或棉纺绳的滑轮或卷筒直径，不应小于绳径的10倍。

3）使用麻绳捆扎物件时，物体棱角处应衬垫麻布、木片等物，以避免尖锐棱角损坏绳索。

（13）吊钩：

1）吊钩每年至少要检查一次。检查时应用煤油清洗，除去污垢，用10～20倍放大镜细心观察起重钩及其紧固件。

2）吊钩表面应光洁，无剥裂、锐角、毛刺、裂纹等。吊钩出现裂纹、危险断面磨损达原尺寸的10％或开口度比原尺寸增加15％时，应予以报废。

3）起重设备中所用的吊钩和吊环应当用锻造、冲压或钢板迭合的方法制造。禁止使用铸造吊钩。

4）禁止在吊钩上焊补、填补或钻孔。

5）吊钩强度试验时，用额定载荷的125％的荷重进行，历时10min。负荷卸去后，用放大镜或其他可靠方法（如X、γ射线探伤）检验，如发现残余变形或裂纹，禁止使用。

（14）滑轮：

1）严格按滑轮与滑轮组铭牌的起重量进行使用，不准超载。无铭牌时，应做必要的鉴定后，方可使用。

2）使用前认真检查转动是否正常，各部位之间的间隙是否合适；平衡轮、轴、挂架及其紧固情况。如发现边缘、夹板、轮轴、吊钩、吊环磨损过多或有裂纹、滑车轴弯曲等缺陷，均禁止使用。

3）滑轮受力后，要检查各运动部件的工作情况，有无卡绳、磨绳情况存在，如发现应及时进行调整。

4）滑轮与钢丝绳选配要合适，选用滑轮时，轮槽宽度应比钢丝绳直径大于1～2.5mm。

5）拴挂固定滑车的锚或桩，应按土质不同情况进行设计计算。埋设必须牢固可靠。

6）滑车不得拴挂在未经计算的结构物上。使用开门滑车，应将开门的钩环紧固。防止钢丝绳意外脱槽。

7）滑轮组上、下间的距离，应不小于滑轮直径的5倍；使用多门滑轮，仅用其中几门时，滑轮的起重量应降低应用，降低标准按门数比例确定。

8）使用滑轮起吊时，严禁直接用手抓钢丝绳，必要时，可用撬杠来调整。

9）要认真检查钢丝绳的牵引方向和导向滑轮的位置是否正确，避免钢丝绳脱槽或卡住。

项目3 地基与基础工程安全技术

10）滑轮的轮轴磨损达轴公称直径的3‰～5‰时，要更换新轴，轮槽壁磨损达其厚度的10％及径向磨损量达到绳直径的25％时，均应检修或更换滑轮。

（15）千斤顶：

1）液压千斤顶使用前，应检查各零件是否灵活可靠，有无损坏。

2）千斤顶工作时，要放在平整坚实的地面上，并要在其下面垫枕木、木板或钢板来扩大受压面积。顶升时，用力要均匀；卸载时，要检查重物是否支撑牢固。

3）多台千斤顶同时作业时，动作应一致，保证同步顶升和降落。

4）螺旋千斤顶和齿条千斤顶应定期进行润滑，以减少磨损避免锈蚀；液压千斤顶应按说明书要求，定时清洗和加油。

5）液压千斤顶不准做永久支承。如必须做长时间支承时，应在重物下面增加固定支承。

6）齿条千斤顶放松时，不得突然下降，以防止其内部机构受到冲击而损伤或使摇把跳动伤人。

7）各种千斤顶要定期进行维修保养，存放时，表面应涂以防锈油，把顶升部分回落至最低位置，并放在库房干燥处，妥善保管。

任务3.4　振冲法施工、沉井法施工、深层搅拌法施工

【学习目标】

知识目标：能说出振冲法、沉井法、深层搅拌法等施工基本安全技术要求。

能力目标：能在振冲法、沉井法、深层搅拌法等施工过程中正确进行安全控制。

子任务3.4.1　振冲法施工安全技术

1. 组装振冲器

（1）组装振冲器应有专业人员负责指挥，振冲器各连接螺丝应拧紧不得松动。

（2）射水管插入胶管中的接头不得小于10cm，并应卡牢，不得漏水，达到与胶管同等的承拉力。

（3）在组装好的振冲器顶端，应绑上一根长1.2m，直径10cm的圆木，将电缆和水管固定在圆木上，以防电缆和水管与吊管顶口摩擦漏电漏水而发生事故。

（4）起吊振冲器时，振冲器各节点应设保护设施，以防节点折弯损坏。

（5）振冲器潜水电机尾线与橡皮电缆接头处应用防水胶带包扎，包扎好后用胶管加以保护，以防漏电。

2. 开机前的检查

（1）各绳索连接处是否牢固，各部分连接是否紧固，振冲器外部螺丝应加有弹簧垫圈。

（2）配电箱及电器操作箱的各种仪表应灵敏、可靠。

（3）吊车运行期间，行人不得在桅杆下通行、停留。

3. 造孔

(1) 电动机启动前,应有专人将振冲器防扭绳索拉紧并固定。

(2) 造孔过程中不得停水停电,水压应保持稳定。

(3) 振冲器进行工作时,操作人员应密切注视电气操作箱仪表情况,如发生异常情况立即停止贯入,并应采取有效措施进行处理。

4. 填料加密

(1) 造孔已达到设计孔深后,将振冲器拉离孔底 20～30cm 并适当降低水压力,听从指挥开始下料。

(2) 填料达到预定方量和时间时,应注意观察电器仪表指示数,待加密程度达到设计要求时及时提升振冲器,其提升高度视振冲器性能而定。以 30～50cm 为宜。

(3) 当采用装载机上料时应遵守装载机作业有关安全操作规程。

5. 施工中应注意的事项

(1) 振冲器严禁倒放启动。

(2) 振冲器在无冷水情况下,运转时间不得超过 1～2min。

(3) 振冲加密过程中电机提出孔口后,应使电机冷却至正常温度。

(4) 在造孔或加密过程中,导管上部拉绳应拉紧,防止振冲器转动。

(5) 振冲器工作时工作人员应密切观察返水情况,发现返水中有蓝色油花、黑油块或黑油条,可能是振冲器内部发生故障,应立即提出振冲器进行检修。

(6) 在造孔或加密过程中,突然停电应尽快恢复或使用备用电源,不得强行提拔振冲器。

(7) 遇有六级以上大风或暴雨、雷电、大雾时应停止作业。

子任务 3.4.2 沉井法施工安全技术

(1) 沉井施工场地应进行充分碾压,对形成的边坡应做相应的保护。

(2) 施工机械尤其是大型吊运设备应在坚实的基础上。

(3) 沉井制作:

1) 刃脚制作与安装应按照钢结构施工规范的要求保证刃脚的制作和安装质量。

2) 沉井井筒外壁要求平整、光滑、垂直,严禁上口大于下口。

3) 模板、钢筋、埋件等在安装过程中和安装完成以后,必须经过检验合格后方能进行混凝土浇筑。

(4) 沉井下沉:

1) 底部垫木抽除过程中,每次抽去垫木后加强仪器观测,发现沉井倾斜时应及时采取措施调整。

2) 根据渗水情况,应配备足够的排水设备,挖渣和抽水必须紧密配合。

3) 施工中为解决沉井内上下交通,每节沉井选一隔仓设斜梯一处,以满足安全疏散及填心需要,其余隔仓内应各设垂直爬梯一道。

(5) 沉井下沉到一定深度后,井外邻近的地面可能出现下陷、开裂,应经常检查基础变形情况,及时调整加固起重机的道床。

(6) 施工区内的地表水应排到施工场地以外，井内排出的渗水严禁反流井下。

(7) 井顶四周应设防护栏杆和挡板，以防坠物伤人。

(8) 起重机械进行吊运作业时，指挥人员与司机应密切联系，井内井外指挥和联系信号要明确。起重机吊运土方和材料靠近沉井边坡行驶时，应对地基稳定性进行检查，防止发生塌陷倾翻事故。

(9) 石方爆破时，起爆前应切断照明及动力电源，并妥善保护水泵，机械设备要进行保护性护盖。爆破后加强通风，排除粉尘和有害气体，清点炮数无误才准下井清渣。

(10) 施工电源（包括备用电源）应能保证沉井连续施工。

(11) 井内吊出的石渣应及时运到渣场，以免对沉井产生偏压，造成沉井下沉过程中的倾斜。

(12) 对装运石渣的容器及其吊具要经常检查其安全性，渣斗升降时井下人员严禁在其下方。

(13) 沉井挖土应分层分段对称、均匀进行，达到破土下沉时，操作人员要离开刃脚一定距离，防止突然性下沉造成事故。

子任务 3.4.3 深层搅拌法施工安全技术

(1) 施工场地应平整。当场地表层较硬需注水预搅施工时，应在四周开挖排水沟，并设集水井，排水沟和集水井应经常清除沉淀杂物，保持水流畅通。

(2) 当场地过软不利于深层搅拌桩机行走或移动时，应铺设粗砂或碎石垫层。灰浆制备工作棚位置宜使灰浆的水平输送距离在 50m 以内。

(3) 机械在试运转时注意下列事项：

1) 电压应保持在额定工作电压范围内，电机工作电流不得超过额定值。

2) 调整搅拌轴旋转速度。

3) 输送浆液管路和供水水路应通畅。

4) 各种仪表应能正确显示，检测数据准确。

(4) 深层搅拌时搅拌机的入土切削和提升搅拌，负载荷太大及电机工作电流超过预定值时，应减慢升降速度或补给清水。

子任务 3.4.4 高喷灌浆施工安全技术

(1) 施工平台应平整坚实，其承载安全系数应达到最大移动设备荷载 1.5 倍以上。

(2) 施工平台、制浆站和泵房、空压机房等工作区域的临空面应设置防护栏杆。

(3) 风、水、电应设置专用管路和线路；输电线路与高压管或风管等不得缠绕在一起。专用管路接头应连接可靠牢固、密封良好，且耐压能力满足要求。

(4) 施工现场应设置废水、废浆处理回收系统。此系统应设置在钻喷工作面附近，并避免干扰喷射灌浆作业的正常操作场面和影响交通。

(5) 安装和拆卸钻机、高喷台车用的三脚架（四脚架相同）时，应遵守下列规定：

1) 三脚架各脚周围应留有 50cm 以上的安全距离。

2) 安、拆、挪移三脚架应在班长或指定人员的统一指挥下进行，各支腿下人数不应少于 2 人。当采用人力移动三脚架，应事先清除移动范围内的障碍物。移动时，应一腿一腿分别进行，支腿脚离地面高度不应超过 20cm。作业人员应随时注意支腿的起落，并随时注意观察三脚架的整体稳定情况，不得出现过度倾斜。

3）三脚架支腿宜采用优质无缝钢管制作，用 8# 铅丝将松木或杉木两端牢固绑扎在支腿上做横拉，横拉木杆的直径不应小于 80mm，上下间距不宜大于 1.0m。

4）三脚架立起后不论长期或短期使用，宜采用 $\phi 10$ 以上的钢丝绳制作 2～3 根绷绳，绷绳与水平面夹角不宜大于 45°，支腿至少有两面要绑扎加固拉杆和采取相应的防滑措施。

5）拆除三脚架时，应在架下无设备、人员时进行。人工拆卸时，应从上至下解除横拉杆，而后一点一点向外移动一条支腿，直至整个三脚架放倒。

(6) 高喷台车桅杆升降工作应符合下列规定：

1）底盘为轮胎式平台的高喷台车，在桅杆升降前，应将轮胎前后固定以防止其移动或用方木、千斤顶将台车顶起固定。

2）检查液压阀操作手柄或离合器与闸带是否灵活可靠。

3）检查卷筒、钢丝绳、涡轮、销轴是否完好。

4）除操作手外，其他人员均应离开台车及其前方，严禁有人在桅杆下面停留和走动。

5）在桅杆升起或落放的同时，应用基本等同的人数拉住桅杆两侧的两根斜拉杆，以保证桅杆顺利达到或尽快偏离竖直状态。立好桅杆后，应立即用销轴将斜拉杆下端固定在台车上的固定销孔内。

(7) 开钻、开喷前的准备：

1）在砂卵石、砂砾石地层中以及孔较深时，开始前应采取必要的措施以稳固、找平钻机或高喷台车。可采用的措施有：增加配重、镶铸地锚、建造稳固的钻机平台等；对于有液压支腿的钻机，将平台支平后，宜再用方木垫平、垫稳支腿。

2）检查并调试各操作手把、离合器、卷扬、安全阀，确保灵活可靠。

3）皮带轮和皮带上的安全防护装置、高空作业用安全带、漏电保护装置、避雷装置等，应齐备、适用可靠。

(8) 电源、电器安全要求如下：

1）电器应按正确接线方式进行接线。

2）供电应满足设备正常起动和运转的最大负荷。

(9) 开钻与钻进应符合下列规定：

1）对于有离合器的钻机，开机前应拉开离合器，严禁带负荷启动。

2）水龙头和胶管应系上保护绳，开车时由助手监视胶管和保护绳。

3）用卷扬起下钻杆时，应采用配套的提引器、垫叉、搬叉、自由钳等工具。

4）钻进过程中，一旦发现钻机运转或泥浆循环等出现异常，应立即停止钻进，起出钻具，分析原因并处理后再行钻进。

5）钻孔时发生卡钻、掉钻、烧钻等事故，应针对实际事故情况，采取有效的解决措施进行处理，不得随意行事。

6）突然停电或其他原因停机，不能很快送电时，应采取措施将钻具提出孔口或孔底

5m 以上。

（10）喷射灌浆应符合下列规定：

1）喷射灌浆前应对高压泵、空压机、高喷台车等机械和供水、供风、供浆管路系统进行检查。下喷射管前，宜进行试喷和 3～5min 管路耐压试验。对高压控制阀门宜安设防护罩。

2）下喷射管时，应采用胶带缠绕或注入水、浆等措施防止喷嘴堵塞。

3）在喷射灌浆过程中，出现压力突降或骤增，孔口回浆变稀或变浓，回浆量过大、过小或不返浆等异常情况时，应查明原因并及时处理。

4）喷射灌浆过程中应有专人负责照看高压压力表，防止压力突升或突降。

5）下喷射管时，遇有严重阻滞现象，应起出喷射管进行扫孔，不能强下。

6）高压泵、空压机气罐上的安全阀应确保在额定压力下立即动作。应定期校验安全阀，校验后不得随意调整。

7）单孔高喷灌浆结束后，应尽快用水泥浆液回灌孔口部位，防止地下空洞给人身安全和交通造成威胁。

任务 3.5　预应力锚固工程施工

【学习目标】

知识目标：能说出预应力锚固作业安全技术要求。

能力目标：能进行预应力锚固工程安全控制。

1．一般要求

（1）预锚施工场地应平整，道路应通畅。在边坡施工时，脚手架应满足钻孔、锚索施工对承重和稳定的要求，脚手架上应铺设马道板和设置防护栏杆。施工人员在脚手架上施工时应系上安全带。

（2）边坡多层施工作业时，应在施工面适当位置加设防护网。架子平台上施工设备应固定可靠，工具等零散件使用后应集中放在工具箱内。

（3）施工现场应做排水、消防等防护措施。

（4）进入施工现场的人员应穿戴劳动防护用品。

2．锚固作业要求

（1）下索应遵守下列规定：

1）钢绞线下料，应在切口两端事先用火烧丝绑扎牢固后再切割。

2）在下索过程中应统一指挥，步调一致。

3）锚束吊放的作业区，严禁其他工种立体交叉作业。

（2）张拉、索定应遵守下列规定：

1）张拉操作人员未经训练考核不得上岗；张拉时严禁超过规定压力值。

2）张拉时，在千斤顶出力方向的作业区，应设置明显标识，严禁人员进入。

3）不得敲击或震动孔口锚具及其他附件。

4）索头应做好防护。

思 考 题

1. 混凝土地下连续墙施工安全技术要点有哪些？
2. 振冲法、沉井法、深层搅拌法等施工基本安全技术要求？
3. 灌注桩施工过程中混凝土灌注作业的安全技术要领有哪些？
4. 任举一个工种进行安全技术要求的讲解。

项目4 混凝土工程施工安全监控

【学习目标】
知识目标：能陈述高处作业的安全要求和脚手架安全技术规定，能说出架子工的作业安全规程。
能力目标：能正确进行高处作业及脚手架搭建的作业指导与安全控制。

任务4.1 安 全 防 护 设 施

子任务4.1.1 高处作业安全技术

（1）凡经医生诊断，患高血压、心脏病、精神病等不适于高处作业病症的人员，不得从事高处作业。

（2）高处作业下面或附近有煤气、烟尘及其他有害气体，必须采取排除或隔离等措施，否则不得施工。

（3）高处作业前，必须检查排架、脚手板、通道、马道、梯子和防护设施等应符合安全要求。高处作业使用的脚手架平台，应铺设固定脚手板，临空边缘设高度不低于1.2m的防护栏杆。

（4）在坝顶、陡坡、屋顶、悬崖、杆塔、吊桥、脚手架以及其他危险边沿进行悬空高处作业时，临空面必须搭设安全网或防护栏杆。

（5）安全网必须随着建筑物升高而提高，安全网距离工作面的最大高度不超过3m。安全网搭设外侧比内侧高0.5m，长面拉直拴牢在固定的架子或固定环上。

（6）在带电体附近进行高处作业时，距带电体的最小安全距离，必须满足表4.1的规定，如遇特殊情况，则必须采取可靠的安全措施。

表4.1　　　　　　　　　　高处作业时与带电体的安全距离

电压等级/kV	10及以下	20~35	44	60~110	154	220	330
工器具、安装构件、接地线等与带电体的距离/m	2.0	3.5	3.5	4.0	5.0	5.0	6.0
工作人员的活动范围与带电体的距离/m	1.7	2.0	2.0	2.5	3.0	4.0	5.0
整体组立杆塔与带电体的距离/m	应大于倒杆距离（自杆塔边缘到带电体的最近侧为塔高）						

（7）高处作业使用的工具、材料等，不准掉下。严禁使用抛掷方法传送工具、材料。小型材料或工具应该放在工具箱或工具袋内。

（8）在3m以下高度进行工作时，可使用牢固的梯子、高凳或设置临时小平台，禁止站在不牢固的物件（如箱子、铁桶、砖堆等物）上进行工作。

(9) 从事高处作业时，作业人员必须系安全带。高处作业的下方，应设置警戒线或隔离防护棚等安全措施，严禁其他人员通行或作业。

(10) 高处作业时，应对下方易燃、易爆物品进行清理和采取相应措施后，方可进行电焊、气焊等动火作业，并配备消防器材和专人监视。

(11) 高处作业人员上下使用电梯、吊篮、升降机等设备的安全装置必须配备齐全，灵敏可靠。

(12) 霜雪季节高处作业，必须及时清除各走道、平台、脚手板、工作面等处霜、雪、冰并采取防滑措施，否则不得施工。

(13) 高处作业使用的材料应随用随吊，用后及时清理，在脚手架或其他物架上，临时堆放物品严禁超过允许负荷。

(14) 上下脚手架、攀登高层构筑物，应走斜马道或梯子，不得沿绳、立杆或栏杆攀爬。

(15) 高处作业时，不得坐在平台、孔洞、井口边缘，不得骑坐在脚手架栏杆、躺在脚手板上或安全网内休息，不得站在栏杆外的探头板上工作和凭借栏杆起吊物件。

(16) 特殊高处作业，应有专人监护，并有与地面联系信号或可靠的通信装置。

(17) 在石棉瓦、木板条等轻型或简易结构上施工及进行修补、拆装作业时，必须采取可靠的防止滑倒、踩空或因材料折断而坠落的防护措施。

(18) 在电杆上进行作业前，应检查电杆埋设是否牢固，强度是否足够，并应选符合杆型的脚扣，系好合格的安全带，严禁用麻绳等代替安全带登杆作业。在构架及电杆上作业时，地面应有人监护、联络。

(19) 高处作业周围的沟道、孔洞井口等，应用固定盖板盖牢或设围栏。

(20) 遇有六级及以上的大风，禁止从事高处作业。

(21) 进行三级、特级、悬空高处作业时，必须事先制定专项安全技术措施。施工前，应向所有施工人员进行技术交底。

子任务 4.1.2　施工脚手架安全技术

(1) 脚手架应根据施工荷载经设计确定，施工常规负荷量不得超过 3.0kPa。脚手架搭成后，须经施工及使用单位技术、质检、安全部门按设计和规范检查验收合格，方准投入使用。

(2) 高度超过 25m 和特殊部位使用的脚手架，必须专门设计并报业主（监理）审核、批准，并进行技术交底后，方可搭设和使用。

(3) 脚手架基础应牢固，禁止将脚手架固定在不牢固的建筑物或其他不稳定的物件之上，在楼面或其他建筑物上搭设脚手架时，均应验算承重部位的结构强度。

(4) 钢管材料脚手架应符合下列要求。

1) 钢管外径应为 48~51mm，壁厚 3~3.5mm，有严重锈蚀、弯曲或裂纹的钢管不得使用。

2) 扣件应有出厂合格证明，脆裂、气孔、变形滑丝的扣件不得使用。

(5) 脚手架安装搭设应严格按设计图纸实施，遵循自下而上、逐层搭设、逐层加固、逐层上升的原则，并应符合下列要求。

1) 脚手架底脚扫地杆、水平横杆离地面距离为 20~30cm。

2) 脚手架各接点应连接可靠，拧紧，各杆件连接处相互伸出的端头长度要大于 10cm，以防杆件滑脱。

3) 外侧及 2~3 道横杆设剪刀撑，排架基础以上 12m 范围内每排横杆均应设置剪刀撑。

4) 剪刀撑、斜撑等整体拉结件和连墙件与脚手架同步设置，剪刀撑的斜杆与水平面的交角宜在 45°~60°之间，水平投影宽度应不小于 2 跨或 4m 和不大于 4 跨或 8m。

5) 脚手架与边坡相连处设置连墙杆，每 18m 设一个点，且连墙杆的竖向间距应不大于 4m。连墙杆采用钢管横杆与边坡岩体预埋锚筋相连，以增加整体稳定性。

6) 脚手架相邻立杆和上下相邻平杆的接头应相互错开，应置于不同的框架格内。搭接杆接头长度，扣件式钢管排架应不小于 1.0m。

7) 钢管立杆、大横杆的接头应错开，搭接长度不小于 50cm，承插式的管接头不得小于 8cm，水平承插或接头应穿销，并用扣件连接，拧紧螺栓，不得用铁丝绑扎。

8) 脚手架的两端，转角处以及每隔 6~7 根立杆，应设剪刀撑及支杆，剪刀撑和支杆与地面的角度应不大于 60°，支杆的底端要埋入地下不小于 30cm。架子高度在 7m 以上或无法设支杆时，竖向每隔 4m，水平每隔 7m，必须使脚手架牢固地连接在建筑物上。

(6) 脚手架的支撑杆，在有车辆或搬运器材通过的地方应设置围栏，以免受到通行车辆或搬运器材的碰撞。

(7) 脚手架应定期检查，发现材料腐朽、紧固件松动时，应及时加固处理。靠近爆破地点的脚手架，每次爆破后应进行检查。

(8) 脚手架（排架）平台的外侧边缘与输电线路的边线之间的最小安全距离应符合表的规定要求。

(9) 从事脚手架工作的人员，必须熟悉各种架子的基本技术知识和技能，并持有国家特种作业主管部门考核的合格证。

(10) 搭设架子时，所用扳手应系绳保护，所用的紧固件、工具应放在工具袋内，传递所用紧固件材料、工具不准抛掷。

(11) 搭设架子，应尽量避免夜间工作，夜间搭设架子，应有足够的照明，搭设高度不得超过二级高处作业标准。

(12) 脚手架的立杆、大横杆及小横杆的间距不得大于表 4.2 的规定。

表 4.2   高处作业时与带电体的安全距离

脚手架类别	立杆	大横杆	小横杆
钢脚手架	2.0	1.2	1.5

(13) 脚手架的外侧、斜道和平台，要搭设防护栏杆和挡脚板或防护立网。在洞口牛腿、挑檐等悬臂结构搭设挑架（外伸脚手架），斜面与墙面一般不大于 30°，并应支撑在建筑物的牢固部分，不得支撑在窗台板、窗檐、线脚等地方。

(14) 斜道板、跳板的坡度不得大于 1∶3，宽度不小于 1.5m，防滑条的间距不得大于30cm。

（15）井架、门架和烟囱、水塔等脚手架，凡高度为10～15m的要设一组缆风绳（4～6根），每增高10m加设一组。在搭设时应先设临时缆风绳，待固定缆风绳设置稳妥后，再拆除临时缆风绳。缆风绳与地面的角度应为45°～60°，要单独牢固地拴在地锚上，并用花篮螺栓调节松紧，调节时必须对角交错进行。缆风绳禁止拴在树木或电杆等物上。

（16）钢管脚手架的立杆，应垂直稳放在金属底座或垫木上。

（17）挑式脚手架的斜撑上端必须连接牢固，下端应固定在立柱或建筑物上。

（18）用钢管搭设井架、相邻两立杆接头错开不得少于50cm，横杆和剪刀撑应同时安装，滑轨必须垂直，两轨间距误差不得超过10mm。

（19）悬吊式脚手架除遵守本节有关规定外，还应符合下列要求：

1）脚手架的全部悬吊系统应经设计，使用前，应进行设计荷载两倍的静负荷试验，并对所有受力部分进行详细的检查和鉴定，符合要求后，方可使用。

2）任何情况下禁止超负荷使用。在工作过程中，对其结构、挂钩和钢丝绳应指定专人每天进行检查和维护。

3）全部悬吊系统（包括吊车）所用钢材应符合相关质量标准，各种挂钩应用套环箍紧，以免使用过程中脱开。钢管脚手架为防止节点滑脱，除立杆与横杆的扣件必须牢固外，凡搭架人能站立部分，其立杆的上下两端还需要加设扣件保险，立杆伸出搭杆的部分不得短于20cm。

4）升降用的卷扬机、滑轮及钢丝绳，应根据施工荷重计算选用，卷扬机应用地锚固定，并应备用双重制动闸。钢丝绳的安全系数不得小于14倍，使用过程中应防止与构筑物棱角相摩擦。

5）为避免晃动，应使其固定在建筑物的牢固部位上。

（20）平台脚手板铺设应遵守下列规定：

1）脚手板应满铺，离墙面不得大于20cm，不得有空隙和探头板。

2）脚手板搭接长度不得小于20cm。

3）对头搭接时，应架设双排小横杆，其间距不大于20cm，不得在跨度间搭接。

4）在架子的拐弯处，脚手板应交叉搭接。

5）脚手板的铺设应平稳，绑牢或钉牢，脚手板垫木应用木块，并且钉牢。

（21）脚手架验收投入使用后，未经有关人员同意，不得任意改变脚手架的结构和拆除部分杆件。

（22）拆除架子前，必须将电气设备和其他管、线路，机械设备等拆除或加以保护。

（23）拆除架子时，应统一指挥，按顺序自上而下地进行，严禁上下层同时拆除或自下而上地进行。严禁用将整个脚手架推倒的方法进行拆除。

（24）拆下的材料，禁止往下抛掷，应用绳索捆牢，用滑车卷扬等方法慢慢放下，集中堆放在指定地点。

（25）三级、特级及悬空高处作业使用的脚手架拆除时，必须事先制定出安全可靠的措施才能进行拆除。

（26）拆除脚手架的区域内，无关人员禁止逗留和通过，在交通要道应设专人警戒。

子任务4.1.3 架子工安全技术要求

(1) 架子搭设前必须根据工程的特点按照规范、规定制定施工方案和搭设的安全技术措施作为作业依据。

(2) 架子搭设或拆除人员必须由符合国家颁发的《特种作业人员安全技术培训考核管理规定》，经考核合格，取得《特种作业人员资格证》的专业架子工进行。

(3) 架子搭设，多系高处作业。操作人员应持证上岗，必须严格遵守"高处作业安全规定"。操作时必须佩戴安全帽、安全带、穿防滑鞋。

(4) 三级以上高处作业使用的脚手架应安装避雷装置。附近有配电线路时，应切断电源或采取其他安全措施。

(5) 大雾及雨、雪天气和6级以上大风时不得进行架子的高处作业。雨、雪天后作业，必须采取安全防滑措施。

(6) 搭设架子，应尽量避免夜间工作。夜间搭设架子，应有足够的照明，搭设高度不得超过二级高处作业标准。

(7) 架子搭设前，必须了解所搭架子的用途（人行马道、承重架子、走斗车架子、大跨度架子、贴山坡用的喷锚支护架子、悬吊式架子等），根据不同的用途，严格按照设计要求，采用不同的结构形式，所搭设的架子必须牢固安全。

(8) 在危险岩石处搭设架子，应先将危石处理掉并设专人警戒。

(9) 禁止将承重架子搭设在虚渣和松土上。如无法避开，应将立杆埋在较坚实的基础上，并加绑扫地横杆，严禁立杆底部悬空，防止局部下沉。

(10) 架子搭设作业时，应按形成基本构架单元的要求逐排、逐跨地进行逐步搭设。矩形周边架子宜从其中的一个角部开始向两个方向延伸搭设。架子杆件搭设必须横平竖直，确保已搭设部分稳定。

(11) 搭设三级、承重、特殊和悬空高处作业使用的架子，应进行专项设计和必要的技术安全论证，并有可靠的安全保障措施。

(12) 搭设作业，应按以下要求做好自我保护和保护作业现场人员的安全：

1) 高度在2m及以上时，在架子上作业人员应绑裹腿、穿防滑鞋和配挂安全带，保证作业的安全。脚下应铺设必要数量的脚手板，并应铺设平稳，且不得有探头板。当暂时无法铺设落脚板时，用于落脚或抓握、把（夹）持的杆件均应为稳定的构架部分，着力点与构架节点的水平距离应不大于0.8m，垂直距离应不大于1.5m。位于立杆接头之上的自由立杆（尚未与水平杆连接的立杆）不得用作把持杆。

2) 架子上作业人员应做好分工配合，传递杆件应掌握好重心、平稳传递，不要用力过猛，以免引起人身或杆件失衡。对每完成的一道工序，要相互询问并确认后才能进行下一道工序。

3) 作业人员应佩戴工具袋，工具用完后装于袋中，不要放在架子上，以免掉落伤人。

4) 架上材料要随上随用，以免放置不当掉落。

5) 每次收工以前，所有上架的材料应全部搭设完，不得存留在架子上，而且一定要形成稳定的构架，不能形成稳定构架的部分应采取临时撑拉措施予以加固。

6) 在搭设作业进行中，地面上的配合人员应避开可能落物的区域。

(13) 架子上作业时的安全注意事项：

1) 作业前应注意检查作业环境是否安全可靠，安全防护设施是否齐全有效，确认无误后方可作业。

2) 作业时应注意清理落在架面上的材料，保持架面上规整清洁，不要乱放材料、工具，以免影响作业的安全和发生掉物伤人。

3) 在进行撬、拉、推等操作时要注意采取正确的姿势，站稳脚跟，或一手把持在稳固的结构或支持物上，以免用力过猛身体失去平衡或把东西摔出。在脚手架上拆除模板时，应采取必要的支托措施，以防拆下的模板材料掉落架外或砸在架上。

4) 当架面高度不够，需要垫高时，一定要采用稳定可靠的垫高办法，且垫高不要超过 50cm，超过 50cm 时，应按搭设规定升高铺板层。在升高作业面时，应相应加高防护设施。

5) 在架面上运送材料经过正在作业中的人员时，要及时发出"请注意""请让一让"的信号。材料要轻搁稳放，不许采用倾倒、猛磕或其他匆忙卸料方式。

6) 严禁在架面上打闹戏耍、退着行走或跨坐在外防护栏杆上休息。不要在架面上强行、跑跳，相互避让时应注意身体不要失衡。

7) 架子上作业时，不得随意拆除基本结构杆件或连墙件，因作业时需要必须拆除某些杆件或连墙件时，必须取得施工主管和技术人员的同意，并采取可靠的加固措施后方可拆除；

8) 架子上作业时，不得随意拆除安全防护设施，未有设置或设置不符合要求时，必须补设或改善后，才能上架作业。

(14) 在架子上进行电气焊作业时，要铺铁皮接着火星或移去易燃物，以防火星点着易燃物，并应有防火措施，一旦着火，及时予以扑灭。

(15) 架子上作业应按规范或设计规定的荷载使用，严禁超载，并应遵守如下规定：

1) 作业面上的荷载，包括脚手板、人员、工具和材料，当施工组织设计无规定时，应按规范的规定值控制，即结构脚手架不超过 $3kN/m^2$，装修脚手架不超过 $2kN/m^2$，维护脚手架不超过 $1kN/m^2$。

2) 架子上的铺脚手板层和同时作业层的数量不得超过规定数量的要求，且上下各作业层应有防掉物伤人的安全防护措施。

3) 垂直运输设施（如物料提升架等）与架子之间的转运平台的铺板层数和荷载控制应按施工组织设计的规定执行，不得任意增加铺板的层数和在转运平台上超载堆放材料。

4) 架面荷载应力求均匀分布，避免荷载集中造成局部超荷。架子上的材料应随运随用，不得存放在架子上。

5) 除施工设计的承重架子外，脚手架上不得放置较重的施工设备（如电焊机等）。严禁将模板支撑、缆风绳、泵送混凝土及砂浆的输送管等固定在脚手架上。不得在脚手架上任意悬挂起重设备、吊具、吊物。

(16) 脚手架搭设一般安全要求：

1) 各种材质的脚手架，其立杆、大横杆及小横杆的间距见表 4.3。

表 4.3　　　　　　　　　　　　　　脚手架各杆的间距　　　　　　　　　　　　单位：m

脚手架类别	立杆	大横杆	小横杆
钢脚手架	2.0	1.2	1.5
木脚手架	1.5	1.2	1.0
竹脚手架	1.3	1.2	0.75

2）脚手架的外侧、斜道和平台，要搭设1m高的防护栏杆和钉18cm高的挡脚板或防护立网。在洞口牛腿、挑檐等悬臂结构搭设挑架（外伸脚手架），斜面与墙面一般不大于30°，并应支撑在建筑物的牢固部分，不得支撑在窗台板、窗檐、线脚等地方。墙内大横杆两端都必须伸过门窗洞两侧不少于25cm。挑架所有受力点都要绑双扣，同时要绑防护杆。

3）斜道板、跳板的坡度不得大于1∶3，宽度不得小于1.5m，防滑条的间距不得大于30cm。

4）木、竹立杆和大横杆应错开搭接，搭接长度不得小于1.5m。绑扎时小头应压在大头上，绑扣不得少于3道。立杆大横杆、小横杆相交时，应先绑2根，再绑第3根，不得一扣绑3根。

5）单排脚手架的小横杆伸入墙内不得少于24mm；伸出大横杆外不得少于10mm，通过门窗口和通道时，小横杆的间距大于1m应绑吊杆，间距大于2m时吊杆下需加设顶撑。

6）18m厚的砖墙、空斗墙和砂浆强度等级在M10以下的砖墙，不得用单排脚手架。

7）井架、门架和烟囱、水塔等脚手架，凡高度在10～15m的要设一组缆风绳（4～6根），每增高10m加设一组。在搭设时应先设临时缆风绳，待固定缆风绳设置稳妥后，再拆除临时缆风绳。缆风绳与地面的角度应为45°～60°，要单独牢固地拴在地锚上，并用花篮螺栓调节松紧，调节时必须对角交错进行。缆风绳禁止拴在树木或电杆等物上。

8）搭建完成的架子，未经主管人员同意，不得任意改变脚手架的结构和拆除部分杆件。

9）因其他施工作业改变脚手架的结构和拆除部分杆、扣件时，必须进行加固，并经单位技术负责人检查同意后方可进行架上作业。对改变或拆除部位，在加固前必须悬挂安全警示标志。

(17) 扣件式钢管脚手架的搭设安全技术要求：

1）在搭设脚手架前，工程技术负责人应按脚手架施工方案的要求，逐级向施工管理人员和作业人员进行技术交底。

2）在搭设脚手架前，应对钢管、扣件、脚手板等进行检查验收，不合格的构配件不得使用。

3）清除地面杂物，平整搭设场地，并使排水畅通。

4）立杆地基应平整坚硬，土质地基立杆底部应加垫混凝土垫块或垫木、通长槽钢（垫块、垫木面积不小于0.15m²；混凝土垫块厚度不小于200m，垫木厚度不小于50m，槽钢宽度不小于200m）。当脚手架搭设在结构楼面、挑台上时，立杆底座下应铺设垫块或垫木,并对楼面或挑台等结构进行强度验算。

5) 按脚手架的柱距、排距要求进行放线、定位。

6) 扣件式钢管脚手架搭设顺序:放置纵向扫地杆→立柱→横向扫地杆→第一步纵向水平杆→第一步横向水平杆→连墙件(或加抛撑)→第二步纵向水平杆→第二步横向水平杆。

(18) 脚手架的拆除应遵守以下安全规定:

1) 拆除前必须完成以下准备工作。

a. 全面检查脚手架的扣件连接、连墙件、支撑体系是否符合安全要求。

b. 根据检查结果,补充完善排架拆除方案,并经主管部门批准后方可实施。

c. 三级、特级及悬空高处作业使用的脚手架拆除时,必须事先制定出拆除安全技术措施,并经单位技术负责人批准后方可进行拆除。

d. 拆除安全技术措施应由单位工程负责人逐级进行技术交底。

e. 应先行拆除或加以保护架子上的电气设备和其他管、线路、机械设备等。

f. 清除脚手架上杂物及地面障碍物。

2) 拆除应符合以下要求:

a. 架子拆除时,应统一指挥。拆除顺序应逐层由上而下进行,严禁上下同时拆除或自下而上拆除;严禁采用将整个脚手架推倒的方法进行拆除。

b. 所有连墙件应随脚手架逐层拆除,严禁先将连墙件整层或数层拆除后再拆除脚手架;分段拆除高差不应大于2步,如高差大于2步,应增设连墙件加固。

c. 当脚手架拆至下部最后一根长钢管的高度(约7.5m)时,应先在适当位置搭临时抛撑加同,后拆连墙件。

d. 当脚手架采取分段、分立面拆除时,对不拆除的脚手架两端,应先设置连墙件和横向支撑加固。

3) 卸料应符合以下要求:

a. 拆下的材料,禁止往下抛掷,应用绳索捆牢逐根放下(小型构配件用袋、篓装好运至地面)或用滑车、卷扬机等方法慢慢放下,集中堆放在指定地点。

b. 拆除脚手架的区域内,地面应设围栏和警戒标志,并派专人看守,严禁非操作人员入内。在交通要道处应设专人警戒。

c. 运至地面的构配件应按规定的要求及时检查整修和保养,并按品种、规格随时码堆存放,置于干燥通风处,防止锈蚀。

任务4.2 砂石料开采与加工

【学习目标】

知识目标:能描述砂石料开采与加工过程中机械作业安全技术要求及规程。

能力目标:能进行砂石料加工机械作业安全指导与安全操作控制。

砂石料开采与加工的基本规定如下:

(1) 施工生产区域宜实行封闭管理。主要进出口处应设有明显警示标志和安全文明生产规定，与施工无关的人员不得进入施工区域。在危险作业场所应设有事故报警及紧急疏散通道。

（2）应根据施工组织设计和施工总平面布置图，做好生产区、办公生活区、交通、供用电、供排水等整体布置。生产、生活设施严禁布置在受洪水、山洪、滑坡体及泥石流威胁的区域。

（3）生产施工应执行国家有关环境保护和职业卫生"三同时"制度，治理污染的设施和职业危害治理设施应与项目同时设计、同时施工、同时投入生产和使用。

（4）施工单位自行设计或自行加工的机械设备应符合国家有关法律和技术标准。

（5）砂石料生产废水应按规定处理后排放。

（6）当砂石料料堆起拱堵塞时，严禁人员直接站在料堆上进行处理。应根据料物粒径、堆料体积、堵塞原因采取相应措施进行处理。

（7）生产施工应保持施工现场整洁、道路畅通及时排查整改事故隐患，定期维护保养施工机械设备，定期维护各种临时设施，做到安全文明组织施工生产。

子任务 4.2.1 天然砂石料开采安全技术

1. 一般要求

（1）在河道内从事天然砂石料开采，应按照国家和所属水域管理部门有关规定，办理采砂许可证。未取得采砂许可证，不得进行河道砂石料开采作业。

（2）陆上（河滩）或水下开采，应做好水情预报工作，作业区的布置应考虑洪水影响。道路布置及标准，应符合相关规定并满足设备安全转移要求。

（3）应建立统一的防汛抢险组织，配备防汛抢险资源，加强汛期水情预报，确保通信畅通。

2. 陆上砂石料开采

（1）按照批准的范围、期限、限量及技术规范和环保要求组织开采。

（2）不得影响通航和航道建设。

（3）不得向河道内倾倒或弃置垃圾、废料、污水和其他废弃物。

（4）不得破坏防洪堤等设施。

（5）不得占用河道作为加工、堆料场地。

（6）开采废料应及时运往指定地点，不得占用河道堆放。

（7）开采边坡角和堆料坡面角不得大于天然砂石料的自然安息角。

（8）危险地段、区域应有安全警示标志和防护措施。

（9）采砂作业结束后，应按照河道管理的相关规定和技术标准规范执行，及时清理作业现场。

3. 水下砂石料开采

（1）从事水下开采及水上运输作业，应按照作业人员数配备相应的防护、救生设备。作业人员应熟知水上作业救护知识，具备自救互救技能。

（2）卸料区应设置能适应水位变化的码头、泊位缆桩以及锚锭等。

（3）汛前应做好船只检查，选定避洪停靠地点，以及相应的锚桩、绳索、防汛器材等。

(4) 不得使用污染环境、落后和已淘汰的船舶、设备和技术。

(5) 开采作业不得影响堤防、护岸、桥梁等建筑安全和行洪、航运的畅通。

(6) 应遵守国家、地方有关航运管理规定,服从当地航运及港监部门的管理。

4. 采砂船一般要求

(1) 采砂船工作前应完成以下准备工作:

1) 按规定进行船检,并取得检验合格证。

2) 消防救生用具、设施符合要求,并保持其完好,不得拆除船上的安全设施。

3) 检查电气设备漏电保护装置和防雨、防潮设施并保持其完好。

4) 检查照明、通信和救护设备,并应保持其完好;应制定防风浪安全措施,固定缆绳符合规定,并应定期检查。

5) 检查船上向外伸出的绳索、锚链或其他物体及警示标志。

(2) 采砂船作业时应遵守以下规定:

1) 驾驶员、轮机、水手等作业人员,必须经过专业技术培训,并持证上岗。

2) 不得在船上用明火取暖,不得在非指定地点烧煮食物。

3) 采砂船工作处水深不得小于规定的吃水深度。

4) 在航道上航行作业或停泊时,按相关规定悬挂灯号或其他信号标志。

5) 按采区顺序开采,不得遗留滩嘴、滩包或凹进开采,并确保航道水深和宽度。

6) 应定期检查斗桥。

7) 两艘及以上采砂船同时作业时,保持安全距离。

8) 冬季作业有防滑措施。

9) 锚泊定位、开挖作业时定期检查水下电缆和架空电线。

10) 通过桥梁、跨河架空线前,确认电线的净高和桥梁的净空尺寸能保证船舶安全通过。

11) 转移时,调查了解新泊位及转移中所经过的航道地形、水文情况,制定转移方案并向全体船员交底。

5. 砂驳一般要求

(1) 砂驳应符合以下规定:

1) 按规定进行检查、维护和保养。

2) 应设有专用防撞缓冲设施。

3) 配置救生器材。

(2) 砂驳作业时应遵守以下规定:

1) 作业前对皮带机各部件和卸料装置等进行检查、保养。

2) 待皮带机运转正常后方可送料,并应均匀给料。

3) 装料时不得超载和不均匀装料。

4) 装料后,拖轮未到前不得松放缆绳。因水浅拖轮不得靠近时,应将砂驳撑到深水区。

5) 工作完毕后切断动力电源,清洗干净,排干船底积水。

6. 趸船码头的一般要求

(1) 趸船码头应符合以下规定:

1) 按规定进行检查、维护和保养。

2) 设置有专用防撞缓冲设施。

3) 应配备救生器材、消防设施。

4) 趸船定位缆索向外伸出时,按规定设置信号进行标识。

(2) 趸船码头作业时应遵守以下规定:

1) 船只减速按顺序进入趸船码头。

2) 定期检查船首、船尾的锚链、系缆的定位,防止溜船。及时排除仓内积水。

3) 非生产船只不得长时间停靠在生产码头。

子任务 4.2.2 人工砂石料开采安全技术

(1) 料场布置应符合以下规定。

1) 按照建设、设计单位确定的范围、设计方案进行开采施工组织设计,确定开采方案和场地布置方案。

2) 离料场开采边线 400m 范围内为危险区,该区域严禁布置办公、生活、炸药库等设施。

(2) 开工前,应编制施工组织设计,制定安全技术措施,并向施工人员交底实施。

(3) 在料场开采过程中,应定期对揭露的地质情况进行检查,发现与原勘探资料不符而危及施工人员、设备安全时,应立即停止作业,并向建设单位报告。

(4) 开挖过程中,应采取相应的排水、支护和安全监测措施。

(5) 采用竖井输送毛料时,应遵循井巷作业的有关规定。

子任务 4.2.3 破碎机工安全技术要求

1. 破碎机工一般要求

(1) 破碎机械运行人员,应经过安全知识和专业技术培训,具备安全操作技能,熟悉设备构造、性能、技术参数和安全运行要求,未经培训的人员不得独立上岗操作。

(2) 作业人员应按规定穿戴工作服、安全帽、工作鞋等劳动防护用品上岗进行设备巡视、操作时,应佩戴防噪耳塞或耳罩。在干法生产工艺场所作业时,应佩戴防尘口罩或防尘面罩。

(3) 设备运转时,严禁从进出料口向机器内探窥和调整、清理、检修设备,严禁用手直接在进料口上或破碎腔内搬运和挪动物料。

(4) 作业人员应做好设备维护保养工作,保持设备、环境清洁卫生。

(5) 工作中定期检查维护作业范围内的安全防护设施、治理设施、安全标志,并保持完好。

(6) 应按规定做好设备运行记录和交接班记录。

2. 旋回破碎机

(1) 开机前应进行下列检查和准备工作:

1) 检查进料口机腔,确认没有卡塞。
2) 检查机械设备螺栓、油管及接头。
3) 检查横梁中心孔上的轴承及皮带轮各轴承润滑油情况。
4) 检查三角皮带的松紧度,皮带及皮带轮运转有无障碍。
5) 检查液压、润滑油箱油位、管路状况、仪表状况、阀门位置。
6) 对槽式给料机,应盘动电机轴,使连杆越过死点位置。
7) 检查并清除滤网里的污物。
8) 检查电源,工作用水。
9) 检查中发现异常情况应立即处理并记录,发现严重问题,应请专业人员维修。
10) 以上各项检查正常和准备工作完成后,发出开机信号。

(2) 启动运行应遵守以下规定:
1) 破碎机启动前,应先启动润滑油泵运行约 30min。
2) 启动后,应待机械运转正常后投料。
3) 破碎机工作时,应定期检查润滑站回油温度,润滑站回油温度不得超过 600℃。
4) 液压式旋回破碎机油压不正常时应停机检查。
5) 液压油应定期去除水分,保持清洁,当发现有油液外漏或吸入空气时,应及时修理。
6) 破碎机运行过程中,不得停止运行除尘设备。

(3) 停机应遵守以下规定:
1) 在给料机内无料后停机,停机顺序为先停主机,在主机停机且动锥停转后,润滑站停机。
2) 事故停机后,应清除给料机和破碎机内物料。

3. 圆锥破碎机

(1) 开机前应进行下列检查和准备工作:
1) 检查各主要部件连接螺栓。
2) 检查破碎机机腔,确认无卡塞。
3) 盘动联轴器,使偏心轴转动 2~3 圈。
4) 检查电源、生产用水是否满足生产要求。
5) 检查润滑站主要设备、仪表、管路,用手盘动电动油泵。
6) 检查液压系统及锁紧装置。
7) 检查控制室仪表、开关是否工作正常。
8) 检查中发现异常情况应立即处理并记录,发现严重问题,应请专业人员维修。
9) 以上各项检查正常和准备工作完成后,发出开机信号。

(2) 起动运行应遵守以下规定:
1) 先起动润滑站,观察润滑油泵回油量和油温,回油管内油温应不低于 16℃,否则应使用浸没式加热器加热润滑油,在低温环境下使用破碎机,应保持加热器和油泵连续运转。
2) 检查锁紧缸油压,确认正常后开机。开机操作顺序为先合隔离开关,后合油开关。

电源开关合上后,应观察电源电压。

3)破碎机起动后应空转 5min,待机械运转正常后投料。投料应采用分配盘,物料最大粒径不得超过料口短边尺寸的 85%,投料量不得高出轧臼壁上水平面。

4)应利用干净清水作冷却循环水,水压宜比油压低 24.5~49.0kPa,并定期观察水量。

5)定期检查碗形轴承架体,其间隙超过规定时,应及时修理。

6)定期检查锁紧系统,发现漏油或锁紧力不足应及时修理。

(3)停机应遵守以下规定:

1)应在给料机内无料后停机。正常停机步骤为:

a. 给料机停机。

b. 破碎机在无料状态下继续运转 2~3min 后开始减速停机,且最小减速时间应不小于 45s。

c. 润滑站停机。

2)停机操作顺序为先断开油开关,后拉隔离开关。

3)当油泵发生故障时,应立即断开主机油开关,使主机紧急停机。

4)事故停机后,应清除给料机和破碎机内物料。

4. 颚式破碎机

(1)开机前应进行下列检查和准备工作:

1)检查轴承、肘板连接处润滑脂。

2)检查机械设备螺栓、连接件。

3)检查安全防护设施、装置。

4)检查破碎腔。

5)检查设备接地、绝缘。

6)检查工作电源。

7)检查三角皮带松紧度。

8)检查中发现异常情况应立即处理并记录,发现严重问题,应请专业人员维修。

9)以上各项检查正常和准备工作完成后,发出开机信号。

(2)起动运行应遵守以下规定:

1)不得带负荷起动。

2)起动后,若发现有异常情况应立即停机。

3)起动破碎机后,待机械运转正常后投料。

4)物料应从正面投入。

5)破碎机工作时,轴承温度以 40℃左右为宜,最高不得超过 70℃。

6)处理卡石故障应用撬棍、铁钩等工具,严禁用手直接从运转机械破碎腔取卡石。

7)轴承座润滑脂量宜为其容积的 50%~70%。

8)破碎机运行 6 个月应至少更换一次润滑脂。

(3)停机应遵守以下规定:

1)应先停止加料,待破碎腔内无料后停机。

2) 因破碎腔内物料卡塞停机，应立即关闭电动机，清除破碎腔内卡塞物。

3) 正常运行 4h 后停机，应对螺栓紧固情况进行检查。

5. 反击式破碎机

(1) 开机前应进行下列检查和准备工作：

1) 了解上一班破碎机工作情况。

2) 检查出料溜槽、破碎腔中心积料。

3) 检查转子各部件。

4) 检查工作电源、设备接地、绝缘。

5) 检查机械设备螺栓、连接件、耐磨板、分料盘、导料板、给料孔套等。

6) 检查中发现异常情况应立即处理并记录，发现严重问题，应请专业人员维修。

7) 以上各项检查正常和准备工作完成后，发出开机信号。

(2) 起动运行应遵守下列规定：

1) 不得带负荷起动。

2) 发现异常情况应停机检查。

3) 运转 8～10h 后应加注一次润滑油。

(3) 停机应遵守下列规定：

1) 先停止加料，待破碎腔内无料后停机。

2) 事故停机后，应清除破碎机内物料。

6. 棒磨制砂机

(1) 开机前应进行下列检查和准备工作：

1) 检查棒磨机周围有无障碍物。

2) 检查衬板、筒体、端盖螺栓。

3) 检查各润滑部位润滑油。

4) 检查电机、齿轮、联轴器及电气设备。

5) 检查筒体入孔盖板。

6) 检查电源、工作用水及循环水阀门位置。

7) 检查设备接地、绝缘。

8) 检查中发现异常情况应立即处理并记录，发现严重问题，应请专业人员维修。

9) 以上各项检查正常和准备工作完成后，发出开机信号。

(2) 起动运行应遵守下列规定：

1) 确认正常后起动棒磨机。

2) 非工作人员不得进入工作场所。

3) 棒磨机工作时，人离筒体外壳的距离不得小于 1.5m，严禁用手或其他工具接触转动的筒体。

4) 定期检查电动机和轴瓦温升。

5) 定期观察主轴承、大齿轮、减速箱油位。

6) 出现断棒等异常情况应向值班长报告，必要时停机处理。

(3) 停机应遵守下列规定：

1) 应先停止加料,再停机,并关闭压力水管闸阀。
2) 冬季长期停机时,应排净轴承座内的冷却水。

子任务 4.2.4 筛分机工安全技术要求

1. 筛分机工一般要求

(1) 筛分机械运行人员,应经过安全知识和专业技术培训,具备安全操作技能,熟悉设备构造、性能、技术参数和安全运行要求,未经培训人员不得独立上岗操作。

(2) 作业人员应按规定穿戴工作服、安全帽、工作鞋等劳动防护用品上岗,进行设备巡视、操作或值班处所噪声超过国家卫生标准值时,应佩戴防噪耳塞或耳罩。在干法生产工艺场所作业时,应佩戴防尘口罩或防尘面罩。

(3) 设备运转时,作业人员不得在输料皮带下方和转料斗、振动筛周围停留。

(4) 作业人员应做好设备维护保养工作,保持设备、环境清洁卫生。清扫工具不得触及设备传动或转动部位,不得对运转设备进行清扫作业。

(5) 工作中定期检查维护作业范围内的安全防护设施、治理设施、安全标识。

(6) 应按规定做好设备运行记录和交接班记录。

2. 圆、直线振动筛

(1) 开机前应进行下列检查和准备工作:

1) 检查两侧振动器油面高度。
2) 检查激振器有无卡死、别劲现象。
3) 检查螺栓、三角皮带及皮带轮。
4) 检查运动部件与固定物之间的间隙(如入料、排料溜槽及筛下漏斗与筛子的距离不得小于80mm)。
5) 检查电机接线、转向(直线筛两电机必须反转)。
6) 检查各润滑部件润滑脂。
7) 检查振动器通气孔。
8) 检查振动筛周围障碍物(包括作业人员)。
9) 检查电气设备绝缘性能、接地、接零。
10) 检查电源、工作用水。
11) 检查中发现异常情况应立即处理并记录,发现严重问题,应请专业人员维修。
12) 以上各项检查正常和准备工作完成后,发出开机信号。

(2) 启动运行应遵守下列规定:

1) 运转人员没有得到指令不得随意开机或停机。
2) 应空载启动,待机械运转正常后开始给料。
3) 开机时出现异常声响、弹簧异常跳动,或振动器出现温度急剧上升等应立即停机检查。
4) 工作中应定期检查轴承温度,轴承温度不宜超过75℃,新安装振动筛温度可略高,但运转8h后应逐渐下降至正常,否则应停机检查油的级别、油位和油清洁度。
5) 工作中应定期检查振动筛频率、振幅、螺栓紧固、皮带松紧度等。

(3) 停机应遵守下列规定：
1) 先停给料机，待筛面上无物料后再停机。
2) 事故停机后，应清除给料机和筛面上的物料。
3) 振动筛停机时共振幅不应大于工作振幅的 5 倍，否则应及时检修。

3. 振动给料机

(1) 开机前应进行下列检查和准备工作：
1) 检查激振装置润滑油油位、通气孔及螺栓。
2) 检查设备周围障碍物（包括作业人员）。
3) 检查各紧固件。
4) 检查工作电源。
5) 检查设备绝缘、接地、接零。
6) 检查中发现异常情况应立即处理并记录，发现严重问题，应请专业人员维修。
7) 以上各项检查正常和准备工作完成后，发出开机信号。

(2) 启动运行应遵守下列规定：
1) 空载启动，待运转正常后给料。
2) 驱动电机和皮带的防护罩应完好，皮带应保持一定张力。
3) 工作中，应保持给料机上一定物料量，降低物料下落对给料机的直接冲击。
4) 定期检查有无异常振动和声响。
5) 定期检查各连接螺栓。
6) 定期检查各润滑部位润滑脂。
7) 定期检查给料机振幅、电机电流及温升。
8) 定期观察给料机横向摆幅。
9) 定期检查各吊挂件松紧程度，检查料机与料斗、皮带有无碰撞现象。
10) 惯性振动器每使用 2 个月应对轴承加注一次润滑脂，高温季节应每月加注一次。

(3) 停机应遵守下列规定：
1) 先停止给料，再停机。
2) 事故停机后，应清除给料机上物料。

4. 螺旋洗泥机

(1) 开机前应进行下列检查和准备工作：
1) 检查电机、减速器及各润滑部位。
2) 检查三角皮带张紧度。
3) 检查电源，工作用水。
4) 检查水槽内障碍物。
5) 检查中发现异常情况应立即处理并记录，发现严重问题，应请专业人员维修。
6) 以上各项检查正常和准备工作完成后，发出开机信号。

(2) 启动运行应遵守下列规定：
1) 定期检查各紧固件。
2) 定期检查减速器及润滑部位。

项目4 混凝土工程施工安全监控

3）定期检查电机、轴承温升。
4）定期检查各传动、转动部位有无异常振动和声响。
5）定期观察螺旋转动时衬板与槽体有无碰擦现象。
6）对新安装设备，减速机润滑油在第一次注油运转一周后应更换新油，以后可每隔6个月更换一次，在高温或潮湿环境使用应缩短换油周期。
7）洗砂机箱体下支座及上支承应每班加注一次润滑油。
8）洗泥机工作时，人员不得沿螺旋转动体、水槽边缘通行或触及旋转部件。

(3) 停机应遵守下列规定：
1）在水槽内清洗物料排完后停机。
2）事故停机后，应清除水槽内物料。

任务4.3 水泥混凝土施工

【学习目标】
知识目标：能陈述各类混凝土、模板、钢筋等施工及其所使用的机械设备操作安全的规定与要求。
能力目标：能进行混凝土施工现场的安全作业的检查指导与控制。

水泥混凝土施工基本规定如下：
(1) 积极使用新工艺、新技术，努力改善劳动条件和环境，保护员工在生产中安全、健康和环境保护。
(2) 施工前，施工单位应根据相关安全生产规定，按照施工组织设计确定的施工方案、方法和总平面布置制定行之有效的安全技术措施，报业主、监理审批后，向施工人员交底。
(3) 施工中应加强生产调度和技术管理，合理组织施工程序，尽量避免多层次、多单位交叉作业，以防止事故发生。
(4) 施工现场电气设备和线路（包括照明和手持电动工具等应绝缘良好，并配装触电保护器，以防止因潮湿漏电和绝缘损坏引起触电和设备损坏）。

子任务4.3.1 模板施工安全技术

1. 木模板

(1) 支、拆模板时，应防止在同一垂直面上下同时作业。不能避免同时作业时，应设置安全防护设施。
(2) 高处、复杂结构模板的安装与拆除，应按施工组织设计要求进行，应有安全措施。
(3) 上下传送模板，应采用运输工具或用绳子系牢后升降，不得掷扔。
(4) 高处拆模时，应有专人指挥，并标出危险区，实行安全警戒，暂停交通。
(5) 模板的支撑，不得撑在脚手架上。
(6) 支模过程中，如需中途停歇，应将支撑、搭头、柱头板等联结牢固。拆模间歇时，应将已活动的模板、支撑等拆除并妥善放置，以防扶空、踏空导致事故。

（7）模板上如有预留洞，安装后应将洞口盖好。混凝土构筑物上的预留洞，应在拆模后采取安全防护措施。

（8）拆除模板时，严禁操作人员站在正拆除的模板上。

（9）模板拉条不应弯曲，拉条直径不小于14mm，拉条与锚环应焊接牢固；割除外露螺杆、钢筋头时，不得任其自由下落，应采取安全措施。

（10）混凝土浇筑过程中，应设专人负责检查、维护模板，发现变形走样，必须立即调整、加固。

（11）拆模时的混凝土强度，应达到规定的强度。

2. 钢模板

（1）对拉螺栓拧入螺帽的丝扣应有足够长度，两侧墙面模板上的对拉螺栓孔应平直相对，穿插螺栓时，不得斜拉硬顶。

（2）钢模板应边安装边找正，找正时不得用铁锤猛敲或撬棍硬撬。

（3）高处作业时，连接件应放在箱盒或工具袋中，严禁散放；扳手等工具应用绳索系挂在身上，以免掉落伤人。

（4）组合钢模板装拆时，上下应有人接应，钢模板及配件应随装拆随转运，严禁从高处扔下。中途停歇时，必须把活动件放置稳妥，防止坠落。

（5）散放的钢模板，应用箱架集装吊运，不得任意堆捆起吊。

（6）用铰链组装的定型钢模板，定位后应安装全部插销、顶撑等连接件。

（7）架设在钢模板、钢排架上的电线和使用的电动工具，应使用安全电压电源。

3. 大模板

（1）各种类型的大模板，应按设计制作，每块大模板上应设有操作平台、上下梯道、防护栏杆以及存放小型工具和螺栓的工具箱。安装前应认真检查，符合安全要求。

（2）放置大模板前，应进行场内清理。长期存放应用绳索或拉杆连接牢固。

（3）未加支撑或自稳角不足的大模板，不得竖靠在其他模板或构件上，应卧倒平放。

（4）安装和拆除大模板时，吊车司机、指挥、挂钩和装拆人员应在每次作业前检查索具、吊环。吊运中严禁操作人员随大模板起落。

（5）大模板安装就位后，应将拉杆焊牢，支撑固定，未就位固定前，不得摘钩，摘钩后不得再行撬动；如需调正撬动时，应重新固定。

（6）在大模板吊运过程中，不得因吃饭、休息等原因，悬置空中。

（7）拆除大模板，应先挂好吊钩，然后拆除拉条和连接件。拆模时，不得在大模板或平台上存放其他物件。

4. 滑动模板

（1）滑升机具和操作平台，应按照施工设计安装。平台四周应有防护栏杆和安全网。

（2）操作平台应设置消防、通信和供人上下的设施，雷雨季节应设置避雷装置。

（3）操作平台上的施工荷载应均匀对称，严禁超载。

（4）操作平台上所设的洞孔，应有标志明显的活动盖板。

（5）施工电梯，应安装柔性安全卡、限位开关等安全装置，并规定上下联络信号。

(6) 施工电梯与操作平台衔接处，应设安全跳板，跳板应设扶手或栏杆。

(7) 滑升过程中，应每班检查并调整水平、垂直偏差，防止平台扭转和水平位移。应遵守设计规定的滑升速度与脱模时间。

(8) 模板拆除应均匀对称，拆下的模板、设备应用绳索吊运至指定地点。

(9) 电源配电箱，应设在操纵控制台附近，所有电气装置均应接地。

(10) 冬季施工采用蒸汽养护时，蒸汽管路应有安全隔离设施。暖棚内禁止明火取暖。

(11) 液压系统如出现泄露时，应停车检修。

5. 钢模台车

(1) 钢模台车的各层工作平台，应设防护栏杆，平台四周应设挡脚板，上下爬梯应有扶手，垂直爬梯应加护圈。

(2) 在有坡度的轨道上使用时，台车应配置灵敏、可靠的制动（刹车）装置。

(3) 台车行走前，应清除轨道上及其周围的障碍物，台车行走时应有人监护。

6. 混凝土预制模板

(1) 预制模板存放时应用撑木、垫木将构件安放平稳。

(2) 混凝土预制模板之间的砂浆勾缝，作业人员宜在模板内侧进行。如确需在模板外侧进行时，应遵守高处作业的规定。

子任务 4.3.2　支模工安全技术要求

1. 一般规定

(1) 用手锯锯开小木料时，应用脚踏牢木料的一端，当锯近末端时要轻拉，防止突然折断，锯伤脚部。

(2) 凿眼时，凿把不能过度倾斜，凿柄和木料之间的角度不能太大，以防凿子滑出，砸伤身体。

(3) 斧头劈削木料时，应防止木料上硬节弹出。

(4) 使用斧头或铁锤时应检查木柄是否装紧，防止斧头或铁锤飞出伤人。

(5) 有钉子的木板，应将钉子砸弯或拔出，以防扎脚。

(6) 工作室内严禁吸烟。

(7) 操作电刨、电锯等电动机具前，应检查绝缘是否良好、防护装置是否齐备、有效，机件连接是否牢固，冷却水管是否流畅，经检查试车合格后，方可正式操作。

(8) 使用电刨、电锯等电动木工机具时应遵守电动机具的安全操作规定。

2. 模板及材料运输

(1) 搬运前，应根据实际情况选择合适的交通路线，并检查沿路有无障碍物，以保证行人和模板及模板构件顺利通行。

(2) 搬运模板及模板构件，应放在指定的地点，码放整齐，在架子上放料要均匀摆开，不能超过负荷，保证架子安全。

(3) 使用平（拖）车搬运大（特种定型）模板时，应对模板进行可靠的固定，若有三超时应事先检查交通线路，做好沿线的安全工作。

3. 模板安装

(1) 作业前应认真检查模板、支撑等构件是否符合要求，钢模板有无严重锈蚀和变形，木模板及支撑材质是否合格。

(2) 模板工程作业高度在 2m 及以上时应设置安全防护设施，高空作业应挂好安全带。

(3) 支模应按工序进行，模板没有固定前，不得进行下道工序。

(4) 作业时，木工工具应放在工具袋或工具套中，上下传递应用绳子吊送，不得投掷。

(5) 起吊模板前，应检查模板结构是否牢固，起吊时，应有专人指挥。

(6) 严禁在悬吊式模板和高空独木上行走；不得在模板拉杆和支撑上攀爬。

(7) 不得使用不合格的材料。顶撑要垂直，底端平整坚实，并加垫木。木楔要钉牢，并用横顺拉杆和剪刀撑固定。

(8) 基础及地下工程模板安装时，应检查基坑边坡的稳定情况。有无裂缝或塌方的危险，基坑上口边沿 1m 以内不得堆放模板及材料；向槽（坑）内运送模板等构件时，严禁抛掷。使用起重机械运送时，起重构件下方不得站人。上下操作应设梯子，模板材料应平放，不得靠立在槽（坑）边上，分段支模时，应随时加固。

(9) 模板的立柱顶撑应设牢固的拉杆，不得与不牢靠的临时物件相连接，模板安装过程中不得间歇，柱头、搭头、立柱顶撑、拉杆等应安装牢固成整体后，作业人员才可离开。

(10) 组装立柱模板时，四周应设牢固支撑。如柱模在 6m 以上，应将几个柱模连成整体。支设独立梁模应搭设操作平台，不得站在柱模上操作和在主梁底模上行走及立侧模。

(11) 立柱支模，每根立柱接头以及斜拉杆及水平拉杆的接头不应超过两个。采用双层支柱时，应先将下层固定后再支上层，上下要垂直对正，并加斜撑，以防倒塌。

(12) 支立柱子模板，应随立随明，双面斜撑固定，以防倾倒。组装立柱模板时，四周应设牢固支撑，如柱模在 6m 以上，应将几个柱模连成整体。支设独立梁模应搭设临时操作平台，不得站在柱模上操作和在主梁底模上行走及立侧模。

(13) 支立圈梁、阳台、挑檐、雨罩模板时，其支柱斜撑均要支实，拉杆要牢固，操作人员要有脚手架，应挂牢安全带。

(14) 楼板顶留孔洞应加盖板，或挂安全网，并设警示标志。

(15) 使用桁架支模和吊模时应严格检查，发现严重变形、螺栓松动等应及时修复。

4. 模板拆除

(1) 模板的拆除，应按分段分层从一端退拆。

(2) 模板的拆除时，应先拆非承重模板，后拆承重的模板及支撑；在拆除小钢模板组成的顶板模板时不得将支柱全部拆除后，一次性拉拽拆除。已拆活动的模板应一次性连续拆完，方可停歇，工完前，不得留下松动和悬挂的模板。

(3) 拆支柱时应先拆板柱，后拆梁的支柱。拆除时不得硬撬、硬砸，不应采用大面积同时撬落。

(4) 拆模作业时，应设警戒区，严禁下方有人进入。拆模作业人员应站在平稳牢固的地方，保持自身平衡，不得猛撬，以防失稳坠落。

(5) 拆除梁、桁架等预制构件模板时，应随拆随加顶撑支牢，防止构件倾倒。

(6) 拆下的模板应用溜槽拉绳或拉绳徐徐溜放，并及时清理。

(7) 严禁用吊车拆除模板。吊运大型整体模板时，应拴结牢固，且吊点平衡，吊装、运大型模板时，应用卡环连接，就位后应拉接牢固、稳定、可靠后，方可拆除吊环。

(8) 拆电梯井及大型孔洞模板时，下层应设置安全网等防坠落措施。

子任务 4.3.3　钢筋工程施工安全技术

1. 钢筋加工

(1) 钢筋加工场地应平整，操作平台应稳固，照明灯具应加盖网罩。

(2) 使用机械调直、切断、弯曲钢筋时，应遵守机械设备的安全技术操作规程。

(3) 切断铁筋，不得超过机械的额定能力。切断低合金钢等特种钢筋，应用高硬度刀具。

(4) 机械弯筋时，应根据钢筋规格选择相合适的扳柱和挡板。

(5) 调换刀具、扳柱、挡板或检查机器时，应关闭电源。

(6) 操作台上的铁屑应及时清除，应在停车后用专用刷子清除，不得用手抹或口吹。

(7) 冷拉钢筋的卷扬机前，应设置防护挡板，没有挡板时，卷扬机与冷拉方向应布置成90°，并采用封闭式导向滑轮。操作者应站在防护挡板后面。

(8) 冷拉时，沿线两侧各2m范围为特别危险区，人员和车辆不得进入。

(9) 人工绞磨拉直，不得用胸部或腹部去推动绞架杆。

(10) 冷拉钢筋前，应检查卷扬机的机械状况、电气绝缘情况、各固定部位的可靠性和夹钳及钢丝绳的磨损情况，如不符合要求，应及时处理或更换。

(11) 冷拉钢筋时，夹具应夹牢，并露出足够长度，以防钢筋脱出或崩断伤人。冷拉直径20mm以上的钢筋应在专设的地槽内进行，不得在地面进行。机械转动的部分应设防护罩。闲杂人等不得进入工作场地。

(12) 在冷拉过程中，如出现钢筋脱出夹钳、产生裂纹或发生断裂情况时，应立即停车。

(13) 钢筋除锈时，应采取新工艺、新技术，并应采取防尘措施或配戴个人防护用品，如防尘面具或口罩。

2. 钢筋连接

(1) 电焊焊接应遵守以下规定：

1) 对焊机应指定专人负责，非操作人员禁止操作。

2) 电焊焊接人员在操作时，应站在所焊接头的两侧，以防焊花伤人。

3) 电焊焊接现场应注意防火，并应配备足够的消防器材。特别是高仓位及栈桥上进行焊接或气割，应有防止火花下落安全措施。

4) 配合电焊作业的人员应戴有色眼镜和防护手套。焊接时不得用手直接接触钢筋。

(2) 气压焊焊接应遵守以下规定：

1) 气压焊的火焰工具、设施，使用和操作应参照气焊的有关规定执行。
2) 气压焊作业现场宜设置操作平台，脚手架应牢固，并设有护身栏杆，上下层交叉作业时，应有防护措施。
3) 气压焊油泵、油压表、油管和顶压油缸等整个液压系统各连接处不得漏油，应采取措施防止因油管爆裂而喷出油雾，引起燃烧或爆炸。
4) 气压焊操作人员应配戴防护眼镜。高空作业时，应系安全带。
5) 工作完毕，应把全部气压焊设备、设施收集妥当，防止留下安全隐患。

(3) 机械连接应遵守以下规定：
1) 在操作镦头机时严禁戴长巾、留长发。
2) 开机前应对滚压头的滑块、滚轮卡座、导轨、减速机构及滑动部位进行检查并加注润滑油。
3) 镦头机设备应接地，线路的绝缘应良好，且接地电阻不得大于 4Ω。
4) 使用热镦头机应遵守的规定有：压头、压模不得松动，油池中的润滑油面应保持规定高度，确保凸轮充分润滑。压丝扣不得调解过量，调解后应用短钢筋头试镦。操作时，与压模之间应保持 10cm 以上的安全距离。工作中螺栓松动需停electric机紧固。
5) 使用冷镦头机应遵守的规定有：工作中应保持冷水畅通，水温不得超过 40℃。发现电极不平，卡具不紧，应及时调整更换。搬运钢筋时应防止受伤，作业后应关闭水源阀门，冬季宜将冷却水放出，并且吹净冷却水以防止阀门冻裂。

3. 钢筋运输

(1) 搬运钢筋时，应注意周围环境，以免碰伤其他作业人员。多人抬运时，应用同一侧肩膀，步调一致，上、下肩应轻起轻放，不得投掷。
(2) 由低处向高处（2m 以上）传送钢筋时，一般每次传送一根。多根一起传送时，应捆扎结实，并用绳子扣牢提吊。传送人员不得站在所送钢筋的垂直下方。
(3) 吊运钢筋必须绑扎牢固，并设稳绳。钢筋不得与其他物件混吊。吊运中不得在施工人员上方回转和通过，应防止钢筋弯钩钩人、钩物或掉落。吊运钢筋网或钢筋构件前，应检查焊接或绑扎的各个节点，如有松动或漏焊，应经处理合格后方能吊运。
(4) 吊运钢筋，应防止碰撞电线，二者之间应有一定的安全距离。施工过程中，应避免钢筋与电线或焊线相碰。
(5) 用车辆运输钢筋时，钢筋必须与车身绑扎牢固，防止运输时钢筋滑落。
(6) 施工现场的交通要道，不得堆放钢筋，需在脚手架或平台上存放钢筋时，不得超载。

4. 钢筋绑扎

(1) 钢筋绑扎前，应检查附近是否有照明、动力线路和电气设备。如有带电物体触及钢筋，应通知电工拆迁或设法隔离；对变形较大的钢筋在调直时，高仓位、边缘处应系安全带。
(2) 在高处、深坑绑扎钢筋和安装骨架，应搭设脚手架和马道。
(3) 在陡坡及临空面绑扎钢筋，应待模板立好，并与埋筋拉牢后进行，且应设置牢固的支架。

(4) 绑扎钢筋和安装骨架,遇有模板支撑、拉杆及预埋件等障碍物时,不得擅自拆除、割断。必须拆除时,应取得施工负责人的同意。

(5) 起吊钢筋骨架,下方禁止站人,应待骨架降落在离就位点 1m 以内,才可靠近。就位并加固后方可摘钩。

(6) 绑扎钢筋的铅丝头,应弯向模板面。

(7) 严禁在未焊牢的钢筋上行走。在已绑好的钢筋架上行走时,宜铺设脚手板。

子任务 4.3.4　预埋件、打毛和冲洗施工安全技术

(1) 吊运各种预埋件及止水、止浆片时,应绑扎牢靠,防止在吊运过程中滑落。

(2) 一切预埋件的安装应牢固、稳定,以防脱落。

(3) 焊接止水、止浆片时,应遵守焊接的有关安全技术操作规程。

(4) 打毛前,应检查所有工具是否可靠、安全。

(5) 多人在同一工作面打毛时,应避免面对面近距离操作,以防飞石、工具伤人。不得在同一工作面、上下层同时打毛。

(6) 使用风钻、风镐打毛时,应遵守风钻、风镐安全技术操作规程。

(7) 高处使用风钻、风镐打毛时,应用绳子将风钻、风镐拴住,并挂在牢固的地方。

(8) 用高压水冲毛,应在混凝土终凝后进行。风、水管应安装控制阀,接头应用铅丝扎牢。

(9) 使用冲毛机前,应对操作人员进行技术培训,合格后方可进行操作;操作时,应穿戴防护面罩、绝缘手套和长筒胶靴。

(10) 冲毛时,应防止泥水溅到电气设备或电力线路上。工作面的电线灯头应悬挂在不妨碍冲毛的安全高度。

(11) 使用刷毛机刷毛前,操作人员应遵守刷毛机的安全操作规程。

(12) 操作人员应在每班作业前检查刷盘与钢丝束连接的牢固性。一旦发现松动,应及时紧固,以防止钢丝断丝,飞出伤人。

(13) 手推电动刷毛机电线接头、电源插座、开关钮应有防水措施。

(14) 自行式刷毛机仓内行驶速度应控制在 8.2km/h 以内。

(15) 在仓面冲洗前,应选择安全部位排渣,以免冲洗时石渣落下伤人。

子任务 4.3.5　钢筋工安全技术要求

1. 钢筋运输与堆放

(1) 人工搬运钢筋时,应动作一致,在起落、停止和上下坡道或拐弯时,应互相呼应,步伐稳慢。应注意钢筋头尾摆动,防止碰撞物体或打击人身。

(2) 搬运及堆放钢筋时,钢筋与电力线路应保持安全距离。

(3) 人工垂直运送钢筋时,应搭设马道和防护栏,并应先检查绳索绑扣等机具是否牢固。上边接料人员,应挂好安全带,应站在护身栏内操作,吊运时垂直下方严禁站人。

(4) 吊运钢筋时,应捆绑牢固,吊点应设在钢筋束两端,吊运时钢筋应平稳上升,不得超重起吊。

（5）起吊钢筋或钢骨架时，下方严禁站人，待钢筋骨架降落至离地面或转运平台安装标高 1m 以内人员方可靠近操作，待就位加固后，方可摘钩。

（6）钢筋在运输和储存时，应保留标牌，并按类别批次分别堆放整齐，避免锈蚀和污染。

（7）钢筋或骨架堆放时，应垫方木或混凝土块。堆放带有弯钩的半成品，最上一层钢筋的弯钩应朝上。

（8）临时堆放钢筋，不得过分集中，应考虑模板、平台或脚手架的承载能力。在新浇混凝土强度未达到 1.2MPa 前，不得堆放钢筋。

2. 钢筋人工平直

（1）工作前应检查矫正器是否牢固、扳口有无裂口、锤柄是否坚实。

（2）钢筋解捆时，工作人员不得站在弹出的一面，防止钢筋弹出伤人。

（3）在回直时应把扳手把平，若钢筋有扭转不平时，应将扳手适当使力，以免滑脱。

（4）在进行人工平直钢筋时，抡锤人员应先要看清周围是否有人。

（5）抡锤人不得戴手套。

（6）抡锤人的对面不得有人，严禁两人对面抡锤操作。

（7）不准用小直径工具弯动大直径的钢筋。

3. 钢筋冷轧

（1）冷轧机操作工人须经过专业培训，熟悉冷轧机构造、性能以及保养和操作方法，方可进行操作。

（2）工作前，应仔细检查传动部分、电动机、轧辊。

（3）在送料前，应先开动机器，空载试运转正常后，方可作业。

（4）冷轧钢筋前，应先了解被轧钢筋的硬度，不得冷轧超过规定硬度的钢筋。

（5）轧辊转动时，两手不要靠近轧滚。轧出的钢筋，不要往外硬拉。

（6）送料时，不应使钢筋在导管内重叠。

（7）在进料口前方和出料口后方，均应装置导槽；工作时，严禁非工作人员接近。

4. 钢筋冷拉

（1）应根据冷拉钢筋的直径，合理选用卷扬机，卷扬钢丝绳应经封闭式导向滑轮并和被拉钢筋水平方向成直角。卷扬机的位置应使操作人员能见到全部冷拉场地，卷扬机与冷拉中心距离不得少于 5mm。

（2）冷拉场地应在两端地锚外侧设置警戒区，并应安装防护栏及警示标志。无关人员不得停留，操作人员在作业时必须离开钢筋 2m 以外。

（3）用配重控制的设备应与滑轮匹配，并应有指示起落的记号，没有指示记号时应有专人指挥。配重框提起时的高度应限制在离地面 30cm 以内，配重架四周应设置栏杆及警示标志。

（4）作业前，应检查冷拉夹具，夹齿应完好，滑轮、拖拉小车应润滑灵活，拉钩、地锚及防护装置均应齐全牢固，确认良好后，方可作业。

（5）卷扬机操作人员应看到指挥人员发出的信号，并待所有人员离开后方可作业。冷拉应缓慢、均匀，当有停车信号或见到有人进入危险区时，应立即停拉，并稍稍放松卷扬机钢丝绳。

(6) 用延伸率控制的装置,应装设明显的限位标志,并应有专人指挥。

(7) 夜间作业的照明设施应装设在张拉危险区外,当需要装设在场地上空时,其高度应超过 5m,灯泡应加防护罩,导线严禁采用裸线。

(8) 作业后,应放松卷扬机钢丝绳,落下配重,切断电源,锁好开关箱。

5. 钢筋机械调直

(1) 操作人员,应熟悉钢筋调直机的构造、性能、操作和保养方法。

(2) 工作前应检查主要结合部分的牢固性和转动部分的润滑情况,机械上不得有其他物件和工具。

(3) 料架料槽应安装平直,应对准导向筒、调直筒和下切刀的中心线。

(4) 应用手转动飞轮,检查传动机构和工作装置,调整间隙,紧固螺栓,确认正常后,起动空运转,并应检查轴承有无异响、齿轮啮合良好、运转正常后方可作业。

(5) 应按调直钢筋的直径选用适当的调直块及传动速度。调直块的孔径应比钢筋直径大 2~5mm,传动速度应根据钢筋直径选用,直径大的宜选用慢速,经调整合格,方可送料。

(6) 在调直块未固定,防护罩未盖好前不得送料;作业中,严禁打开各部防护罩并调整间隙。

(7) 当钢筋送入后,手与曳轮应保持一定距离,不得接近。

(8) 送料前,应将不直的钢筋端头切除,导向筒前应安装一根 1m 长的钢管,钢筋应先穿过钢管再送入调直前端的导孔内。

(9) 经过调直后的钢筋如仍有慢弯,可逐渐加大调直块的偏移量,直到调直为止。

(10) 钢筋调直到末端时,人员必须躲开,以防甩动伤人。

(11) 工作中如发现传动部分有不正常的声音等情况,应立即停车检查,不得使用。

(12) 应经常注意轴承的温度,如果温升超过 60℃时,应停机检查原因。

(13) 机械工作时,操作人员不得离开工作岗位。

6. 钢筋切断

(1) 安放切断机时,应选择较坚实的地面,安装平稳,固定式切断机应有可靠的基础,移动式切断机作业时应楔紧行走轮。

(2) 接送料的工作台面应和切刀下部保持水平,工作台的长度可根据加工材料的长度确定。

(3) 起动前,应检查并确认切刀无裂纹,刀架螺栓紧固,防护罩牢靠,然后用手转动皮带轮,检查齿轮啮合间隙,调整切刀间隙。

(4) 起动后,应先空转,检查各传动部分及轴承运转正常后,方可作业。

(5) 机械未达到正常转速时不得切除。切料时应使用切刀的中下部位,紧握钢筋对准刃口迅速投入,操作者应站在固定刀片一侧用力压住钢筋,应防止钢筋弹出伤人,严禁用两手握住钢筋俯身送料。

(6) 不得剪切直径及强度超过机械铭牌规定的钢筋和烧红的钢筋,一次切断多根钢筋时,其总面积应在规定范围内。

(7) 剪切低合金钢时,应更换高硬度的切刀,剪切直径应符合铭牌规定。

(8) 切断短料时,手与切刀之间的距离应保持在 15cm 以上,如手握端小于 40cm 时,应采用套管或夹具将钢筋短头压住和夹牢。

(9) 运转中,严禁用手直接清除切刀附近的断头和杂物。钢筋摆动周围和切刀周围,不得停留非工作人员。

(10) 当发现机械运转不正常、有异常响声或切刀歪斜时应立即停机检修。

(11) 作业后,应切断电源,用钢筋清除切刀间的杂物,进行整机清洁润滑。

(12) 液压传动式切断机作业前,应检查并确认液压油位及电动机旋转方向符合要求。起动后,应空载运转,松开放油阀,排净液压缸体内的空气,方可进行切筋。

(13) 手动液压式切断机使用前,应将放油阀按顺时针方向旋紧,切割完毕后,应立即按顺时针方向旋松。作业中,手应持稳切断机,并戴好绝缘手套。

(14) 操作机器,应由专人负责,严禁其他人员擅自开动。

7. 钢筋人工弯曲

(1) 工作前应先检查扳子等工具是否良好。

(2) 拉板子的人,应在扳口卡好后才能用劲拉,不得用力过猛。

(3) 在同一工作台上,两头弯钢筋时应互相配合。

(4) 工作区四周,不得随便堆放材料和站人。

8. 钢筋机械弯曲

(1) 安置钢筋弯曲机时,应选择较坚实的地面,安装平稳,铁轮应用三角木块塞好,四周应有足够搬动钢筋的场地。

(2) 工作前,应检查各部机件的情况是否正常。

(3) 导线应绝缘良好,并应装好触漏电保护器装置。

(4) 机器的使用应由专人负责,工作时应精神集中。

(5) 工作前先试车检查回转方向,工作时先将钢筋插好,然后开车回转。

(6) 应根据钢筋直径大小选择快慢速,并随时注意电动机的温度,必要时应停机冷却。

(7) 检查修理或清洁保养工作,均应在停机、切断电源后进行。

(8) 钢筋应贴紧挡板,注意放入插头的位置和回转方向,不得开错。

(9) 弯曲长钢筋时,应有专人扶住,并站在钢筋弯曲方向的外面,互相配合,不得拖拉。

(10) 调头弯曲,应防止碰撞人和物,更换插头、加油和清理,均应停机后进行。

(11) 工作台和弯曲机台面应保持水平,作业前应准备好各种芯轴及工具。

(12) 应按钢筋加工的直径和弯曲半径的要求装好相应规格的芯轴和成型轴,挡铁轴芯轴直径应为钢筋直径的 2.5 倍,挡铁轴应有轴套。

(13) 挡铁轴的直径和强度不得小于被弯钢筋的直径和强度,不直的钢筋,不得在弯曲机上弯曲。

(14) 应检查并确认芯轴、挡铁轴、铁盘等无裂纹和损伤,防护罩坚固可靠,空载运转正常后,方可作业。

（15）作业时应将钢筋需弯一端插入转盘固定销的间隙内，另一端紧靠机身固定销，并用手压紧，应检查机身固定销并确认安放在挡住钢筋的一侧，方可开动。

（16）作业中，严禁更换芯轴、销子和变换角度以及调速，也不得进行清扫和加油。

（17）对超过机械铭牌规定直径的钢筋严禁弯曲，在弯曲未经冷拉或带有锈皮的钢筋时，应戴防护镜。

（18）弯曲高强度或低合金钢筋时，应按机械铭牌规定换算最大允许直径并应调换相应的芯轴。

（19）在弯曲钢筋的作业半径内和机身不设固定销的一侧严禁站人，弯曲好的半成品，应堆放整齐，弯钩不得朝上。

（20）转盘换向时，应待停稳后进行。

（21）作业后，应及时清除转盘及插入座孔内的铁锈杂物。

9．除锈作业

（1）工作时应戴好防尘口罩、防护镜等防护用品。操作人员应站在上风的地方，在下风的地方不要有人停留。

（2）利用旋转钢丝刷除锈时，手不应离旋转刷太近，防止发生意外。

（3）带钩的钢筋严禁上机除锈。

（4）除锈应在基本调直后进行，操作时要放平握紧，站在钢丝刷侧面。

（5）钢筋的除锈工作应在人少的地方进行。

10．点焊、对焊机（包括镦头机）

（1）操作人员应经专门培训，考试合格后持证上岗。

（2）焊机应设在干燥的地方，平稳牢固，要有可靠的接地装置，导线绝缘良好。

（3）焊接前，应根据钢筋截面调整电压，发现焊头漏电，应禁止使用，立即检修。

（4）操作时应戴防护眼镜和手套，并站在橡胶板或木板上。工作棚要用防火材料搭设，棚内严禁堆放易燃、易爆物品，并备有灭火器材。

（5）对焊机断路器的接触点、电极（铜头），要定期检查修理。冷却水管应保持畅通，不得漏水和超过规定温度。

11．钢筋绑扎

（1）高处绑扎钢筋，应待模板立好后进行，或搭有稳固的脚手架，方可进行工作。

（2）进出仓面应使用相应的爬梯，禁止任何人在钢筋上行走或站立。

（3）在脚手架或平台上放置钢筋时禁止超过规定重量。

（4）在低处向上传递钢筋时，每次只能传递一根，若用绳索往上吊时，其绳索应有足够的强度。绑扎应牢固，防止脱出钢筋坠落。

（5）与电焊工配合工作时，不得正视电焊弧光。

（6）钢筋严禁和电线接触，夜晚照明线应架高走边。

（7）使用的工器具、零星材料等不得放在钢筋上，以免掉下伤人。

（8）在起吊预制的钢筋和骨架前，应检查其本身的结构和各部件的联结是否牢固可靠。

（9）在洞内绑扎顶拱钢筋时，应在拱模两头外侧搭设脚手架，并铺好脚手板。

(10) 钢筋往顶拱运送时,不得强往里推,防止撞落岩石发生事故。

子任务 4.3.6　混凝土生产与浇筑安全技术

1. 水泥拆包机

(1) 每班在首次拆包之前(或维护之后),应检查进包和回转机具的位置,防止运转时与锯片主轴发生碰撞。

(2) 启动前,应检查上料皮带机上有无异物,如有异物,应清除。

(3) 严禁将破包、散包和结块的水泥包放入上料皮带机。

(4) 拆包前,应把割包机构罩壳放下,关闭密封门,并开动吸尘器。

(5) 运行中如发现水泥包未割破,应停机后打开侧门,用刀具割破,在割包时头部应远离水泥包,以防水泥溅入眼内。

(6) 运行中如发现破包或纸袋甩不出去的情况,应及时处理。处理时,应先停机,再打开侧门,取出纸袋。

(7) 进入拆包机检查或处理故障之前,应切断电源,并和操作人员取得联系,以免突然转动发生事故。

2. 螺旋输送机

(1) 启动前机械、电器应完好。

(2) 机械转动的危险部位,应设防护装置;喂料口周围应设有护栏,以防失误踏入螺旋机内。

(3) 运转中应做到均匀喂料,并应注意机械各部分的声响和温度是否正常。无特殊情况,不得重载停机。

(4) 螺旋机中间轴承的磨损情况应每天检查,并清理卡塞杂物。

(5) 人工进料时,应防止破包、杂物等掉进螺旋机。

(6) 处理故障或维修之前,应切断电源。

3. 水泥提升机

(1) 开机前,应先扳动联轴节,检查有无卡住现象。试运转正常后,发出信号,才可进料。进料应均匀,以免进料过多发生拉坏翻斗、皮带跑偏、提升机开不动等故障。

(2) 人工进料时,应防止拆包小刀、破包、杂物等掉入机内。

(3) 运转中应检查皮带跑偏、跳动而引起斗壁碰撞的现象,必要时,应停机检查。

(4) 每周应检查一次提升皮带料斗紧固及变形等情况,并按规定做好机械的维护保养工作。

(5) 提升机机坑,不得积水。

4. 制冷机

(1) 氨压缩机及有氨的车间内,应有排风设备、消防设备及氨中毒急救药品和解毒饮料。

(2) 氨压机车间或充氨地点应遵守下列规定:

1) 严禁吸烟。

2) 车间内空气中含氨量不得大于 $30mg/m^3$。

项目4 混凝土工程施工安全监控

3) 应具备可靠的水源。
4) 应备有防氨面具、橡皮手套、胶靴，以及急救药品。

(3) 充氨人员开放氨瓶上阀门时，应站在连接管侧面缓慢开启。若氨瓶冻结，应把氨瓶移到较暖地方，也可用热水解冻，但严禁用火烘烤。

(4) 氨瓶使用应遵守下列规定：
1) 夏季不应放在日光暴晒的地方。
2) 不应放于易跌落或易撞击的地方。
3) 瓶内气体不能用净，应留有剩余压力。
4) 氨瓶与明火安全距离不得小于10m，并应有可靠的防护措施。

(5) 制冷系统在投入运行前，应进行系统密封性试验，其压力应达到规定值。如出现漏气，应放尽气压后，方能处理，严禁在带气压情况下焊补。

5. 片冰机

(1) 启动前，应检查设备是否正常，电源开关是否灵敏，机内是否有人。各孔盖、门是否关闭，确认完好无误，方可启动。

(2) 片冰机上应装有自动报警信号。启动操作人员应先给启动信号，再启动片冰机运转。

(3) 片冰机运转过程中，各孔盖、调刀门不得随意打开。因观察片冰机工作情况而必须打开孔盖、调刀门时，严禁观察人员将手、头伸进孔及门内，以免造成伤亡事故。

(4) 片冰机需调节供水量而转动机内水阀时，应先停机。

(5) 遇有临时停电，应切断水泵、氨泵及片冰机电源，并关闭来源水阀门。

(6) 参加片冰机调整、检修工作的人员，不得少于3人，1人负责调整、检修，1人负责组织指挥（若调整、检修人员在片冰机内，指挥人员必须在片冰机顶部），1人负责控制片冰机电源开关，应做到指挥准确，操作无误。

(7) 工作人员从片冰机进入孔进、出之前和在调整、检修工作的过程中，必须切断片冰机的开关电源，并悬挂"禁止合闸"的标志。

(8) 在片冰机整个调整、检修过程中，除悬挂"禁止合闸"的标志外，片冰机开关控制人员不得擅离工作岗位，以免其他人员乱动开关而引起事故。

(9) 非工作人员禁止进入片冰机工作车间。

6. 混凝土拌和机

(1) 拌和机应安置在坚实的地方，用支架或支脚简架稳，不得以轮胎代替支撑。

(2) 外露的齿轮、链轮等转动部位应设防护装置，电动机应接地良好。

(3) 开动拌和机前，应检查离合器、制动器、钢丝绳、倾倒机构是否良好。搅拌筒应用清水冲洗干净，不得有异物。

(4) 在作业期间，不得私自离开工作岗位，不得随意让其他人员代替自己的操作。

(5) 拌和机的机房、平台、梯道、栏杆应牢固可靠，机房内应配备吸尘装置。

(6) 拌和机的加料斗升起时，严禁任何人在料斗下通过或停留。工作完毕后应将料斗锁好，并检查保护装置。

(7) 运转时，严禁将工具伸入搅拌筒内；不得向旋转部位加油；不得进行清扫、检修等工作。

(8) 未经上级主管部门的允许，禁止拉闸、合闸和进行电气维修。

(9) 现场检修时，应固定好料斗，切断电源。进入搅拌筒工作时，外面应有人监护。

7. 混凝土拌和楼（站）

(1) 混凝土拌和楼（站）机械转动部位的防护设施，应在每班前进行检查。

(2) 电气设备和线路应绝缘良好，电动机应接地。临时停电或停工时，应拉闸、上锁。

(3) 压力容器应定期进行压力试验，不得有漏风、漏水、漏气等现象。

(4) 楼梯和挑出的平台，应设安全护栏；马道板应加强维护，不得出现腐烂、缺损，冬期施工期间，应设置防滑措施以防止结冰溜滑。

(5) 消防器材应齐全、良好，楼内不得存放易燃易爆物品，不得明火取暖。

(6) 楼内各层照明设备应充足，各层之间的操作联系信号应准确、可靠。

(7) 粉尘浓度和噪声不得超过国家规定的标准。

(8) 机械、电气设备不得带"病"和超负荷运行，维修应在停止运转后进行。

(9) 检修时，应切断相应的电源、气路，并挂上"有人工作，不准合闸"的标示牌。

(10) 进入料仓（斗）、拌和筒内工作，外面必须设专人监护。检修时应挂"正在修理，禁止开动"的标牌示警。非检修人员不得乱动气、电控制元件。

(11) 在料仓或外部高处检修时，应搭脚手架，并应遵守高处作业的有关规定。

(12) 设备运转时，不得擦洗和清理。严禁头、手伸入机械行程范围以内。

8. 混凝土水平运输

(1) 用手推车运送混凝土应遵守下列规定：

1) 运输道路应平坦，道路坡度不应超过8%。

2) 推车时应注意平衡，掌握重心，不得猛跑和溜放。

3) 向料斗倒料，应有挡车设施，倒料时不得撒把。

4) 推车途中，前后车距在平地应大于2m，下坡应大于10m。

5) 用井架垂直提升时，车把不得伸出笼外，车轮前后应挡牢。

6) 运输道路应在作业前清扫，冬期施工应有防滑措施。

(2) 用汽车运送混凝土应遵守下列规定：

1) 运输道路应满足施工组织设计要求。

2) 驾驶员必须遵守《中华人民共和国道路交通安全法》和有关规定，车辆不得超载、超速、酒后及疲劳驾车，应谨慎驾驶，应熟悉运行区域内的工作环境。

3) 车辆不得在陡坡上停放，需要临时停车时，应打好车塞，驾驶员不得远离车辆。

4) 驾驶室内不得乘坐无关的人员。

5) 搅拌车装完料后禁止料斗反转，斜坡路面满足不了车辆平衡时，不得卸料。

6) 装卸混凝土的地点，应有统一的联系和指挥信号。

7) 车辆直接入仓卸料时，卸料点应有挡坎，应防止在卸料过程中溜车，应有安全距离。

8) 自卸车应保证车辆平稳，观察有无障碍后，方可卸车；卸料后大箱落回原位后，方可起架行驶。

9）自卸车卸料卸不净时，作业人员不得爬上未落回原位的车厢上进行处理。

10）夜间行车，应适当减速，并应打开灯光信号。

(3) 采用轨道运输方式、使用机车牵引装运混凝土的车辆，其操作应遵守下列规定：

1）机车司机必须经过专门技术培训，并经过考试合格后驾驶。

2）装卸混凝土应听从信号员的指挥，运行中应按沿途标志操作运行。信号不清、路况不明时，不得开车。

3）通过桥梁、道岔、弯道、交叉路口、复线段会车和进站时应加强瞭望，不得超速行驶。

4）在栈桥上限速行驶，栈桥的轨道端部应设信号标志和车挡等拦车装置。

5）两辆机车在同一轨道上同向行驶时，均应加强瞭望，特别是位于后面的机车应随时准备采取制动措施，行驶时两车相距不得小于60m；两车同用一个道岔时，必须等对方车辆驶出并解除警示后或驶离道岔15m以外双方不致碰撞时，方可驶进道岔。

6）交通频繁的道口，应设专人看守道口两侧，应设移动式落地栏杆等装置防护，危险地段应悬挂"危险"或"禁止通行"牌，夜间应设红灯示警。

7）机车和调度之间应有可靠的通信联络，轨道应定期进行检查。

8）机车通过洞子前应鸣笛警示。

(4) 溜槽（桶）入仓：

1）溜槽搭设应稳固可靠，架子应满足安全要求，使用前应经技术与安全部门验收。溜槽应搭设巡查、清理人员的行走马道与护栏。

2）溜槽坡度最大不应超过60°，超过60°时，应在溜槽上加设防护罩（盖），以防止石头滚出。

3）溜桶使用前，应逐一检查溜桶、挂钩的状况。磨损严重时，应及时更换，溜筒宜采用钢丝绳、铅丝或麻绳连接牢固。

4）用溜槽浇筑混凝土，每罐料下料开始前，在得到同意下料信号后方可下料。溜槽下部人员应与下料点有一定的安全距离，以避免骨料滚落伤人。溜槽使用过程中，溜槽底部不得站人。

5）下料溜筒被混凝土堵塞时，应停止下料，及时处理。处理时不得在溜筒上攀爬。

6）搅拌车下料应均匀，自卸车下料应有受料斗，卸料口应有控制设施。垂直运输设备下料时不得使用蓄能罐，应采用人工控制罐供料，卸料处宜有卸料平台。

7）北方地区冬季，不宜使用溜槽（桶）方式入仓。

(5) 混凝土泵输送入仓：

1）混凝土泵应设置在场地平整、坚实、具有重载行走条件的地方，应有足够的场地保证混凝土供料车的卸料与回车。

2）混凝土泵的作业范围内，不得有障碍物、高压电线，应有高处作业的防范措施。

3）安置混凝土泵车时，应将其支腿安全伸出，并插好安全销。在软弱场地应在支腿下垫枕木，以防止混凝土泵的移动或倾翻。

4）混凝土输送泵管架设应稳固，泵管出料口不应直接正对模板，泵头宜接软管或弯头。应按照混凝土泵使用安全规定进行全面检查，符合要求后方能运转。

5) 溜槽、溜管给泵卸料时应有信号联系，垂直运输设备给泵卸料时宜设卸料平台，不得采用混凝土蓄能罐直接给料。卸料应均匀，卸料速度应与泵输出速度相匹配。

6) 设备运行人员应遵守混凝土泵安全操作规程，供料过程中泵不得回转，进料网不得私自取掉，不得将棉纱、塑料等杂物混入进料口，不得用手清理混凝土或堵塞物。混凝土输送管道应定期检查（特别是弯管和锥形管等部位的磨损情况），以防爆管。

7) 当混凝土泵出现压力升高且不稳定，油温升高、输送管有明显振动等现象发生，致使泵送困难时，应立即停止运行，并采取措施排除。

8) 混凝土泵运行结束后，应将混凝土泵和输送管清洗干净。在排除堵塞物、重新泵送或清洗混凝土泵前，混凝土泵的出口应朝安全方向，以防堵塞物或废浆高速飞出。

(6) 塔（顶）带机入仓：

1) 塔带机和皮带机输送系统基础应做专门的设计。

2) 塔带机的运行、操作与维修人员，须经专门技术培训，了解本机构造性能，熟悉操作方法、保养规程和起重作业信号规则，具有相当熟练的操作技能，经考试合格后，方可独立操作，严禁无证上岗。

3) 报话指挥人员，应熟悉起重安全知识和混凝土浇筑、布料的基本知识。做到指挥果断、吐词清晰、语言规范。

4) 机上应配备相应的灭火器材，工作人员应会正确地检查和使用。当发现火情时，应立即切断电源，用适当的灭火器材灭火。

5) 机上禁止使用明火。检修须焊、割时，周围应无可燃物，并有专人监护。

6) 塔带机运行时，与相邻机械设备、建筑物及其他设施之间应有足够的安全距离，无法保证时应采取安全措施。司机应谨慎操作，接近障碍物前减速运行，指挥人员应严密监视。

7) 当作业区的风速有可能连续 10min 达 14m/s 左右，或大雾、大雪、雷雨时，应暂停布料作业，将皮带机上混凝土卸空，并转至顺风方向。当风速大于 20m/s 时，暂停进行布料和起重作业，并应将大臂和皮带机转至顺风方向，把外布料机置于支架上。

8) 应依照维护保养周期表，做好定期润滑、清理、检查及调试工作。

9) 严禁在运转过程中，对各转动部位进行检修或清理工作。

10) 塔带机在塔机工况下进行超重作业时，应遵守起重作业的安全操作规程。

11) 塔带机和皮带机输送系统各主要部位作业人员不得缺岗。

12) 开机前，应检查设备的状况以及人员的到岗等情况。如果正常，应按铃 5s 以上警示后，才能开机。停机前，应把受料斗、皮带上混凝土卸完，并清洗干净。

(7) 塔带机入仓：

1) 设备放置位置应稳定、安全，支撑应牢固、可靠。

2) 驾驶、运行、操作与维修人员，须经技术培训，了解本机构造性能，熟悉驾驶规定、操作方法、保养规程和作业信号规则，具有相当熟练的操作技能，经考核合格后，方可操作，严禁无证上岗。

3) 设备从一个地点转移到另一个地点，折叠部分和滑动部分应放回原位，并定位锁紧；不得超速行驶。

4) 在塔带机支腿撑开之前，塔带机必须处于"行走状态"（伸缩臂和配重臂都缩回）。

5) 在伸展配重臂和伸缩臂之前，必须撑开承力支腿。

6) 塔带机输送机的各部分应与电源保持一定的距离。

7) 伸缩式皮带机和给料皮带机不得同时启动，辅助动力电动机和盘发动机不得同时启动，以免发电机过载。

8) 塔带机各部位回转或运行时，各部位应有人监护、指挥。

9) 应避免皮带重载启动。皮带起动前应按铃 5s 以上示警。

10) 一旦有危险征兆出现（包括雷、电、暴雨等），应即刻中断塔带机的运行。正常停机前，应把受料斗内、皮带上混凝土卸完，并清洗干净。

(8) 布料机入仓：

1) 布料机布置位置应平整，基础应牢固，安装、运行时应遵守该设备的安全操作技术规程。

2) 布料机覆盖范围内应无障碍物、高压线等危险源的影响。

3) 布料机的操作控制柜（台）应布置在布料机附近的安全位置，电缆摆放应规范、整齐。

4) 布料机下料时，振捣人员应离下料处一定距离。待布料机旋转离开后，方可振捣混凝土。

5) 布料机在伸缩或在旋转过程中，应有专人负责指挥。皮带机正下方不得有人活动，以免皮带机上掉下的骨料伤人。

9. 垂直运输

(1) 无轨移动式起重机：

1) 操作人员应身体健康，无精神病、高血压、心脏病等疾病。

2) 操作人员应经过专业技术培训、经考试合格后持证上岗，熟悉所操作设备的机械性能及相关要求，遵守无轨移动式起重机（轮胎式、履带式）的安全操作规程。

3) 轮胎式起重机应配备上盘、下盘司机各 1 名。

4) 应保证起重机内部各零件、总成的完整，如有丢失应补全或恢复。

5) 起重机上配备的变幅指示器、重量限制器和各种行程限位开关等安全保护装置不得随意拆封，不得以安全装置代替操作机构进行停车。

6) 起重机浇筑混凝土时，司机不得从事与操作无关的事情或闲谈。

7) 夜间浇筑时，机上及工作地点应有充足的照明。

8) 遇上六级以上大风或雷雨、大雾天气，应停止作业。

9) 轮胎式起重机在公路上行驶时，应执行汽车的行驶规定。

10) 轮胎式起重机进入作业现场，应检查作业区域和周围的环境。应放置在作业点附近平坦、坚实的地面上，支腿应用垫木垫实。作业过程中不得调整支腿。

11) 变幅应平稳，不得猛起臂杆。臂杆可变倾角不得超过制造厂家的安全规定值；如无规定时，最大倾角不得超过 78°。

12) 应定期检查起吊钢丝绳及吊钩的状况，如果损坏或磨损严重，应及时更换。

任务 4.3 水泥混凝土施工

(2) 轨道式(固定式)起重机:

1) 轨道式(固定式)起重机(门座式、门架式、塔式、桥式)轨道基础应做专门的设计,并应满足相应型号设备的安全技术要求。轨道两端应设置限位装置,距轨道两端3m 外应设置碰撞装置。轨道坡度不得超过 1/1500,轨距偏差和同一断面的轨面高差均不得大于轨距的 1/1500,每个季度应采用仪器检查一次。轨道应有良好的接地,接地电阻不得大于 10Ω。

2) 司机应身体健康,经检查合格,证明无心脏病、高血压、精神不正常等疾病,并具备高空作业的身体条件。须经专门技术训练,了解机械设备的构造性能,熟悉操作方法、保养规程和起重工作的信号规则,具有相当熟练的操作技能,并经考试合格后,方可操作。

3) 新机安装或搬迁、修复后投入运转时,应按规定进行试运转,经检查合格后方可正式使用。

4) 起重机不得吊运人员及易燃、易爆等危险物品。

5) 起吊物件的重量不得超过本机的额定起重量,禁止斜吊、拉吊和起吊埋在地下或与地面冻结以及被其他重物卡压的物件。

6) 变幅指示器应灵活、准确。

7) 当气温低于零下 15℃或遇雷雨大雾和六级以上大风时,不得作业。大风前,吊钩应升至最高位置,臂杆落至最大幅度并转至顺风方向,锁住回转制动踏板,台车行走轮应采用防爬器卡紧。

8) 机上严禁用明火取暖,用油料清洗零件时不得吸烟。废油及擦拭材料不得随意泼洒。

9) 机上必须配置合格的灭火装置。电气失火时,应立即切断有关电源,应用绝缘灭火器进行灭火。

10) 各电气安全保护装置应处于完好状态。高压开关柜前应铺设橡胶绝缘板。电气部分发生故障,应由专职电工进行检修,维修使用的工作灯电压应在 36V 以下。各保险丝(片)的额定容量不得超过规定值,不得任意加大,不得用其他金属丝(片)代替。

11) 夜间工作,机上及作业区域应有足够的照明,臂杆及竖塔顶部应有警戒信号灯。

12) 司机饮酒后和非本机司机均不得登机操作。

13) 设备安装各个结构部分的螺栓扭紧力矩应达到设备规定的要求。焊缝外观及无损检测应满足规范要求。塔机的连接销轴应安装到位并装上开口销。

14) 司机应听从作业人员指挥,得到信号后方可操作。操作前应鸣号,发现停车信号(包括非指挥人员发出的停车信号)应立即停车。

15) 设备应配置备用电源或其他的应急供电方式,以防起重机在浇筑过程中突然断电而导致吊罐停留在空中。

16) 两台臂架式起重机同时运行时,应有专门人员负责协调,以免臂杆相碰。

17) 设备安装完毕后应每隔 2~3 年重新刷漆保护一次,以防金属结构锈蚀破坏。

18) 各设备的运行区域应遵守所在施工现场的安全管理规定及其他安全要求。

(3) 缆机:

1）缆机（平移式、辐射式、摆塔式）轨道基础应做专门的设计，并应满足相应型号设备的安全技术要求。轨道两端必须设置限位器。

2）司机应经过专门技术培训，熟练掌握操作技能，熟悉本机性能、构造和机械、电气、液压的基本原理及维修要求，经考试合格持省、市劳动部门颁发的起重机操作证及设备管理部门颁发的相应工种的上岗操作证，持证上岗。

3）工作时应精力集中，听从指挥。不得擅离岗位，不得从事与工作无关的事情，不得用机上通信设备进行与施工无关的通话。

4）严禁酒后或精神、情绪不正常的人员上机工作。

5）严禁从高处向下丢抛工具或其他物品，不得将油料泼洒在塔架、平台及机房地面上。高空作业时，应将工具系牢，以免坠落。

6）机上的各种安全保护装置，应配置齐全并保持完好，如有缺损，应及时补齐、修复。否则，不得投入运行。

7）应定期做好缆机的润滑、检查及调试、保养工作。

8）司机应与地面指挥人员协同配合，听从指挥人员信号。但对于指挥人员违反安全操作规程和可能引起危险事故的信号及多人指挥，司机应拒绝执行。

9）起吊重物时，应垂直提升，严禁倾斜拖拉。

10）严禁超载起吊和起吊埋在地下的重物，不得采用安全保护装置来达到停车的目的。

11）不得在被吊重物的下部或侧面另外吊挂物件。

12）夜间照明不足或看不清吊物或指挥信号不清的情况下，不得起吊重物。

（4）吊罐入仓应遵守下列规定：

1）使用吊罐前，应对钢丝绳、平衡梁（横担）、吊锤（立罐）、吊耳（卧罐）、吊环等起重部件进行检查，如有破损，严禁使用。

2）吊罐的起吊、提升、转向、下降和就位，应听从指挥。指挥人员应由受过训练的熟练工人担任，指挥人员应持证上岗。指挥信号应明确、准确、清晰。

3）起吊前，指挥人员应得到两侧挂罐人员的明确信号，才能指挥起吊；起吊时应慢速，并应吊离地面30～50cm时进行检查，在确认稳妥可靠后，方可继续提升或转向。

4）吊罐吊至仓面，下落到一定高度时，应减慢下降、转向及吊机行车速度，并避免紧急刹车，以免晃荡撞击人体。应防止吊罐撞击模板、支撑、拉条和预埋件等。吊罐停稳后人员方可上罐卸料，卸料人员卸料前应先挂好安全带。

5）吊罐卸完混凝土，应立即关好斗门，并将吊罐外部附着的骨料、砂浆等清除后，方可吊离。摘钩吊罐放回平板车时，应缓慢下降，对准并旋转平衡后方可摘钩；对于不摘钩吊罐放回时，挡壁上应设置防撞弹性装置，并应及时清除搁罐平台上的积渣，以确保罐的平稳。

6）吊罐正下方严禁站人。吊罐在空间摇晃时，不得扶拉。吊罐在仓内就位时，不得斜拉硬推。

7）应定期检查、维修吊罐，立罐门的托辊轴承、卧罐的齿轮，应定期加油润滑。罐门把手、震动器固定蝶栓应定期检查紧固，防止松脱坠落伤人。

8) 当混凝土在吊罐内初凝,不能用于浇筑时,可采用翻罐方式处理废料,但应采取可靠的安全措施,并有带班人在场监护,以防发生意外。

9) 吊罐装运混凝土,严禁混凝土超出罐顶,以防坍落伤人。

10) 气动罐、蓄能罐卸料弧门拉绳不宜过长,并应在每次装完料、起吊前整理整齐,以免吊运途中挂上其他物件而导致弧门打开、引起事故。

11) 严禁罐下串吊其他物件。

10. 混凝土浇筑

(1) 浇捣混凝土前,应全面检查仓内排架、支撑、拉条、模板及平台、漏斗、溜筒等是否安全可靠。

(2) 仓内脚手架、支撑、钢筋、拉条、埋设件等不得随意拆除、撬动,如果需要拆除、撬动时,应经施工负责人的同意。

(3) 平台上所预留的下料孔,不用时应封盖。平台除出入口外,四周均应设置栏杆和挡脚板。

(4) 仓内人员上下应设靠梯,不得从模板或钢筋网上攀登。

(5) 吊罐卸料时,仓内人员应注意避开,不得在吊罐正下方停留或工作。接近下料位置时,应减慢下降速度。

(6) 在平仓振捣过程中,应观察模板、支撑、拉筋是否变形。如发现变形有倒塌危险时,应立即停止工作,并及时报告有关指挥人员。

(7) 使用大型振捣器和平仓机时,不得碰撞模板、拉条、钢筋和预埋件,以防变形、倒塌。

(8) 不得将运转中振捣器放在模板或脚手架上。

(9) 使用电动振捣器,应有触电保护器或接地装置。搬移振捣器或中断工作时,必须切断电源。

(10) 湿手不得接触振捣器电源开关,振捣器的电缆不得破皮漏电。

(11) 平仓振捣时,仓内人员思想应集中,互相应关照。浇筑高仓位时,应防止工具和混凝土骨料掉落仓外,更不得将大石块抛向仓外,以免伤人。

(12) 吊运平仓机、振捣臂、仓面吊等大型机械设备时,应检查吊索、吊具、吊耳是否完好,吊索角度是否正当。

(13) 冬季仓内用火盆保温时,应明确专人管理,谨防失火。

(14) 下料溜筒被混凝土堵塞时,应停止下料,立即处理。处理时不得直接在溜筒上攀登。

(15) 电气设备的安装、拆除或在运转过程中的故障处理,均应由电工进行。

11. 保护与养护

(1) 表面保护应遵守下列规定:

1) 混凝土表面保护工作的部位,作业人员应精力集中,佩戴安全防护用品。

2) 混凝土立面保护材料应与混凝土表面贴紧,并用压条压接牢靠,以防风吹掉落伤人。采用脚手架安装、拆除时,应符合脚手架安全技术规程的规定;采用吊篮安装、拆除时,应符合吊篮安全技术规程的规定。

3) 混凝土水平面的保护材料应采用重物压牢，防止风吹散落。

4) 竖向井（洞）孔口应先安装盖板，然后方可覆盖柔性保护材料，并应设置醒目的警示标识。

5) 水平洞室等孔洞进出口悬挂柔性保护材料应牢靠，并应方便人员和车辆的出入。

6) 混凝土保护材料不宜采用易燃品，气候干燥的地区和季节，应做好防火工作。

(2) 养护应遵守下列规定：

1) 养护用水不得喷射到电线和各种带电设备上。养护人员不得用湿手移动电线。养护水管应随用随关，不得使交通道转梯、仓面出入口、脚手架平台等处有长流水。

2) 在养护仓面上遇有沟、坑、洞时，应设明显的安全标志，必要时铺设安全网或设置安全栏杆，严禁在施工作业人员不易站稳的位置进行洒水养护作业。

3) 采用化学养护剂、塑料薄膜养护时，对易燃有毒材料，应佩戴相关防护用品并做好防护工作。

子任务 4.3.7　水下混凝土安全技术

(1) 设计工作平台时，除考虑工作荷重外，还应考虑溜管、管内混凝土以及水流和风压影响的附加荷重。工作平台应牢固、可靠。

(2) 溜管节与节之间，应连接牢固，其顶部漏斗及提升钢丝绳的连接处应用卡子加固。钢丝绳应有足够的安全系数。

(3) 上下层同时作业时，层间应设防护挡板或其他隔离设施，以确保下层工作人员的安全。各层的工作平台应设防护栏杆。各层之间的上下交通梯子应搭设牢固，并应设有扶手。

(4) 混凝土溜管底的活门或铁盘，应防止突然脱落而失控开放，以免溜管内的混凝土骤然下降，引起溜管突然上浮。向漏斗卸混凝土时，应缓慢开启弧门，适当控制下料方量。

子任务 4.3.8　碾压混凝土安全技术

(1) 碾压混凝土首个仓面准备浇筑前，应对砂石料生产系统、混凝土制备系统及运输、铺筑机具的数量、工况以及施工措施等进行检查，确认符合有关安全技术规程要求后，方能开始施工。

(2) 碾压混凝土铺筑前，应全面检查仓内排架、支撑、拉条、模板等是否安全可靠。

(3) 自卸汽车入仓时，入仓口道路宽度、坡度、弯沉值以及转弯半径应符合所选车型的性能要求。洗车平台应做专门的设计，应满足有关的安全规定。自卸汽车在仓内行使时，车速应控制在 5.0km/h 以内。

(4) 真空溜管入仓时，应遵守下列规定：

1) 真空溜管应做专门的设计，包括受料斗、下料口、溜管管身、出料口以及各部分的支撑结构，并应满足有关的安全规定。

2) 支撑结构应与边坡锚杆焊接牢靠，不得采用铅丝绑扎。

3) 出料口应设置垂直向下的弯头，以防碾压混凝土料飞溅伤人。

(5) 采用核子水分/密度仪进行无损检测时，应遵守下列规定：

1) 操作者在操作前应接受有关核子水分/密度仪安全知识的培训和训练，只有合格者方可进行操作。应给操作者配备防护铅衣、裤、鞋、帽、手套等防护用品。操作者应在胸前配戴胶片计量仪，每1～2月更换一次。胶片计量仪显示的辐射值一旦达到或超过了允许值，应立即停止操作。

2) 严禁操作者将核子水分/密度仪放在自己的膝部，不得企图以任何方式修理放射源，不得无故暴露放射源，不得触动放射源，操作时不得用手触摸带有放射源的杆头等部位。

3) 应派专人负责保管核子水分/密度仪，并应设立专台档案。每隔半年应把仪器送有关单位进行核泄露情况检测，仪器储存处应牢固地张贴"放射性仪器"的告示。

4) 核子水分/密度仪万一受到破坏，或者发生放射性泄露，应立即让周围的人离开，并远离出事场所，直到核专家将现场清除干净。

5) 核子水分/密度仪万一被盗或被损坏，应及时报告公安部门以及制造厂家或者代理商，以便妥善处理。

(6) 卸料与摊铺应遵守下列规定：

1) 仓号内应派专人指挥、协调各类施工设备。指挥人员应采用红、白旗和口哨发出指令。应由施工经验丰富、熟悉各类机械性能的人员担当指挥人员。

2) 采用自卸卡车直接进仓卸料时，宜采用端退铺法依次卸料；应防止在卸料过程中溜车，应使车辆保证一定的安全距离。自卸车在起大箱时，应保证车辆平稳，并观察有无障碍后方可卸车。卸完料，大箱应落回原位后，方可起架行驶。

3) 采用吊罐入仓时，卸料高度不宜大于1.5m，并应遵守吊罐入仓的安全规定。

4) 搅拌车运送入仓时，仓内车速应控制在5.0km/h以内，距离临空面应有一定的安全距离，卸料时不得用手触摸旋转中的搅拌筒和随动轮。

5) 多台平仓机在同一作业面作业时，前后两机相距不应小于8m，左右相距应大于1.5m。两台平仓机并排平仓时，两平仓机刀片之间应保持20～30cm间距。

平仓前进应以相同速度直线行驶；后退时，应分先后，防止互相碰撞。

6) 平仓机上下坡时，其爬行坡度不得大于20°；在横坡上作业，横坡坡度不得大于10°。下坡时，宜采用后退下行，严禁空挡滑行，必要时可放下刀片以辅助制动。

(7) 碾压应遵守下列规定：

1) 振动碾机型的选择，应考虑碾压效率、起振力、滚筒尺寸、振动频率、振幅、行走速度、维护要求和运行的可靠性和安全性。建筑物的周边部位，应采用小型振动碾压实。

2) 振动碾的行走速度应控制在1.0～1.5km/h以内。

3) 应在振动碾前后、左右无障碍物和人员时才能启动。

4) 变换振动碾前进或者后退方向应待滚轮停止后进行。不得利用换向离合器制动。

5) 两台以上振动碾同时作业，其前后间距不得小于3m；在坡道上纵队行驶时，其间距不得小于20m。上坡时变速应在制动后进行，下坡时不得脱挡滑行。

6) 起振和停振应在振动碾行走时进行；在老混凝土面上行走，不得振动；换向离合器、起振离合器和制动器的调整，应在主离合器脱开后进行，不得在急转弯时用快速挡；不得在尚未起振情况下调节振动频率。

(8) 施工过程中，碾压混凝土的仓面采用柱塞泵喷雾器等设备保持湿润时，应遵守这些喷雾设备的安全技术规定，电线和各种带电设备应采用防水措施进行保护，以防漏电或损坏设备。

子任务 4.3.9　混凝土工（含清基工）安全技术要求

1. 一般要求

(1) 混凝土工进仓操作时，应戴安全帽，穿胶靴并使用必要防护用品。

(2) 高处作业时，首先检查脚手架、马道平台、栏杆是否安全可靠。铺设的脚手板应固定，不得悬空探头。

(3) 手推车向料斗倒料，应有挡车措施，不得用力过猛和撒把。

(4) 用井架运输时，小车把不得伸出笼外，车轮前后要挡牢，稳起稳落。

(5) 下料口应钉挡板，根据实际情况架设护身栏杆。

(6) 机动自卸推斗车，工作前先检查斗车装置是否完好，刹车要灵活可靠，斗车要清扫干净。

(7) 电瓶机车拖拉斗车运行中，应服从统一指挥，统一信号，跟车人员禁止站在两斗车之间。

(8) 在卸混凝土料前，应将斗车刹住，脚要站稳，两手握紧车斗倒料。

(9) 每班工作结束时，使用的斗车应全部洗刷干净。

(10) 使用卷扬机运输混凝土时，卷扬机道应有专人负责斗车挂钩及指挥信号工作。严防跑车伤人。

(11) 料斗垂直提升混凝土时，卸料人员的操作部位应搭设工作平台，周围要设护身栏杆，操作时不准站在溜槽帮上。使用拦截料斗的顶棍，应准确地顶在料斗边的中间。

(12) 多层垂直运输，应装设灯、铃等联系信号，料斗运行时，不得向井筒内伸头看望或伸手招呼。

(13) 使用溜槽、溜筒，应连接牢固，操作平台应有防护栏杆，不得站在溜槽、溜筒边上操作。

(14) 指挥机动自卸斗车、混凝土搅拌车就位卸料时，指挥人员应站在车辆的后侧面指挥，不得直接站在车辆后面。

(15) 用混凝土泵输送混凝土时，管道接头应完好，管道的架子应牢固，不得直接与钢筋或模板相连。

(16) 使用立式、卧式吊罐，应在两只吊耳完全挂妥、卸料口关闭后才能起吊。

(17) 卸料应规定联系信号和方式，吊罐下方严禁站人，吊罐就位时，不得用手或绳硬拉，以防失手断绳反弹伤人。

2. 平仓振捣

(1) 人工平仓时，作业人员动作应协调一致，使用的铁锹和拉绳应牢固，防止锹把、拉绳断裂伤人。

(2) 机械平仓时,操作人员应经专业培训合格后上岗作业,作业前应认真检查设备,确认完好后作业。平仓时应安排专人指挥和监护,离模板应保持相应的安全距离。

(3) 浇筑较高或特殊仓面时,不得随意更改和调整拉杆及支撑的位置。

(4) 浇筑无板框架结构梁柱混凝土时,应搭设临时脚手架,并设防护栏,不得站在模板上或支撑上操作。

(5) 浇筑梁板时,应搭设临时浇筑平台,不得乱踩钢筋,并防止钢筋钩挂住绊倒。

(6) 浇筑圈梁、挑檐、阳台、雨罩等混凝土时,外部应设安全网或其他防护措施。

(7) 浇筑拱形结构,应自两边拱脚处对称下料振捣,防止因受力不均匀产生模板倾倒。

(8) 凡现支模板浇筑混凝土时,应派专人监看承重支撑杆件,发现异常时,应立即停止浇筑撤离人员,采取措施处理。

3. 凿毛清理养护

(1) 混凝土手工凿毛,应先检查锤头柄安装是否牢固,作业人员应戴防护眼镜。

(2) 在较高垂直面上凿毛时,应搭设脚手架,严禁站在预埋件上作业,并拴好安全带;垂直面凿毛时,作业面不得重叠。

(3) 采用混凝土表面处理剂处理毛面时,作业人员应穿戴好工作服、口罩、乳胶手套和防护眼镜,并用低压水冲洗。

(4) 在高处作业时,使用工具应放到工具袋内。作业人员应做到双保险并派专人监护。

(5) 用风枪清理混凝土面时,应一人握紧风枪一人辅助,不得单人操作;作业人员应穿戴工作服、口罩和防护眼镜。

(6) 使用覆盖物养护混凝土时,对所有的沟、孔、井等必须按规定设牢固盖板或围栏,并设安全标志,不得随便挪动。

(7) 电热法养护作业时,应设警示标志、围栏,无关人员不得进入养护区域。

(8) 用软管洒水养护时,应将水管接头连接牢固,移动皮管不得猛拽,不应倒行拉移皮管,电器设备应做防护,不得将养护用水喷洒到电闸、灯泡等电气设备上。

(9) 蒸汽养护时,作业人员应注意脚下孔洞、磕绊物和防止烫伤。

(10) 化学养护剂养护作业时,喷涂人员应穿戴好工作服、口罩、乳胶手套和防护眼镜。

(11) 覆盖物养护材料使用完毕后,应及时清理并存放到指定地点,码放整齐。

4. 料台配料

(1) 在工作前,应检查所使用的工具是否牢固可靠。

(2) 工作前应校正磅秤,根据混凝土配料单定好磅秤。

(3) 使用机械推送砂石料时,应有专人指挥,卸料口应设相应的挡坎或警戒线。

(4) 地弄、料口、料斗、磅秤等发生故障时,应立即停止作业进行处理。

(5) 料口、称料口下料要匀速,防止猛下猛砸,非工作人员不得停留。

(6) 带式输送机运料作业时,应遵守带式输送机运行安全操作规程,并应经常清扫撒落的砂石料。

项目4 混凝土工程施工安全监控

(7) 应定期检查地垄、拌和机台架等建筑的结构稳定情况，发现问题及时处理。

5. 混凝土搅拌

(1) 拌和机工应熟悉并掌握搅拌机的构造、性能、安全操作方法和使用规程，持证上岗。

(2) 拌和机安装要牢固，机身要平稳，确保安全才能使用。

(3) 拌和机的齿轮及皮带盘等传动部分，应设置防护罩，电动机应接地良好。

(4) 作业前，应进行空车运转，检查拌和机的运转方向和各部件工作是否正常，检查操作部分是否灵活，并应加清水使拌和筒内壁湿润。

(5) 作业前，应检查传动离合器、制动器、气泵等是否灵活可靠，钢丝绳是否断丝受损。

(6) 在机械运转中，禁止用铁锹、木棒等物伸入拌和机内。

(7) 拌和机的运转部分，应定期加润滑油进行保养。

(8) 应经常检查拌和机的运行转数，是否和规定转数相符。

(9) 每次拌和量不得超过机械铭牌规定的允许范围。

(10) 作业结束后，应对拌和机进行清洗，然后切断电源。

子任务 4.3.10 拌和楼运转工安全技术要求

1. 计量员

(1) 配料时，工作人员应偏离下料斗一定距离，防止砾石伤人。如弧门卡牢，应从侧面捅料。处理骨料堵塞卡死时，禁止用手掏摸。

(2) 在衡量过程中发现问题，应立即与操作员取得联系。检修处理时，应切断电源。

(3) 使用电子秤计量时，其传感器螺纹吃力不得小于3牙，并拧紧螺帽。工作前，各衡量斗弧门应关闭严密。

(4) 不生产时，衡量斗中不得存料。处理积料，应通知操作员和拌和层工作人员。

2. 操作员

(1) 送电前应先与计量员和拌和机层工作人员取得联系，合上电源后检查控制台及配电盘内各种电气装置动作是否正常，发现故障电工应立即处理。

(2) 在确认机电设备处于正常状态后，发出开车信号与各层联系，在接到允许开车的回复信号后，方可依次启动。

(3) 操作员应注意观察各部位情况，若发现误配、超秤、欠秤或其他事故，应立即停止配料或卸料，处理完毕后方可继续操作。

(4) 无特殊情况不得停车。处理故障时，应先切断电源。

3. 拌和机操作人员

(1) 啮合齿轮和搅拌筒跑道间不得夹有杂物。搅拌筒内应无存料和异物。

(2) 接操作员开机信号后，应立即离开搅拌筒至安全位置。发现故障即与操作台取得联系，正常情况均由操作员停车，特殊情况才可用安全开关停车。

(3) 分料机构（如旋转料斗、叉管、伸缩套筒等）应畅通，检修孔平时必须密封。

(4) 下料斗上部走道上的外溢积料，应及时清理。

(5) 检查搅拌筒内混凝土质量或取样时，应与操作员取得联系，检查时应站在搅拌筒倾倒位置的两侧，严禁将头、手伸进筒内。

(6) 清理、保养及处理故障时，应与操作台取得联系，并切断相应部位的电源、气路，固定好搅拌筒位置。进入筒内时，外面应有人监护。

4. 出料员

(1) 生产前应全面检查出料层设备是否完好。集料斗应关闭，斗下严禁站人。

(2) 在确认运输混凝土的吊罐、汽车等对准下料口后，方可发出信号卸放混凝土。

(3) 混凝土在集料斗内起拱时，不得将头、手倒转向上捅料。清除余料应发出信号，并应招呼来往行人、车辆。

子任务 4.3.11 塔（顶）带机运转工安全技术要求

1. 一般要求

(1) 塔顶带机的运行、操作与维修人员，应身体健康，具备高空作业条件；应熟悉并掌握塔（顶）带机的构造、性能、安全操作方法、保养规程和起重作业信号规则后，持证上岗。

(2) 报话指挥人员，应熟悉起重安全知识和混凝土浇筑、布料的基本知识。应做到指挥果断，吐词清晰，语言规范。

(3) 供料线运行人员应遵守每班的例行检查和巡检制度，发现问题应立即与塔机、MCC 柜操作人员及时联系，采取有效措施处理。如遇重大问题应及时上报，确保供料线的正常运行。

(4) MCC 盘柜操作人员操作时应做到认真、仔细、精力集中，并密切观察计量皮带的运行情况，检查皮带是否运行自如无阻碍，驱动链条是否正确润滑并拉紧。

(5) 机上应配备相应的灭火器材，灭火器材管理应遵守消防部门的规定，工作人员应会正确使用消防器材。当发现火情时，应立即切断电源，用适当的灭火器材灭火。

(6) 机上禁止使用明火。检修须焊、割时，周围应无可燃物，并有专人监护。

(7) 顶带机运行时，保持与相邻机械设备、建筑物及其他设施之间的安全距离，司机应谨慎操作。

(8) 当作业区的风速达 14m/s 左右，或大雾、大雪、雷雨时，应暂停布料和起重作业，并将皮带机上混凝土卸空，并应将大臂和皮带机转至顺风方向，把外布料机置于丫架上。

(9) 依照维护保养周期表，应做好定期润滑、清理、检查及调试工作。

(10) 不应在运转过程中，对各转动部位进行检修或清理工作。

(11) 顶带机在塔机工况下进行起重作业时，应严格遵守"十不吊"的安全操作规程。

(12) 塔（顶）带机运转工应遵守交接班制度，做好"五交""三查"工作。

2. 工作前

(1) 检查传感器、编码器、行程限位开关是否清洁、干燥，装置是否完好有效。

(2) 打开"总停止"开关，按下"启动"按钮，检查塔机状态显示后，按下"总停止"开关，确认正常有效。

(3) 检查皮带机悬挂（放置）就位，并检查其是否可靠、平稳。
(4) 检查各种信号、照明和通信装置应完好。
(5) 检查皮带是否有开胶、断裂现象，皮带应清洁，皮带上无遗留工具和其他杂物。
(6) 皮带机驱动装置、液压张紧装置、液压调平系统、电子导管系统应清洁、完好。油位正常、无漏油现象。
(7) 皮带机转料处挡板、围裙应完好。刮刀装置及刀面完好清洁，压力适度。
(8) 事故拉线开关应全部复位。
(9) 空载试运转各机构数分钟，检查其转动、制动是否正常可靠。

3．起重工作状态下

(1) 作业时，加、减速应平稳，避免操作过猛发生停机保护而造成设备剧烈晃动。
(2) 塔机起升、回转、变幅联动时，应注意观察各方面的情况。
(3) 塔机回转时应避免使用回转制动按钮使回转急停。禁止反向制动。
(4) 司机应随时注意各机构动作情况，如发现有钢丝绳跳槽、串动以及机构震颤、不正常的晃动等异常现象时，应停机查明原因，排除故障。
(5) 起吊重量较大接近安全起重量时，应先将重物提离地面约 10cm，略作停留，检验制动器效能后，方可继续操作。
(6) 运行中不得用安全保护装置来达到停车的目的。不得用过载保护装置检测物件能否起吊。
(7) 司机操作时应由专人进行指挥，严禁多人指挥。应使用规范的作业信号。
(8) 遇紧急情况，需立即停车时，可按下紧急停机按钮。

4．浇筑工作状态下

(1) 皮带机在定位过程中，司机应考虑其特点，操作要细心、平稳，以防产生较大晃动。
(2) 运行中，运行人员必须集中精力，坚守岗位。要经常沿线巡视，注意各部位运转声音、振动、温升、油位、油压、电气系统通风、散热及接触等情况。发现皮带跑偏、打滑、绷跳及其他异常情况时，要停机及时排除，使其恢复正常。
(3) 严禁乘坐皮带或在皮带上躺、卧、走。不得在运行时跨越无防护装置的皮带。
(4) 应用高压水冲洗清扫器、托棍及机架上的混凝土。禁止在运行时用铁锹、三角扒等硬物进行清理。
(5) 浇筑结束后，应及时对输送系统进行清洗、保养、检修。检修时应将紧急停机拉线开关拉下。高空作业时，应使用安全带。
(6) 出现故障停机，可以用手动方式将皮带机上的混凝土卸载。

5．工作结束

(1) 提起吊钩靠近起升上限位，禁止在吊钩上留荷载。
(2) 将小车开至靠近变幅内限位处。
(3) 将臂架回转到允许停放的安全位置。
(4) 按下"总停止"开关，确认塔机停止。
(5) 遇大风天气，将臂架顺风停放，按下风标按钮，松开回转制动器。

(6) 将外布料机停放在专用支架上,搁置点应与吊点一致,严禁随意放置。停放时,外布料机应基本保持水平。

(7) 皮带机停放后应及时清理。

(8) 做好运行保养记录和交接班工作。

子任务 4.3.12　混凝土喷射工安全技术要求

1. 一般要求

(1) 喷射混凝土和加速凝剂的作业人员,应穿戴工作服、防尘口罩和必要的防护用品,才可进行操作。

(2) 喷射混凝土的机械设备,应安设在基础牢固、岩石稳定或已有支护的安全地点。

(3) 喷射混凝土的工作面应有足够的照明设备。

(4) 操作人员在操作前应仔细检查各机件、电气设备是否完好。

(5) 喷射边墙和顶拱使用的台架,应严实坚固,木板厚度不得小于5cm,不得有悬空探头板。

(6) 喷射混凝土地段的松动岩石。应撬挖干净,在进行撬挖时,在工作区域应做好安全警戒工作。

(7) 喷射混凝土的现场前后,应按规定的专门联系信号进行工作。

(8) 喷射混凝土时,应互相协作,加强联系,保持各环节的正常运行。

(9) 对喷射作业面,应采取综合性防尘措施降低空气中的含尘量,使粉尘浓度达到或接近国家规定的标准。

(10) 使用带式输送机或机动车辆运输水泥、骨料或干混凝土时,应遵守带式输送机或机动车辆的安全技术操作规程。

2. 强制式混凝土拌和机操作人员

强制式混凝土拌和机操作人员,除遵守普通混凝土拌和机的安全技术操作规程外,还应遵守以下规定。

(1) 工作时,进料坑及进料槽钢导轨上,不得站人或放其他物件。

(2) 牵引时,进料斗除锁住滚轮外,还应用安全钩扣住。

(3) 出料门的启闭操作全系手动,操作中运行人员的手不可离开手柄,人也不要站在手柄甩动的半径内,以免手柄受到冲击,突然弹开伤人。

(4) 当出料门关闭后,应用箱盖上的安全钩将手柄钩牢,方可进行下一盘混凝土的搅拌。

(5) 非工作时,进料斗应提高到适当的高度,用销钩将料斗滚轮锁住。

3. 混凝土喷射作业

(1) 工作前,应先检查喷射机各部件管路和喷嘴是否完好,有无堵塞、漏气。

(2) 工作时,应先开进气阀,待压力上升到98~196kPa时,再开电机。不得先开电机,以免接合板损坏。

(3) 旋转体与固定机座结合要紧密,如运转中接合板磨损出槽,深度大于2mm,应及时更换。

（4）旋转孔发生堵塞，不应用榔头敲打旋转体；不得用风钻清除旋转孔，应停机拆除检修。

（5）联轴节的瓦楞形夹盘中两旁所放的钢珠，不得任意增加，以免电机损坏。

（6）风水稳压阀，不得任意拆卸和调整。

（7）风水箱应在允许的压力下工作，排气时不应对着人，应保护玻璃指示管，以防爆炸伤人。

（8）作业前应检查喷射机、水箱、稳压阀和油水分离器上的压力表和安全阀，应灵敏可靠。

（9）喷射机的喂料筛网，不得任意取下，严禁用手或棍棒伸入喂料口。

（10）工作完毕后，应先停止供料，待机器中余料喷完后，依次停风停水，机件拆除清洗干净。

（11）喷射混凝土的风压，应根据输送距离确定，不大于392kPa。喷头出料中断，应立即停机。排除故障时，不得把喷嘴对人。

（12）每次喷射厚度不应太厚，以免塌落伤人。

（13）喷射时，应一人握紧喷枪一人辅助，不得单人操作；喷嘴应保持与喷砌面垂直，距离为1~1.5m。

（14）喷射机的电动机工作温度应低于50℃。

（15）喷射料以50~70m/s高速喷出，喷嘴不得对向人，喷射区不得有人。

（16）喷射平台距喷射机的间距小于10m时，喷射机周围应采取防护措施。

（17）喷射作业区域应设专人监护做好安全警戒，在喷射作业结束前不得有行人、车辆通过。

子任务4.3.13　沥青混凝土安全技术要求

4.3.13.1　制备

1. 沥青的运输

（1）块状沥青搬运宜在夜间和阴天进行，应避免炎热季节。搬运时宜采用小型机械装卸，不宜用手直接装运。

（2）液态沥青宜采用液态沥青车运送，应遵守下列规定：

1）用泵抽送热沥青进出油罐时，工作人员应避让。

2）向储油罐注入沥青时，当浮标指标达到允许最大容量时，应及时停止注入。

3）满载运行时，遇有弯道、下坡时应提前减速，避免紧急制动。油罐装载不满应始终保持中速行驶。

（3）采用吊耳吊装桶装沥青时，应遵守下列规定：

1）吊装作业应有专人指挥。沥青桶的吊索应绑扎牢固。

2）吊起的沥青桶不得从运输车辆的驾驶室上空越过，并应稍高于车厢板，以防碰撞。

3）吊臂旋转半径范围内不得站人。

4）沥青桶未稳妥落地前，不得卸、取吊绳。

（4）人工装卸桶装沥青时，应遵守下列规定：

1）运输车辆应停放在平坡地段,并拉上手闸。
2）跳板应有足够的强度,坡度不应过陡。
3）放倒的沥青桶经跳板向上（下）滚动装（卸）车时,应在露出跳板两侧的铁桶上各套一根绳索,收放绳索时要缓慢,并应两端同步上下。
4）人工运送液态沥青,装油量不得超过容器的 2/3,不得采用锡焊桶装运沥青,并不得两人抬运热沥青。

2. 沥青的储存

（1）沥青应储存于库房或者料棚内,露天堆放时,应放在阴凉、干净、干燥处,并应搭设席棚或者用帆布遮盖,以免雨水、阳光直接淋晒而影响环保,并应防止砂、石、土等杂物混入。

（2）储存处应远离火源,应与其他易燃物、可燃物、强氧化剂隔离保管,储存处严禁吸烟。

（3）储存沥青的仓库或者料棚以及露天存放处,应有防火设施。防火设备应采用泡沫灭火器、四氯化碳灭火机或砂土等,不得用水喷洒,以免热液流散而扩大火灾范围。

（4）桶装沥青应立放稳妥,以免流失影响环保。

3. 沥青、骨（填）料加热及拌制系统布置

（1）应布置在人员较少、场地空旷的地,产量较大的拌合设备,应设置防尘设施。

（2）宜布置在工程爆破危险区之外,远离易燃品仓库,不受洪水威胁,排水条件良好。

（3）尽可能设在坝区的下风处,以保护坝区的环境卫生。

（4）远离生活区,以利于防火及环境卫生。

4. 沥青的预热

（1）蒸汽加温沥青时,蒸汽管道应连接牢固,妥善保护,在人员易触及的部位,应用保温材料包扎。锅炉运行应遵守锅炉的相关安全规定。

（2）太阳能油池上面的工作梯应具有防滑措施,非作业人员不得攀爬。

（3）远红外加热沥青,应遵守下列规定：

1）使用前应检查机电设备和短路过载保护装置是否良好,电气设备有无接地,确认符合要求后方可合闸作业。

2）沥青油泵应进行预热,当用手能转动联轴器时,方可起动油泵送油。输油完毕后应将电机反转,使管道中余油流回锅内,并应立即用柴油清洗沥青泵及管道。清洗前应关闭有关阀门,防止柴油流入油锅。

（4）导热油加热沥青,应遵守下列规定：

1）加热炉使用前应进行耐压试验,试验压力应不低于额定工作压力的 2 倍。

2）应全面检查加热炉及设备,各种仪表应齐全完好。泵、阀门、循环系统和安全附件应符合技术要求,超压、超温报警系统应灵敏、可靠。

3）应经常检查循环系统有无渗漏、振动和异声,定期检查膨胀箱的液面是否超过规定,自控系统的灵敏性和可靠性是否符合要求,并应定期清除炉管及除尘器内的积灰。

4）导热油的管道应有防护设施。

5. 明火熬制沥青应遵守的规定

(1) 锅灶设置：

1) 支搭的沥青锅灶，应距建筑物至少 30m，距电线垂直下方在 10m 以上。周围不得有易燃易爆物品，并应备用锅盖、灭火器等防火用具。

2) 油锅上方搭设的防雨棚，不得使用易燃材料。

3) 沥青锅的前沿（有人操作的一面）应高出后沿 10cm 以上，并高出地面 0.8～1.0m。

4) 舀、盛热沥青的勺、桶、壶等不得锡焊。

(2) 沥青预热：

1) 打开沥青桶上大小盖。当只有一个桶盖时，应在其相对方向另开一孔，以便通气出油。桶内如有积水应先予排除。

2) 操作人员应注意沥青突然喷出，如发现沥青从桶的砂眼中喷出，应在桶外的侧面，铲以湿泥涂封，不得用手直接涂封。

3) 烤油中如发现沥青桶口堵塞时，操作人员应站在侧面用热铁棍疏通。

4) 烤油时必须用微火，不得用大火猛烤。

5) 卧桶烤油的油槽应搭设牢固。流向储油锅的通道要畅通。

(3) 沥青熬制：

1) 油锅内不得有水和杂物，沥青投入量不得超过油锅容积的 2/3，块状沥青应改小并装在铁丝瓢内下锅。不得直接向锅内抛掷，不得烈火加热空锅时加入沥青。

2) 预热后的沥青宜用溜槽流下油锅；如用油桶直接倒入油锅时，桶口应尽量放低，防止被热沥青溅伤。

3) 在熬制沥青时，如发现油锅漏油，应立即熄灭炉火。

4) 舀油时应用长柄勺，并要经常检查其连接是否牢固。

5) 油料脱水应缓慢加热，经常搅动，不得猛火导致沥青溢锅；如发现有漫油迹象时，应立即熄灭炉火。

6) 熬油工应随时掌握油温变化情况，当白色烟转为红、黄色烟时，应立即熄灭炉火。

7) 熬油现场临时堆放的沥青及燃料不应过多，堆放位置距沥青锅炉应在 5m 以外。

6. 骨（填）料加热、筛分及储存

(1) 骨料的烘干、加热应采用内热式加热滚筒进行，不得用手触摸运行中的加热滚筒及其驱动导轮。

(2) 加热后的骨料温度高约 200℃，进行二次筛分时，作业人员应采取防高温、防烫伤的安全措施；卸料口处应加装挡板，以免骨料溅出。

(3) 填料采用红外线加热器进行加热时，使用前应检查机电设备和短路过载保安装置是否良好，电气设备有无接地，确认符合要求后方可合闸作业。

(4) 骨（填）料储存仓周围应安装保温隔热材料，仓顶应安装防护栏杆、警示牌等安全设施。

7. 沥青混合料拌和设备操作

(1) 作业前，热料提升斗、搅拌器及各种称斗内不得有存料。

(2) 配有湿式除尘系统的拌和设备其除尘系统的水泵应完好，并保证喷水量稳定且不中断。

（3）卸料斗处于地下底坑时，应防止坑内积水淹没电器元件。

（4）拌和机启机、停机，应按规定程序进行。点火失效时，应及时关闭喷燃器油门，待充分通风后再行点火。需要调整点火时，应先切断高压电源。

（5）液化气点火时，应有减压阀及压力表。燃烧器点燃后，应关闭总阀门。

（6）连续式拌和设备的燃烧器熄火时应立即停止喷射沥青。当烘干拌和筒着火时，应立即关闭燃烧器鼓风机及排风机，停止供给沥青，再用含水量高的细骨料投入烘干拌和筒，并应在外部卸料口用干粉或泡沫灭火器进行灭火。

（7）关机后应清除皮带上、各供料斗及除尘装置内外的残余积物，并清洗沥青管道。

8. 机械拌制

（1）沥青混合料拌和站的各种机电（包括使用微电脑控制进料的）设备，在运转前均应由机械工、电工、电脑操作人员进行详细检查，确认正常完好后才能合闸运转。

（2）机组投入正常运转后，各部门、各工种都要随时监视各部位运转情况，不得擅离岗位。

（3）运转过程中，如发现有异常情况，应报告机长，并及时排除故障。停机前应首先停止进料，等各部位（拌鼓、烘干筒等）卸完料后，才可提前停机。再次起动时，不得带负荷起动。

（4）运转中人员不得靠近各种运转机构。

（5）搅拌机运行中，不得使用工具伸入滚筒内掏挖或清理。需要清理时应停机。如需人员进入搅拌鼓内工作时，鼓外要有人监护。

（6）料斗升起时，不得有人在斗下工作或通过。检查料斗时应将保险链挂好。

（7）拌和站机械设备应经常检查的部位应设置爬梯。采用皮带机上料时储料仓应加防护设施。

4.3.13.2 面板施工

1. 乳化（稀释）沥青加工

（1）乳化沥青可用齿轮泵匀化机或胶体磨在现场生产，应遵守齿轮泵匀化机或胶体磨的安全技术操作规定。

（2）配制稀释沥青，当采用慢挥发性溶剂时，应将溶剂以细流状缓缓加入熔化的沥青中，以免沥青溅出。

（3）当采用易挥发性溶剂时，宜将熔化的沥青以细流状缓缓加入溶剂中，沥青温度控制在100℃左右，防止溅出伤人，并应特别注意防火。

2. 沥青洒布机作业

（1）工作前应将洒布机车轮固定，检查高压胶管与喷油管连接是否牢固，油嘴和节门是否畅通，机件有无损坏。检查确认完好后，再将喷油管预热，安装喷头，经过在油箱内试喷后，方可正式喷洒。

（2）装载热沥青的油桶应坚固不得漏油，其装油量应低于桶口10cm。向洒布机油箱注油时，油桶应靠稳，在油箱口缓慢向下倒油，不得猛倒。

（3）喷洒沥青时，手握的喷油管部分应加缠旧麻袋或石棉绳等隔热材料。操作时，喷头严禁向上。喷头附近不得站人,不得逆风操作。

(4) 压油时,速度应均匀,不得突然加快。喷油中断时,应将喷头放在洒布机油箱内,固定好喷管,不得滑动。

(5) 移动洒布机,油箱中的沥青不得过满。

(6) 喷洒沥青时,如发现喷头堵塞或其他故障,应立即关闭阀门,等修理完好后再行作业。

3. 沥青混凝土运输

(1) 采用自卸汽车运输时,大箱卸料口应加挡板(运输时挡板应拴牢),顶部应盖防雨布;运输道路应满足施工组织设计的要求;在社会公共道路上行驶时,驾驶员应严格遵守《中华人民共和国道路交通安全法》和有关规定,车辆不得超载、超速、酒后及疲劳驾驶,驾驶员应熟悉运行区域内的工作环境。

(2) 在斜坡上的运输,宜采用专用斜坡喂料车;当斜坡长度较短或者工程规模较小时,可由摊铺机直接运料;或者用缆索等机械运输。但均应遵守相应机械设备的安全技术规定。

(3) 少量部位采用人工运料时,应穿防滑鞋,坡面应设防滑梯。

(4) 斜坡上沥青混凝土面板施工应设置安全绳或其他防滑措施。施工机械由坝顶下放至斜坡时,应有安全措施,并建立安全制度。对牵引机械(可移式卷扬台车、卷扬机等)和钢丝绳、刹车等,应经常检查、维修。卷扬机应锚碇牢靠,以防止倾翻。

4. 沥青混合料摊铺机作业

(1) 应自下至上进行摊铺。

(2) 驾驶台及作业现场应视野开阔,清除一切有碍工作的障碍物。作业时无关人员不得在驾驶台上逗留。驾驶员不得擅离岗位。

(3) 运料车向摊铺机卸料时,应协调动作,同步行进,防止互撞。

(4) 换挡应在摊铺机完全停止时进行,不得强行挂挡和在坡道上换挡或空挡滑行。

(5) 熨平板预热时,应控制热量,防止因局部过热而变形。加热过程中,应有专人看管。

(6) 驾驶力求平稳,熨平装置的端头与障碍物边缘的间距不得小于10cm,以免发生碰撞。

(7) 用柴油清洗摊铺机时,不得接近明火。

5. 沥青混凝土碾压

(1) 不得在振动碾没有熄火、下无支垫三角木的情况下,进行机下检修。

(2) 振动碾应停放在平坦、坚实并对交通及施工作业无妨碍的地方。停放在坡道上时,前后轮应置垫三角木。

(3) 振动碾前后轮的刮板,应保持平整良好。碾轮刷油或洒水的人员应与司机密切配合,应跟在碾轮行走的后方。

(4) 多台振动碾同时在一个工作面作业时,前后左右应保持一定的安全距离,以免发生碰撞。

(5) 振动碾碾压时,应上行时振时,下行时不得振动。

4.3.13.3 心墙施工

(1) 沥青混凝土防渗墙施工系高温作业,应注意安全,应建立安全组织,制定安全制度,进行安全教育,经常进行安全检查,采取有效措施防止事故发生。

(2) 沥青混凝土制备场所,应有除尘、防污、防火、防爆措施,并配备必要的消防器材。

(3) 心墙钢模宜应采用机械拆模,采用人工拆除时,作业人员应有防高温、防烫伤、防毒气的安全防护措施。钢模拆除出后应将表面黏附物清除干净,用柴油清洗时,不得接近明火。

(4) 边角部位人工运料摊铺时,应穿防滑鞋。

(5) 沥青混凝土夏季施工应采取防暑降温措施,合理安排作业时间。

(6) 工地应配备医务人员和保健药品。

(7) 摊铺:

1) 沥青混合料宜采用汽车配保温料罐运输,由起重机吊运卸入模板内或者由摊铺机自身的起重机吊运卸入摊铺机内。

2) 由起重机吊运卸入模板内的沥青混凝土,应由人工摊铺整平,应有防高温、防烫伤措施。

3) 在已压实的心墙上继续铺筑前,应采用压缩空气喷吹清除(风压0.3~0.4MPa)清理干净结合面时,应严格遵守空压机的安全技术规定。如喷吹不能完全清除,可用红外线加热器烘烤黏污面,使其软化后铲除。应遵守红外线加热器的安全技术规定。

4) 沥青混凝土表面温度低于70℃时,采用红外线加热器加热,应遵守红外线加热器的安全技术规定。采用火滚或烙铁加热时,应使用绝热或隔热手把操作,并应戴手套以防烫伤,不得在火滚滚筒上面踩踏。滚筒内的炉灰不得外泄,工作完毕炉灰应用水浇灭后运往弃渣场。

(8) 碾压:

1) 机械由坝顶下放至斜坡时,应有安全措施,并建立安全制度。对牵引机械和钢丝绳刹车等,应经常检查、维修。

2) 各种施工机械和电器设备,均应按有关安全操作规程操作和养护维修。

4.3.13.4 其他施工

1. 现浇沥青混凝土施工

(1) 现浇筑式沥青混凝土的浇筑宜采用钢模板施工,模板的制作与架设应牢固、可靠。

(2) 应采用汽车配保温料罐运输沥青混凝土,由起重机吊运卸入模板内。应严格按照保温料罐入仓和起重机吊运的安全技术规定进行操作。

(3) 浇筑式沥青混凝土的浇筑温度应控制在140~160℃。应由低到高依次浇筑,边浇筑边采用插针式捣固器捣实。仓内作业人员应有"三防"措施。

2. 沥青混凝土路面施工

(1) 沥青洒布车作业:

1) 检查机械、洒布装置及防护、防火设备是否齐全有效。

2) 采用固定式喷灯向沥青箱的火管加热时，应先打开沥青箱上的烟囱口，并在液态沥青淹没火管后，方可点燃喷灯。加热喷灯的火焰过大或扩散蔓延时应立即关闭喷灯，待多余的燃油烧尽后再行使用。喷灯使用前，应先封闭吸油管及进料口，手提喷灯点燃后不得接近易燃品。

3) 满载沥青的洒布车应中速行驶。遇有弯道、下坡时应提前减速，避免紧急制动。行驶时不得使用加热系统。

4) 驾驶员与机上操作人员应密切配合，操作人员应注意自身的安全。作业时在喷洒沥青方向10m以内不得有人停留。

(2) 沥青洒布机作业应参照面板施工中的有关规定执行。

(3) 摊铺机作业应参照面板施工中的有关规定执行。

(4) 振动碾压应参照面板施工中的有关规定执行。

3. 房屋建筑沥青施工

(1) 房屋建筑屋面板的沥青混凝土施工，属于高空作业，应遵守高处作业的规定。

(2) 高处作业，屋面的边沿和预留孔洞，应进行安全防护。

(3) 屋面板沥青混凝土采用人工摊铺、刮平，用火滚滚压时，作业人员应使用绝热或隔热手把进行操作，并戴好手套、口罩，穿好防护衣、防护鞋。

(4) 在坡度较大的屋面运油，应穿防滑鞋，设置防滑梯清扫屋面上的砂粒。油桶下设桶垫，应放置平稳。

(5) 运输设备及工具应牢固，竖直提升时，平台的周边应有防护栏杆。提升时应拉牵引绳，防止油桶晃动，吊运时油桶下方10m半径范围内严禁站人。

(6) 配置、储存和涂刷冷底子油的地点严禁烟火，严禁30m以内进行电焊、气焊等明火作业。

子任务4.3.14 沥青工安全技术要求

(1) 施工现场和配料场地应通风良好，操作人员，应穿工作服、扎紧袖口，并应戴手套及鞋盖等。必要时，应戴防毒口罩和防护眼镜，外露皮肤应涂刷防护膏。操作时，不得用手直接揉擦皮肤。

(2) 凡患皮肤病、眼疾、结核病及刺激过敏的人，不得从事沥青工作，施工过程中发生恶心、头晕、过敏等应停止作业。

(3) 熬沥青的作业人员，中途应适当休息，呼吸新鲜空气，以防中毒。

(4) 熬沥青的炉灶应设在离开建筑物和易燃物20m以外的避风处，上方不得有电线，地下5m内不得有电缆，并在附近备有足够的砂子、铁锹、灭火器等消防设备。沥青锅应有防雨棚。

(5) 使用铁桶熬沥青时，桶上部应开排气孔，桶口前设挡板防止熔热沥青喷出烧伤人，熬时温度不宜过高，并应随时检查排气孔是否畅通。

(6) 盛装沥青时，锅、桶内盛量不得超过容量的2/3。

(7) 运输熔热的沥青，应当使用桶装，然后用盖盖紧，装量不超过桶高的3/4。人工抬运沥青，道路应畅通无阻，防止摔倒，行走步调一致，放置平稳。

（8）熬炒沥青时，火不能过急、过大，火苗不能外拓，要派专人看守，不准擅自离开工作岗位。下班或工作完成后，应将火彻底熄灭，方可离开。

（9）开煮、蘸沥青方木或板条时，严禁将方木或板条乱往沥青里扔。操作员精神要集中，相互协调。

（10）使用汽油喷灯涂刷沥青时，严禁将油洒在易燃物上，并应特别注意防火。

（11）人工涂刷沥青（堵沥青缝、刷沥青伸缩缝）应备有冷水管，并戴上手套口罩。

（12）熬制沥青人员，不准加点加班。

（13）不准用薄铁皮或劣质铁锅熬沥青。

（14）熬沥青场所，应有一支温度计，严格控制沥青的温度。

（15）在向熔化的沥青内掺对汽油、苯等易燃液体时，要离开锅灶和其他火源至少10m。

（16）装卸、搬运沥青或含有沥青的制品，应使用工具（如货车、手推车）或机械，装卸、搬运的全部过程中，如有散漏粉末的情况，必须洒水湿润。

（17）凡装卸过沥青及含有沥青制品的车辆（专用车辆除外）、船舱，均应施以彻底的清扫与刷洗。

（18）施工现场在临时存放、运输、使用、处置沥青过程中，应有防扬散、防流失、防渗漏或者其他防止污染环境的措施。

子任务 4.3.15　季节性施工安全技术

1. 冬期施工生产基本规定

（1）车间气温低于 5℃时，应有取暖设备。

（2）施工道路、铁路、码头、港口等，应加强维护，采取防滑措施。冰霜、雪后，脚手架、脚手板、跳板等应清除积雪或采取防滑措施。

（3）各种机电设备、仪表，应存放在专用的保温库房，温度应在 5℃以上。

（4）爆炸物品库房，应保持一定的温度，防止炸药冻结，严禁用火烤冻结的炸药。

（5）各种运转机械的润滑，必须使用防冻润滑油。

（6）水冷机械、车辆等停机后，必须将水箱中的水全部放净或加适当的防冻液。

（7）室内采用煤、木材、木炭、液化气等取暖时，应符合防火要求，并注意防止一氧化碳中毒。火墙、烟道应畅通，防止突爆事故，禁止直接燃烧取暖。

（8）进行气焊作业时，应经常检查回火安全装置、胶管、减压阀，以防冻结。如冻结严禁火烤，应用温水或蒸汽解冻。

2. 混凝土冬期施工

（1）进行蒸汽法施工时，应有防护烫伤措施，所有管路应有防冻措施。

（2）对分段浇筑的混凝土进行电气加热时，其未浇筑混凝土的钢筋与已加热部分相联系时应做接地处理，进行养护浇水时必须切断电源。

（3）采用电热法施工，必须指定电工参加操作，非有关人员严禁在电热区操作。工作人员应戴绝缘防护用品。

(4) 电热法加热，现场周围均应设立有警示标志和防护栏杆，并有良好照明及信号。加热的线路要保证绝缘良好。

(5) 如采用暖棚法时，暖棚必须经过设计应采用不易或难燃烧材料搭设。制定严格的防火制度，配备相应的消防器材，并加强防火安全检查。

3. 严寒地区春季解冻

(1) 对各种设备、设施及危险施工部位应进行全面检查，以防春融解冻发生坍塌。

(2) 江河开冻期间要预防冰凌堵塞冲坏涵洞桥梁等。

(3) 清除施工现场内冰雪、污物，维护好交通道路。

4. 夏季施工

(1) 夏季露天作业应搭设休息凉棚，供应符合卫生条件的清凉饮料。当温度高于35℃以上时，施工生产应避开高温时间或采取通风防暑降温措施。

(2) 夏季施工应采取防雨、排水、防止地基沉陷、边坡坍塌、泥石流和防雷击等措施。

(3) 沿海地带施工应制定预防台风侵袭的应急预案。

任务 4.4　混凝土施工机械安全操作

【学习目标】

知识目标：能说出各类混凝土施工机械的安全操作技术要求。

能力目标：能进行混凝土施工机械的安全作业控制。

子任务 4.4.1　混凝土搅拌设备操作安全技术

1. 混凝土搅拌机

(1) 固定式搅拌机应安装在牢固的台座上。当长期固定时，应埋置地脚螺栓；在短期使用时，应在机座上铺设木枕并找平放稳。

(2) 固定式搅拌机的操纵台，应使操作人员能看到各部工作情况。电动搅拌机的操纵台，应垫上橡胶板或干燥木板。

(3) 移动式搅拌机的停放位置应选择平整坚实的场地，周围应有良好的排水沟渠。就位后，应放下支腿将机架顶起达到水平位置，使轮胎离地。当使用期较长时，应将轮胎卸下妥善保管，轮轴端部用油布包扎好，并用枕木将机架垫起支牢。

(4) 对需设置上料斗地坑的搅拌机，其坑口周围应垫高夯实，应防止地面水流入坑内。上料轨道架的底端支承面应夯实或铺砖，轨道架的后面应采用木料加以支承，应防止作业时轨道变形。

(5) 料斗放到最低位置时，在料斗与地面之间，应加一层缓冲垫木。

(6) 作业前重点检查项目应符合下列要求：

1) 电源电压升降幅度不超过额定值的 5%。

2) 电动机和电器元件的接线牢固，保护接零或接地电阻符合规定。

3) 各传动机构、工作装置、制动器等均紧固可靠，开式齿轮、皮带轮等均有防护罩。

4) 齿轮箱的油质、油量应符合规定。

(7) 作业前，应先启动搅拌机空载运转。应确认搅拌筒或叶片旋转方向与筒体上箭头所示方向一致。对反转出料的搅拌机，应使搅拌筒正、反转运转数分钟，并应无冲击抖动现象和异常噪声。

(8) 作业前，应进行料斗提升试验，应观察并确认离合器、制动器灵活可靠。

(9) 应检查并校正供水系统的指示水量与实际水量的一致性；当误差超过2%时，应检查管路的漏水点，或应校正节流阀。

(10) 应检查骨料规格并应与搅拌机性能相符，超出许可范围的不得使用。

(11) 搅拌机启动后，应使搅拌筒达到正常转速后进行上料。上料时应及时加水。每次加入的拌合料不得超过搅拌机的额定容量并应减少物料黏罐现象，加料的次序应为：石子→水泥→砂子，或砂子→水泥→石子。

(12) 进料时，严禁将头或手伸入料斗与机架之间；运转中，严禁用手或工具伸入搅拌筒内扒料、出料。

(13) 搅拌机作业中，当料斗升起时，严禁任何人在料斗下停留或通过；当需要在料斗下检修或清理料坑时，应将料斗提升后用铁链或插入销锁住。

(14) 向搅拌筒内加料应在运转中进行，添加新料应先将搅拌筒内原有的混凝土全部卸出后方可进行。

(15) 作业中，应观察机械运转情况，当有异常或轴承温升过高等现象时，应停机检查；当需检修时，应将搅拌筒内的混凝土清除干净，然后再进行检修。

(16) 加入强制式搅拌机的骨料最大粒径不得超过允许值，并应防止卡料。每次搅拌时，加入搅拌筒的物料不应超过规定的进料容量。

(17) 应经常检查强制式搅拌机的搅拌叶片与搅拌筒底及侧壁的间隙，并确认符合规定，当间隙超过标准时，应及时调整。

(18) 作业后，应对搅拌机进行全面清理；当操作人员需进入筒内时，必须切断电源或卸下熔断器，锁好开关箱，挂上"禁止合闸"的标牌，并应有专人在旁监护。

(19) 作业后，应将料斗降落到坑底，当需升起时，应用链条或插销扣牢。

(20) 冬期作业后，应将水泵、放水开关、量水器中的积水排尽。

(21) 搅拌机在场内移动或远距离运输时，应将进料斗提升到上止点，用保险铁链或插销锁住。

2. 混凝土搅拌站

(1) 混凝土搅拌站的安装，应由专业人员按出厂说明书的规定进行，并应在技术人员主持下组织调试，在各项技术性能指标全部符合规定并经验收合格后，方可投产使用。

(2) 作业前检查项目应符合下列要求：

1) 搅拌筒内和各配套机构的传动、运动部位及仓门、斗门、轨道等均无异物卡住。

2) 各润滑油箱的油面高度符合规定。

3) 打开阀门，排放气路系统中气水分离器的过多积水，打开贮气筒排污旋塞放出油水混合物。

4) 提升斗或拉铲的钢丝绳安装、卷筒缠绕均正确，钢丝绳及滑轮符合规定，提升料斗及拉铲的制动器灵敏有效。

5) 各部螺栓已紧固，各进料、排料阀门无超限磨损，各输送带的张紧度适当，不跑偏。

6) 称量装置的所有控制和显示部分工作正常，其精度符合规定。

7) 各电气装置能有效控制机械动作，各接触点和动、静触头无明显损伤。

(3) 应按搅拌站的技术性能准备合格的砂、石骨料，粒径超出许可范围的不得使用。

(4) 机组各部分应逐步启动。启动后，各部件运转情况和各仪表指示情况应正常，油、气、水的压力应符合要求，方可开始作业。

(5) 作业过程中，在贮料区内和提升斗下，严禁人员进入。

(6) 搅拌筒启动前应盖好仓盖。机械运转中，严禁将手、脚伸入料斗或搅拌筒探摸。

(7) 当拉铲被障碍物卡死时，不得强行起拉，不得用拉铲起吊重物，在拉料过程中，不得进行回转操作。

(8) 搅拌机满载搅拌时不得停机，当发生故障或停电时，应立即切断电源，锁好开关箱，将搅拌筒内的混凝土清除干净，然后排除故障或等待电源恢复。

(9) 搅拌站各机械不得超载作业；应检查电动机的运转情况，当发现运转声音异常或温升过高时，应立即停机检查。

(10) 搅拌机停机前，应先卸载，然后按顺序关闭各部开关和管路。应将螺旋管内的水泥全部输送出来，管内不得残留任何物料。

(11) 作业后，应清理搅拌筒、出料门及出料斗，并用水冲洗，同时冲洗附加剂及其供给系统。称量系统的刀座、刀口应清洗干净，并应确保称量精度。

(12) 冰冻季节，应放尽水泵、附加剂泵、水箱及附加剂箱内的存水，并应起动水泵和附加剂泵运转 1~2min。

(13) 当搅拌站转移或停用时，应将水箱、附加剂箱、水泥、砂、石储存料斗及称量斗内的物料排净，并清洗干净。转移中，应将杠杆秤表头平衡砣及秤杆固定，传感器应卸载。

子任务 4.4.2　混凝土搅拌输送设备操作安全技术

(1) 混凝土搅拌输送车的燃油、润滑油、液压油、制动液、冷却水等应添加充足，质量应符合要求。

(2) 搅拌筒和滑槽的外观应无裂痕或损伤，滑槽止动器应无松弛和损坏，搅拌筒机架缓冲件应无裂痕或损伤，搅拌叶片磨损应正常。

(3) 应检查动力取出装置并确认无螺栓松动及轴承漏油等现象。

(4) 起动内燃机应进行预热运转，各仪表指示值正常，制动气压达到规定值，并应低速旋转搅拌筒 3~5min。确认一切正常后，方可装料。

(5) 搅拌运输时，混凝土的装载量不得超过额定容量。

(6) 搅拌输送车装料前，应先将搅拌筒反转，使筒内的积水和杂物排尽。

(7) 装料时，应将操纵杆放在"装料"位置，并调节搅拌筒转速，使进料顺利。

(8) 运输前，排料槽应锁止在"行驶"位置，不得自南摆动。

(9) 运输中，搅拌筒应低速旋转，但不得停转。运送混凝土的时间不得超过规定的时间。

(10) 搅拌筒由正转变为反转时，应先将操纵手柄放在中间位置，待搅拌筒停转后，再将操纵杆手柄放至反转位置。

(11) 行驶在不平路面或转弯处应降低车速至 15km/h 及以下，并暂停搅拌筒旋转。通过桥、洞、门等设施时，不得超过其限制高度及宽度。

(12) 搅拌装置连续运转时间不宜超过 8h。

(13) 水箱的水位应保持正常。冬季停车时，应将水箱和供水系统的积水放净。

(14) 用于搅拌混凝土时，应在搅拌筒内先加入总需水量 2/3 的水，然后再加入骨料和水泥，并按出厂说明书规定的转速和时间进行搅拌。

(15) 作业后，应先将内燃机熄火，然后对料槽、搅拌筒入口和托轮等处进行冲洗及清除混凝土结块。当需进入搅拌筒清除结块时，必须先取下内燃机电门钥匙，在筒外应设监护人员。

子任务 4.4.3 混凝土泵操作安全技术

(1) 混凝土泵应安放在平整、坚实的地面上，周围不得有障碍物，在放下支腿并调整后应使机身保持水平和稳定，轮胎应楔紧。

(2) 泵送管道的敷设应符合下列要求。

1) 水平泵送管道宜直线敷设。

2) 垂直泵送管道不得直接装接在泵的输出口上，应在垂直管前端加装长度不小于 20m 的水平管，并在水平管近泵处加装逆止阀。

3) 敷设向下倾斜的管道时，应在输出口上加装一段水平管，其长度不应小于倾斜管高低差的 5 倍。当倾斜度较大时，应在坡度上端装设排气活阀。

4) 泵送管道应有支承固定，在管道和固定物之间应设置木垫作缓冲。不得直接与钢筋或模板相连，管道与管道间应连接牢靠；管道接头和卡箍应扣牢密封，不得漏浆；不得将已磨损管道装在后端高压区。

5) 泵送管道敷设后，应进行耐压试验。

(3) 砂石粒径、水泥强度等级及配合比应按出厂规定，满足泵机可泵性的要求。

(4) 作业前应检查并确认泵机各部螺栓紧固，防护装置齐全可靠，各部位操纵开关、调整手柄、手轮、控制杆、旋塞等均在正确位置；液压系统正常无泄漏，液压油符合规定；搅拌斗内无杂物，上方的保护格网完好无损并盖严。

(5) 输送管道的管壁厚度应与泵送压力匹配，近泵处应选用优质管子。管道接头、密封圈及弯头等应完好无损。

(6) 应配备清洗管、清洗用品、接球器及有关装置。开泵前，无关人员应离开管道周围。

(7) 启动后，应空载运转，观察各仪表的指示值，检查泵和搅拌装置的运转情况，确认一切正常后，方可作业。泵送前应向料斗加入 10L 清水和 0.3m³ 的水泥砂浆，润滑泵及管道。

(8) 泵送作业中，料斗中的混凝土平面应保持在搅拌轴轴线以上。料斗格网上不得堆满混凝土，应控制供料流量，及时清除超粒径的骨料及异物，不得随意移动格网。

（9）当进入料斗的混凝土有离析现象时应停泵，待搅拌均匀后再泵送。当骨料分离严重，料斗内灰浆明显不足时，应剔除部分骨料，另加砂浆重新搅拌。

（10）泵送混凝土应连续作业，当因供料中断被迫暂停时，停机时间不得超过30min；暂停时间内应每隔5～10min（冬期3～5min）做2～3个冲程反泵-正泵运动，再次投料泵送前应先将料搅拌；当停泵时间超限时，应排空管道。

（11）垂直向上泵送中断后再次泵送时，应先进行反向推送，使分配阀内的混凝土吸回料斗，经搅拌后再正向泵送。

（12）泵机运转时，严禁将手或铁锹伸入料斗或用手抓握分配阀。当需在料斗或分配阀上工作时，应先关闭电动机和消除蓄能器压力。

（13）不得随意调整液压系统压力。当油温超过70℃时，应停止泵送，但仍应使搅拌叶片和风机运转，待降温后再继续运行。

（14）水箱内应贮满清水，当水质混浊并有较多砂粒时，应及时检查处理。

（15）泵送时，不得开启任何输送管道和液压管道；不得调整、修理正在运转的部件。

（16）作业中，应对泵送设备和管路进行观察，发现隐患应及时处理。对磨损超过规定的管子、卡箍、密封圈等应及时更换。

（17）应防止管道堵塞。泵送混凝土应搅拌均匀，控制好坍落度；在泵送过程中，不得中途停泵。

（18）当出现输送管堵塞时，应进行反泵运转，使混凝土返回料斗；当反泵几次仍不能消除堵塞时，应在泵机卸载情况下，拆管排除堵塞。

（19）作业后，应将料斗内和管道内的混凝土全部输出，然后对泵机、料斗、管道等进行冲洗。当用压缩空气冲洗管道时，进气阀不应立即开大，只有当混凝土顺利排出时，方可将进气阀开至最大。在管道出口端前方10m内严禁站人，并应用金属网篮等收集冲出的清洗球和砂石粒。对凝固的混凝土，应采用刮刀清除。

（20）作业后，应将两侧活塞转到清洗室位置，并涂上润滑油。各部位操纵开关、调整手柄、手轮、控制杆、旋塞等均应复位。

子任务4.4.4　混凝土振动器操作安全技术

1. 插入式振动器

（1）插入式振动器的电动机电源上，应安装漏电保护装置，接地或接零应安全可靠。

（2）操作人员应经过用电教育，作业时应穿戴绝缘胶鞋和绝缘手套。

（3）电缆线应满足操作所需的长度。电缆线上不得堆压物品或让车辆挤压，严禁用电缆线拖拉或吊挂振动器。

（4）使用前，应检查各部并确认连接牢固，旋转方向正确。

（5）振动器不得在初凝的混凝土、地板、脚手架和干硬的地面上进行试振。在检修或作业间断时，应断开电源。

（6）作业时，振动棒软管的弯曲半径不得小于500mm，并不得多于两个弯，操作时应将振动棒垂直地沉入混凝土，不得用力硬插、斜推或让钢筋夹住棒头，也不得全部插入混凝土中，插入深度不应超过棒长的 3/4，不宜触及钢筋、芯管及预埋件。

（7）振动棒软管不得出现断裂，当软管使用过久使长度增长时，应及时修复或更换。

（8）作业停止需移动振动器时，应先关闭电动机，再切断电源。不得用软管拖拉电动机。

（9）作业完毕，应将电动机、软管、振动棒清理干净，并应按规定要求进行保养作业。振动器存放时，不得堆压软管，应平直放好，并应对电动机采取防潮措施。

2. 附着式、平板式振动器

（1）附着式、平板式振动器轴承不应承受轴向力，在使用时，电动机轴应保持水平状态。

（2）在一个模板上同时使用多台附着式振动器时，各振动器的频率应保持一致，相对面的振动器应错开安装。

（3）作业前，应对附着式振动器进行检查和试振。试振不得在干硬土或硬质物体上进行。

（4）安装时，振动器底板安装螺孔的位置应正确，应防止地脚螺栓安装扭斜而使机壳受损。地脚螺栓应紧固，各螺栓的紧固程度应一致。

（5）使用时，引出电缆线不得拉得过紧，更不得断裂。作业时，应随时观察电气设备的漏电保护器和接地或接零装置并确认合格。

（6）附着式振动器安装在混凝土模板上时，每次振动时间不应超过 1min，当混凝土在模内泛浆流动或成水平状即可停振，不得在混凝土初凝状态时再振。

（7）装置振动器的构件模板应坚固牢靠，其面积应与振动器额定振动面积相适应。

（8）平板式振动器作业时，应使平板与混凝土保持接触，使振波有效地振实混凝土，待表面出浆，不再下沉后，即可缓慢向前移动，移动速度应能保证混凝土振实出浆。在振的振动器，不得搁置在已凝或初凝的混凝土上。

子任务 4.4.5　钢筋加工机械操作安全技术

1. 钢筋弯曲机

（1）工作台和弯曲机台面要保持水平，并在作业前准备好各种芯轴及工具。

（2）按加工钢筋的直径和弯曲半径的要求装好芯轴、成型轴、挡铁轴或可变挡架，芯轴直径应为钢筋直径的 2.5 倍。

（3）检查芯轴、挡铁轴、转盘应无损坏和裂纹，防护罩紧固可靠，经空运转确认正常后，方可作业。

（4）操作时要熟悉倒顺开关控制工作盘旋转的方向，钢筋放置要和挡架、工作盘旋转方向相配合，不得放反。

（5）作业时，将钢筋需弯的一头插在转盘固定销的间隙内，另一端紧靠机身固定销，并用手压紧；检查机身固定销子确实安放在挡住钢筋的一侧，方可开动。

（6）作业中，严禁更换轴芯、成型轴、销子和变换角度以及调速等作业，严禁在运转时加油和清扫。

（7）弯曲钢筋时，严禁超过本机规定的钢筋直径、根数及机械转速。

（8）弯曲高强度或低合金钢筋时，应按机械铭牌规定换算最大允许直径并调换相应的芯轴。

（9）严禁在弯曲钢筋的作业半径内和机身不设固定销的一侧站人。弯曲好的半成品应堆放整齐，弯钩不得朝上。

（10）改变工作盘旋转方向时必须在停机后进行，即从正转→停→反转，不得直接从正转→反转或从反转→正转。

2. 钢筋调直机

（1）调直机安装必须平稳，料架、料槽应安装平直，并应对准导向筒、调直筒和下切刀孔的中心线。电机必须设可靠接零保护。

（2）用手转动飞轮，检查传动机构和工作装置，调整间隙，紧固螺栓，确认正常后，起动空运转，并应检查轴承无异响、齿轮啮合良好，待运转正常后，方可作业。

（3）按调直钢筋的直径，选用适当的调直块及传动速度。调直短于2m或直径大于9mm的钢筋应低速进行。经调试合格，方可送料。

（4）在调直块未固定、防护罩未盖好前不得送料。作业中严禁打开各部防护罩及调整间隙。

（5）当钢筋送入后，手与曳轮必须保持一定距离，不得接近。

（6）送料前应将不直的料头切去。导向筒前应装一根1m长的钢管，钢筋必须先穿过钢管再送入调直前端的导孔内。当钢筋穿入后，手与压辊必须保持一定距离。

（7）作业后，应松开调直筒的调直块并回到原来位置，同时预压弹簧必须回位。

（8）机械上不准搁置工具、物件，避免振动落入机体。

（9）圆盘钢筋放入放圈架上要平稳，乱丝或钢筋脱架时，必须停机处理。

（10）已调直的钢筋，必须按规格、根数分成小捆，散乱钢筋应随时清理，堆放整齐。

3. 钢筋冷拉机

（1）根据冷拉钢筋的直径，合理选用卷扬机，卷扬钢丝绳应经封闭式导向滑轮并和被拉钢筋水平方向成直角。卷扬机的位置必须使操作人员能见到全部冷拉场地，卷扬机距离冷拉中线不少于5m。

（2）冷拉场地在两端地锚外侧设置警戒区，装设防护栏杆及警告标志。严禁无关人员在此停留。操作人员在作业时必须离开钢筋至少2m以外。

（3）用配重控制的设备必须与滑轮匹配，并有指示起落的记号，没有指示记号时应有专人指挥。配重框提起时，高度应限制在离地面300mm以内，配重架四周应有栏杆及警告标志。

（4）作业前，应检查冷拉夹具，夹齿必须完好，滑轮、拖拉小车应润滑灵活，拉钩、地锚及防护装置均应齐全牢固。

（5）卷扬机操作人员必须看到指挥人员发出信号，并待所有人员离开危险区后方可作业；冷拉应缓慢、均匀地进行，注意到停车信号或见到有人进入危险区时，应立即停拉，并稍稍放松卷扬钢丝绳。

（6）用延伸率控制的装置，必须装设明显的限位标志，并应有专人负责指挥。

（7）夜间工作照明设施，应装设在张拉危险区外；如需要装设在场地上空时，其高度应超过5m。灯泡应加防护罩，导线不得用裸线。

（8）每班冷拉完毕，必须将钢筋整理平直，不得相互乱压和单头挑出，未拉盘筋的引头应盘住，机具拉力部分均应放松。

（9）导向滑轮不得使用开口滑轮。维修或停机，必须切断电源，锁好箱门。

（10）作业后，应放松卷扬钢丝绳，落下配重，切断电源，锁好开关箱。

4. 钢筋切断机

（1）接送料的工作台面应和切刀下部保持水平，工作台的长度可根据加工材料长度确定。

（2）启动前，必须检查切断机械，确定安装正确，刀片无裂纹，刀架螺栓紧固，防护罩牢靠。然后用手转动皮带轮，检查齿轮啮合间隙，调整切刀间隙。

（3）启动后，应先空运转，检查各传动部分及轴承运转正常后，方可作业。

（4）机械未达到正常转速时不得切料。钢筋切断应在调直后进行，切料时必须使用切刀的中、下部位，紧握钢筋对准刃口迅速送入。

（5）不得剪切直径及强度超过机械铭牌规定的钢筋和烧红的钢筋。一次切断多根钢筋时，总截面面积应在规定范围内。

（6）剪切低合金钢时，应换高硬度切刀，剪切直径应符合机械铭牌规定。

（7）切断短料时，手和切刀之间的距离应保持150mm以上，如手握端小于400mm时，应用套管或夹具将钢筋短头压住或夹牢。

（8）机械运转中，严禁用手直接清除切刀附近的断头和杂物。钢筋摆动周围和切刀附近，非操作人员不得停留。

（9）发现机械运转不正常，有异响或切刀歪斜等情况，应立即停机检修。

（10）作业后，应切断电源，用钢刷清除切刀间的杂物，进行整机清洁保养。

5. 钢筋除锈机

（1）检查钢丝刷的固定螺栓有无松动，检查传动部分润滑和封闭式防护罩及排尘设备等完好情况。

（2）操作人员必须束紧袖口，戴防尘口罩、手套和防护眼镜。

（3）严禁将弯钩成型的钢筋上机除锈。弯度过大的钢筋宜在基本调直后除锈。

（4）操作时应将钢筋放平，手握紧，侧身送料，严禁在除锈机正面站人。整根长钢筋除锈应由两人配合操作，互相呼应。

6. 预应力钢筋拉伸设备

（1）采用钢模配套张拉，两端要有地锚，还必须配有卡具、锚具，钢筋两端须有墩头，场地两端外侧应有防护栏杆和警告标志。

（2）检查卡具、锚具及被拉钢筋两端墩头，如有裂纹或破损，应及时修复或更换。

（3）卡具刻槽应较所拉钢筋的直径大0.7～1mm，并保证有足够强度使锚具不致变形。

（4）空载运转，校正千斤顶和压力表的指示吨位，定出表上的数字，对比张拉钢筋吨位及延伸长度。检查油路应无泄漏，确认正常后，方可作业。

（5）作业中，操作要平稳、均匀，张拉时两端不得站人。拉伸机在有压力的情况下，严禁拆卸液压系统上的任何零件。

（6）在测量钢筋的伸长和拧紧螺帽时，应先停止拉伸，操作人员必须站在侧面操作。

（7）用电热张拉法带电操作时，应穿绝缘胶鞋和戴绝缘手套。

（8）张拉时，不准用手摸或脚踩钢筋或钢丝。

（9）作业后，切断电源，锁好开关箱。千斤顶全部卸载并将拉伸设备放在指定地点进行保养。

子任务 4.4.6　砂石料加工与运输机械操作安全技术

4.4.6.1　破碎机械

1. 一般要求

（1）破碎机应安装在坚固的基础上。并应定期检查，基础各部连接螺栓应拧紧。

（2）严禁破碎机带负荷起动。每次开机前应检查破碎腔，清除残存的块石，确认无误方可开机。

（3）破碎机应投料均匀，投料时应清除斗牙、履带板及其他金属物件。

（4）破碎机的润滑站、液压站、操作室应配备灭火器。作业人员应熟悉其性能和使用方法。

（5）破碎机工作时，发现异常情况，应立即停机检查。

（6）严禁在破碎机运行时修理设备；严禁打开机器上的人孔门观察下料情况。

（7）设备检修时应切断电源，悬挂"有人检修，不许合闸"的警示标志。

（8）在破碎机腔内检查时，应有人在机外监护。

（9）破碎机拆卸前，应将所有液压管道压力释放为零。

（10）设备用温差法安装时，应戴好相应保温手套。

（11）机动车辆喂料的破碎机，进料口部位应设置进料平台，进料平台应平整。

（12）破碎机进料口边缘除机动车辆进料侧外，应设置高度不小于1.2m防护栏杆。

（13）破碎机运行区内，严禁非生产人员入内。

2. 回旋式破碎机

（1）破碎机运行时，严禁人员在卸料口四周逗留，以防卸料飞溅伤人。

（2）进料口处理卡石或超径石时，应先清理机腔与受料坑四周的石料，防止石料坠落。

（3）破碎机进料口、出料口、主机室，应设置信号装置。

（4）运行前应进行检查，发现异常情况，应立即报告。确认正常后方可起动运行。

（5）破碎机运行时，润滑站回油温度不得超过60℃。

（6）严禁将破碎机放在机座的密封套上拆卸或安装偏心套、动锥、横梁等大构件时，机器内部严禁站人。

（7）动锥吊装时，严禁使用吊动锥的环首螺栓起吊，冬季使用各环首螺栓时，事先应预热至10～15℃方可使用。

（8）液压油应定期去除水分，发现有油液泄漏或吸入空气时，应及时修理。

（9）安全阀的设定值不得超过设备推荐值。

(10) 外露的传动部位应设置防护罩。

3. 圆锥式破碎机

(1) 开机前应进行检查，确认正常后方可启动运行。

(2) 起动主电机时，应依次闭隔离开关、油开关。停机时应依次关闭油开关、隔离开关，严禁主机还在运转时就断开操作电源。

(3) 主机起动前应先起动润滑站，主机停转后润滑站才能停机。主机起动运转正常后才能进料，进料停止并完全排空后才能停机。

(4) 破碎机运行时，液压油温应满足设备规定的要求。

(5) 破碎物料粒径应符合产品说明书要求。进料必须经分配盘，其进料量不得高出轧臼壁的水平面。

(6) 运行电流、功率严禁超过额定电流、功率的85%。

(7) 应定期检查、保养和维修设备。

(8) 破碎机运行时，应检查锁紧系统的压力及液压站工作情况，发现漏油及锁紧力不足时，应停机检查、修理。

4. 锤式破碎机

(1) 开机前应清除破碎机内及周围的杂物，拧紧各部位螺栓，检查联轴器是否完好。

(2) 严禁站在转子惯性力作用线方向操作开关。

(3) 操作油浸变阻器时，经过每级停留时间应控制在1～3s内。

(4) 加料应连续均匀，发现堵料应停机排除。停机应先停止给料，待料块完全排出，转子变为空转时，电动机方可停转。

(5) 发现异常时，应立即停机处理。

(6) 严禁在运行中往轴承内注油。

5. 腭式破碎机

(1) 受料仓出口端处应设保护罩。

(2) 开机前，应清除破碎机内及周围的杂物，检查各润滑部位，确认各运转机构灵活方可开机。

(3) 破碎腔内物料阻塞时，应立即关闭电动机，待物料清除干净后，再行起动。严禁用手、工具从腭板中取出石块或排除故障。

(4) 调节排料口时，应先松开拧紧弹簧，待调整好后，再调整弹簧的张紧度并拧紧螺栓，以防衬板在工作时脱落。

(5) 严禁在拉杆弹簧未松开时调整排料口。

(6) 发现异常情况时应立即停机。

6. 棒磨机

(1) 棒磨机车间应设置1.2m高的安全护栏。

(2) 筒体入孔盖板必须上紧，并定期检查其是否牢固可靠。

(3) 长期停机时，应排净减速箱冷却水。

(4) 棒磨机运行时，人员离机体外壳的安全距离不得小于1.5m。严禁用手或其他工具接触正在转动的机体。

(5) 发现异常，应立即停机。

(6) 电机与轴瓦温升不得超过 60℃。

(7) 作业人员应佩戴防噪声的防护用品上岗。布置在棒磨机附近的操作室应采取隔声措施。

7. 立轴式破碎机

(1) 启动破碎机前，应关闭检修门。

(2) 未安装转子时，不宜启动破碎机。

(3) 物料应进行金属剔除后方可进入破碎机。

(4) 破碎机运行电流或功率超过额定电流或功率的 90％时，应停机。

(5) 不得反向运转。

(6) 不得带料启、停车。

(7) 运转时不得将冲水管、工具等伸入转子。

(8) 破碎机工作平台应设置 1.2m 高的护栏。

(9) 排料口高程应设置不小于 2m 的出料及检修空间。

4.4.6.2 筛分机械

1. 一般要求

(1) 操作人员因应掌握筛分机工作原理和主要技术性能，熟悉筛分机安全技术操作规程。

(2) 在筛分楼、给料仓下料口、主机室应设置信号装置，信号包括开机信号、停机信号和紧急停机信号。

(3) 筛分车间，每层应设置隔声操作值班室。

(4) 筛分机湿式生产时，楼面应设置防漏和排水措施。

(5) 筛分机干式生产时，应设置密闭的防尘或吸尘装置。

(6) 作业人员必须佩戴降噪防尘的防护用品。

(7) 开机前应全面检查，确认正常后方可开机。

(8) 筛分机与固定设施（入料、排料溜槽及筛下漏斗）的安全距离不得小于 0.8m。人员巡视设备时应至少保持 1m 的距离。

(9) 人员巡视通道宽度应不小于 1.2m。

(10) 严禁在运行时人工清理筛孔。

(11) 开机后，发现异常情况应立即停机。

(12) 轴承温升不得超过说明书要求值。

(13) 机器经 6 个月停用时，再使用前应对电气设备进行绝缘试验，对机械部分进行检查保养。所有电动机座、电机金属外壳必须接地、接零。

2. 振动筛

(1) 全面检查设备，手转动振动筛偏心轴 3 转，确认偏心轴、筛子弹簧灵敏可靠。

(2) 检查两侧油面高度保持在规定间隙内。

(3) 检查三角胶带的张紧力和工作装置。

(4) 起动后应定期检查，发现运转不平稳、振动频率下降、振幅减小等异常现象应停机处理。

(5) 筛子应在无负荷下启动,待筛子运行平稳后,方可开始给料,停机前应先停止给料,待筛面上的物料排净后再停机。

3. 共振筛

(1) 开机前应做好检查保养工作,确认各部件完好后方可开机。

(2) 起动后应观测上下筛箱振动是否平稳,各点振幅相差不得超过2mm,发现异常应停机处理。

(3) 共振筛运行正常后方可给料,给料应均匀,不得偏载或冲击给料。

(4) 电动机不得超载运行,发现超过额定电流值时,应停机对振动系统进行检查及调整。

(5) 运行中发现螺丝松动、螺旋弹簧和板弹簧断裂以及橡胶弹簧和缓冲器老化、发热、三角皮带打滑、振动频率下降等现象时,应停机处理。

(6) 不得重载起动和重载停机。

(7) 停机后应清除筛网上的余料,清理设备及周围杂物。

4.4.6.3 连续运输机械

1. 堆取料机械

(1) 起动前应检查轨道、堆料臂空间,确认正常后方可向主机室发出开机信号。

(2) 应确认各部位正常后方可开机。起动后各机构应分别用"手动"试车,待运行正常后方可投料生产。

(3) 摇臂回转角度和变幅升降高度不得超过规定要求,回转、变幅不得同时进行。

(4) 行走时应先发出信号,应设专人进行监护。靠近轨道两端应减速行驶,不得驶出限制桩范围,未停稳前不得突然变换行驶方向。

(5) 行走轨道应平直,路基坚实,两轨顶水平误差不得大于3mm,坡度应小于3%。轨道两侧不得堆放杂物,轨道中间应定期清理。

(6) 一周时间不生产或遇暴风雨时(六级以上大风)应将堆料机开到安全地点停放,并固定好夹轨器。

(7) 不得重载起动,应待皮带机上石料全部卸完后方可停机。

2. 槽式给料机

(1) 开机前应做好检查保养工作。用于扳动联轴器或皮带轮使连杆往复两个循环,无卡死现象方可开机。

(2) 破碎机调节料仓排料口的槽式给料机故障时,应立即通知破碎机停止进料。

(3) 裸露的传动、转动部位应设有防护罩,检修时必须停机。

(4) 给料机一侧为固定设施或墙壁时,宜留有不小于1m的安全检修距离。两台设备共用一个料仓时,设备间距不宜小于1.5m。

3. 板式给料机

(1) 开机前应做好检查保养工作,确认机械各部件正常后方可起动。

(2) 应在皮带机和其他机械正常运转后进行方可启动。

(3) 采用自卸汽车入料时,给料机出口端应设置防护链条。

(4) 发现堵、卡料时，应停机处理。

4. 圆盘给料机

(1) 开机前应遵守以下事项：

1) 检查三角皮带的松紧度。

2) 检查油箱及轴承润滑油。

3) 检查调节手柄是否灵活。

4) 清除机内杂物。

(2) 开机后应遵守以下事项：

1) 检查各部位轴承、电动机温度。

2) 发现不下料和异常情况时，应停机处理。

(3) 与固定物之间的距离应不小于 1m，与受料机的间距应不小于 0.3m。

5. 电磁振动给料机

(1) 开机前应进行以下检查和准备：

1) 检查电磁铁线圈有无松动，引出线是否破裂，接地是否完好。

2) 悬挂弹簧拉杆或钢丝绳有无断裂，受力是否均匀。

3) 电磁铁间隙调整后螺钉是否紧固。

4) 经检查确认正常后，方可开机。

(2) 开机后应遵守以下事项：

1) 检查卸料是否均匀，有无堵、卡料现象。

2) 振幅是否符合要求。发现异常应停机检查。

3) 检查给料量，多台机同时卸料时不应超过皮带机（或其他运输设备）的运输能力。

(3) 给料机四周应尚有不小于 1m 的安全检修距离，不得接触料仓、漏斗和受料溜槽不得相接触。

(4) 给料机电机与受料部位之间的距离不得小于 0.5m。

(5) 因石料起拱不能卸料，应停机处理。

(6) 处理堵、卡料时，严禁站在卸料口的正前方。

6. 偏心振动给料机

(1) 开机前应做好检查保养工作，确认电动机接线头牢固，吊架无断裂，各部螺栓无松动时方可开机。

(2) 卸料槽坡度调节应适当，确保下料均匀。

(3) 受料仓（斗）放空后应停机，不得空振。

7. 皮带机

(1) 操作皮带机的人员应熟悉机械的构造和性能，经专业技术培训，熟悉设备安全操作技能，持证上岗。

(2) 开机前应进行以下检查和准备：

1) 检查皮带机上是否有人。

2) 检查皮带机上是否有其他杂物。

3) 各传动部位是否完好。

4)各连接是否牢固,不得有裂纹、变形。

5)移动式皮带机的行走轮是否用三角木将前后轮固定。

6)经检查确认正常后方可开机。

(3)开机后应遵守以下事项:

1)定期观察电动机、变速箱、传动齿轮、轴承、轴瓦、联轴器、传动皮带、滚筒、托辊是否有异常声响。发现异常,应及时发出停止送料信号,停机处理。

2)检查是否有胶带跑偏、打滑、跳动等异常现象,出现异常应及时进行调整处理。处理皮带打滑严禁往转轮和皮带间塞充填物。

3)检查皮带松紧度。

4)严禁跨越或从底部穿越皮带机,严禁运输其他物体。

5)运转中不得进行转动齿轮、联轴器等传动部位清理和检修。

6)检查加料情况,是否出现加料过多及超径石料压死或卡死皮带。

7)运行中不得重载停车(紧急事故除外),遇突然停电,应立即切断电源。

8)停机前应首先停止给料,待皮带上的物料全部卸完后,方可停机。

(4)巡视中,遇到下列情况必须紧急停机:

1)发生安全事故。

2)胶带撕开、断裂或拉断。

3)皮带被卡死。

4)机架倾斜、倒塌或严重变形。

5)电机温度过高、冒烟。

6)胶带起火。

7)转动齿轮打坏、转轴折断。

8)机械轴承、轴瓦烧毁。

9)串联运行中的任一皮带机发生故障停机及其他意外事故。

(5)设计中应遵守以下的安全事项:

1)设置统一的开机、停机、紧急停机信号。

2)多条胶带串联时,其停机顺序设置应是从进料至卸料依次停机,开机则相反。

3)夜间作业时,工作场所应有完好照明设备和充足的光线。

4)皮带机沿线每 100m 应至少设置一处横跨天桥,皮带机跨越道路时,必须在道路上方设置防护棚。

4.4.6.4 脱水机械

1. 洗砂机

(1)开机前进行以下检查和准备:

1)检查洗砂槽内有无砂石和其他物质,不得重载起动。

2)检查各紧固件是否紧固,三角胶带张紧度是否适宜。

3)检查进料口与出料口、排水沟渠是否通畅。

4)确认设备、相关设施完好后方可起动。

(2)开机后应遵守以下事项:

1) 待洗砂机运转正常后方可投料生产。

2) 发现异常情况应及时停机。

3) 运行时应避免石料以外的物质接触螺旋轴。

4) 待洗砂槽内的砂子输送完毕后方可停机。无特殊情况不得重载停机。

5) 不得在运行时进行修理或清扫作业。

(3) 设计中应遵守以下的安全事项：

1) 洗砂机头部及两侧宜设置不小于 0.8m 宽的人行巡视通道。

2) 洗砂机垂直空间的安全检修距离宜不小于 2.5m，与左右固定物的间距不宜小于 2m。

3) 裸露的传动、转动部位应设置防护罩。

2. 洗泥机

运行中应不得有石料卡死螺旋轴现象，否则应停机处理。

3. 沉砂箱

(1) 配重杠杆摆动应灵敏，各支点刀口无脱出或卡死现象。

(2) 沉砂箱内应无杂物，排放阀门启闭应灵活可靠。

(3) 配重块应用螺栓固定，不得随意移动。

(4) 停机后应将沉砂箱内砂、水放净。

思 考 题

1. 混凝土工程施工的工序有哪些？
2. 混凝土工程施工过程中用到的机械设备有哪些？
3. 任举一例说明与混凝土施工有关的工种及其机械设备的操作规程。

项目5 土石方工程施工安全监控

任务5.1 土石方开挖施工

【学习目标】
知识目标：能说出各类土石方开挖工程施工的一般安全规定。
能力目标：能根据土石方开挖安全规定进行开挖施工的安全工作。
土石方开挖施工的一般规定：
(1) 进行土石方开挖施工前，应掌握必要的工程地质、水文地质、气象条件等环境因素等，制定施工方案。施工中应遵循各项安全技术规程和标准，按施工方案进行组织施工，加强安全控制，保证作业人员、设备的安全。
(2) 开挖施工前，应根据设计文件复查地下构造物（电缆、管道等）的埋设位置和走向，并采取防护或避让措施。施工中如发现危险物品及其他可疑物品时，应立即停止开挖，报请有关部门处理。
(3) 开挖过程中应充分重视地质条件的变化，对不良地质现象和存在事故隐患的部位及时采取防范措施。
(4) 开挖过程中，应采取有效的截水、排水措施，防止地表水和地下水影响开挖作业和施工安全。
(5) 开挖应遵循自上而下的原则，并采取有效的安全措施。
(6) 合理确定开挖边坡坡比，及时制定边坡支护方案。

子任务5.1.1 土方开挖安全技术要求

5.1.1.1 土方明挖

1. 有边坡的挖土
(1) 人工挖掘土方应遵守下列规定：
1) 开挖土方的操作人员之间，应保持足够的安全距离，横向间距不小于2m，纵向间距不小于3m。
2) 开挖应遵循自上而下的原则，不得掏根挖土和反坡挖土。
(2) 高陡边坡处作业应遵守下列规定：
1) 作业人员必须系好安全带。
2) 迈坡开挖中如遇地下水涌出，应先排水，后开挖。
3) 开挖工作应与装运作业面相互错开，应避免上、下交叉作业。
4) 边坡开挖影响交通安全时，应设置警示标志，严禁通行。

5) 边坡开挖时，应及时清除松动的土体和浮石，必要时应进行安全支护。

(3) 施工过程当中应密切关注作业部位和周边边坡、山体的稳定情况，一旦发现裂痕、滑动、流土、掉石等现象，应停止作业，撤出现场作业人员。

(4) 滑坡地段的开挖，应从滑坡体两侧向中部自上而下进行，不得全面拉槽开挖，弃土不得堆在滑动区域内。

(5) 布置出土路线和弃土堆放地点，应符合下列规定：

1) 不妨碍排水。

2) 不影响人员通行。

3) 不影响安全施工。

(6) 已开挖的地段，不得顺土方坡面流水，必要时坡顶设置截水沟。

(7) 在靠近建筑物、设备基础、路基、高压铁塔、电杆等构筑物附近挖土时，应制定安全措施。

(8) 开挖基坑（槽）时，应根据土壤性质、含水量、土的抗剪强度、挖深等要素，设计安全边坡及马道。

(9) 在不良气象条件下，不得进行边坡开挖作业。

(10) 当边坡高度大于 5m 时，应在适当高程设置防护栏栅。

2. 有支撑的挖土

(1) 挖土不能按规定放坡时，应采取固壁支撑的施工方法。

(2) 在土壤正常含水量下所挖掘的基坑（槽），如系垂直边坡，其最大挖深，在松软土质中不得超过 1.2m、在密实土质中不得超过 1.5m，否则应设固壁支撑。

(3) 操作人员上下基坑（槽）时，不得攀登固壁支撑，人员通行应设通行斜道或搭设梯子。

(4) 雨后、春融、解冻以及处于爆破区放炮以后，应对支撑进行认真检查，发现问题，及时处理。

(5) 拆除支撑前应检查基坑（槽）帮情况，并自下而上逐层拆除。

3. 土方挖运

(1) 人工挖土应遵守下列规定：

1) 工具应安装牢固。

2) 在挖运时，开挖土方作业人员之间的安全距离，不得小于 2m。

3) 在基坑（槽）内向上部运土时，应在边坡上挖台阶，其宽度一般不小于 0.7m，不得利用挡土支撑存放土、石、工具或站在支撑上传运。

(2) 人工挖土、配合机械吊运土方时，应配备有施工经验的人员统一指挥。

(3) 采用大型机械挖土时，应对机械停放地点、行走路线、运土方式、挖土分层、电源架设等，制定相应的安全措施。

(4) 大型设备通过的道路、桥梁或工作地点的地面基础，应有足够的承载力，否则应采取加固措施。

(5) 清除铲斗内积存料物，机械应切断动力，并将工作装置安全停置。清除作业时应有专人监护，机械操作人员不得离开操作岗位。

4. 土方爆破开挖

松动或抛掷大体积的冻土时,应合理选择爆破参数,并确定安全控制措施和控制范围。

5. 土方水力开挖

(1) 开挖前,应对水枪操作人员、高压水泵运行人员,进行冲、采作业安全教育,并对全体作业人员进行安全技术交底。

(2) 利用冲、采方法形成的掌子面不宜过高,最终形成的掌子面高度一般不宜超过5m,当掌子面过高时可利用爆破法或机械开挖法,先使土体坍落,再布置水枪冲采。

(3) 水枪布置的安全距离(指水枪喷嘴到开始冲采点的距离)一般不小于3m,同层之间距离保持20~30m,上、下层之间枪距保持10~15m。

(4) 冲土应充分利用水柱的有效射程(一般不超过6m)。作业前,应根据地形、地貌,合理布置输泥渠槽、供水设备,人行安全通道等,并确定每台水枪的冲采范围、冲采顺序以及有关技术安全措施。

(5) 冲采过程中,应遵守以下规定:

1) 水枪设备放置要平稳牢固,不得倾斜。转动部分应灵活,喷嘴、稳流器不得堵塞。

2) 枪体不得靠近输泥槽,分层冲土的多台水枪应上下放在一条线上。距开采面应留足够的安全距离,防止坍塌压伤人员和设备。

3) 水枪不得在无人操作的情况下起动。

4) 水枪射程范围内,不得有人通行、停留或工作。

5) 冲采时,水柱不得与各种导线接触。

6) 结冰时,一般应停止冲采施工。

7) 每台水枪应由两人轮换操作,其中一人观察土体崩坍、移动等情况,并随时转告上、下、左、右枪手,不得一人操作,一人不在场。

8) 冲采时,应有专职安全人员进行现场监护。

9) 停止冲采时,应先停水泵然后将水枪口向上停置。

5.1.1.2 土方暗挖

(1) 土方暗挖工程施工前,施工单位应详细核对设计文件,根据施工区域的地形、地貌、地质、水文、气象等资料,制定相应的施工方案。并逐级向作业人员进行交底。

(2) 土方暗挖作业应遵守下列规定:

1) 按施工组织设计和安全技术措施的开挖顺序进行施工。

2) 作业人员到达工作地点时,应首先检查工作面是否处于安全状态,并检查支护是否牢固,如有松动的石、土块或裂缝应先予以清除或支护。

3) 工具应安装牢固。

(3) 土方暗挖的洞口施工应符合以下要求:

1) 有良好的排水措施。

2) 应及时清理洞脸,及时锁口。在洞脸边坡外侧应设置挡渣墙或积石槽,或在洞口设置钢或木结构防护棚,其顺洞轴方向伸出洞口外长度不得小于5m。

3) 洞口以上边坡和两侧应采用锚喷支护或混凝土永久支护措施。

(4) 土方暗挖应遵循"管超前、严注浆、短开挖、强支护、快封闭、勤量测、速反馈"的施工原则。

(5) 开挖过程中，如出现裂缝或滑动迹象时，应立即停止施工，将人员、设备尽快撤离工作面，视开裂程度采取不同的应急措施。

(6) 土方暗挖的循环控制在 0.5～0.75m 范围内，开挖后及时素喷混凝土封闭，尽快形成拱圈，在安全受控的情况下，方可进行下一循环的施工。

(7) 站在土堆上作业时，应注意土堆的稳定，防止滑坍伤人。

(8) 土方暗挖作业面应保持地面平整、无积水、洞壁两侧下边缘应设排水沟。

(9) 洞内使用内燃机施工设备，应配有废气净化装置，不得使用汽油发动机施工设备。进洞深度大于洞径 5 倍时，应采取机械通风措施，送风能力应满足施工人员正常呼吸需要 $[3m^3/(人·min)]$，并能满足冲淡、排除燃油发动机和爆破烟尘的需要。

子任务 5.1.2　石方明挖安全技术要求

(1) 机械凿岩时，应采用湿式凿岩或装有能够达到国家工业卫生标准的干式捕尘装置，否则不得开钻。

(2) 开钻前，应检查工作面附近岩石是否稳定，有无瞎炮，发现问题应立即处理，否则不得作业。不得在残眼中继续钻孔。

(3) 供钻孔用的脚手架，应搭设牢固的栏杆。开钻部位的脚手板一定要铺满绑牢，板厚不小于 5cm。

(4) 开挖作业开工前应将设计边线外至少 10m 范围内的浮石、杂物清除干净，必要时坡顶应截水沟，并设置安全防护栏。

(5) 基础开挖或边坡开挖，均应自上而下进行。

(6) 对开挖部位设计开口线以外的坡面、岸坡和坑槽开挖，应进行安全处理后再作业。

(7) 对开挖深度较大的坡（壁）面，每下降 5m，应进行一次清坡、测量、检查，对断层、裂隙、破碎带等不良地质构造。应按设计要求及时进行加固或防护，避免在形成高边坡后进行处理。

(8) 进行撬挖作业时，应遵守下列规定：

1) 严禁站在石块滑落的方向撬挖或上下层同时撬挖。

2) 在撬挖作业的下方严禁通行，并应有专人监护。

(9) 撬挖人员应有适当间距，在悬崖 35°以上陡坡上作业应系好安全绳、配戴安全带，严禁多人共用一根安全绳。撬挖作业一般应在白天作业。

(10) 施工现场的各种机械，应设专人统一指挥。

(11) 高边坡：

1) 高边坡施工前应制定施工安全技术措施，并对作业人员进行安全技术交底。

2) 高边坡作业前应处理坡顶危石、不稳定体、杂物，并在作业面上方设置高度不低于 2m 的防护挡墙、防护栏。防护栏、墙宜采用硬杂圆木柱的竹跳板墙，圆木直径不得小于 10cm。

3）施工前应设置地面外围截、排水设施，并修筑坡顶截水沟，防止地表水冲刷边坡。

4）高边坡施工搭设的脚手架、排架平台等应符合设计要求，满足施工负荷，操作平台应满铺牢固，临空边缘应设置挡脚板，并经验收合格后，方可投入使用。

5）上下层垂直交叉作业的中间应设有隔离防护棚，或者将作业时间错开，并有专人监护。

6）高处作业面、高空通道（栈桥、栈道）、水上作业面临水边缘、临空边缘等应设置高度不低于1.2m的安全防护栏杆，栏杆下部设置高度不低于0.2m的挡脚板。

7）高边坡开挖每梯段开挖完成后，应进行一次安全处理。

8）对断层、裂隙、破碎带等不良地质构造的高边坡，应按设计要求及时采取锚喷或加固等支护措施。

9）在高边坡底部、基坑施工作业上方边坡上应设置安全防护措施。

10）高边坡施工时应有专人定期检查，并对边坡稳定进行监测。

11）高边坡开挖应边开挖、边支护，确保边坡稳定和施工安全。

（12）石方挖运：

1）机械设备操作人员应经培训考试取证上岗，操作人员在工作中不得擅自离开岗位，不得操作与操作证不符合的机械，不得将机械设备交给无本工种操作证的人员操作。

2）操作人员应按规定进行工作前的检查与保养，工作中应注意观察及工作后的检查保养制度。

3）机械运行中不得强行登车，必须上下时要通知司机停车。

4）发现有滑坡、塌方征兆，设备应及时撤离。

5）铲斗起落时上不得碰天轮，下不得碰翻板，先装碎石，后装大块。

6）在高5m以上、10m以下的掌子面挖掘时，应采用先上后下、先左后右或从左向右挖掘，以保持掌子面的安全。

7）设备回转时，铲斗应先离开掌子面，防止铲斗碰掌子面的大块石。

8）设备装车时，严禁铲斗从汽车驾驶室顶部通过；车不停稳不许装车；装碴时铲斗距车厢边以0.2m为宜，禁止刮车帮和把大块石偏装。

9）出渣高度一般应不超过天轮高度。

10）挖掘机停车地面倾斜度不得超过5%。

11）挖装设备回转半径范围以内严禁人员停留。

12）电动挖掘机的电缆应有防护措施，人工移动电缆时，应戴绝缘手套和穿绝缘靴。

13）机械挖渣、装车，应有专人指挥，铲斗回转前应鸣号。

14）边坡下挖时，边坡上禁止施工，以防坠石伤人和砸坏机械。

15）爆破前，挖掘机应退出危险区避炮，并做好必要的防护。

16）出渣路线应保持平整通畅。

17）弃渣地点靠边沿处应有挡轮木和明显标志，并设专人指挥。

18）装载机挖装时，装载机应低速铲切，不得大油门高速猛冲。

19）装载机装车时不得装偏，卸渣应缓慢。

20）装载机工作范围内严禁人员停留，装载机在后退时应连续鸣号。

21) 人工装运时，作业人员须按规定穿戴好劳动保护用品。

22) 用人力装斗时，石块在 50kg 以上的应破开再装，避免脱手伤人。

23) 大石装入斗时，禁止把手放在车内或放在头斗车帮上，以免将手砸伤。

24) 装渣时，应事先在斗车前、后轮垫好木块，防止斗车滑动或溜车。

25) 重车在平道同向运行时，其间距不得少于 20m，空车不得少于 10m，在有坡度的线路上应按坡度大小适当加大间距，但最小不应少于 30m。

26) 斗车运行中，推车者的双手应把在斗车上，身体与斗车应保持一定的距离，眼睛须经常瞭望前方，在人多、弯道、道岔及洞口处，应减速慢行，上坡时严禁用肩扛车前进。斗车在运行中，严禁撒手放车。

27) 施工排水应遵守下列规定：

a. 对施工场地，施工前应根据施工组织设计和设计提供的资料，充分考虑施工用水和外部影响的降雨量，妥善安排现场排水能力，以利施工机械设备、工作人员在正常条件下进行施工。

b. 设置截水沟，距离坡顶安全距离不小于 5m，明沟距出渣道路边坡 0.5~1.0m。

c. 施工场地在考虑排水系统的同时，应结合做好排除降水和防御山洪的措施。

d. 如发现施工作业面发生暴雨或山洪时，应立即令施工人员停止作业，将人员和设备撤至安全地点。

e. 施工场地的排水系统应有足够的排水能力和备用能力。一般应比计算排水量加大 50%~100%进行准备。抽水机械应有一定的备用台数。

f. 排水系统的准备应有独立的动力电源，保证绝缘良好，并设置漏电保护装置，动力线应按用电规定架设。

子任务 5.1.3　土方施工机械安全技术

5.1.3.1　推土机

(1) 推土机在坚硬土壤或多石土壤地带作业时，应先进行爆破或用松土器翻松。在沼泽地带作业时，应更换湿地专用履带板。

(2) 推土机行驶通过或在其上作业的桥、涵、堤、坝等，应具备相应的承载能力。

(3) 不得用推土机推石灰、烟灰等粉尘物料和用作碾碎石块的作业。

(4) 牵引其他机械设备时，应有专人负责指挥。

(5) 作业前重点检查项目应符合下列要求。

1) 各部件无松动、连接良好。

2) 燃油、润滑油、液压油等符合规定。

3) 各系统管路无裂纹或泄漏。

4) 各操纵杆和制动踏板的行程、履带的松紧度或轮胎气压均符合要求。

(6) 启动前，应将主离合器分离，各操纵杆放在空挡位置，严禁拖、顶启动。

(7) 启动后应检查各仪表指示值，液压系统应工作有效；当运转正常、水温达到 55℃、机油温度达到 45℃时，方可全载荷作业。

(8) 推土机行驶前，严禁有人站在履带或刀片的支架上，机械四周应无障碍物，确认

（9）采用主离合器传动的推土机接合应平稳，起步不得过猛，不得使离合器处于半接合状态下运转；液力传动的推土机，应先解除变速杆的锁紧状态，踏下减速器踏板，变速杆应在一定挡位，然后缓慢释放减速踏板。

（10）在块石路面行驶时，应将履带张紧。当需要原地旋转或急转弯时，应采用低速挡进行。当行走机构夹入块石时，应采用正、反向往复行驶使块石排除。

（11）在浅水地带行驶或作业时，应查明水深，冷却风扇叶不得接触水面。下水前和出水后，均应对行走装置加注润滑脂。

（12）推土机上、下坡或超过障碍物时应采用低速挡。横向行驶的坡度不得超过10°。当需要在陡坡上推土时，应先进行填挖，使机身保持平衡，方可作业。

（13）在上坡途中，当内燃机突然熄灭，应立即放下铲刀，并锁住制动踏板。在分离主离合器后，方可重新启动内燃机。

（14）下坡时，当推土机下行速度大于内燃机传动速度时，转向动作的操纵应与平地行走时操纵的方向相反，此时不得使用制动器。

（15）填沟作业驶近边坡时，铲刀不得越出边缘。后退时，应先换挡，方可提升铲刀进行倒车。

（16）在深沟、基坑或陡坡地区作业时，应有专人指挥，其垂直边坡高度不应大于2m。

（17）在堆土或松土作业中不得超载，不得做有损于铲刀、推土架、松土器等装置的动作，各项操作应缓慢平稳。无液力变矩器装置的推土机，在作业中有超载趋势时，应稍微提升刀片或变换低速挡。

（18）推树时，树干不得倒向推土机及高空架设物。推屋墙或围墙时，其高度不宜超过2.5m。严禁推带有钢筋或与地基基础连接的混凝土桩等建筑物。

（19）两台以上推土机在同一地区作业时，前后距离应大于8.0m；左右距离应大于1.5m。在狭窄道路上行驶时，未得到前机同意，后机不得超越。

（20）推土机顶推铲运机做助铲时，应符合下列要求：

1）进入助铲位置进行顶推中，应与铲运机保持同一直线行驶。

2）铲刀的提升高度应适当，不得触及铲斗的轮胎。

3）助铲时应均匀用力，不得猛推猛撞，应防止将铲斗后轮胎顶离地面或使铲斗吃土过深。

4）铲斗满载提升时，应减少推力，待铲斗提离地面后即减速脱离接触。

5）后退时，应先看清后方情况，当需绕过正后方驶来的铲运机倒向助铲位置时，宜从来车的左侧绕行。

（21）推土机转移行驶时，铲刀距地面宜为400mm，不得用高速挡行驶和进行急转弯。不得长距离倒退行驶。

（22）作业完毕后，应将推土机开到平坦安全的地方，落下铲刀，有松土器的，应将松土器爪落下。在坡道上停机时，应将变速杆挂低速挡，接合主离合器，锁住制动踏板，并将履带或轮胎楔住。

(23) 停机时，应先降低内燃机转速，变速杆放在空挡，锁紧液力传动的变速杆，分开主离合器，踏下制动踏板并锁紧，待水温降到 75℃ 以下、油温降到 90℃ 以下时，方可熄火。

(24) 推土机长途转移工地时，应采用平板拖车装运。短途行走转移时，距离不宜超过 10km，并在行走过程中应经常检查和润滑行走装置。

(25) 在推土机下面检修时，内燃机必须熄火，铲刀应放下或垫稳。

5.1.3.2 挖掘机

1. 单斗挖掘机

(1) 单斗挖掘机的作业和行走场地应平整坚实，对松软地面应垫以枕木或垫板，沼泽地区应先做路基处理，或更换湿地专用履带板。

(2) 轮胎式挖掘机使用前应支好支腿并保持水平位置，支腿应置于作业面的方向，转向驱动桥应置于作业面的后方。采用液压悬挂装置的挖掘机，应锁住两个悬挂液压缸。履带式挖掘机的驱动轮应置于作业面的后方。

(3) 平整作业场地时，不得用铲斗进行横扫或用铲斗对地面进行夯实。

(4) 挖掘岩石时，应先进行爆破。挖掘冻土时，应采用破冰锤或爆破法使冻土层破碎。

(5) 挖掘机正铲作业时，除松散土壤外，其最大开挖高度和深度，不应超过机械本身性能规定。在拉铲或反铲作业时，履带距工作面边缘距离应大于 1m，轮胎距工作面边缘距离应大于 1.5m。

(6) 作业前重点检查项目应符合下列要求：

1) 照明、信号及报警装置等齐全有效。

2) 燃油、润滑油、液压油符合规定。

3) 各铰接部分连接可靠。

4) 液压系统无泄漏现象。

5) 轮胎气压符合规定。

(7) 启动前，应将主离合器分离，各操纵杆放在空挡位置后，再起动内燃机。

(8) 启动后，接合动力输出，应先使液压系统从低速到高速空载循环 10~20min，无吸空等不正常噪声，工作有效，并检查各仪表指示值；待运转正常再接合主离合器，进行空载运转，顺序操纵各工作机构并测试各制动器，确认正常后，方可作业。

(9) 作业时，挖掘机应保持水平位置，将行走机构制动住，并将履带或轮胎楔紧。

(10) 遇较大的坚硬石块或障碍物时，应清除后方可开挖，不得用铲斗破碎石块、冻土，或用单边斗齿硬啃。

(11) 挖掘悬崖时，应采取防护措施。作业面不得留有散落及松动的大块石，当发现有塌方危险时，应立即处理或将挖掘机撤至安全地带。

(12) 作业时，应待机身停稳后再挖土，当铲斗未离开工作面时，不得做回转、行走等动作。回转制动时，应使用回转制动器，不得用转向离合器反转制动。

(13) 作业时，各操纵过程应平稳，不宜紧急制动。

(14) 斗臂在抬高及回转时，不得碰到洞壁、沟槽侧面或其他物体。

(15) 向运土车辆装车时，宜降低挖铲斗，减小卸落高度，不得偏装或砸坏车厢。在汽车未停稳或铲斗需越过驾驶室而司机未离开前不得装车。

(16) 作业中，当液压缸伸缩将达到极限位时，应作平稳，不得冲撞极限块。

(17) 作业中，当需制动时，应将变速阀置于低速位置。

(18) 作业中，当发现挖掘力突然变化，应停机检查，严禁在未查明原因前擅自调整分配阀压力。

(19) 作业中不得打开压力表开关，且不得将工况选择阀的操纵手柄放在高速挡位置。

(20) 反铲作业时，斗臂应停稳后再挖土。挖土时，斗柄伸出不宜过长，提斗不得过猛。

(21) 作业中，履带式挖掘机做短距离行走时，主动轮应在后面，斗臂应在正前方与履带平行，制动住回转机构，铲斗应离地面 1m。上、下坡道不得超过机械本身允许最大坡度，下坡应慢速行驶。不得在坡道上变速和空挡滑行。

(22) 轮胎式挖掘机行驶前，应收回支腿并固定好，监控仪表和报警信号灯应处于正常显示状态，气压表压力应符合规定，工作装置应处于行驶方向的正前方，铲斗应离地面 1m。长距离行驶时，应采用固定销将回转平台锁定，并将回转制动板踩下后锁定。

(23) 当在坡道上行走且内燃机熄火时，应立即制动并楔住履带或轮胎，待重新发动后，方可继续行走。

(24) 作业后，挖掘机不得停放在高边坡附近和填方区，应停放在坚实、平坦的地带；将铲斗收回平放在地面上，所有操纵杆置于中位，关闭操纵室和机棚。

(25) 履带式挖掘机转移工地应采用平板拖车装运。短距离自行转移时，应低速缓行，每行走 500～1000m 应对行走机构进行检查和润滑。

(26) 保养或检修挖掘机时，除检查内燃机运行状态外，必须将内燃机熄火，并将液压系统卸荷，铲斗落地。

(27) 利用铲斗将底盘顶起进行检修时，应使用垫木将抬起的轮胎垫稳，并用木楔将落地轮胎楔牢，然后将液压系统卸荷，否则严禁进入底盘下工作。

2. 挖掘装载机

(1) 挖掘作业前应先将装载斗翻转，使斗口朝地，并使前轮稍离开地面，踏下并锁住制动踏板，然后伸出支腿，使后轮离地并保持水平位置。

(2) 作业时，操纵手柄应平稳，不得急剧移动；动臂下降时不得中途制动。挖掘时不得使用高速挡。

(3) 回转应平稳，不得撞击并用其砸实沟槽的侧面。

(4) 动臂后端的缓冲块应保持完好；如有损坏时，修复后方可使用。

(5) 移位时，应将挖掘装置处于中间运输状态，收起支腿，提起提升臂后方可进行。

(6) 装载作业前，应将挖掘装置的回转机构置于中间位置，并用拉板固定。

(7) 在装载过程中，应使用低速挡。

(8) 铲斗提升臂在举升时，不应使用阀的浮动位置。

(9) 在前四阀工作时，后四阀不得同时进行工作。

(10) 在行驶或作业中，除驾驶室外，挖掘装载机任何地方均严禁乘坐或站立人员。

(11) 行驶中不应高速和急转弯，下坡时不得空挡滑行。

(12) 行驶时，支腿应完全收回，挖掘装置应固定牢靠，装载装置宜放低，铲斗和斗柄液压活塞杆应保持完全伸张位置。

(13) 当停放时间超过 1h 时，应支起支腿，使后轮离地；停放时间超过 1d 时，应使后轮离地，并应在后悬架下面用垫块支撑。

5.1.3.3 铲运机

1. 自行式铲运机

(1) 自行式铲运机的行驶道路应平整坚实，单行道宽度不应小于 5.5m。

(2) 多台铲运机联合作业时，前后距离不得小于 20m（铲土时不得小于 10m），左右距离不得小于 2m。

(3) 作业前，应检查铲运机的转向和制动系统，并确认灵敏可靠。

(4) 铲土或在利用推土机助铲时，应随时微调转向盘，铲运机应始终保持直线前进，不得在转弯情况下铲土。

(5) 下坡时，不得空挡滑行，应踩下制动踏板辅以内燃机制动，必要时可放下铲斗，以降低下滑速度。

(6) 转弯时，应采用较大回转半径低速转向，操纵转向盘不得过猛；当重载行驶或在弯道上、下坡时，应缓慢转向。

(7) 不得在大于 15°的横坡上行驶，也不得在横坡上铲土。

(8) 沿沟边或填方边坡作业时，轮胎离路肩不得小于 0.7m，并应放低铲斗，降速缓行。

(9) 在坡道上不得进行检修作业。遇在坡道上熄火时，应立即制动，下降铲斗，把变速杆放在空挡位置，然后方可启动内燃机。

(10) 穿越泥泞或软地面时，铲运机应直线行驶，当一侧轮胎打滑时，可踏下差速器锁止踏板。当离开不良地面时，应停止使用差速器锁止踏板。不得在差速器锁止时转弯。

(11) 夜间作业时，前后照明应齐全完好，前大灯应能照至 30m；当对方来车时，应在 100m 以外将大灯光改为小灯光，并低速靠边行驶。

2. 拖式铲运机

(1) 铲运机行驶道路应平整结实，路面比机身应宽出 2m。

(2) 作业前，应检查钢丝绳、轮胎气压、铲土斗及卸土板回缩弹簧、拖把方向接头、撑架以及各部滑轮等；液压式铲运机铲斗与拖拉机连接的叉座与牵引连接块应锁定，各液压管路连接应可靠，确认正常后，方可启动。

(3) 开动前，应使铲斗离开地面，机械周围应无障碍物，确认安全后，方可开动。

(4) 作业中，严禁任何人上下机械，传递物件，以及在铲斗内、拖把或机架上坐立。

(5) 多台铲运机联合作业时，各机之间前后距离不得小于 10m（铲土时不得小于 5m），左右距离不得小于 2m。行驶中，应遵守下坡让上坡、空载让重载、支线让干线的原则。

(6) 在狭窄地段运行时，未经前机同意，后机不得超越。两机交会或超越平行时应减速，两机间距不得小于 0.5m。

(7) 铲运机上、下坡道时，应低速行驶，不得中途换挡，下坡时不得空挡滑行，行驶的横向坡度不得超过6°，坡宽应大于机身2m以上。

(8) 在新填筑的土堤上作业时，离堤坡边缘不得小于1m。需要在斜坡横向作业时，应先将斜坡挖填，使机身保持平衡。

(9) 在坡道上不得进行检修作业。在陡坡上严禁转弯、倒车或停车。在坡上熄火时，应将铲斗落地，制动牢靠后再行启动。下陡坡时，应将铲斗触地行驶，帮助制动。

(10) 铲土时，铲土与机身应保持直线行驶。助铲时应有助铲装置，应正确掌握斗门开启的大小，不得切土过深。两机动作应协调配合，做到平稳接触，等速助铲。

(11) 在下陡坡铲土时，铲斗装满后，在铲斗后轮未到达缓坡地段前，不得将铲斗提离地面，应防止铲斗快速下滑冲击主机。

(12) 在凹凸不平的地段行驶转弯时，应放低铲斗，不得将铲斗提升到最高位置。

(13) 拖拉陷车时，应有专人指挥，前后操作人员应协调，确认安全后，方可起步。

(14) 作业后，应将铲运机停放在平坦地面，并应将铲斗落在地面上。液压操纵的铲运机应将液压缸缩回，将操纵杆放在中间位置，进行清洁、润滑后，锁好门窗。

(15) 非作业行驶时，铲斗必须用锁紧链条挂牢在运输行驶位置上，机上任何部位均不得载人或装载易燃、易爆物品。

(16) 修理斗门或在铲斗下检修作业时，必须将铲斗提起后用销子或锁紧链条固定，再用垫木将斗身顶住，并用木楔楔住轮胎。

5.1.3.4 轮胎式装载机

(1) 装载机不得在倾斜度超过出厂规定的场地上作业。作业区内不得有障碍物及无关人员。

(2) 装载机工作距离不宜过大，超过合理运距时，应由自卸汽车配合装运作业。自卸汽车的车厢容积应与铲斗容量相匹配。

(3) 起步前，应先鸣笛示意，宜将铲斗提升离地0.5m。行驶过程中应测试制动器的可靠性，并避开路障或高压线等。除规定的操作人员外，不得搭乘其他人员，严禁铲斗载人。

(4) 在公路上行驶时，必须由持有操作证的人员操作，并应遵守交通规则，下坡不得空挡滑行和超速行驶。

(5) 高速行驶时应采用前两轮驱动，低速铲装时，应采用四轮驱动；行驶中，应避免突然转向。铲斗装载后升起行驶时，不得急转弯或紧急制动。

(6) 不得将铲斗提升到最高位置运输物料。运载物料时，宜保持铲臂下铰点离地面0.5m，并保持平稳行驶。

(7) 铲装或挖掘应避免铲斗偏载，不得在收斗或半收斗而未举臂时前进。铲斗装满后，应举臂到距地面约0.5m时，再后退、转向、卸料。

(8) 在向自卸汽车装料时，铲斗不得在汽车驾驶室上方越过。当汽车驾驶室顶无防护板，装料时驾驶室内不得有人。

(9) 在边坡、壕沟、凹坑卸料时，轮胎离边缘距离应大于1.5m，铲斗不宜过于伸出。在大于3°的坡面上，不得前倾卸料。

（10）作业后，装载机应停放在安全场地，铲斗平放在地面上，操纵杆置于中位，并制动锁定。

（11）装载机转向架未锁闭时，严禁站在前后车架之间。

（12）卷扬机的钢丝绳应排列整齐，不得挤压，缠绕滚筒上不少于 3 圈。在缠绕钢丝绳时，不得探头或伸手拨动钢丝绳。

（13）稳桩时，应用撬棍套绳或其他适当工具进行。当桩与桩帽接合以前，套绳不得脱套，纠正斜桩不宜用力过猛，并注视桩的倾斜方向。

（14）采用桩架吊桩时，桩与桩架之垂直方向距离不得大于 5m（偏吊距离不得大于 3m）。超出上述距离时，必须采取职业健康安全措施。

（15）打桩施工场地，必须经常保持整洁；打桩工作台应有防滑措施。

（16）桩架上操作人员使用的小型工具（零件），应放入工具袋内，不得放在桩架上。

（17）利用打桩机吊桩时，必须使用卷扬机的刹车制动。

（18）吊桩时要缓慢吊起，桩的下部必须设溜（套）绳，掌握稳定方向，桩不得与桩机碰撞。

（19）柴油机打桩时应掌握好油门，不得油门过大或突然加大，防止桩锤跳跃过高，起锤高度不大于 1.5m。

（20）利用柴油机或蒸汽锤拔桩筒，在入土深度超过 1m 时，不得斜拉硬吊，应垂直拔出。若桩筒入土较深，应边振边拔。

（21）柴油机或蒸汽打桩机拉桩时应停止锤击，方可操作，不得将锤击与拉桩同时进行。降落锤头时，不得猛然骤落。

（22）在装拆桩管或到沉箱上操作时，必须切断电源后再进行操作。必须设专人监护电源。

（23）检查或维修打桩机时，必须将锤放在地上并垫稳，严禁在桩锤悬吊时进行检查等作业。

5.1.3.5 潜孔钻机

（1）使用前，应检查风动马达转动的灵活性，清除钻机作业范围内及行走路面上的障碍物，并应检查路面的通过能力。

（2）作业前，应检查钻具、推进机构、电气系统、压气系统、风管及防尘装置等，确认完好，方可使用。

（3）作业时，应先开动吸尘机，随时观察冲击器的声响及机械运转情况，如发现异常，应立即停机检查，并排除故障。

（4）开钻时，应给充足的水量，减少粉尘飞扬。作业中，应随时观察排粉情况，尤其是向下钻孔时，应加强吹洗，必要时应提钻强吹。

（5）钻进中，不得反转电动机或回转减速器，应避免钻杆脱扣。

（6）加接钻杆前，应将钻杆中心吹洗干净，避免污物进入冲击器。对不符合规格或磨损严重的钻杆不得使用，已断在孔内的钻杆，应采用专用工具取出。

（7）钻机短时间停止工作时，应供应少量压缩空气，防止岩粉侵入冲击器；若较长时间停钻，应将冲击器提离孔底 1~2m 并加以固定。

(8) 钻头磨钝应立即更换,换上的钻头的直径不得大于原钻头的直径。

(9) 钻孔时,如发现钻杆不前进却不停地跳动,应将冲击器拔出孔外检查;当发现钻头掉下硬质合金片时,对小块碎片应采用压缩空气强行吹出,对大块碎片可采用小于孔径的杆件,利用黄泥或沥青将合金片从孔中黏出。

(10) 发生卡钻时,应立即减小轴推力,加强回转和冲洗,使之逐步趋于正常。如严重卡钻,必须立即停机,用工具外加扭力和拉力,使钻具回转松动,然后边送风、边提钻,直至恢复正常。

(11) 在正常作业中,当风路气压低于 0.35MPa 时,应停机检查。

(12) 应经常调整推进机构钢丝绳的松紧程度,以及提升滑轮组上、下行程开关工作的可靠程度;不能正确动作时,应及时修复。

(13) 作业中,应随时检查运动件的润滑情况,不得缺油。

(14) 钻机移位时,应调整好滑架和钻臂,保持机体平衡。

(15) 作业完毕后,应将钻机停放在安全地带,进行清洗、润滑。

子任务 5.1.4　土方施工机械作业人员安全技术

1. 推土机司机

(1) 司机应经过专门培训,了解设备的性能、构造、保养规程,掌握操作技能,经考试合格取证后方可独立操作。

(2) 操作前应检查燃油、润滑油、液压油等是否符合规定,各系统管路有无泄漏,各部机件有无脱落、松动或变形;各操纵杆和制动踏板的行程、履带的松紧度或轮胎气压均符合要求。设备的前后灯应该完好无损。

(3) 启动发动机时,应将主离合器、分离变速杆和进退操纵杆放在空挡位置。严禁采用拖、顶的方式进行启动。

(4) 发动机启动后,应检验离合器、刹车和液压操作系统等是否灵活可靠。

(5) 推土机行驶前,严禁有人站在履带或刀片的支架上。应检查设备四周有无障碍物,确认安全后,方可启动。设备在运转中禁止任何人员上下或传递物件。

(6) 发动机运转时,严禁在推土机机身下面进行任何工作。

(7) 推土机在横穿铁路或交通路口时,要左瞻右望,应注意火车、汽车和行人,确认安全后方能通过。在路口设有警戒栏岗处,禁止闯关。通过桥、涵、堤、坝等,应了解其相应的承载能力,低速行驶通过。

(8) 推土机上下纵坡的坡度不得超过 35°,横坡行驶的坡度不得超过 10°。

(9) 推土机在深沟、基坑及其他高处边缘地带作业时,应谨慎驾驶,铲刀不得越出边缘。后退时,应先换挡,方可提升铲刀进行倒车。

(10) 进行保养检修或加油时,应放下刀片关闭发动机。如需检查刀片时,应把刀片垫牢,刀片悬空时,严禁探身于刀片下进行检查。

(11) 给推土机加油时,严禁抽烟或接近明火,加油后应将油渍擦净。

(12) 推树作业时,树干不得倒向推土机及高空架设物。推屋墙或围墙时,其高度不宜超出 2.5m。严禁推带有钢筋或与地基基础连接体的混凝土桩等建筑物。

(13) 在陡坡上行驶时,严禁拐死弯。推土机上下坡或超越障碍物时应采用低速挡,上坡不得换挡;推土机下长坡时,应以低速挡行驶,严禁空挡滑行。

(14) 推土机在工作中发生陷车时,严禁用另一台推土机的刀片在前后硬推。

(15) 推土机发生故障时,无可靠措施不得在斜坡上进行修理。

(16) 数台机械在同一工作面作业时,应保持一定距离:前后相距不少于8m,左右相距在1.5m以上。

(17) 行驶作业时,注意力应集中注意观察四周有无障碍,后退时,须先视车后确认无人和其他障碍物时,方可起步。

(18) 牵引其他机械设备时,钢丝绳应连接可靠,并有专人负责指挥,起步时,应鸣号低速慢行,待钢丝绳拉紧后方可逐渐加大油门。在坡道或长距离牵引时,应采用牵引杆连接。

(19) 操作人员离机时,应把刀片降到地面,将变速杆置于空挡位置,再接合主离合器。

(20) 原地旋转和转急弯时,应在降低发动机转速的情况之下进行。

(21) 越障碍物时,应低速行驶,至障碍物顶部,在将要向前倾倒的瞬间将车停住,待履带前端缓慢着地后再平稳前进。

(22) 上坡途中当发动机突然熄灭时,应首先将铲刀放置地面,或锁住制动踏板满机子停稳后断开主离合器,将变速杆放在空挡位置,然后继续起动发动机。严禁溜车起动。

(23) 推土机在深沟、基坑或陡坡地带工作时,应有专人指挥引导。

(24) 在崎岖地面应低速行驶,刀片宜控制在离地面约400mm即可,不可上升过高,以保持车身稳定。

(25) 推土机短距离行驶距离不宜超过10km,应注意检查和润滑行走装置。

(26) 当推土作业遭到过大阻力,履带产生打滑或发动机出现减速现象时,应立即停止铲推,切不可强行作业。

(27) 推土机停机应做到以下几点:

1) 推土机应停放在平坦、安全无任何障碍,且不影响其他车辆通行的地方,严禁停在可能塌方或受洪水威胁的地段。

2) 将主离合器分离、落下铲刀,踏下制动踏板,变速杆及进退杆置于空挡位置,再接合主离合器。如在坡上停车时,应在履带下端嵌入止滑挡块。

3) 若停机时间较长,应使发动机低速空转5min后停止。停机前不许将发动机转速升高。

4) 在非紧急情况下不应用减压杆停止发动机。

5) 寒冷季节应做到将机身泥土洗净,停于干燥或较硬的地方,放净未加防冻液的冷却水,放泄燃油系统内的积水,将液压缸活塞杆表面的水滴擦净。

2. 挖掘机司机

(1) 挖掘机司机应经专门训练,了解设备构造、性能,掌握操作技能与保养规程,并经考试合格取证后方可上岗操作。

(2) 给设备加油时周边应无明火,禁止吸烟。

(3) 工作前应对发动机传动部分、液压部分、操作部分、制动部分、各种仪表等进行检查，确认正常后方可开始工作。

(4) 发动机起动前应将离合器分离，各操纵杆置于空挡位置。操作时，应力求平稳准确，不得过猛过急。

(5) 发动机起动后，任何人员不得站在铲斗和履带上。

(6) 挖掘机在作业时，应做到"八不准"，即不准有一轮处于悬空状态，以"三条腿"的方式进行作业；不准以单边铲斗牙来硬啃岩体的方式进行作业；不准以强行挖掘大块石和硬啃固石、根底的方式进行作业；不准用斗牙挑起大块石装车的方式进行作业；在铲斗未撤出掌子面不准回转或行走；运输车辆未停稳前不准装车；铲斗不准从汽车驾驶室上方越过；不准用铲斗推动汽车。

(7) 严禁铲斗在满载物料悬空时，同时进行行走或变更动臂倾角。装料中回转时，不得采用紧急制动，以防料渣飞落。

(8) 铲斗应在汽车车厢上方的中间位置卸料，不得偏装。卸料高度以铲斗底板打开后不碰及车厢为宜。

(9) 挖掘机在回转过程中，严禁任何人上下机，不允许任何人在臂杆的回转范围内通行及停留。

(10) 运转中应随时监听各部件有无异常声响，并监视各仪表指示是否在正常范围。

(11) 运转中严禁在转动部位进行注油、调整、修理或清扫工作。

(12) 严禁用铲斗进行起吊作业，操作人员离开工作岗位应将铲斗落地。

(13) 挖掘机工作期间，无关人员不许进入驾驶室内。

(14) 严禁利用挖掘机的回转作用力来拉动重物和车辆。

(15) 挖掘机不宜进行长距离行驶，最长行走距离不得超过 5km。

(16) 在行走前，应对行走机构进行全面保养。查看好路面宽度和承载能力，扫除路上障碍，与路边缘要保持适当距离。行走时，臂杆应始终与履带同一方向，提升、推压、回转的抱闸均应在制动位置上。铲斗控制在离地面 0.5~1.5m 为宜。行走过程每隔 45min 应停机检查行走机构并加注滑润油。电动挖掘机还应检查行走电动机的运转情况。

(17) 上、下坡道时，禁止中途变速或空挡滑行。

(18) 当转弯半径较小时，应分次进行，不得一次急拐死弯。

(19) 通过桥涵时，应了解允许载重吨位并确认可靠后方可通行。

(20) 行走中通过风、水、管路及电缆等明设线路和铁道时，应采取加垫等保护措施，以防有关设施被压坏。

(21) 冬季行走遇冰冻、雪天时，轮胎式挖掘机行车轮应采取加装防滑链等防滑措施。

(22) 电动挖掘机应遵守下列规定：

1) 禁止非工作人员接近带电的设备。

2) 挖掘机行走时，应严格检查行走电动机运行温度情况和电缆有无损坏，人为挪移电缆时，人员应穿绝缘胶鞋和戴绝缘手套，以防触电。

3) 所有的电气设备，应由专业电气人员进行操作。非电气人员不允许乱动。

4）处于接通电源状态的电器装置，严禁进行任何检修工作。

5）电器装置跳闸时，不得强行合闸，应待查明原因排除障碍后才可合闸。

6）应定期检查设备的电器部分、电磁制动器、安全装置是否灵敏可靠。

7）在有水的工作面挖渣时，要防止电源接线盒进水，水面距离接线盒的高度不得少于20cm。

（23）停机应遵守下列规定：

1）挖掘机应停放在坚实、平坦、安全的地方，禁止停在可能塌方或受洪水威胁的地段。

2）停放就位后，将铲斗落地，起重臂杆倾角应降至40°～50°位置。

3）内燃发动力的挖掘机，停机前应先脱开主离合器，空转3～5min，待发动机逐渐减速后再停机。当气温在0℃以下时，应放净未加防冻液的冷却水。

4）长时间停车时，应做好一次性维护保养工作。对发动机各润滑部位要加注润滑油，堵严各进排气管口和各油水管口，以防进入杂物，造成锈蚀损坏。

5）上述工作完毕应进行一次全面检查，确认妥当无误后将门窗关闭加锁。

3. 铲运机司机

（1）操作人员应经过专门的培训了解本机性能、构造及维护保养方法，并能熟练掌握操作技能，经考试合格取证后方可上岗工作。

（2）铲运机作业时，不应急转弯进行铲土，以免损坏铲运机刀片。

（3）铲运机正在作业时，不准以手触摸该机的回转部件，铲斗的前后斗门未撑牢、垫实、插住以前，不得从事保养检修等工作。

（4）驾驶员要离开设备时，应将铲斗放到地面，将操纵杆放在空挡位置，关闭发动机。

（5）在新填的土堤上作业时，至少应离斜坡边缘1.0m以上，下坡时不得以空挡滑行。

（6）铲运机在边缘倒土时，离坡边至少不得小于30cm，斗底提升不得高过20cm。

（7）铲运机在崎岖的道路上行驶转弯时，为防止机身倾倒，铲斗不得提得太高。在检修和保养铲斗时，应用防滑垫垫实铲斗。

（8）铲运机运行中，严禁任何人上下机械、传递物件，拖把上、机架上、铲斗内均不得有人坐立。

（9）清除铲斗内积土时，应先将斗门顶牢或将铲斗落地再进行清扫。

（10）多台拖式铲运机同时作业时，前后距离不得小于10m；多台自行式铲运机同时作业时，两机间距不得小于20m，铲土时，前后距离可适当缩短，但不得小于5m，左右距离不得小于2m。

（11）多台铲运机在狭窄地区或道路上行走时，后机不得强行超越；两车会车时，彼此间应保持适当距离并减速行驶。

（12）在坡度较大的斜坡，不得倒车、铲运或卸土。

（13）作业完毕，应对铲运机内外及时进行清洁、滑润、调整、紧固和防腐的例行保养工作。

4. 装载机司机

（1）司机应经过专门技术培训，了解设备性能、构造和保养规程，熟悉掌握操作技能和相关的交通规则，经考试合格，持证后方可单独操作。

（2）严禁酒后和身体条件不适应作业的司机操作设备。

（3）女同志在操作设备时，应戴工作帽，将头发置于帽子里。

（4）发动机起动前的准备工作：

1）检查发动机机油油位。

2）检查液压油和燃油箱的油位。

3）检查冷却水箱的水位。

4）检查风扇皮带的张紧度。

5）检查空气滤清器指示器。

6）检查各润滑部位并加添润滑油。

7）将变速杆置于空挡，将各操纵杆置于停车位置。

（5）发动机每次起动时间不宜小于 10min；一次起动未成功，应等 1～2min 后可再次起动，若三次起动不成功，应检查原因，排除故障后方可再次起动。

（6）发动机起动后应注意事项：

1）怠速运转 5min 以上使水温达到运行温度后方可运行操作。

2）查看各指示灯、仪表指针读数均处于正常范围内。

3）无异常的振动、噪声、气味。

4）机油、燃油、液压油和冷却水应无渗漏现象。

5）发动机运转正常后蜂鸣器鸣叫应自行消失。在行驶或作业中蜂鸣器鸣叫时，应立即停车检查，排除故障。

（7）装载机不应在倾斜度较大或形成倒悬体的场地上作业，挖掘时，掌子面不应留伞檐，不得挖顽石；不应利用铲斗吊重物或载人，推料时不得转向。

（8）发动机未停止运转前，司机不应离开驾驶室。

（9）检查燃油或加油时，禁止吸烟和用明火实施照明。

（10）装载机行驶时，应将铲斗提升离地面 50cm 左右为宜，行驶中不得无故升降或翻转铲斗。行驶中驾驶室门外不得载人、站人。

（11）装载时应低速进行，不准以将铲斗高速猛冲插入料堆的方式装料。铲挖时铲斗切入不宜过深，一般控制在 15～20cm 为宜。

（12）在斜坡路上停车，不应踩离合器，而应使用制动踏板，以防与动力分离而发生溜车事故。

（13）应经常检查整机储气罐及压力表、安全阀等零部件运行情况，防止因失效或出现阻塞导致储气罐发生爆炸事故。

（14）停机时应停放在平坦、坚实的地面上，不妨碍其他车辆通行，并将铲斗落地。

（15）寒冷季节应全部放净未加防冻液的冷却水，在更换加有防冻液的冷却水时，应先清洗冷却系统，防冻液的配制应比当地最低气温低 10℃。

5. 拖拉机司机

(1) 司机应经过专门训练,了解设备的性能、构造、保养规程,掌握操作技能,经考试合格取证后方可独立操作。

(2) 拖拉机的使用宜定人定机。严禁将设备交给不熟悉本机性能的他人操作。

(3) 设备运转时,严禁进行润滑、调整和维修工作,严禁用手触及各回转、转动等部位。

(4) 严禁酒后作业,加油时严禁吸烟。

(5) 当拖拉机通过狭路、桥涵、隧洞、陡坡、急弯岔道、崎岖路面、盘山道路、傍山险路、危险路段、铁路与公路平交道时,应由一人操作运行,另一人进行引路和指挥。

(6) 拖拉机做牵引时,应使用销子连接,起动与后退均应缓慢。上坡时应事先换挡变速,不应高速冲坡,以避免在坡中换挡变速不当而发生溜车。下坡时禁止放空挡溜放,而应用低速挡控制行驶。

(7) 不应在超过20°的斜坡路面上行驶,在高低不平的坚硬地面或有石碴的路面工作时,不得高速急转弯和拐死弯,避免发生倾覆。

(8) 通过有水地段或水中作业时,水面应低于油底壳。当班作业完毕应及时对设备进行全面的检查、维护、清洁、润滑、调整、紧固和防腐保养工作。

(9) 工作完毕应急速停车,不应用减压杆停车。在寒冷季节停车,应将车停在干燥和较硬的地面上,待水温降到50~60℃后,放净未加防冻液的冷却水,排放燃油系统的积水并及时添加燃油。液压操纵的设备,应擦净液压缸活塞杆表面的水滴。

任务5.2 施工支护安全技术

【学习目标】

知识目标:能说出施工支护的安全要求和关键技术内容。

能力目标:能根据施工支护的安全要求进行支护安全的控制。

施工支护安全技术一般要求:

(1) 施工支护前,应根据地质条件、结构断面尺寸、开挖工艺、围岩暴露时间等因素进行支护设计,制定详细的施工作业指导书,并向施工作业人员进行交底。

(2) 施工人员作业前,应认真检查施工区的围岩稳定情况,需要时应进行安全处理。

(3) 作业人员应根据施工作业指导书的要求,及时进行支护。

(4) 开挖期间和每茬炮后,都应对支护进行检查维护。

(5) 对于不良地质条件的临时支护,应结合永久支护进行,即在不拆除或部分拆除临时支护的条件下,进行永久性支护。

(6) 施工人员作业时,应佩戴防尘口罩、防护眼镜、防尘帽、安全帽、雨衣、雨裤、长筒胶靴和乳胶手套等劳保用品。

子任务5.2.1 喷锚支护安全技术要求

(1) 施工前,应通过现场试验或依工程类比法,确定合理的喷锚支护参数。

任务 5.2 施工支护安全技术

(2) 喷锚作业的机械设备,应布置在围岩稳定或已经支护的安全地段。

(3) 喷射机、注浆器等设备,应在使用前进行安全检查,必要时在洞外进行密封性能耐压试验,满足安全要求后方可使用。

(4) 喷射作业面,应采取综合防尘措施降低粉尘浓度,采用湿喷混凝土。有条件时,可设置防尘水幕。

(5) 岩石渗水较强的地段,喷射混凝土之前应设法把渗水集中排出。喷后钻排水孔,防止喷层脱落伤人。

(6) 凡锚杆孔的直径大于设计规定的数值时,不得安装锚杆。

(7) 喷锚工作结束后,应指定专人检查喷锚质量,若喷层厚度有脱落、变形等情况,应及时处理。

(8) 砂浆锚杆灌注浆液时应符合下列要求:

1) 作业前应检查注浆罐、输料管、注浆管是否完好。

2) 注浆罐有效容积应不小于 $0.02m^3$,其耐力不应小于 $0.8MPa$,使用前应进行耐压试验。

3) 作业开始(或中途停止时间超过 30min)时,应用水或 0.5~0.6 水灰比的纯水泥浆润滑注浆罐及其管路。

4) 注浆工作风压应逐渐升高。

5) 输料管应连接紧密,直放或大弧度拐弯,不得有回折。

6) 注浆罐与注浆管的操作人员应相互配合,连续进行注浆作业,罐内储料应保持在罐体容积的 1/3 左右。

(9) 喷射机、注浆器、水箱、油泵等设备,应安装压力表和安全阀,使用过程中如发现破损或失灵时,应立即更换。

(10) 施工期间应经常检查输料管、出料弯头、注浆管以及各种管路的连接部位,如发现磨薄、击穿或连接不牢等现象,应立即处理。

(11) 带式上料机及其他设备外露的转动和传动部分,应设置保护罩。

(12) 施工过程中进行机械故障处理时,应停机、断电、停风。在开机送风、送电之前应预先通知有关的作业人员。

(13) 作业区内不得在喷头和注浆管前方站人。喷射作业的堵管处理,应尽量采用敲击法疏通,若采用高压风疏通时,风压不得大于 $0.4MPa$,并将输料管放直,握紧喷头,喷头不得正对有人的方向。

(14) 当喷头(或注浆管)操作手与喷射机(或注浆器)操作人员不能直接联系时,应有可靠的联系手段。

(15) 预应力锚索和锚杆的张拉设备应安装牢固,操作方法应符合有关规程的规定。正对锚杆或锚索孔的方向不得站人。

(16) 高度较大的作业台架安装,应牢固可靠,设置栏杆。作业人员应系安全带。

(17) 竖井中的喷锚支护施工应遵守下列规定:

1) 采用溜筒运送喷混凝土的干混合料时,井口溜筒喇叭口周围应封闭严密。

2) 喷射机置于地面时,竖井内输料钢管宜用法兰联结,悬吊应垂直固定。

3) 采取措施防止机具、配件和锚杆等物件掉落伤人。

(18) 喷射机应密封良好,从喷射机排出的废气应进行妥善处理。

(19) 适当减少喷锚操作人员连续作业时间,定期进行健康体检。

子任务 5.2.2 构架支护安全技术要求

(1) 构架支撑包括木支撑、钢支撑、钢筋混凝土支撑及混合支撑,其架设应满足下列要求:

1) 采用木支撑的应严格检查木材质量。
2) 支撑立柱应放在平整岩石面上,一般应挖柱窝。
3) 支撑和围岩之间,应用木板、楔块或小型混凝土预制块塞紧。
4) 危险地段,支撑应跟进开挖作业面。必要时,可采取超前固结的施工方法。
5) 预计难以拆除的支撑应采用钢支撑。
6) 支撑拆除时应有可靠的安全措施。

(2) 支撑应经常检查,发现杆件破裂、倾斜、扭曲、变形及其他异常征兆时,应仔细分析原因,采取可靠措施进行处理。

任务 5.3 土方填筑安全技术

【学习目标】

知识目标:能说出土方填筑的安全规定。

能力目标:能根据土方填筑安全要求进行安全控制。

土方填筑安全技术一般要求:

(1) 土石方填筑应按施工组织设计进行施工,不得危及周围建筑物的结构或施工安全,不得危及相邻设备、设施的安全运行。

(2) 填筑作业时,应注意保护相邻的平面、高程控制点,防止碰撞造成移位及下沉。

(3) 夜间作业时,现场应有足够照明,在危险地段设置明显的警示标志和护栏。

子任务 5.3.1 陆上填筑安全技术要求

(1) 用于填筑的碾压、打夯设备,应按照厂家说明书规定操作和保养,操作者应持有效的上岗证件。进行碾压、打夯时应有专人负责指挥。

(2) 装载机、自卸车等机械作业现场应设专人指挥,作业范围内不得有人平土。

(3) 电动机械运行,应按"三级配电两级保护"并实行"一机、一闸"。机械不准带病运转,操作人员应戴绝缘手套。

(4) 人力打夯精神要集中,动作应一致。

(5) 基坑(槽)土方回填时,应先检查坑、槽壁的稳定情况,用小车卸土不得撒把,坑、槽边应设横木车挡。卸土时,坑槽内不得有人。

(6) 基坑(槽)的支撑,应根据已回填的高度,按施工组织设计要求依次拆除,不得提前拆除坑、槽内的支撑。

(7) 基础或管沟的混凝土、砂浆应达到一定的强度,当其不致受损坏时方可进行回填作业。

(8) 已完成的填土应将表面压实,且宜做成一定的坡度以利排水。

(9) 雨天不应进行填土作业。如需施工,应分段尽快完成,且宜采用碎石类土和砂土、石屑等填料。

(10) 基坑回填应分层对称,防止压力失平衡,破坏基础或构筑物。

(11) 管沟回填,应从管道两边同时进行填筑并夯实。填料超过管顶 0.5m 厚时,方准用动力打夯,不宜用振动碾压实。

子任务 5.3.2　水下填筑安全技术要求

(1) 所有船舶航行、运输、驻位、停靠等参照交通部颁发的《中华人民共和国内河避碰规则》及水下开挖中船舶相关操作规程的内容执行。

(2) 水下填筑应按设计要求和施工组织设计确定程序施工。

(3) 船上作业人员应穿救生衣、戴安全帽,并经过水上作业安全技术培训。

(4) 为了保证抛填作业安全及抛填位置的准确率,宜选择在风力小于 3 级、波高小于 0.5m 的风浪条件下进行作业。

(5) 水下基床填筑:

1) 定位船及抛石船的驻位方式,应根据基床宽度、抛石船尺度、风浪和水流确定,定位船参照所设岸标或浮标,通过锚泊系统预先泊位,并由专职安全管理人员及时检查锚泊系统的完好情况。

2) 采用装载机、挖掘机等机械在船上抛填时,宜采用 400t 以上的平板驳,抛填时为避免船舶倾斜过大,船上块石在测量人员的指挥下,对称抛入水中。

3) 人工抛填时,应遵循:由上至下,两侧块石对称抛投的原则抛投;严禁站在石堆下方掏取石块,以免石堆坍塌造成事故。

4) 抛填时宜顺流抛填块石,且抛石和移船方向应与水流方向一致,以免块石抛在已抛部位超高而增加水下整理工作量。

5) 有夯实要求的基床,其顶面应由潜水员作适当平整,为确保潜水员水下整平作业的安全,船上作业人员必须服从潜水员和副手的统一指挥,补抛块石时,需通过透水的串筒抛投至潜水员指定的区域,严禁不通过串筒直接将块石抛入水中。

6) 潜水员在水下作业时,应处在已抛块石的顶部,面向水流方向按序进行水下基床整平作业。

7) 潜水员水下作业应严格遵守《潜水员水下用电安全操作规程》(GB 17869—1999)。

8) 基床重锤夯实作业过程中,周围 100m 范围之内不得进行潜水作业。

9) 夯锤宜设计成低重心的扁式截头圆锥体,中间设置排水孔,选择铸钢链、卡环、连接环和转动环的能力时,安全系数宜取 5～6,且四根铸钢链按 3 根进行受力计算。此外,吊钩应设有封钩装置,以防止脱钩。

10) 打夯操作手工作时,注意力要高度集中,禁止锤在自由落下的过程中紧急刹车。

11）经常检查钢丝绳、吊臂等有无断丝、裂缝等异常情况，若有异常必须按《起重设备安全操作规程》的要求及时采取措施进行处理。

(6) 重力式码头沉箱内填料：

1）沉箱内填料，一般采用砂、卵石、渣石或块石。填料时应均匀抛填，各格舱壁两侧的高差宜控制在1m以内，以免造成沉箱倾斜、格舱壁开裂。

2）为防止填料砸坏沉箱壁的顶部，在其顶部要覆盖型钢、木板或橡胶保护。

3）沉箱码头的减压棱体（或后方圆填土）应在箱内填料完成后进行。扶壁码头的扶壁若设有尾板，在填棱体时应防止石料进入尾板下而失去减小前趾压力的作用。抛填压脚棱体应防止其向坡脚滑移。

4）为保证箱体回填时不受回填时产生的挤压力而导致结构位移及失稳，减压棱体和倒滤层宜采用民船或方驳于水上进行抛填。对于沉箱码头，为提高抛填速度，可考虑从陆上运料于沉箱上抛填一部分。抛填前，发现基床和岸坡上有回淤和塌坡，按设计要求进行清理。

(7) 水下埋坡时，船上测量人员和吊机应配合潜水员，按"由高至低"的顺序进行埋坡作业。

子任务 5.3.3 压实机械操作人员安全

5.3.3.1 振动碾

(1) 振动碾司机应经过专门培训，了解设备的性能、构造、保养规程，掌握操作技能，经考试合格取证后方可独立操作。

(2) 作业前，检查和调整振动碾各部位及作业参数，保证设备的正常技术状况和作业性能。

(3) 在振动碾发动机没有熄火、碾轮无支垫三角止滑木的情况下，严禁在机身下进行检修和从事润滑、调整和维修等其他工作。

(4) 振动碾应停放在平坦、坚实并对交通及施工作业无妨碍的地方。停放在坡道上时，前后轮应垫稳三角止滑木。

(5) 为振动碾辅助工作的其他人员，应与司机密切配合，不应在碾轮前方行走或工作，应在碾轮行走的侧面，并要注意压路机转向。

(6) 在行驶作业中，当机上蜂鸣器发生鸣叫时，应立即停车检查，待故障排除后方可继续运行工作。

(7) 驾驶人员应爱护振动碾，当班作业完成后，应及时予以清洗，切实做到保持其零部件、附属装置、随机工器具的完整齐全。

(8) 机上灯光应确保齐全完好，使夜间或在洞内作业时作业场地能有足够的照明。

(9) 发动机未停止运转前，司机不应离开驾驶室。

(10) 严禁酒后开车，加油时禁止吸烟。

(11) 不应在超过20°的斜坡路面上强行行驶，在高速行驶时，不应急转弯，避免严重损坏行走装置。

(12) 工作完毕应及时做好振动碾的清洁、润滑、调整、紧固和防腐工作。

5.3.3.2 强夯设备

1. 蛙式夯实机

（1）蛙式夯实机适用于夯实灰土和素土的地基、地坪及场地平整，不得夯实坚硬或硬软不一的地面、冻土及混有砖石碎块的杂土。

（2）作业前重点检查项目应符合下列要求：

1）除接零或接地外，应设置漏电保护器，电缆线接头绝缘良好。

2）传动皮带松紧度合适，皮带轮与偏心块安装牢固。

3）转动部分有防护装置，并进行试运转，确认正常后，方可作业。

（3）作业时夯实机扶手上的按钮开关和电动机的接线均应绝缘良好。当发现有漏电现象时，应立即切断电源进行检修。

（4）夯实机作业时，应一人扶夯，一人传递电缆线，且必须戴绝缘手套和穿绝缘鞋。递线人员应跟随夯机后或两侧调顺电缆线，电缆线不得扭结或缠绕，且不得张拉过紧，应保持有3~4m的余量。

（5）作业时，应防止电缆线被夯击。移动时，应将电缆线移至夯机后方，不得隔机抢扔电缆线，当转向倒线困难时，应停机调整。

（6）作业时，手握扶手应保持机身平衡，不得用力向后压，并应随时调整行进方向。转弯时不得用力过猛，不得急转弯。

（7）夯实填高土方时，应在边缘以内100~150mm夯实2~3遍后，再夯实边缘。

（8）在较大基坑作业时，不得在斜坡上夯行，应避免造成夯实后折。

（9）夯实房心土时，夯板应避开房心内地下构筑物、钢筋混凝土基桩、机座及地下管道等。

（10）多机作业时，其平列间距不得小于5m，前后间距不得小于10m。

（11）夯机前进方向和夯机四周1m范围内，不得站立非操作人员。

（12）夯机连续作业时间不应过长，当电动机超过额定温升时，应停机降温。

（13）夯机发生故障时，应先切断电源，然后排除故障。

（14）作业后，应切断电源，卷好电缆线，清除夯机上的泥土，并妥善保管。

2. 振动冲击夯

（1）振动冲击夯适用于黏性土、砂及砾石等散状物料的压实，不得在水泥路面和其他坚硬地面作业。

（2）作业前重点检查项目应符合下列要求：

1）各部件连接良好，无松动。

2）内燃冲击夯有足够的润滑油，油门控制器转动灵活。

3）电动冲击夯有可靠的接零或接地，电缆线表面绝缘完好。

（3）内燃冲击夯起动后，内燃机应急速运转3~5min，然后逐渐加大油门，待夯机跳动稳定后，方可作业。

（4）电动冲击夯在接通电源起动后，应检查电动机旋转方向，有错误时应倒换相线。

（5）作业时应正确掌握夯机，不得倾斜，手把不宜握得过紧，能控制夯机前进速度即可。

(6) 正常作业时,不得使劲往下压手把,影响夯机跳起高度。在较松的填料上作业或上坡时,可将手把稍向下压,并应能增加夯机前进速度。

(7) 在需要增加密实度的地方,可通过手把控制夯机在原地反复夯实。

(8) 根据作业要求,内燃冲击夯应通过调整油门的大小,在一定范围内改变夯机振动频率。

(9) 内燃冲击夯不宜在高速下连续作业。在内燃机高速运转时不得突然停车。

(10) 电动冲击夯应装有漏电保护装置,操作人员必须戴绝缘手套,穿绝缘鞋。作业时,电缆线不应拉得过紧,应经常检查线头安装,不得松动以免引起漏电。严禁冒雨作业。

(11) 作业中,当冲击夯有异常的响声,应立即停机检查。

(12) 当短距离转移时,应先将冲击夯手把稍向上抬起,将运输轮装入冲击夯的挂钩内,再压下手把,使重心后倾,方可推动手把转移冲击夯。

(13) 作业后,应清除夯板上的泥沙和附着物,保持夯机清洁,并妥善保管。

任务 5.4 渠道工程施工安全技术

【学习目标】

知识目标:能陈述渠道施工安全的技术方法。

能力目标:能针对渠道的特点进行施工安全控制。

(1) 渠道边坡施工应遵守以下安全规定。

1) 应按先坡面后坡脚、自上而下的原则进行施工。

2) 应做好截、排水措施,防止地表水和地下水对边坡的影响。

3) 应及时做好坡面保护,防止边坡坍塌,造成事故。

4) 对削坡范围内和周围有影响区域内的建筑物及障碍物等应有妥善的处置或采取必要的防护措施。

(2) 渠道施工中如遇到不稳定边坡,应视地形和地质条件采取适当支护措施,以保证施工安全。

(3) 边坡喷混凝土施工应进行边坡清理、搭设脚手架。

(4) 深度较深的渠道一次开挖不能到位时,应自上而下分层开挖。如施工期较长,开挖时遇膨胀土或易风化的岩层,土质较差的渠道边坡,应采取安全支护措施。

(5) 地下水较为丰富的渠道开挖,应在渠道外围设置临时排水沟和集水井,并采取有效的降水措施。

(6) 冻土开挖时,如采用重锤击碎冻土的施工方案,应防止重锤在坑边滑脱,击锤点距坑边应保持 1m 以上的距离。

(7) 渠道衬砌应按设计进行,混凝土预制块、干砌石和浆砌石自下而上分层进行施工,渠顶堆载预制块或石块高度宜控制在 1.5m 以内,且距坡面边缘 1.0m,防止石料滚落伤人,对软土堤顶应减少堆载。

任务 5.5 堤防工程施工安全技术

【学习目标】
知识目标：知道堤防工程不同部位、不同情况下施工安全的技术方法。
能力目标：能在堤防工程施工过程中进行安全控制。

堤防工程施工安全技术一般规定：

(1) 堤防工程度汛、导流施工，应根据设计要求和工程需要，编制方案，并报合同指定单位或防汛主管部门批准。

(2) 度汛时如遇超标准洪水，应启动应急预案并及时采取紧急处理措施。

(3) 土料开采应保证坑壁稳定，立面开挖时，严禁掏底施工。

子任务 5.5.1 堤防工程施工安全技术

1. 堤基施工

(1) 堤防地基开挖较深时，应制定防止滑坡的安全预案。作业前应检查安全支撑和挡护设施是否良好，确认符合要求后，方可施工。

(2) 当地下水位较高或在黏性土、湿陷性黄土上强夯时，可在表面铺设一层厚 50~200cm 的砂、砂砾或碎石垫层，便于消散强夯产生的孔隙水压力，以防设备下陷。

(3) 强夯夯击时应做好安全防范措施，现场施工人员应戴好安全防护用品。夯击时所有人员应退到安全线以外。应对强夯周围建筑物进行观测，以指导调整强夯参数。

(4) 地基处理采用砂井排水固结法施工时，为加快堤基的排水固结，应在堤基上分级进行压载，加载时应加强现场监测，防止出现滑动破坏等失稳事故的发生。

(5) 软弱地基处理采用抛石挤淤法施工时，应定期进行检查、维修，保证机械使用安全。

2. 吹填筑堤施工

(1) 吹填筑堤时，机（船）应与堤身保持一定距离。

(2) 吹填放淤时，应做好围堰的施工质量和退水查验，防止淤筑过程中淤区跨堤造成设备和人员安全事故，防止污染环境。

(3) 筑堰土料取土坑边缘距堰脚不应小于 3m，以防淤筑过程中围堰失稳。

(4) 吹填区修筑围堰应符合下列要求：

1) 利用吹填土修筑围堰时，取土坑边缘距堰脚不应小于 3m，以防围堰塌方导致人身事故的发生。

2) 利用水力冲挖机组等设备，向透水编织布长管袋中充填土（砂）料垒筑围堰时，现场施工人员应穿戴救生衣，取土区作业时，应注意防止周围土方塌陷造成人身事故。

(5) 水工建筑物边侧吹填施工前，应制定出相应的施工技术和安全措施，防止因建筑物损坏和对人身造成的伤亡事故。

(6) 施工中发现建筑物有危险迹象时，应立即停止吹填，并及时采取有效措施进行处理。

(7) 进行吹填造地或筑新堤施工时，应注意以下事项：

1) 在吹填区内延伸排泥管线或拆装、调整喷口时，应根据吹填土质类别，制定技术方案和人员防陷措施，在确保人身安全的条件下进行施工。

2) 顺堤延伸排泥管线时，应注意在临吹填区一侧的安全防护，防止人员滑入吹填区，造成人员伤亡。

3) 吹填区场内管线布置时，应避免管口出水落点直接落在堤身或堤角外 30m 内，以防止围堰决堤或崩溃，造成人员伤亡。

4) 应做好对退水口的控制和围堰的维护工作，防止泥浆回流处溢、围堰冲塌等事故的发生。

5) 应在吹填区范围内进行安全警示，在无安全监护的条件下，任何人不得进入吹填区工作或玩耍。

3. 抛石筑堤施工

(1) 在深水域施工抛石棱体，应通过岸边架设的定位仪指挥船舶抛石。

(2) 陆域软基段或潜水域抛石，可采用自卸汽车以端进法向前延伸立抛，重载与空载汽车应按照各自预定路线慢速行驶，不得超载与抢道。

(3) 深水域宜用驳船水上定位分层平抛，抛石区域高程应按规定检查，以防驳船移位时出险。

4. 防护工程施工

(1) 人工抛石作业时应按照计划制定的程序进行，不准随意抛掷，以防意外事故发生。

(2) 抛石所使用的设备应安全可靠、性能良好，同时设有安全保险装置。

(3) 抛石护脚时应注意石块体重心位置，不得起吊有破裂、脱落、危险的石块体。起重设备回转时，严禁起重设备工作范围或抛石工作范围内进行其他作业和人员停留。

(4) 抛石护脚施工时除操作人员外，严禁有人停留。

5. 堤防加固施工

(1) 砌石护坡加固，应在汛期前完成；当加固规模、范围较大时，可拆一段砌一段，但分段宜大于 50m；垫层的接头处应确保施工质量，新、老砌体应结合牢固，连接平顺。确需汛期施工时，分段长度可根据水情预报情况及施工能力而定，防止意外事故发生。

(2) 护坡石沿坡面运输时，使用的绳索、刹车等设施应满足负荷要求，牢固可靠，在吊运时不得超载，发现问题及时检修。垂直运送料具时必须有联系信号，专人指挥。

(3) 若石料有凸尖，应用铁锤打掉，以防止护坡面凸尖伤人。

(4) 堤防灌浆机械设备作业前必须检查是否良好，安全设施及防护用品是否齐全，警示标志设置是否标准，经检查确认符合要求后，方可施工。

(5) 施工操作人员应戴保护手套和其他必要的劳保用品。

(6) 当堤防加固采用混凝土防渗墙、高压喷射、土工膜截渗或砂石导渗等施工技术时，均应符合相应安全技术标准的规定。

子任务 5.5.2 防汛抢险施工安全技术

(1) 防汛抢险施工是紧急时期所采取的应急措施，施工前应对作业人员进行安全教育，施工应按防汛预案进行，防止因准备不足而导致的安全事故。

(2) 堤防防汛抢险施工的抢护原则为：前堵后导、强身固脚、减载平压、缓流消浪，施工中应遵守各项安全技术要求，不得违反程序作业。

(3) 堤身漏洞险情的抢护原则为"前截后导、临重于背"。在抢护时，可在临水侧截断漏水来源，在背水侧漏洞出水口处采用反滤围井的方法，防止险情扩大，导致安全事故。

(4) 堤身漏洞险情在临水侧抢护以人力施工为主时，应具有足够的安全设施，且有专人指挥和专人督查，确认符合要求后，方可施工。

(5) 堤身漏洞险情在临水侧抢护以机械设备为主时，机械设备应停站或行驶在安全或经加固可以确认较为安全的堤身上，防止因漏洞险情导致设备下陷、倾斜或失稳等其他安全事故。

(6) 管涌险情的抢护宜在背水面，采取反滤导渗，控制涌水，留有渗水出路。

(7) 管涌险情的抢护以人力施工为主，应注意检查附近堤段水浸后变形情况，如有坍塌危险时，应及时加固或采取其他安全有效的方法。

(8) 当遭遇超标准洪水或有可能超过堤坝顶时，应迅速进行加高抢护，同时做好人员撤离安排，及时将人员设备转移到安全地带。

(9) 为削减波浪的冲击力，在靠近堤坡的水面设置芦柴、柳枝、湖草和木料等材料的捆扎体，并设法锚定，防止被风浪水流冲走。

(10) 当发生崩岸险情时，应抛投物料，如石块、石笼、土袋和柳石枕等，以稳定基础、防止崩岸进一步发展。

(11) 当发生崩岸险情时，应密切关注险情发展的动向，时刻检查附近堤身的变形情况，及时采取正确的处理措施，并向附近居民示警。

(12) 当堤防决口时，除有关部门快速通知附近居民安全转移外，抢险施工人员应配备足够的安全救生设备。

(13) 堤防决口施工应在水面以上进行，并逐步创造静水闭气条件，确保人身安全。

(14) 当在决口抢筑裹头时，应从水浅流缓、土质较好的地带采取打桩、抛填人体积料物等安全裹护措施，防止裹头处突然坍塌将人员与设备冲走。

(15) 决口较大采用沉船截流时，应在沉船迎水侧打钢板桩等安全防护措施，防止沉船底部不平整发生移动而给作业人员造成安全隐患。

任务 5.6 疏浚工程施工安全技术

【学习目标】

知识目标：能陈述疏浚工程施工中船舶设备转移、施工作业、爆破作业管线架设、设备维修等作业活动的安全要求。

项目5 土石方工程施工安全监控

能力目标：能进行疏浚工程施工安全控制。

疏浚工程施工安全技术一般规定：

(1) 船舶在通航航道施工之前，应与海事部门联系，按规定发布航行公告。

(2) 施工中应按规定使用设备和施工标识：白天施工时，在通航一侧悬挂黑色锚球一个，在不通航一侧悬挂黑色十字架一个；夜间施工时，在通航一侧悬挂白光环照灯一盏，在不通航一侧悬挂红光环照灯一盏。

(3) 船舶消防、救生器材应按船舶证书载明的品种、数量配置，并定期进行检验，以保持其有效性。

(4) 应根据船舶类型及船舶安全状况配置相应的堵漏器材。

(5) 船舶航行、施工及作业应符合下列规定：

1) 遵守国家和所在地有关水上交通管理的法律法规和港口港章与管理规则，做好避碰避让防范工作，保障船舶航行、停泊和作业安全。

2) 配置无线电通信设备和消防、救生设备，并保持其技术状态良好。

3) 沿海施工应认真执行交通部《船舶防台技术操作规则》及所在港口关于防台的规定。

4) 执行任何拖带作业时，应将拖带船和被拖带船用安全可靠的缆绳进行牢固连接。

(6) 挖泥船施工作业应遵守以下安全管理规定：

1) 除特殊情况且有安全监护措施外，在进行挖泥船、辅助作业船舶、浮筒管线等水上作业及水上交通时，应穿戴救生衣。

2) 上船前6h内不应酗酒；除特殊情况经批准外，不应酒后作业。

3) 无证人员不得独立进行特种作业。

4) 机舱内、裸露易燃物品20m范围内及设备维修作业时，禁止吸烟和放置火种。高温区域禁止放置易燃物品。

5) 在无安全监护条件时，不应进行任何形式的明火作业。

6) 船上工作及值班期间不宜穿拖鞋。

7) 起吊及高空作业必须配戴安全帽。

8) 无护栏保护条件的舷外作业和高空作业必须系好安全带。

9) 按照"一级一保"的规定，安装漏电保护器。

(7) 船舶防火应符合以下要求：

1) 按照不同区域可能发生的火灾类别放置有效的灭火器材。

2) 明火作业及维修作业时，应进行现场监控，随时消除可能发生的火灾，作业完成后应进一步检查，以消除隐患。

3) 废弃物品（污油、棉纱、破布、生活垃圾等）不应随意抛弃，应放入指定的金属容器内，定期处置。

(8) 船舶安全应急设备和应变部署应符合以下要求：

1) 对应急设备，如备用发电机组、应急空压机、应急救火泵、应急出口及水密门、应急电瓶等应每周检查一次，并记入轮机日志。

2) 对消防、救生、堵漏等抢险设备器材和应急电源、蓄电池组等按分工职责定期检查和保养，使之处于良好状态。

3) 应根据船舶的类型和设备情况，由船长分别编制消防、堵漏、人员落水救生等应变部署表。

4) 在应变部署表中，应明确每个船员在应急状态下应到达的岗位和任务职责，并填写"应变备记卡"，使船员熟悉自己承担的任务。

5) 明确并熟记应急信号，当船舶遇难时，如灾情严重，超出本船施救能力时，应按规定发生求救信号。

6) 船舶发生应急事件时，按应变部署表规定的应变救急程序，迅速组织船员施救。

（9）应根据不同施工区域及施工季节，做好以下安全技术管理工作：

1) 冬季施工应注意设备保温，柴油机应加注防冻液；落实防滑措施，及时清除霜、雪、冰冻；船舶甲板及作业区等主要通道应保持无油污和冰层。

2) 夏季应搞好防暑降温，雷雨季节做好防雷击措施，按有关要求设置、检查避雷装置，并保证其有效性。

3) 在台风季节应提前落实避风锚地，并使船舶应急装置及锚具处于完好状态。

4) 应充分考虑潮汐对挖泥船施工、水上管线的影响，采取相关措施，保证水上作业安全。

（10）应根据不同的施工区域及自然环境，制定下列事故的应急预案：

1) 防风、防台应急预案。

2) 船体进水应急预案。

3) 火灾应急预案。

4) 其他情况下（人员落水、触电等）的应急预案。

子任务 5.6.1　施工船舶设备转移安全技术要求

（1）船舶各类证书应齐全有效，符合适航与作业航区等级要求。调遣前，应经过船舶检验部门的航行安全检验和港航监督部门的签证。

1) 调遣转移采取拖轮拖带时，所使用拖轮总功率应满足被拖船队的总吨位和航行期间当地水文、气象变化的需求。

2) 自航船舶应在规定的适航区域和气象条件允许的情况下进行航行；需要采用半潜驳、货轮等运输方式调遣时，应满足装船前自航或拖带所需要的安全要求。

（2）施工船舶水上调遣前应做好以下工作：

1) 确定调遣方式、航行路线及航行编队方式，并编制航行计划。

2) 根据调遣方式，确定具有相应拖带能力的拖轮或承运船舶。

3) 检查被拖船舶的适航性，特别是对水线以下船体有怀疑时，应对船底板及舷外侧板进行测厚，必要时焊补修理。

4) 应查明通航航线的水深图或海图、所经过的桥梁或船闸的净空高度及宽度、沿途及目的港锚地避风和停泊能力等资料。

5) 掌握航行区段在航行期内天气、风浪、潮汐等水文气象资料。

6) 检查航行信号器具及应急设备。如航行灯、锚球、通信器材、救生、堵漏、消防等设施。

7）准备好必需的拖航装置。如主拖缆、备用拖缆、三角板、八字缆、卡环、系泊及锚泊用缆等。

（3）施工船舶在沿海短途或长江 A 级航区拖航时，封舱工作应符合下列要求：

1）检查各舱室门窗水密胶条是否完好可靠，必要时换新、把手旋紧，玻璃用木板封固、舱室通气及通风孔用塑料布和防水帆布包裹扎紧。

2）船舶管系检查：如海底阀、各舷外排出阀、各舱室贯通阀、吸泥管截止阀等均应关闭。

3）柴油机排气管烟筒用防水帆布和塑料布包裹、铁丝扎紧、保证水密，如需将排气管烟筒拆除，则应将排气管烟筒连接处下端口用盲板封闭。

4）检查甲板所有与舱室相通的眼孔，全部填充封闭用玻璃胶加固。

5）各空调机之外挂压缩机用防水帆布防护罩扎紧密封。

（4）施工船舶在沿海短途或长江 A 级航区拖航时，设备加固工作应符合下列要求：

1）桥架使用专用保险缆固定，前端用工字钢与船体焊接，防止桥架左右摆动，工字钢及其焊接要保证强度。

2）对液压顶升式定位桩，如需放倒定位桩，放桩后应将两定位桩油缸用葫芦拉紧固定，油缸孔使用专用防水帆布防护罩密封，上下端扎紧，保证水密。如需要拆除定位桩油缸，应将油缸孔封闭保护。

3）如不需放倒定位桩，应将定位桩提升至规定高度后，穿好定位销，并将定位桩油缸上升至接近最大行程，以微力吊住定位桩，使定位桩重心相对下移，起到固定定位桩和油缸的作用。

4）在不放倒定位桩的情况下，应检查定位桩抱箍的完成情况，并在定位桩与其抱箍的间隙处，用斜木塞牢，如间隙过大应加衬钢板，防止因定位桩摇摆幅度过大，影响航行安全并对抱箍及船体造成损伤。

5）带有自动抛锚扒杆的挖泥船，应将两抛锚扒杆收回与专用立柱用抱箍和钢丝绳双重固定连接，两抛锚扒杆间用钢丝绳横向拉紧。

6）甲板吊吊钩应与甲板连接微力收紧，其吊臂用钢丝绳与甲板连接拉紧固定。

7）两横移锚应收至桥架横移滑轮下方备用，绞车锁住。其中一只应做好途中抛锚准备。

8）对甲板、机舱及货舱的物品进行整理，活动部件应全部用铁丝或钢丝绳扎紧固定，对不宜随船物品应吊卸下船。

9）柴油舱和压载舱在保证干舷高度的条件下，应予清空或加满相应的柴油和压载水；各舱舱底水应予排干。

（5）内河转移可净挖泥船和辅助船舶组编成船队采用吊拖或绑拖方式进行拖带，编队应满足下列要求：

1）拖航过程中的阻力最小。

2）船队编组后的长度和宽度，应小于航道允许的最大长度与宽度；高度不得超过跨河建筑物的净空高度。

3) 纵向吊拖时,应将最大、最坚固的船舶放在前面,船舶之间应有足够的灵活性,不妨碍船舵的操纵。横向绑拖时,船舶之间应绑系牢固,避免发生相互碰撞。

4) 如船队长度超过主拖船航行控制能力时,应在船队末端设置一至两条机动船,以控制船队甩尾。

(6) 水上浮筒(体)管线拖带应符合下列要求:

1) 被拖带浮筒(体)管线不得有破损、漏水及倾斜现象。

2) 根据不同航行区域,确定浮筒(体)管线编组长度。浮筒(体)与管子之间,及管子之间必须卡接牢固,排列平整。首端的管口应用钢板密封。

3) 拖带单列浮筒(体)管线时,应用一根钢缆从头至尾将每一套浮筒(体)系牢加固,如需拖带两列或三列(视航线水域宽度和有关部门管理要求,最多不得超过三列),则应在单列纵向系牢加固的基础上,进行横向收拢联结,以增强被拖管线的整体性。

4) 被拖浮筒(体)管线应在首尾两端各设一盏环照白灯,并在末端设一菱形体号型,以对被拖浮筒(体)管线进行显示。号灯、号型的高度应高出管线1.5m。

(7) 施工船舶使用半潜驳运输时,应符合以下要求:

1) 待装驳船舶应按照近海航行要求,分别进行放桩、封舱、加固等作业准备。

2) 水上浮筒(体)管线整理,按照潜驳货物平面位置布置图的有关规定,进行拆分、编组、绑扎。

3) 陆地管线及其他货物陆运集中至码头,待由吊机装驳。

4) 装驳时,应按照装驳计划确定的进驳顺序,依次将设备拖带进驳,并将每次进驳的设备进行临时性固定。

5) 全部设备进驳并按要求放置。在潜驳开始排水上浮的过程中,应对各设备临时固定点随时进行调整,直至该设备完全稳定在半潜驳上。

6) 对各设备舱室进行检查和封闭。半潜驳人员对所有货物进行支撑焊接、绑扎等稳固工作。

7) 半潜驳到达目的港停泊码头或锚地,具备卸驳条件时,开始出驳工作。按照货物进驳程序的反向进行。货物出驳后,组织拖轮将水上设备直接拖带到目的地。

(8) 陆上转移应满足下列要求:

1) 挖泥船或挖泥船的部件和重量应符合公路或铁路运输的规定,并考虑运输和起重设备的能力。

2) 陆上转移应考虑挖泥船到达现场后的组装和下水方法,并选择适当的场地。

3) 挖泥船的拆卸和组装工作按各船拆装规范进行,工作前应进行安全技术交底;吊装和吊卸工作应由专业人员进行。

子任务5.6.2 疏浚施工安全技术要求

1. 土砂疏浚

(1) 疏浚船施工就位应符合下列要求:

1) 疏浚船进行施工就位作业前,应根据航道情况稳妥航行,锚定就位,必要时安排一条小机动船进行引航。

项目5 土石方工程施工安全监控

2)疏浚船舶应在拖轮的拖带下缓慢进入施工区域,拖带过程中,其与拖轮的连接缆绳必须牢固可靠。

3)通行航道附近作业时应注意过往船只,做好船舶避让和防碰撞措施。

4)风力大于6级或浪高大于1.0m时必须立即停止作业。

5)就位下放定位桩前应测量水深,若水深小于并接近定位桩长度,则应采取定位桩分段缓降下放的方法进行定位。

6)根据现场风向、水流及流速等情况,可采取双桩定位或单桩与绞刀头同时落地定位的方法。

(2)疏浚船开工前应进行以下检查:

1)检查船体吃水,保证船体能正常摆动进行。

2)检查施工信号是否按规定悬挂。

3)观察船体及水上管线周围有否过往船只,避免碰撞。

4)观察排泥区场内及出水口是否有人。

(3)根据施工组织设计要求,疏浚船应分别进行分条和分层开挖。

1)需要分条施工时,疏浚区分条宽度应大于挖泥船最小开挖宽度;小于最大开挖宽度,以保证挖泥船经济开挖、安全施工。

2)需要对疏浚区泥层分层施工时,应根据疏浚区设计开挖深度和挖泥船的最大挖深值,确定挖泥船每层可开挖的深度;在将开挖土层分为两层或以上时,其第一次分层厚度应大于挖泥船最小开挖深度,以保证挖泥船施工前移对水深的要求,确保挖泥船安全。

(4)挖泥船施工锚缆操作应符合下列规定:

1)需要起锚艇抛掷的各类作业锚,应用红白色浮漂显示锚位,如影响通航时,应在航道管理部门同意的前提下,悬挂禁航标志。

2)如横移缆位于通航航道内,且收紧高度影响通航时,应加强对过往船只的观察,必要时应放松缆绳让航,防止横移缆绳对过往船只造成兜底或挂住推进器。

(5)高岸土开挖施工应符合下列规定:

1)水上方超过3m时,应先采取机械或人力剥离等措施降低其高度,然后再分层开挖,以保证水上施工设备及人身安全。

2)开挖分层的厚度应合理,在保证挖泥船吃水与最小挖深的情况下,尽量减少第一层的开挖厚度。可将通条开挖改为短条开挖,以减少条内及两侧土体坍塌对挖泥船造成的冲击。

3)应经常对桥架提升钢丝绳进行检查,保证其工作强度。

(6)环保疏浚工程施工应符合下列规定:

1)应采用环保性绞刀头或在普通绞刀头上安装环保防污罩。

2)挖泥船周围应根据水流流向及风向等具体情况设置防污帘。

3)排泥场底部为透水层时应在底部采取铺设防渗膜等措施。

4)应采用投放化学药品促沉的方法进行余水处理,投药工艺以排泥管内投药为主,并通过实验确定能够满足要求的投药参数。当后期排泥管口距退水口较近,靠投药仍不能满足余水排放指标时,应立即停机,并在退水口附近和退水渠内进行紧急投药。

5) 应在退水渠口外围设置防护屏。

(7) 在海区感潮地区施工时,定位桩应采取保护措施防止掉桩、断桩等事故的发生。

2. 岩石礁石疏浚

(1) 岩石礁石疏浚时,应根据岩石坚硬程度和是否直接疏浚的施工技术方案,确定使用挖泥船的类型。

1) 沉积岩和珊瑚可利用挖泥船直接疏浚,火成岩和变质岩如果不是严重风化,不宜采用挖泥船直接疏浚。

2) 采取直接疏浚时,挖泥船在重量、强度、功率等方面应与疏浚的岩石相适应,并具有松动和破碎岩石的能力。

3) 经过水下爆破等方法进行预处理后疏浚时,岩石爆破后的体积、重量、分布状况等应适合相应挖泥船的施工性能和能力。

(2) 岩石礁石疏浚应选用抓斗式挖泥船或铲斗式挖泥船进行,并应满足下列要求:

1) 应采用具有良好的耐磨性的专用挖掘机具,抓斗挖泥船应采用重型泥斗,铲斗式挖泥船应具有相应的功率。

2) 抓斗式挖泥船采取五锚定位;铲斗式挖泥船采取钢桩定位,开挖方法均应采取纵挖法施工。

3) 应准备较为充足的斗齿、斗体等易磨件,以方便更换。

4) 疏浚岩石时船体振动较大,应经常注意检查船机状态、机座及各活动部件的紧固情况,确保挖泥船设备安全。

(3) 抓斗式、铲斗式挖泥船施工时,应遵守以下安全规定:

1) 应按照技术方案进行施工,并在施工前进行安全技术交底。

2) 作业前应对各种影响安全的部位进行检查。

3) 钢丝绳在卷筒上必须排列整齐,尾部卡牢,工作中最少必须保留三圈。

4) 检查各绞车刹车机构性能是否良好。

5) 检查各机械设备状况及防护装置是否完好。

6) 检查电气设备运转是否正常、是否处于良好绝缘状态。

7) 检查各操作开关及操作手柄是否灵活和正常。

8) 检查甲板及机舱等各活动部件及物资是否稳固。

(4) 挖泥船在施工时,不得在臂下或抓斗(铲斗)附近及机身的旋转范围之内站立或随意走动,工作人员必须按规定穿戴救生衣和安全帽。

(5) 船上向外伸出的绳索、锚链或其他物体有碍其他船只行驶时,应在伸出方向显示明显标志。不得阻碍其他船只正常航行。

(6) 两艘以上船舶同时施工时,彼此必须保持足够的安全距离。

(7) 操作手必须持有效证件上岗,驾驶室、机舱内不准有闲杂人员入内,不准擅自将机械交给别人操作,不准将抓斗或斗铲置于空中或放入水中而离开机械。

(8) 铲斗式挖泥船在抬船操作中,应绝对避免单桩抬船,以免发生事故。挖泥船作业驻位后,要首先放下两根前桩,并利用绞车将桩压入挖掘层,同时根据不同的土质情况可将船体抬升 0.6~0.8m,桩入土深度控制在 3~4m,确保船体稳固。

(9) 作业后应做到：抓斗、铲斗应停放在指定地点，切断电源、关好门窗，填写好工作记录。

子任务 5.6.3　水下爆破作业安全技术要求

(1) 施工船舶的行驶、停靠、锚泊、作业，应符合航道管理部门的有关规定。

(2) 在通航水域进行水下爆破作业时，应申告当地港航监督部门和公安部门，并由其在三天之前发布爆破施工通告。

(3) 爆破工作船及其辅助船舶，应按规定悬挂信号（灯号）。

(4) 进行水下爆破作业前，应做好下列各项工作：

1) 准备救生设备。

2) 检查爆破工作船技术性能。

3) 检查爆破器材的水上运输和储存。

4) 检查危险区的船舶、设备、管线及临水建筑物的安全防护措施。

5) 检查水域危险边界上警告标志、禁航信号、警戒船舶和岗哨等的设置。

6) 检查水域中遗留的爆炸物和水体带电情况。

7) 当一般照明方法不能满足施工照明要求时，应按实际情况提出安全可靠的照明方法，并报工程负责人批准。

(5) 爆破作业船上的工作人员，作业时应穿好救生衣。无关人员不准登上爆破作业船。

(6) 爆破作业应制定爆破作业方法和安全防护措施。

(7) 爆破作业器材应满足以下特殊安全要求：

1) 水下爆破应使用防水的或经防水处理的爆破器材；用于深水区的爆破器材，应具有足够的抗压性能，或采取有效的抗压措施；水下爆破使用的爆破器材应进行抗水和抗压试验。

2) 水下爆破的药包和起爆药包，应在专用的加工房内或加工船上制作。

3) 现场运输爆破器材和起爆药包，应专船装运。用机动船装运，应采取防电、防振及隔热措施。

4) 起爆药包，只准由爆破员搬运。搬运起爆药包上下船或跨船舷时，应有必要的防滑措施。用船只运送起爆药包时，航行中应避免剧烈的颠簸和碰撞。

(8) 爆破作业时应遵守以下规定：

1) 水下爆破宜采用裸露药包法和炮眼法，爆破时应采用电力起爆。

2) 装药时要按顺序进行，一般先上游后下游依次对号入孔，以免潜水员挂断起爆电线。

3) 装药及爆破时，潜水员及炮工不得携带对讲电话机和手电筒上船，施工现场亦应切断一切电源。

4) 水下裸露爆破，应将药包固定在爆破点上，预防潜水员返回时把药包挂起来，爆破时装药船应移向上游。

5) 在水流较大、较深的爆破区放电炮连线时，应要将连线接头架离水面，以免漏电造成电流不足而导致瞎炮。

6) 当进行水深小于12m、流速小于1.5m/s时的小规模爆破，方允许潜水员直接装药。潜水员下水时应有专人负责潜水员的安全工作。

7) 用电力和导爆管起爆网路时，每个起爆药包内安放的雷管数不宜少于2发，并宜连成两套网路或复式网路同时起爆。

8) 水下电爆网路的导线（含主线连接线）应采用有足够强度且防水性和柔韧性良好的绝缘胶质线，爆破主线路呈松弛状态扎系在伸缩性小的主绳上；水中不应有接头。

9) 流速较大时宜采用导爆索起爆网路。

10) 起爆药包使用非电导爆管雷管及导爆索起爆时，应做好端头防水工作，导爆索搭接长度应大于0.3m。

11) 导爆索起爆网路应在主爆线上加系浮标，使其悬吊；应避免导爆索网路沉入水底造成网路交叉，破坏起爆网路。

12) 盲炮应及时处理，遇有难以处理而又危及航行船舶安全的盲炮，应延长警戒时间，继续处理。

（9）水下裸露药包爆破，水下大面积爆破作业宜邀请航道专业队伍施工，小体积炸礁作业应遵守以下规定：

1) 水下裸露药包（含加重物）应有足够的重量能顺利自沉，药包表面应包裹良好，防止与礁石（或被爆破物）碰撞、摩擦。

2) 捆扎药包和连接加重物，应在平整的地面或木质的船舱板上进行，并应捆扎牢实。

3) 在施工现场，已加工好的裸露药包，允许临时存放在爆破危险区外的专用船上或陆地上，并派专人看守，但不得过夜存放。

4) 投药船应用稳定性和质量好的船只，工作舱内和船壳外表不应有尖锐的突出物。

5) 在投药船的作业舱内，不应存放任何带电物品。

6) 药包投放应使用绳、缆、杆牵引，不应直接牵引起爆网路。

7) 在急流河段爆破时，投药船应由定位船或有固定端的绳缆牵引，定位船的位置应设标控制，不应走锚移位。

8) 投药船离开投放药包的地点后，应反复检查船底和船舵、推进器、装药设备等是否挂有药包或缠有网路线。

9) 已投入水底的裸露药包，不应拖曳和撞击，并采取防止漂移措施，若有药包漂出水面不准起爆。

子任务5.6.4 排泥管线架设与抛起锚作业安全技术要求

（1）进行排泥管线架设与抛起锚作业任务时，工作人员应按规定穿戴和使用劳动防护用具，并在工作中加强监护。

（2）水上管线连接可采用陆上组装连接、分段下水或在船舷组装连接的方式进行，以减少直接水上作业时间和工作难度，降低安全隐患。

（3）水上浮管间应采用柔性连接，连接后呈自然弯曲状态，以适应水流、风浪的影响，并减少管内流体阻力，预防管线局部爆裂事故的发生。

（4）船体与船尾后第一组浮筒、各浮筒之间、排泥管间、排泥管与浮筒（体）之间等必须连接牢固，以避免排泥管脱开及浮筒（体）窜位、翻转和浮筒（体）脱开，造成水上事故的发生。

（5）水上管线连接应在机动船（拖轮、起锚艇等）配合下进行。作业时，应防止发生碰撞、紧急停车等原因造成的人员摔倒、落水、碰伤、挤伤等事故的发生。

（6）在通航区域进行水上管线连接或起锚作业时，应加强对过往船只及相临施工船舶和水上管线的观察和作业监护，避免发生船舶相撞、相碰等事故。

（7）起锚艇在执行起吊及抛起锚作业时，应注意以下事项：

1）应检查起吊钢丝绳是否完好，不应存在断股、较多断丝等达到钢丝绳报废标准的现象。

2）作业过程中应防止钢丝绳断丝头扎手、身体部位被卷入起锚绞盘等事故发生。

3）工作人员应与承重钢丝绳保持一定距离，防止钢丝绳崩断而导致人员受伤。

（8）进行潜管敷设作业时，应征得有关港口、航运监督部门的同意，潜管下潜深度应满足正常船舶航行要求。

（9）潜管下潜后，应在有效通航宽度的两端设置醒目标志。

（10）在使用潜管施工时，挖泥船开机前应打开端点排气阀放气，开机时必须先以低速吹清水，确认正常后再开始提高转速，以避免排气不彻底而造成驼峰，影响潜管与过往船只的安全。

（11）潜管在易淤区域作业时应定期进行起浮，以避免潜管被严重淤埋，无法起浮而造成不必要的财产损失。

子任务 5.6.5 设备维修作业安全技术要求

（1）维修作业前，维修负责人应检查工作场地及周围环境、使用的工具及材料是否符合安全规定。

（2）应将甲板及机舱内通道上的所有舱口和洞孔用牢固的隔板或舱盖盖严，防止人员跌入。

（3）机舱内空间狭小，在进行设备拆装作业时，应遵守以下规定。

1）按规定穿戴劳动防护用品，避免碰伤、砸伤、挤伤等事故的发生。

2）保持作业通道畅顺，防止摔倒、碰伤、滑倒等事故的发生。

3）应保证舱内工作区域光线充足。

（4）在使用易燃品对配件进行清洗作业或其他作业时，应遵守以下规定。

1）严禁带入火种。

2）应在较大空间内进行，以防止有害气体对人体造成的伤害。

3）应将清洗配件后所剩余废油倒入污油舱。

（5）在进入压载舱、油舱、污油舱等舱室作业时，应注意以下事项。

1）应预先检查舱室内有无含毒气体或爆炸气体，并进行检测和排放。

2）在舱室进行除锈油漆作业时，应安装排风机。

3）舱内工作人员应配戴防护眼镜和口罩。

(6) 燃油舱甲板上方及隔壁舱室立板严禁进行电气焊作业。

(7) 进行电气维修作业时，应遵守以下规定。

1) 工作人员按规定穿戴和使用绝缘劳动防护用品及工具。

2) 拉下电源闸刀，悬挂"禁止合闸"的安全警示，在无安全保护及监护的情况下，不得进行带电操作。

3) 不应乱拉乱扯临时用电电线及闸刀、开关。

(8) 对甲板部进行维修作业时，应遵守以下规定。

1) 在进行油漆作业时，应进行个体防护，防止中毒。

2) 在船舶桥架作业时，应将桥架提升绞车保险销插入，以防绞车刹车失灵。

3) 高处、临边、悬空作业人员应使用安全带，防止人员意外落水。

任务 5.7　水闸及泵站施工安全技术

【学习目标】

知识目标：能陈述水闸及泵站等建筑物施工安全的技术方法。

能力目标：能针对水闸、泵站等建筑物的特点进行施工安全控制。

子任务 5.7.1　水闸施工安全技术

(1) 土方开挖应遵循以下安全规定。

1) 建筑物的基坑开挖应按先降水、后开挖的原则施工。

2) 降水期间必须对基坑边坡及周围建筑物进行安全监测，发现异常情况应立即撤退作业人员。

3) 雨期施工，应做好基坑排水工作，配备满足施工要求的排水设备。

4) 排水遇到流沙、管涌时应采用反滤导渗措施。

(2) 振冲地基加固、预制方桩打入、深层水泥搅拌桩、钻孔灌注桩基础施工安全技术要求见本书项目 4 中相关内容。

(3) 沉井施工应制定安全技术措施并符合下列规定：

1) 配备专门供风设备向沉井内送风。

2) 配置专用提升卷扬设备供沉井出渣，井内作业人员应佩戴好安全帽，在出渣提升时应躲进防护平台下，防护平台应安全牢固。出渣料斗装料应低于料斗上边缘 5~10cm，不得堆积为尖状。

3) 沉井内应使用安全电压照明。

4) 沉井内壁应安装人员上下的钢爬梯，爬梯应设有维护圈等安全设施。

5) 沉井井口平台 3m 范围内不得堆放任何物品和工具。井周围应设置高度不低于 1.2m 的安全围栏和 20cm 高的踢脚板。

6) 沉井内有渗水，应及时做好排水工作。

7) 遇孤石，可采用小药量爆破拆除。

(4) 水闸施工起重作业应符合下列要求：

1) 工作前，认真检查所需的一切工具设备，均应良好。

2) 起重工应熟悉、正确运用并及时发出各种规定的手势、旗语等信号。多人工作时，应指定一人负责指挥。

3) 工作前，应根据物件的重量、体积、形状、种类选用适宜的方法。运输大件应符合交通规则规定，配备指挥车，并事先规定前后车辆的联络信号，还必须悬挂明显标志（白天可插红旗，晚上可悬红灯）。

4) 各种物件正式起吊前，应先试吊，确认可靠后方可正式起吊。

5) 使用三脚架起吊时，绑扎应牢固，杆距应相等，杆脚固定应牢靠，不可斜吊。

6) 使用滚杠运输时，其两端不宜超出物件底面过长，摆滚杠的人不得站在重物倾斜方向一侧，不得戴手套，只能用手指插在滚杠筒内操作。

7) 拖运物件的钢丝绳穿越道路时，应挂明显警示标志。

8) 起吊前，应先清理起吊地点及运行通道上的障碍物，通知无关人员避让，作业人员应选择恰当的位置及随物护送的路线。

9) 吊运时必须保持物件重心平稳。如发现捆绑松动，或吊装工具发生异常情况，应立即停车进行检查。

10) 翻转大件应先放好旧轮胎或木板等垫物，翻转时应采取措施防止冲击，工作人员应站在重物倾斜方向的反面。

11) 对表面涂油的重物，应将捆绑处油污清理干净，以防起吊过程中钢丝绳滑动。

12) 起吊重物前，应将其活动附件拆下或固定牢靠，以防因其活动引起重物重心变化或滑落伤人。重物上的杂物应清扫干净。

13) 吊运装有液体的容器时，钢丝绳应绑扎牢固不得有滑动的可能性。容器重心应在吊点的正下方，以防吊运途中容器倾倒。

14) 吊运成批零星小件时，应装箱整体吊运。

15) 吊运长形等大件时，应计算出其重心位置，起吊时应在长、大部件的端部系绳索拉紧。

16) 大件起吊运输和吊运危险的物品时，应制定专项安全技术措施，按规定要求审批后，方能施工。

17) 大件吊运过程中，重物上禁止站人，重物下面严禁有人停留或穿行。若起重指挥人员必须在重物上指挥时，应在重物停稳后站上去，并应选择在安全部位和采取必要的安全措施。

18) 设备或构件在起吊过程中，要保持其平稳，避免产生歪斜；吊钩上使用的绳索，不得滑动，以保证设备或构件的完好无缺。

19) 对起吊拆箱后的设备或构件，应对其油漆表面采取防护措施，不得使漆皮擦伤或脱落。

20) 大型设备的吊运，可采取解体分部件的吊运方法，边起吊、边组装，其绳索的捆绑应符合设备组装的要求。

21) 在起吊过程中，绳索与设备或构件的棱角接触部分，均应加垫麻布、橡胶及木块等非金属材料，以保护绳索不受损伤。

任务 5.7 水闸及泵站施工安全技术

22) 两台起重机抬一台重物时,应遵守下列规定:
a. 根据起重机的额定荷载,计算好每台起重机的吊点位置,最好采用平衡梁抬吊。
b. 每台起重机所分配的荷载不得超过其额定荷载的 75%~80%。
c. 应有专人统一指挥,指挥者应站在两台起重机司机都能看见的位置。
d. 重物应保持水平,钢丝绳应保持铅直受力均衡。
e. 具备经有关部门批准的安全技术措施。

(5) 道路运输施工安全技术应符合下列要求:

1) 工地对内及对外交通运输道路,在编制施工组织设计时,规划应具体周密,既要满足施工需要,也要保证安全运输。

2) 对于永久性公路,应根据交通部制定的《公路工程技术标准》进行设计,并应根据公路的任务、性质、运输量、沿线地形、地质等因素,确定公路等级及技术标准。

3) 在公路的急弯、陡坡、狭路、视距不足、桥头引桥、高路堤、交叉口和地形险峻等地段,应按规定设置标志、护柱、护墙等安全设施。

4) 交通道路、桥梁、排水涵渠及沿途挡护等均应经常整修养护,保持道路畅通。道路两侧距排水沟边线 20~50cm 以内严禁堆放任何材料,以防沟壁坍塌。

5) 现场道路不得任意挖掘或截断,严禁在土质边坡上种植农作物。严禁任意掏挖坡脚,以防止边坡坍塌。

6) 设备或构件在运输过程中,遇有交叉路口时,要仔细观察各处的情况,要避开障碍物和行人、车辆,确保设备或构件顺利通过。

7) 运送超宽超长或重型设备时,事先必须组织专人对路基、桥涵的承载能力、弯道半径、险坡以及沿途架空线路高度、桥洞净空和其他障碍物等进行调查分析,确认可靠后方可办理运输事宜。

8) 机动车的使用必须执行公安部制定的交通规则,严禁无证驾驶、酒后开车、私自出车。

9) 车辆涉水过河前,应先了解水深及河床情况,不得冒险行车。水面超过汽车排气管时不得行车过河。

10) 车辆在泥泞坡道上或冰雪路上行驶时,必须安装防滑链,并减速行驶。

11) 车辆在施工区域行驶时,时速不得超过 15km,洞内时速不超过 8km,在会车、弯道、险坡段时速不得超过 3km。

12) 车辆过渡时必须遵守渡船的有关安全规定,听从渡口工作人员的指挥。

13) 货运汽车载人,应取得公安部门许可证。

14) 自卸汽车、油罐车、平板拖车、起重吊车、装载机、机动翻斗车及拖拉机除驾驶室外,不准乘人。驾驶室不准超额载人。

15) 各种机动车辆均不准带病或超载运行。

16) 当拖带车辆时,原则上应以大吨位车拖带同吨位或小吨位车,不准以空车拖带重车。被拖车辆必须是方向、制动均有效,夜间有照明,并由正式驾驶员操作。

17) 自卸汽车除必须遵守上述有关规定外,还应严格遵守下列规定:
a. 向低洼地区卸料时,后轮与坑边要保持适当安全距离,防止坍塌和翻车。

b. 在坚实地区陡坎处向下卸料时，必须设置牢固的挡车装置，其高度应不低于车轮外线直径的 1/3，长度不小于车辆后轴两侧外轮边缘间距的 2 倍，同时必须设专人指挥，夜间设红灯。

c. 车厢未降落复位，不准行车。

d. 禁止在有横坡的路面上卸料，以防止因重心偏移而翻车。

e. 当车厢升举，在车辆下做检修维护工作时，必须使用有效的撑杆将车厢顶稳，并在车辆前后轮胎处垫好卡木。

18）油罐车运输，除遵守上述有关安全规定外，还应严格遵守下列规定：

a. 必须装有明显的防火标志，配备专用灭火器材，并装有防静电金属链条。

b. 装卸油时不准穿带有钉子的鞋上下油罐，同时必须将接地线妥善接地，以防静电产生火花。

c. 罐车附近禁止有明火或吸烟。

d. 罐车装有油料时，遇雷雨天气不准停放在大树和高大建筑物之下。

e. 检修油罐时必须先除油放气、进行清洗，确认罐内无油、无油气，并在打开加油口后方可焊补，若修理人员欲进入罐内作业，则必须采取装设抽风装置等可靠的安全措施。

19）装运易燃、易爆或其他危险品的汽车，除严格执行交通安全法外，还必须认真执行《危险化学品安全管理条例》的相关规定。

子任务 5.7.2 泵站施工安全技术

（1）泵站取水点周围半径 100m 的水域内不得停靠船只、游泳、捕捞和可能污染水源的活动。

（2）泵站不应设在易燃易爆建筑物附近。

（3）电气设备和线路应绝缘良好，电机等应按规定接地，电气设备和线路安装应符合《电气装置安装施工验收规程》。

（4）泵房内应有足够的通道，机组间距应不小于 1.2m。

（5）水池上应安装有安全防护设施，防止有人掉入池内及冲入管道。生活水池应加设防污染顶盖，顶盖应预留进入孔并加小盖板、上锁。

（6）泵站基坑开挖、降水及基础处理的施工安全参照水闸部分。

（7）浇筑混凝土时应指派专人负责检查模板和支撑。发现变形，应及时加固。

（8）泵房建筑施工和下部结构不宜采用双层或多层交叉作业，因工期原因不能避开时，应有合理的施工方案和安全技术措施。

（9）临时施工孔洞应有安全防护措施。

（10）管路施工时应制定安全技术措施，遇下列问题时应采取相应措施：

1）管沟施工遇有土方松动、裂缝、渗水等现象应设置固壁支撑。

2）运输管道时应绑扎牢固。人力搬运时起落一致，通过沟、坑时搭好马道，用滚杠运输应防止压脚，不得用手直接调整滚杠，管子滚动前方不得站人。

3）人工下管时，绳具、地桩应牢固，沟内不得有人。

4) 管子在对口连接时,应设专人指挥,手不得放在管口和法兰接合处。

5) 熔化铅作业前应将铅锅支放稳固,操作时应带好防护用品,严禁熔化潮湿铅块。

6) 灌铅时管口应保持干燥、清洁,缓慢浇筑,并带好防护眼镜和鞋盖。

7) 管道用玻璃棉保温时,操作者应带长筒手套、口罩;保温、浇沥青时劳保用品应穿戴整齐。

(11) 缆车式泵站:

1) 缆车式泵房的岸坡地基应稳定、坚实。岸坡开挖后应验收合格,才能进行上部结构物的施工。

2) 缆车式泵房的施工应符合下列规定:

a. 斜坡道的开挖应自上而下分层开挖,并注意坡道岩体稳定性。

b. 开挖坡面的松动石块,在下层施工前,应及时撬挖并清理干净。

c. 斜坡道的施工中应搭设作业人员上下的梯子,并应有安全技术防护措施。

3) 泵车应设安全保险装置。对于大、中型泵车,可采用挂钩式保险装置;对于小型泵车,可采用螺栓夹板式保险装置。

(12) 缆车式泵站采用卷扬机牵引时应符合以下安全规定:

1) 缆车式泵站在移车前应检查卷扬机是否完好,起动时应有明确信号和专人指挥。

2) 卷扬机应安装在坚固的基础上,安装地点应使作业人员能看见重物的位置。

3) 卷扬机应有可靠的制动装置。

4) 在绳索的全部运行范围内,应设置托辊,托辊的间距以不使绳索拖地为宜,在绳索变换方向处,应安设导向轮。

5) 泵车与钢丝绳之间,应采用可摘卸的连接器连接,在有坡度道运行时,应用双重连接。连接设备必须以最大牵引负荷值进行验算。

6) 遇到紧急刹车或其他原因使钢丝绳骤然被拉紧时,司机应停止运转,检查钢丝绳有无损伤。

7) 卷扬机牵引最大速度不应超过 1.30m/s,牵引荷载不得超过卷扬机额定牵引力,不得降低钢丝绳及连接设备的安全系数。

8) 卷扬机卷筒外沿,距最外一层钢丝绳外边不小于钢丝绳直径的 2.5 倍。

9) 钢丝绳应穿过滚筒上的绳眼固定牢靠,当放绳时滚筒上至少需留三圈钢丝绳。

10) 卷扬机工作时,应有专人指挥,各种信号应预先加以明确规定。

11) 卷扬机应设置工作制动和保险制动装置。电源开关应设在司机操作室内。

12) 当泵车在斜坡上运行时,下方严禁有人停留。位于斜坡起始点进入斜坡终点端以及线路中部均必须安设挡车设备,每次通行车辆应及时开启和关闭。

13) 经常检查钢丝绳的断裂情况,当某一捻距内钢丝绳的断裂根数达总根数的 5%时,则应更换。

14) 每天应对钢丝绳进行详细检查和鉴定,检查钢丝绳时卷扬机运行速度不得超过 0.3m/s。

(13) 为保持行车安全,应及时更换道木、整修路基、维护线路。

(14) 泵车试运行前应检查以下内容:

1) 应检查机械部件、连接部件、各种保护装置及润滑系统等的完好、注油情况，并应清除轨道两侧所有杂物。

2) 钢丝绳端的固定应牢固，在卷筒、滑轮中缠绕方向应正确。

3) 电缆卷筒、中心导电装置、滑线及各电机的接线应正确、无松动现象，接地应良好。

4) 运行机构的电动机转向是否正确、转速是否同步。

5) 停用泵车均应采取有效的锁定措施，严禁发生滑动或溜车。

6) 泵车运行时，在泵车上严禁任何人上下。

(15) 浮船式泵站：

1) 浮船船体的建造应按内河航运船舶建造的有关规定执行。

2) 输水管道沿岸坡敷设，接头应密封、牢固；如设置支墩固定，支墩应坐落在坚硬的地基上。

3) 浮船的锚固设施应牢固，承受荷载时不应产生变形和位移。

(16) 浮船的锚固方式及锚固设备应根据停泊处的地形、水流状况、航运要求及气象条件等因素确定。当流速较大时，浮船上游方向固定索不应少于 3 根。

(17) 浮船式泵站在汛期，应设专人监视水情和调正缆绳和输水管。

(18) 浮船应遵守交通部颁发的《中华人民共和国内河避碰规则》。

(19) 船员必须经过专业培训，取得合格船员证件才能上岗操作。船员应有较好的水性，基本掌握水上自救技能。

思 考 题

1. 土方明挖过程的相关安全技术要求有哪些？
2. 土方工程中有可能参与的机械设备有哪些？任举一例进行其安全操作规程的说明。
3. 渠道施工过程中的安全技术要求有哪些？

项目6 地下工程施工安全监控

任务6.1 洞室爆破安全技术

子任务6.1.1 洞室爆破设计与安全评估

（1）洞室爆破的设计，应按设计委托书的要求，并按规定的设计程序、设计深度分阶段进行。

（2）洞室爆破设计应以地形测量和地质勘探文件为依据。

（3）洞室爆破设计文件由设计说明书和图纸组成。

（4）洞室爆破工程开工之前，应由施工单位根据设计文件和施工合同编制施工组织设计。

（5）洞室爆破安全评估内容应涉及以下内容：

1）爆破对周围地质构造、边坡以及滚石等的影响。
2）爆破对水文地质、溶洞、采空区的影响。
3）爆破对周围建筑物的影响。
4）在狭窄沟谷进行洞室爆破时空气冲击波、气浪可能产生的安全问题。
5）大量爆堆本身的稳定性。
6）地下爆破在地表可能形成的塌陷区。
7）爆破产生的大量气体窜入地下采矿场和其他地下空间带来的安全问题。
8）大量爆堆入水可能造成的环境和安全问题。

（6）参加爆破工程施工的临时作业人员，应经过爆破安全教育培训，经口试或笔试合格后，方准许参加装药填塞作业。但装起爆体及敷设爆破网路的作业，应由持证爆破员或爆破工程技术人员操作。

（7）A级、B级、C级洞室爆破和爆破环境复杂的D级洞室爆破，洞室开挖施工期间应成立工程指挥部，负责开挖工程和爆破准备工作；爆破之前应按规定成立爆破指挥部。

（8）洞室爆破使用的炸药、雷管、导爆索、导爆管、连接头、龟线、起爆器、量测仪表，均应经现场检验合格者方可使用。

（9）不应在洞室内和施工现场改装起爆体和起爆器材。

（10）在爆破作业场地附近，应按要求设置爆破器材临时存放地，场内应清除一切妨碍运药和作业人员通行的障碍物。

（11）爆破指挥部应了解当地气象情况，使装药、填塞、起爆的时间避开雷电、狂风、暴雨、大雪等恶劣天气。

(12) 洞室爆破平洞设计开挖断面不宜小于 1.5m×0.8m，小井设计断面不宜小于 $1m^2$。

(13) 平洞设计应考虑自流排水，井下药室中的地下水应沿横巷自流到井底的积水坑内。

子任务 6.1.2　洞室掘进开挖安全技术

(1) 在开始掘进前，应做好防止落石及塌方的施工准备工作：

1) 小井开挖前，应将井口周围 1m 以内的碎石、杂物清除干净；在土质或比较破碎的地表掘进小井，应支护井口，支护圈应高出地表 0.2m。

2) 平洞开挖前，应将洞口周围的碎石清理干净，并清理洞口上部山坡的石块和浮石；在破碎岩层处开洞口，洞口支护的顶板至少应伸出硐口 0.5m。

(2) 在掘进施工中，应遵守以下规定：

1) 导洞及小井掘进每循环进深在 5m 以内，爆破时人员撤离的安全允许距离，应由设计确定。

2) 小井掘进超过 3m 后，应采用电力起爆或导爆管起爆，爆破前井口应设专人看守。

3) 每次爆破后再进入工作面的等待时间不应少于 15min；小井深度大于 7m，平洞掘进超过 20m 时，应采用机械通风；爆破后无论时隔多久，在工作人员下井之前，均应用仪表检测井底有毒气体的浓度，浓度不超过地下爆破作业点有害气体允许浓度规定的允许值，才准许工作人员下井。

4) 掘进时若采用电灯照明，其电压不应超过 36V。

5) 掘进工程通过岩石破碎带时，应加强支护；每次爆破后均应检查支护是否完好，清除井口或井壁的浮石，对平洞则应检查清除平洞顶板、边壁及工作面的浮石。

6) 掘进工程中地下水量过大时，应设临时排水设备。

7) 小井深度大于 5m 时，工作人员不准许使用绳梯上下。

(3) 装药之前应由指挥长或爆破工作领导人组织对掘进工程进行检查、检测和验收。

(4) 验收前应把平洞（小井）口 0.7m 范围内的碎石、杂物清除干净，并检查支护情况；应清除导洞和药室中一切残存的爆破器材、积渣和导电金属。

(5) 验收时应检查井、巷、药室的顶板和边壁，发现药室顶板、边壁不稳固时，应加强支护。

(6) 当药室有渗水和漏水时，应将药室顶板和边壁用防水材料搭成防水棚，导水至底板，由排水沟或排水管排出。如果药室底板积水不多，可设积水坑积水，并在其上铺盖木板。

子任务 6.1.3　现场混制炸药安全技术

(1) 在爆破现场混制炸药，应事先征得主管部门同意，并办理必要的审批手续。

(2) 爆破现场混制炸药的品种，应限于多孔粒状铵油炸药和重铵油炸药。

(3) 现场混制炸药原料的质量应符合下列要求：

1) 多孔粒状硝酸铵：堆密度 $0.8\sim0.85g/cm^3$，吸油率＝7％，净含量（以干基计）

=99.5%。

2) 柴油：应采用国家标准所规定的适合当地环境温度要求的轻柴油。

3) 乳胶基质：应采用取得生产许可证的乳化炸药生产厂生产的有产品合格证的乳胶基质。

4) 现场混制场地应选择在周围200m内无居民区及铁路、公路、高压线路、重要公共设施及特殊建（构）筑物、文物等需要保护的场所。

5) 混制场地内应分为原料库区、混制区和成品库区，其间距不应小于20m。

6) 多孔粒状硝酸铵与柴油应分开存放。

7) 混制场地50m范围内，应设置24h警戒，非操作人员不应随意进入。

8) 混制的主体设备应布置在不易燃的工棚或厂房内。

9) 混制工棚（房）应有防雷和防风雨设施，场内有消防水源和灭火器等消防设施。

10) 库区和生产区应设排水沟，以保证混制场地内不积水。

(4) 混制场地应配有有经验的工程技术人员一名，负责正常的生产及管理；同时应设安全员一名，负责检查加工场地的安全设施并对操作人员定期进行安全教育。

(5) 混制设备应符合下列要求：

1) 工棚（房）内的照明灯具、电器开关和混制设备所用电机，均应采用防爆型。

2) 电气设备应设保护接地系统，并应定期检查其是否完好、接地电阻是否合格；不符合要求的应及时处理。

3) 检修设备前应切断电源并将残药彻底清洗干净。

4) 新混制设备和检修后的设备投入生产前，应清除焊渣、毛刺及其他杂物。

(6) 采用人工搅拌混制炸药时，不应使用能产生火花的金属工具。

(7) 混制场内不应吸烟，不应存在明火；同时，不应将火柴、打火机等带入加工场。

子任务6.1.4 起爆体加工安全技术

(1) 起爆体应在专门的场所，由熟练的爆破员加工。加工起爆体时，应一人操作，一人监督，在周围50m以外设置警戒，无关人员不准许进入。

(2) 加工起爆体使用的雷管应逐个挑选。装入起爆体内的电雷管脚线长度应为20～30cm，起爆体加工完后应重新测量电阻值。加工好的起爆体上应标明药包编号、雷管段别和电雷管起爆体装配电阻值。

(3) 置于起爆体内的电雷管与连接线接头，应严密包扎，不应有药粉进入接头中，接头不应在搬运和连线时承受拉力。

(4) 起爆体外壳宜用木箱或硬纸箱制成，其内装满经选择的优质炸药，每个起爆体炸药量不宜超过20kg。

(5) 应在起爆体（箱子端面）开口引出导线（管）和导爆索，并将其在开口处锁定，拉动导线和导爆索时箱内雷管不应受力。

(6) 起爆雷管应与导爆索结、电线连接头紧密捆绑，且固定在木箱中央。

(7) 起爆体包装应有防潮防水措施。

子任务 6.1.5　取药、装药与填塞安全技术

（1）每个导洞口或小井口应设专门标志，并标明：导洞或小井的编号、各药室的编号、设计炸药品种和数量，起爆体雷管段别。有专人负责记录实际装入各药室的炸药品种、数量和起爆体雷管段别，与设计数量核对无误后，方允许填卡、签字或盖章，交爆破工程技术人员或爆破工作负责人。爆破工程技术人员或爆破工作负责人，应随时检查、核实各洞室的装药量和起爆体雷管段别及其安放和连接是否正确。

（2）药室的装药作业，应由爆破员或由爆破员带领经过培训的人员进行。安装、连接起爆体的作业，应由爆破员进行，安装前应再次确认起爆体的雷管段别是否正确。

（3）洞室装药，应使用36V以下的低压电源照明，照明线路应绝缘良好，照明灯应设保护网，灯泡与炸药堆之间的水平距离不应小于2m。装药人员离开洞室时，应将照明电源切断。装有电雷管的起爆药包或起爆体运入前，应切断一切电源，拆除一切金属导体，并应采用蓄电池灯、安全灯或绝缘的手电筒照明。装药和填塞过程中不应使用明火照明。

（4）夜间装药，洞外可采用普通电源照明。照明灯应设保护网，线路应采用绝缘胶线，灯具和线路与炸药堆和洞口之间的水平距离应大于20m。

（5）洞室内有水时，应进行排水或对非防水炸药采取防水措施。潮湿的洞室，不应散装非防水炸药。

（6）洞室装药应将炸药成袋（包）码放整齐，相互密贴，威力较低的炸药放在药室周边，威力较高的炸药放置在正、副起爆体和导爆索的周围，起爆体应按设计要求安放。

（7）不耦合装药条形药包的炸药宜放置在靠近抵抗线的一侧。

（8）用人力往导洞或小井口搬运炸药时，每人每次搬运量不应超过两箱（袋），搬运工人行进中，应保持1m以上的间距，上下坡时应保持5m的间距。往洞室运送炸药时，不应与雷管混合运送；起爆体、起爆药包或已经接好的起爆雷管，应由爆破员携带运送。

（9）填塞工作开始前，应在导洞或小井口附近备足填塞材料。

（10）填塞料宜利用开挖导洞和药室时的弃渣，或外挖碎块砂石土；不应使用腐殖土、草根等比重轻的材料。

（11）平洞填塞，应在导洞内壁上标明按设计规定的填塞位置和长度。

（12）填塞时，药室口和填塞段各端面应采用装有砂、碎石的编织袋堆砌，其顶部用袋料码砌填实不应留空隙。

（13）在有水的导洞和药室中填塞时，应在填塞段底部留一排水沟，并随时注意填塞过程中的流水情况，防止排水沟堵塞。

（14）小井填塞，应先将横洞部分按平洞填塞要求进行填塞。

（15）填塞时，应保护好从药室引出的起爆网路，保证起爆网路不受损坏。

（16）填塞时，应有专人负责检查填塞质量。填塞完毕，应进行验收。

（17）洞室爆破应采用复式起爆网路，装药连线时操作人员应佩戴标志，未经爆破工作领导人批准，一切人员不得进入爆破现场。

子任务 6.1.6　电爆网络安全技术

（1）电力起爆网路的所有导线接头，均应按电工接线法连接，并确保其对外绝缘。在潮湿有水的地区，应避免导线接头接触地面或浸泡在水中。

（2）电力起爆网路的导线不宜使用裸露导线和铝芯线。

（3）电力起爆网路洞内导线应用绝缘性能良好的铜芯线。

（4）洞室爆破时，所有穿过填塞段的导线、导爆索和导爆管，均应采取保护措施，以防填塞时损坏。非填塞段如有塌方或洞顶掉块的情况，也应对起爆网路采取保护措施。

（5）装入起爆体前、后，以及填塞过程中每填塞一段，均应进行电阻值检测；当发现电阻值有较大的变化时，应立即清查，排除故障后才准许进行下一施工工序。

（6）敷设导爆索起爆网路时，不应使导爆索互相交叉或接近；否则，应用缓冲材料将其隔离，且相互间的距离不得少于 10cm。

（7）每个起爆体的雷管数不应少于 4 发。

（8）起爆网路连接时应复核雷管段别。

（9）连接网路人员应持起爆网路图，按从后爆到先爆、先里后外的顺序连接；所有导爆管雷管与接力雷管，在接点部位应有明显段别标志；接头用胶布包紧，并不少于 3 层，然后再用绳扎紧。

（10）采用导爆管和导爆索混合起爆网路时，宜用双股导爆索连成环形起爆网路，导爆管与导爆索宜采用单股垂直连接。

（11）采用规定所说明的起爆网路时，靠近接点的导爆索应用土袋或细砂袋隔开接点与导爆索隔开距离不应小于 20cm，搭接点应有段别标志。

（12）起爆网路应用电雷管或导爆管雷管引爆，不应用火雷管引爆；只有在爆破工作领导人下达准备起爆命令后，方准许向主起爆线上连接起爆雷管。

（13）电爆网路的连接应遵守下列规定：

1）起爆网路连接应有专人负责；网路连接人应持有网路示意图和历次检查各药室及支路电阻值的记录表，以便随时供爆破工程技术人员、爆破工作领导人查阅。

2）网路连接，应按从里到外（工作面到电源）的顺序进行。

3）电力起爆网路连接前，应检查各洞口引出线的电阻值，经检查确认合格后，方可与区域线连接；只有当各支路电阻均检查无误时，方准许与干线相连接。

4）电爆网路的主线应设中间开关。

5）指挥长（或爆破工作领导人）下达准备起爆命令前，电爆网路的主线不得与起爆器、电源开关和电源线连接；电源的开关应设保护装置并直接由起爆站站长（或负责起爆的人员）守候看管。

6）只有在无关人员已全部撤离，爆破工作领导人下达准备起爆命令后，方准许打开开关箱，并将主线接入电源线的开关上或起爆器的接线柱上。

（14）起爆网路检查与防护应遵守下列规定：

1）网路连好后，由联网技术负责人进行检查，鉴别联网方式与段别等是否有误；确认无误后再进行防护。

2）起爆网路可用线槽或对开竹竿合扎进行防护，接头及交叉点用编织袋包裹好，悬挂在导洞上角；也可将起爆网路束紧后用编织袋做整体外包扎，安置在导洞下角的砂包上，上部再用砂包压实。

（15）洞室爆破的起爆工作应在专门设置的起爆站内进行。起爆站应设在安全地点，并需备有良好的通信设备，通信信息应清楚、准确。

（16）起爆站应在装药前建成，从开始联网就应设专人看管，站长全面负责站内工作。

子任务 6.1.7　安全警戒

（1）爆破安全警戒工作应请当地公安部门配合，成立专门警戒小组，并指定负责人。

（2）爆破前警戒工作应对设计确定的危险区进行实地勘察，全面掌握爆区警戒范围的情况，核定警戒点和警戒标志的位置，确保能够封闭一切通道。

（3）各个岗哨应由指挥部统一编号，岗哨之间和岗哨与指挥部之间应建立通信联络，警戒人员应将本岗位警戒监视情况随时向指挥部报告。

（4）警戒人员应在起爆前至少 1h 到达指定地点，按设计警戒点和规定时间封闭通往或经过爆区的通道，使所有通向爆区的道路处于被监视之下，并在爆破危险区边界设立明显的警戒标志（警示牌、路障等）。在道路路口和危险区入口，应设立警戒岗哨，在危险区边界外围设立流动监视岗哨。警戒人员应持有警戒旗、哨笛或便携式扩音器，并配戴袖标。

（5）靠近水域的爆破安全警戒工作，除按以上要求封锁陆岸爆区警戒范围外，还应对水域进行警戒。水域警戒应配有指挥船和巡逻船，其警戒范围由设计确定。

子任务 6.1.8　爆后检查

（1）爆后检查工作由爆破现场技术负责人、起爆站站长和有经验的爆破员组成的检查小组实施，等待时间由设计确定，但不应少于 15min。

（2）爆后检查应包括如下内容：

1）是否完全起爆。洞室爆破发生盲炮的表征是：爆破效果与设计有较大差异；爆堆形态和设计有较大的差别；现场发现残药和导爆索残段；爆堆中留有岩坎陡壁。

2）有无危险边坡、不稳定爆堆、滚石和超范围塌陷。

3）最敏感、最重要的保护对象是否安全。

4）爆区附近有隧道、涵洞和地下采矿场时，应对这些部位进行毒气检查，在检查结果明确之前，应进行局域封锁。

（3）如果发现或怀疑有拒爆药包，应向指挥长汇报，由其组织有关人员做进一步检查；如果发现有其他不安全因素，应尽快采取措施进行处理；在上述情况下，不应发出解除警戒信号。

任务 6.2　开挖施工安全技术

子任务 6.2.1　洞室开挖安全技术

（1）洞室开挖的洞口边坡上不应存在浮石、危石及倒悬石。

(2) 作业施工环境和条件相对较差，施工前应制定全方位的安全技术措施，并对作业人员进行交底。

(3) 洞口削坡，应按照明挖要求进行。不得上下同时作业，并做好坡面、马道加固及排水等工作。

(4) 进洞前，应对洞脸岩体进行鉴定，确认稳定或采取措施后方可开挖洞口。

(5) 洞口应设置防护棚。其顺洞轴方向的长度，可依据实际地形、地质和洞型断面选定，一般不宜小于 5m。

(6) 自洞口计起，当洞挖长度不超过 15～20m 时，应依据地质条件、断面尺寸，及时做好洞口永久性或临时性支护。支护长度一般不得小于 10m。当地质条件不良，全部洞身应进行支护时，洞口段则应进行永久性支护。

(7) 暗挖作业遇不良地质地段发生塌方、有害气体逸出及地下涌水等突发事件，应即令停工，作业人员撤至安全地点。

(8) 暗挖作业设置的风、水、电等管线路应符合相关安全规定。

(9) 石方暗挖每次放炮后，应立即进行全方位的安全检查，并清除危石、浮石，若发现非撬挖所能排除的险情时，应果断地采取措施进行处理。洞内进行安全处理时，应有专人监护，及时观察险石动态。

(10) 处理冒顶或边墙滑脱等现象时，应遵守以下规定：

1) 查清原因，制定具体施工方案及安全措施，迅速处理。
2) 地下水活动强烈地段，应先治水后治塌。
3) 准备好畅通的撤离通道，备足施工器材。
4) 处理工作开始前，应先加固好塌方段两端未被破坏的支护或岩体。
5) 处理坍塌，一般宜先处理两侧边墙，然后再逐步处理顶拱。
6) 施工人员应位于有可靠的掩护体下进行工作；作业的整个过程应有专人现场监护。
7) 随时观察险情变化，及时修改或补充原订措施计划。
8) 开挖与衬砌平行作业时的距离，应按设计要求控制，但一般不得小于 30m。

子任务 6.2.2 斜、竖井开挖安全技术

(1) 斜、竖井的井口附近，应在施工前做好修整，并在周围修好排水沟、截水沟，防止地面水侵入井中。竖井井口平台应比地面至少高出 0.5m。在斜井的上口应设置防护栏，贴脚板高应不小于 35cm。

(2) 在井口及井底部位应设置醒目的安全标志。

(3) 当工作面附近或井筒未衬砌部分发现有落石、支撑发生响动或其他失稳表象，或大量涌水时，工作面施工人员应立即从安全梯或使用提升设备撤出井外，并报告处理。

(4) 斜、竖井采用自上而下全断面开挖方法时，应遵守下列规定：

1) 必须锁好井口，确保井口稳定。应设置防护设施，防止井台上弃物坠入井内。
2) 提升设施应有专门设计。
3) 井深超过 15m 时，上下人员宜采用提升设备。
4) 漏水和淋水地段，应有防水、排水措施。

(5) 竖井采用自上而下先打导洞再进行扩挖时,应遵守下列规定:
1) 井口周边至导井口应有适当坡度,便于扒渣。
2) 爆破后必须认真处理浮石和井壁。
3) 采取有效措施,防止石渣砸坏井底棚架。
4) 扒渣人员必须系好安全带,自井壁边缘石渣顶部逐步下降扒渣。
5) 导井被堵塞时,严禁到导井口位置或井内进行处理,以防止石渣坠落砸伤。
(6) 竖井提升:
1) 竖井井口宜设防雨设施,接罐地点应设置牢固的活动栅门,由专人掌管启闭。接罐人员均应佩带安全带,上下井的人员应服从接罐人员的指挥,通向井口的轨道应设阻车器。
2) 施工期间采用吊桶升降人员与物料时,应遵守下列规定:
a. 吊桶应沿钢丝绳轨道升降,保证吊桶不碰撞岩壁。在施工初期尚未设罐道时,吊桶升降距离不得超过 40m。
b. 运送人员的速度不得超过 5m/s,无稳绳地段不得超过 1m/s;运送石碴及其他材料时不得超过 8m/s,无稳绳地段不得超过 2m/s;运送爆破器材时不得超过 1m/s。
c. 提升钢丝绳应与吊桶连接牢固,保证在升降时不致脱钩。
d. 吊桶上方必须设置保护伞。
e. 不得在吊桶边缘上坐立,乘坐人员身体的任何部位不得超出桶沿。
f. 严禁用底开式吊桶升降人员。
g. 吊桶提升到地面时,人员应从地面出车平台进出吊桶,并应在吊桶停稳和井盖门关闭以后进出吊桶。
h. 装有物料的吊桶不得乘人。
i. 吊桶载重量应有规定,不得超载。
3) 升降人员和物料的罐笼应遵守下列规定:
a. 罐顶应设置可以打开的铁盖或铁门。
b. 罐底必须满铺钢板,并不得有孔。如果罐底下面有阻车器的连杆装置时,应设牢固的检查门。
c. 两侧用钢板挡严,内装扶手,靠近罐道部分不得装带孔钢板。
d. 进出口两头应装设罐门或罐门帘,高度不得小于 1.5m,罐门或罐帘下部距罐底距离不得超过 0.25m,罐帘横杆的间距不得大于 0.2m,罐门不得向外开。
e. 载人的罐笼净空高度不得小于 2m。罐笼的一次容纳人数和最大载重量应明确规定,并在井口公布。
f. 提碴、升降人员和下放物料的速度不得超过 3m/s,加速度不得超过 0.25m/s²。
g. 罐笼、钢丝绳、卷扬机各部及其连接处,应设专人检查,如发现钢丝绳有损,罐道和罐耳间磨损度超过规定等,应立即更换。
h. 升降人员或物料的单绳提升罐笼必须设置可靠的防坠器和应有的安全措施。
i. 罐笼升降作业时,下面不得停留人员。
4) 检修井筒或处理事故的人员,如果需要站在罐笼或箕斗顶上工作时应遵守下列规定：

a. 罐笼或箕斗顶上，应装设保护伞和栏杆。

b. 佩带保险带。

c. 提升容器的速度一般为 0.3～0.5m/s，最大不得超过 2m/s。

d. 每一提升装置应装有从井底接罐员给井口接罐员和井口接罐员发给卷扬机司机的信号装置，井口信号装置必须同卷扬机的控制回路闭锁。只有井口接罐员发出信号后，卷扬机才能起动，除常用的信号装置外，还必须有备用信号装置。井底车场和井口之间、井口和卷扬机司机之间，除上述信号装置外，还应装设直通电话或传话筒。

（7）斜井运输应遵守下列规定：

1）斜井的牵引运输速度不得超过 3.5m/s；接近洞口与井底时，不得超过 2m/s；升降加速度不得超过 $0.5\text{m}/\text{s}^2$。

2）井口、井下及卷扬机间应有联系信号。提升、下放与停留应各有明确的色灯和音响等信号规定。卷扬机司机未得到井口信号员发出的信号，不得开动。

3）斜井井底停车场应设避车洞。斜井底附近的固定机械电器设备与操作人员，均应设置在专用洞室内。

4）斜坡段应设置人行道和扶手栏杆，人行道边缘与车辆外缘的距离不得小于 30cm。

（8）钢丝绳和提升装置应遵守下列规定：

1）提升用的钢丝绳应每天检查一次，每隔 6 个月试验一次。其安全系数规定为：升降人员的安全系数必须大于 8，升降物料的安全系数必须大于 6；其断丝的面积与钢丝绳总面积之比，升降物料的应小于 10％；升降人员用的不得有断丝。钢丝绳直径减小百分数：提升及制动钢丝绳不得大于 10％，其他钢丝绳不得大于 15％。

2）钢丝绳的钢丝有变黑、锈皮、点蚀麻坑等损伤时，不得用作升降人员。钢丝绳锈蚀严重，点蚀麻坑形成沟纹，外层钢丝松动时，必须更换。

3）有接头的钢丝绳只允许在水平坑道和 30°以下的斜井中运输物料使用。

4）提升装置必须设置下列保险装置：

a. 防止过卷装置。当提升容器超过正常终端停止位置 0.5m 时，应能自动断电，并使保险闸发生作用。

b. 防止过速装置。当提升速度超过最大速度 15％时，应能自动断电，并能使保险闸发生作用。

c. 过负荷和欠电压保护装置。

d. 当最大提升速度超过 3m/s，必须安装速度限制器，保证提升容器到达终端停止位置前的速度不超过 2m/s。

e. 防止闸瓦过度磨损时的报警和自动断电的保护装置。

f. 缠绕式提升装置。应设松绳保护并接入安全回路。

g. 使用箕斗提升时，应采用定量控制，井口碴台应装设满仓信号，碴仓装满时能报警或自动断电。

5）提升卷扬机应装设深度指示器、开始减速时能自动示警的警铃及司机不需离座即能操纵的常用闸和保险闸。常用闸和保险闸共同使用一套闸瓦时，操纵部分应分开；双滚筒提升卷扬机的两套闸瓦的传动装置必须分开。司机不得离开工作岗位，也不得擅自调节制动闸。

6）升降人员前，应先开一次空车，以检查卷扬机的动作情况，但连续运转时，可不受此限制。

7）主要提升装置应配有正、副司机，在交接班人员上下井的时间内，应由正司机开车，副司机在旁监护。

子任务 6.2.3　不良地质地段开挖安全技术

（1）根据设计水文地质资料制定施工技术措施和安全技术措施，并向作业人员进行交底。作业现场应有专职安全人员进行监护作业。

（2）对于不良地质段的支护要严格按施工方案进行，待支护稳定并验收合格后方可进行下一工序的施工。

（3）当出现围岩不稳定、涌水及发生塌方情况时，所有作业人员应立即撤出现场至安全地带。

（4）施工作业时，岩石既是开挖的对象，又是成洞的介质，为此施工人员需要充分了解围岩性质和合理运用洞室体型特征，以确保施工安全。

（5）施工时采取浅钻孔、弱爆破、多循环，尽量减少对围岩的扰动。采取分部开挖，及时进行支护。每一循环掘进控制在 0.5～1.0m。

（6）在完成一开挖作业循环时，应全面清除危石，及时支护，防止掉块。

（7）对不良地质段施工，应做好地质预报工作和地下水类型和涌水量，并设置排水沟、积水坑和充分的抽排水设备。

（8）软弱、松散破碎带施工应超前支护，待超前支护稳定后方可进行下一工序的施工作业。

（9）在不良地质段施工应按所制定的临时安全用电方案实施，设置漏电保护器，并有断、停电应急措施。

子任务 6.2.4　石方挖运安全技术

（1）石方机械挖运：

1）洞内禁止使用汽油机为动力的石方挖运设备。机械挖运设备，应有废气净化措施。

2）机械设备操作人员须经培训考试取证上岗，操作人员在工作中不得擅离岗位，不得操作与操作证不符合的机械，不得将机械设备交给无本工种操作证的人员操作。

3）操作人员应按照本机说明书规定，严格执行工作前的检查制度、工作中注意观察及工作后的检查保养制度。

4）机械运转中其他人员不得登车，必须上下时须通知司机停车。

5）挖运前须清理危石，在确保安全的情况下方可进行挖运。

6）挖运现场应有足够的照明。

7）掌子面挖掘时，应采用先上后下、先左后右或从左向右挖掘，以保持掌子面的安全。

8) 出碴道路应保持平整通畅，并设置排水沟。

9) 出碴地点应有明显标志，并设专人指挥。

10) 采用装载机挖装时，装载机应低速铲切，不得采用加大油门高速猛冲的方式。

11) 要根据掌子面的情况，采用不同的铲掘方法，禁止铲斗载荷不均或单边受力，铲掘时铲斗切入不宜过深。

12) 载机装车时严禁装偏，卸碴应缓慢。

13) 装载机工作地点四周禁止人员停留，装载机在后退时应连续鸣号，以免伤人。

14) 人工装运时，作业人员须按规定穿戴好劳动保护用品。

15) 用人力装斗时，石块在50kg以上的应破开再装，避免脱手伤人。

16) 大石装入斗时，禁止把手放在车内或放在头斗车帮上，以免将手砸伤。

（2）机车牵引石方运输：

1) 出渣线路应随开挖面的进展而延伸，尽头距工作面不应超过3m。

2) 出渣车速小于1.5m/s时，线路曲线半径不应小于斗车最大轴距的7倍；当车速大于1.5m/s时或偏转角度大于90°时，不应小于轴距的15倍，洞外部分曲线半径不应小于30m。

3) 轨距的允许误差宽不得大于4mm，窄不得超过2mm。

4) 弯道或岔道处应加护轨，以防掉道。洞内轨道的坡度，使用机车牵引不应超过2%。

5) 机车在洞内行驶的时速不得超过10km/h，在调车或人员稠密地段行驶应减至5km/h。通过弯道、道岔视线不良地区时速不得超过3km/h。

6) 轨道养护的安全规定：

a. 为保持行车安全，应设专人清理轨道上的土石及其杂物。

b. 要经常检查道木情况，如有腐烂折断应及时更换。

c. 路基不平或下陷时应及时整修。

d. 线路、道岔上的连接零件松动时，应及时紧固。

e. 尖轨的密贴情况、线路的纵坡、水平、轨距、轨向等，发现不符合规范要求时，应及时整修。

7) 机车运行的安全规定：

a. 指挥人员未给信号或信号不明，机车不得开动，严禁擅自行车。

b. 机车司机必须确认前方道路、道岔位置正确，方能开车。

c. 机车运行到岔道或瞭望条件良好地段，应在20m外开始鸣号，复线地段两车相会时也应鸣号示警。

d. 机车前部应有光亮充足的照明灯，车尾应安置红灯。

e. 机车司机在运行中发现线路异常、危及人身安全时，应连续鸣号示警，必要时，减速、停车。

f. 摘挂钩的工人不得站在弯道内侧。

g. 行车信号应设专人管理，其他人员不得乱动。

h. 无论道坡大小，所有停用车辆，均应采取措施，切实防止滑动或溜车。

i. 挂钩工人应注意检查钩头、车链、挂环、插销及有关设备,如发现有损坏或故障时,应立即通知有关人员修理。

j. 机车车辆正在开动或将要停住时,不得挂钩或摘车。

k. 机车行驶时,严禁任何人上下。

(3) 卷扬机牵引:

1) 卷扬机用钢丝绳应按抗拉极限强度进行选择,其安全系数应大于 5。

2) 在绳索的全部运行范围内,应设置托辊,托辊的间距以不使绳索拖地为宜,在绳索变换方向处,应安设导向轮。

3) 斗车与钢丝绳或斗车与斗车之间,应用可摘卸的连接器连接,在有坡度道运行时,应用双重连接。连接设备必须以最大牵引负荷值验算。

4) 遇到紧急刹车或其他原因使钢丝绳骤然被拉紧时,司机应停止运转,检查钢丝绳有无损伤。

5) 卷扬机牵引斗车运行速度最大不应超过 5km/h(相当 1.39m/s),牵引荷载不准超过卷扬机额定牵引力,不准降低钢丝绳及连接设备的安全系数。

6) 卷扬机筒外沿,距最外一层钢丝绳外边不小于钢丝绳直径的 2.5 倍。

7) 钢丝绳应穿过滚筒上的绳眼固定牢靠,当放绳时滚筒上至少须留 3 圈钢丝绳。

8) 卷扬机工作时,应有专人指挥,各种信号应预先加以明确规定。

9) 卷扬机应设置工作制动和保险制动装置。电源开关应设在司机操作室内,并应设保护箱。

10) 当斗车在斜坡终点端以及线路中部均必须安设挡车设备,每次通车应及时开启和关闭。

11) 经常检查钢丝绳的断裂情况,当某一捻距内钢丝绳的断裂根数达总根数的 5% 时,则应更换。

12) 每天应对钢丝绳进行详细检查和鉴定,检查钢丝绳时卷扬机运行速度不得超过 0.3m/s。

子任务 6.2.5 通风及排水安全技术

(1) 为保证施工人员健康,洞井施工时,应及时向工作面供应每人每分钟 $3m^3$ 的新鲜空气。

(2) 洞深长度大于洞径 3~5 倍时,必须采取通风措施,否则禁止施工。

(3) 采用自然通风,需尽快打通导洞。导洞未打通前应有临时通风措施。工作面风速不得小于 0.15m/s,最大风速:洞井斜井为 4m/s,运输洞通风处为 6m/s,升降人员与器材的井筒为 8m/s。

(4) 通风机吸风口,应设铅丝护网。

(5) 通风采用压风时,风管端头距开挖工作面 10~15m;若采取吸风时,风管端以 20m 为宜。

(6) 管路宜靠岩壁吊起,不得阻碍人行车辆通道,架空安装时,支点或吊挂必须牢固可靠。

(7) 禁止在通风管上放置或悬挂任何物体。

(8) 施工场地，施工前应充分考虑施工用水和外部影响的渗水量，妥善安排排水能力，以利施工机械设备、工作人员在正常条件下进行施工。

子任务 6.2.6 施工安全监测安全技术

(1) 施工安全监测在于掌握围岩动态，判断围岩稳定性；验证施工方法及支护效果，指导设计与施工并及时发现险情，为施工安全提供预测预报。

(2) 根据水文地质资料、设计文件，结合工程实际，确定具体的安全施工监测方案。

(3) 施工安全监测布置重点如下：

1) 洞内：Ⅲ～Ⅴ类围岩地段、地下水较丰富地段、洞口及岔口地段、埋深较浅地段、受邻区开挖影响较大地段及高地应力区段等。

2) 洞外：埋深较浅的软岩或软土区段。

(4) 施工安全监测的主要内容如下：

1) 洞内：围岩收敛位移、顶拱下沉、底拱上抬、支护结构受力变形等。

2) 洞外：地面沉降、建筑物倾斜及开裂、地下管线破裂受损等。

(5) 大型洞室安全监测重点如下：

1) 垂直纵轴线的典型洞室断面。

2) 贯穿于高边墙的小型隧洞口其洞口内段。

3) 岩壁梁的岩台（尤其下方有小洞室）部分。

4) 相邻洞室间的薄体岩壁。

5) 不利于地质构造面组合切割的不稳定体。

(6) 施工安全监测时注重监测对施工安全的不可代替性，为监测工作提供必要的方便和支持，并保护好现场仪器设施。

(7) 监测仪器钻孔注浆后 20h 内不允许近区爆破作业。重新爆破前必须做好仪器的保护设施，以免飞石破坏。

(8) 监测重点巡视地点如下：

1) 爆破后隧洞掌子面围岩及前沿支护状态。

2) 大小洞室群体的交叉段、洞口段、洞室岩壁及拱座地段。

3) 软弱围岩地段及支护结构状态。

4) 外洞口边坡与不稳定山体，洞上方地面与受影响建筑物，洞口防汛设施等。

(9) 监测中趋向稳定的初步安全判别：在一般情况下，当围岩与支护结构具备以下变化特征时，将趋向稳定：

1) 随着开挖面的远离，测值变化速率有逐渐减缓趋势。

2) 测值总量已达到最大回归值 80% 以上。

3) 位移增长速率小于 0.1～0.3mm/d（软岩取大值）。

(10) 监测中的初步险情判别如下：

1) 开挖面在逐渐远离或停止不变，但测值变化速率无减缓趋势，或有加速增长趋势。

2) 围岩出现断断续续掉块现象。

3) 支护结构变形过大过快,有受力裂缝在不断发展等。

当发现上述任一情况时,应以险情对待,须跟踪监测,并及时预警预报。

(11) 监测中设计警戒值的初步判别是:当测值总量或增长速率达到或超过警戒值时,则认为不安全,需要报警。

(12) 在施工安全监测管理中须建立监测信息反馈流程,可以有效促进信息利用、保障施工安全、提高信息化施工水平。同时有得于对监测工作和信息资料的管理。

任务6.3 支护施工安全技术

(1) 施工支护前,应根据地质条件、结构断面尺寸、开挖工艺、围岩暴露时间等因素进行支护设计,制定详细的施工作业指导书,并向施工作业人员进行交底。

(2) 施工人员作业前,应认真检查施工区的围岩稳定情况,需要时应进行安全处理。

(3) 作业人员应根据施工作业指导书的要求,及时进行支护。

(4) 开挖期间和每茬炮后,都应对支护进行检查维护。

(5) 对于不良地质条件的临时支护,应结合永久支护进行,即在不拆除或部分拆除临时支护的条件下,进行永久性支护。

(6) 施工人员作业时,应佩戴防尘口罩、防护眼镜、防尘帽、安全帽、雨衣、雨裤、长筒胶靴和乳胶手套等劳保用品。

具体支护措施的安全技术要求见项目5任务2。

思 考 题

1. 地下洞室爆破在环境方面有哪些安全技术要求?
2. 石方暗挖过程的安全技术要求有哪几大项?
3. 石方挖运过程中对挖运的机械设备有什么要求?

项目7 水利水电工程与机电设备安装安全技术

任务7.1 安装现场安全技术

【学习目标】

知识目标：能陈述设备制作与安装施工现场安全防护、消防焊接等作业的安全技术措施。

能力目标：能依据规范和安全技术措施要求进行设备安装现场的安全防护与控制。

子任务7.1.1 施工现场安全防护

(1) 施工现场的各种施工设施、管道线路等，均应符合防洪、防火、防强风、防雷击、防砸、防坍塌以及工业卫生等安全要求。

(2) 施工现场的洞（孔）、坑、沟、升降口，漏斗口等危险处应有防护设施和明显警示标志。

(3) 施工现场存放设备、材料的场地应平整坚固，设备、材料存放应整齐有序，周围通道畅通，且宽度不小于1m。

(4) 施工现场的排水系统，布置合理，沟、管、网排水畅通，不得影响道路交通。

(5) 高处临边作业面（如坝顶、厂房顶、桥机梁、工作平台、变压器顶面等），必须设置安全防护栏杆，并悬挂安全网。

(6) 脚手架拆除时，在拆除物坠落范围的外侧应设有安全围栏与醒目的安全警示标志，现场设专人监护。

(7) 各类洞（孔）口、沟槽应设有固定盖板，或设置安全防护栏杆，同时设有安全警示标志和夜间警示红灯。

(8) 闸门井、电梯井、电缆竖井等井道口（内）安装作业，应根据作业面情况，在其下方井道内设置可靠的水平刚性平台或安全网做隔离防护层。

(9) 施工现场应根据工作及工艺要求，分别设置安全保卫室和封闭管理，并根据工作需要发放标志牌或出入证。

(10) 危险作业场所应设有事故报警装置、紧急疏散通道并悬挂警示标志。

(11) 施工中的具体安全防护措施项目和要求应符合下列要求。

1) 安全帽、安全带、安全网等施工生产使用的安全防护用具，必须符合国家规定的质量标准，具有厂家安全生产许可证、产品合格证和安全鉴定合格证书，否则不准采购、发放和使用。

2) 安全防护用具应按规定要求正确使用，不得使用超过使用期限的安全防护用具。

3) 常用安全防护用具应经常检查和定期试验,其检查试验的要求和周期见表 7.1。

表 7.1　　　　　　　　　常用安全用具的检验标准与试验周期

名称	检查与试验质量标准要求	检查试验周期
塑料安全帽	(1) 外表完整、光洁; (2) 帽内缓冲带、帽带齐全无损; (3) 耐 40~120℃ 高温不变形; (4) 耐水、油、化学腐蚀性良好; (5) 能抗 3kg 的钢球从 5m 高处垂直坠落的冲击力	一年一次
棉绳安全带	检查: (1) 绳索无脆裂、断脱现象; (2) 皮带各部接口完整、牢固,无霉朽和虫蛀现象; (3) 销口性能良好 试验: (1) 静荷:吊绳用 255kg 重物悬吊 5min 无损伤; (2) 动荷:吊绳用 75kg 重物由高处坠落冲击无损伤	(1) 每次使用前均应检查; (2) 新带使用一年后抽样试验; (3) 旧带每隔 6 个月抽查试验一次
锦纶安全带	检查:与棉绳安全带要求相同 试验:动荷试验重量为 120kg,击距离为 2m	与棉绳安全带要求相同
安全网	(1) 绳芯结构和网筋边绳结构符合要求; (2) 两件各 120kg 的重物同时由 4.5m 高处坠落冲击完好无损	每年一次,每次使用前进行外表检查

4) 高处临空作业应按规定架设安全网,作业人员使用安全带,应挂在牢固的物体上或可靠的安全绳上。拴安全带用的安全绳,不得过长,一般不应超过 3m。

5) 安全防护用具,严禁做其他工具使用,并注意保管,安全带、安全帽应放在空气流通、干燥处,以免受潮。

6) 在有毒有害气体可能泄漏的作业场所,应配置必要的防毒护具,以备急用,并及时检查维修更换,保证其处在良好待用状态。

7) 电气操作人员必须根据工作条件选用适当的安全电工用具和防护用品,电工用具必须符合安全技术标准并定期检查,凡不符合技术标准要求的绝缘安全用具、登高作业安全工具、携带式电压和电流指示器以及检修中的临时接地线等,均不得使用。使用的安全用具、防护用品其试验内容、标准和周期按表 7.2 执行。电工登高作业安全用具的试验标准应符合表 7.3 的规定。

表 7.2　　　　　　　　　电工安全用具防护用品试验标准周期表

名称	工作电压 /kV	试验标准						试验周期
		耐压/kV		耐压时间/min		泄漏电流/mA		
		出厂	使用	出厂	使用	出厂	使用	
绝缘杆绝缘夹钳	≤35	线电压的3倍,但不低于40		5		—		1~2 年
绝缘手套	各种电压	12	8	1		12	9	半年
绝缘靴	各种电压	20	15	2	1	10	7.5	半年
绝缘鞋	≤1	5	3.5	1		2		半年

续表

名称	工作电压/kV	试验标准						试验周期
		耐压/kV		耐压时间/min		泄漏电流/mA		
		出厂	使用	出厂	使用	出厂	使用	
绝缘毡和绝缘垫	≤1	5		以 2~3cm/s 的速度拉过		2		2年
	≤1	15				15		2年
绝缘站台	各种电压	40		2		—		3年
高压验电器	本体 ≤35	25		1		—		半年
	手把 ≤10	40		5		—		半年
	≤10	105		5		—		半年

表 7.3　　电工登高用具试验标准

名称	安全带		安全帽	升降板	脚扣	竹（木）梯
	大皮带	小皮带				
试验静拉力/kg	225	150	225	225	100	荷重180
试验周期	半年一次					
外表检查周期	每月一次					
试验时间/min	5					

子任务 7.1.2　施工现场临时用电与照明安全技术

1. 临时用电的基本要求

（1）在露天或湿度较大的场地（如洞孔内、地下厂房等）使用的电气设备及元件，均应选用防水型或采取防水措施。

（2）在易燃易爆气体场所，电气设备及线路均应满足防火、防爆要求。

（3）电动机械与电动工具的电气回路，均应装设独立的开关和漏电保护器，严禁一闸控制多台电动设备，移动式电动机械应使用软橡胶电缆。

（4）元件和熔断器的容量应满足被保护设备的要求，熔丝应有保护罩，管型熔断器不得无管使用，熔丝不得大于规定的截面，严禁用其他金属丝代替。

（5）手动操作开启式自动空气开关、闸刀开关及管型熔断器时，应使用绝缘手套、绝缘棒等绝缘工具，绝缘工具应符合本章有关规定。

（6）一切电气装置拆除后，均不得留有可能带电的导线，如必须保留，应将裸露端部包好绝缘，并做标记，妥善放置。

（7）施工供电系统安装完毕后，应有完整的系统图、布置图等竣工资料，并经相关人员验收后，方可投入使用，施工电源应设专业班组负责运行与维护，其他人员不得擅自改动施工电源设施。

（8）现场施工电源设施，除经常性维护外，每年雨季前应检查一次，并测量绝缘电阻。

(9) 接引电源工作，必须有监护人，方可进行。

2. 施工照明

(1) 在厂房、机组坑洞、廊道内作业、夜间施工或自然采光差的场所，应设一般照明、局部照明或混合照明。

(2) 停电后，操作人员需要及时撤离现场的特殊工程，事故应急疏散安全通道，必须装设应急照明和指示路标。

(3) 配电箱应安装牢固，便于操作和维修。其周围应留有安全通道和便于维修工作的空间，不得堆放杂物。配电箱中必须安装漏电保护器，箱内导线应绝缘良好、排列整齐、固定牢固，金属外壳设有通过接线端子板连接的保护接零。

(4) 所有配电箱均应标明其名称、用途，并做出分路标记。配电箱门应配锁，并由专业人员负责维护。

(5) 施工现场照明灯具和器材必须绝缘良好，并符合现行国家有关标准的规定。不得使用绝缘老化或破损器具和器材。

(6) 施工现场照明线路应布线整齐，相对固定。室内安装的固定式照明灯具悬挂高度不得低于 2.5m，室外安装的照明灯具不得低于 3m。安装在露天、潮湿或易接触水（如洞内、地下等地）的工作场所的照明灯具应选用防水型灯头。

(7) 照明电源线路不得接触潮湿地面，并不得接近热源和直接绑挂在金属构架上。

(8) 照明开关应控制相线（火线）。当采用螺口灯头时，相线（火线）应接在中心触头上。

(9) 在廊道内、金属容器内和潮湿的洞内场所应使用安全电压照明器；电源电压得超过 36V。

(10) 严禁将行灯变压器及焊机调压器带进金属容器或金属管道内使用。变压器低压侧应有一端接地。

子任务 7.1.3　施工现场消防安全技术

(1) 施工现场及工具房内不应存放易燃物品；使用过的油布、棉纱等易燃物品应及时回收，妥善保管或处置。

(2) 厂房内机电设备安装过程中搭设的防尘棚、临时工棚及设备防尘覆盖膜等，应选用防火阻燃布。

(3) 厂房内施工使用明火或进行电（气）焊时，必须办理动火工作票，落实各项防火措施，并设专人监护。

(4) 厂房内所有施工部位（包括副厂房、变压器室、GIS室、廊道）严禁吸烟。

(5) 施工现场应根据灭火工作的要求，配备扑灭各类不同性质火灾的消防器材和设施，并布置在明显和便于取用的地点，消防器材设备附近，不得堆放其他物品。

(6) 消防器材设备应由专人负责管理，定期检查维护，保持完整好用。

(7) 施工单位应有专人负责消防工作，贯彻执行消防法规和本规定。

(8) 施工现场安装设备的包装箱、板及其他材料，应及时回收清理，以保证现场整洁和消防通道畅通无阻。

子任务 7.1.4　廊道及洞室作业安全技术

（1）进入廊道及洞室内工作的人员，必须是两名以上，并配备手电筒，不得一人单独工作。

（2）在廊道及洞室内施工之前应检查周边孔洞的盖板、安全防护栏杆应安全牢固，否则必须立即整改，达到安全要求方许开始施工。

（3）在廊道及洞室内进行运输作业时，两侧应规划便于人员通行的安全通道，其宽度不得小于 0.5m。岔道处应设置交通安全警示标志。

（4）地下洞室内存在有塌方等安全隐患的部位，应及时处理，并悬挂安全警示标志，严禁无关人员进入。

（5）施工廊道应视其作业环境情况，设置安全可靠的照明、通风、除尘、排水和必要的消防等设施，运行人员应坚守岗位。

子任务 7.1.5　底层作业安全技术

（1）凡有底层作业的井口、洞口或门槽口必须依据施工环境和条件，设置防止坠物和防止雨水的围栏、盖板、安全网等防护设施，以及上、下作业的安全扶（爬）梯，扶梯应牢固可靠。

（2）在地下洞室或大坝内的高深井内（如引水隧洞的斜或竖井、通风竖井、电梯井、电缆井以及闸门门槽等）的底层作业时，井口或门槽顶部必须设专人值班，并应悬挂警示标志和配备通信联络工具。

（3）底层施工交叉作业时，在上、下层之间必须设置安全防护平台或隔离棚。

（4）封闭环境的底层作业场所，应设置安全可靠的照明、通风、排水和消防等设施。

（5）底层作业使用的机具及电动工具必须绝缘良好，安全可靠，并应采取防砸防雨水等保护措施。

子任务 7.1.6　焊接与切割作业安全技术

1. 基本规定

（1）凡从事焊接与气割的工作人员，应熟知本标准及有关安全知识，并经过专业培训考核取得操作证，持证上岗。

（2）严格遵守各项规章制度，作业时不擅离职守，进入岗位应按规定穿戴劳动防护用品。

（3）焊接和气割的场所，必须设有消防设施，并应保证其处于完好状态。焊工必须熟练掌握其使用方法，能够准确使用。

（4）凡有液体压力、气体压力及带电的设备和容器、管道，无可靠安全保障措施禁止焊割。

（5）对储存过易燃易爆及有毒容器、管道进行焊接与切割时，要将易燃物和有体毒气体放尽，用水冲洗干净，打开全部管道窗、孔，保持良好通风，方可进行焊接和切割，容器外要有专人监护，定时轮换休息。密封的容器、管道不准焊割。

(6) 禁止在油漆未干的结构和其他物体上进行焊接和切割。禁止在混凝土地面上直接进行切割。

(7) 严禁在储存易燃易爆的液体、气体、车辆、容器等库区内从事焊接作业。

(8) 在距焊接作业点火源10m以内，在高空作业下方和火星所涉及范围内，应彻底清除有机灰尘、木材木屑、棉纱棉布、汽油、油漆等易燃物品。如有不能撤离的易燃物品，应采取可靠的安全措施隔绝火星与易燃物接触。

(9) 对填有可燃物的隔层，在未拆除前不准施焊。焊接大件须有人辅助时，动作必须协调一致，工件应放平垫稳。

(10) 在金属容器内进行工作时应有专人监护，要保证容器内通风良好，并应设置防尘设施。

(11) 在潮湿地方、金属容器和箱型结构内工作，焊工应穿干燥的工作服和绝缘胶鞋，身体不得与被焊接件接触，脚下应垫绝缘垫。

(12) 在金属容器中进行气焊和气割工作时，焊割炬应容器外点火调试，并严禁使用漏燃气的焊割炬、管、带，以防止逸出的可燃混合气遇明火爆炸。

(13) 严禁将行灯变压器及焊机调压器带入金属容器内。

(14) 焊接和气割的工作场所光线应保持充足。工作行灯电压不得超过36V，在金属容器或潮湿地点行灯电压不得超过12V。

(15) 风力超过5级时禁止在露天进行焊接或气割。风力5级以下、3级以上时必须搭设挡风屏，以防止火星飞溅引起火灾。

(16) 离地面1.5m以上进行工作必须设置脚手架或专用作业平台，并应设有1m高防护栏杆，脚下所用垫物要牢固可靠。

(17) 工作结束后应拉下焊机闸刀，切断电源。对于气割（气焊）作业则应解除氧气、乙炔瓶（乙炔发生器）的工作状态。要仔细检查工作场地周围，确认无火源后方可离开现场。

(18) 使用风动工具时，先检查风管接头是否牢固，选用的工具是否完好无损。

(19) 禁止通过使用管道、设备、容器、钢轨、脚手架、钢丝绳等作为临时接地线（接零线）的通路。

(20) 高空焊割作业时，还应遵守以下几点：

1) 高空焊割作业须设监护人，焊接电源开关应设在监护人近旁。

2) 焊割作业坠落点场面上，至少10m以内不得存放可燃或易燃易爆物品。

3) 高空焊割作业人员必须戴好符合规定的安全帽，应使用符合标准规定防火安全带。安全带应高挂低用，固定可靠。

4) 露天下雪、下雨或有5级大风时禁止高处焊接作业。

2. 焊割场地

(1) 焊接与气割场地必须通风良好（包括自然通风或机械通风），采取措施避免作业人员直接呼吸到焊接操作所产生的烟气流。

(2) 焊接或气割场地应无火灾隐患。若需在禁火区内焊接、气割时，应办理动火审批手续，并落实安全措施后方可进行作业。

(3) 在室内或露天场地进行焊接及碳弧气刨工作，必要时应在周围设挡光屏，防止弧光伤眼。

(4) 在潮湿地点进行电焊工作必须穿橡胶绝缘鞋，站在干燥的木板上，并加强防止触电的措施。

(5) 焊接场所应经常清扫，焊条和焊条头不得到处乱扔，应设置焊条保温筒和焊条头回收箱，焊把线应收放整齐。

3. 焊接作业

焊接作业包括焊条电弧焊、气体保护焊、埋弧焊等焊接方法，具体可参考本书项目4中的相关内容。

4. 碳弧气刨

(1) 碳弧气刨应使用电流较大的专用电焊机，并应选用相应截面积的焊把线。气刨时电流较大，要防止焊机过载发热。

(2) 碳弧气刨应顺风操作，防止吹散的铁水熔渣及火星烧损衣服或伤人，并应注意周围人员和场地的防火安全。

(3) 在金属容器或舱内工作，应采用排风机排除烟尘。

(4) 碳弧气刨操作者必须熟悉其性能，掌握好角度、深浅及速度，避免发生事故。

(5) 碳棒应选专用碳棒，不得使用不合格的碳棒。

5. 气焊与气割

(1) 运输气瓶时，应遵守下列规定：

1) 应轻装轻卸，严禁抛、滑、滚、碰。

2) 车、船装运时，应妥善固定。汽车装运时，横向排放，头部应朝向一方，且不得超过车厢高度；直立排放，车厢高度不得低于瓶高的 2/3。

3) 夏季要有遮阳设施，防止曝晒，炎热地区应避免白天运输。

4) 车上禁止烟火，并应备有干粉或二氧化碳灭火器（严禁使用四氯化碳灭火器）。

5) 严禁与氯气瓶、氧气瓶及易燃物品同车运输。

6) 严格遵守交通和公安部门颁布的危险品运输条例及有关规定。

(2) 气瓶储存应符合下列规定：

1) 旋紧瓶帽，放置整齐，留有通道，妥善固定；气瓶卧放应防止滚动，头部朝向一方，高压气瓶堆放不应超过 5 层。

2) 盛装有毒气体的气瓶，或所装介质互相接触后能引起燃烧爆炸的气瓶，必须分室储存，并在附近设有防毒用具或灭火器材。

3) 盛装易于起聚合反应的气体气瓶，必须规定储存期限。

(3) 乙炔气瓶储存，应遵守下列规定：

1) 在使用乙炔瓶的现场，储存量不得超过 5 瓶；超过 5 瓶时应符合规定。

2) 储存间与明火或散发火花地点的距离，不得小于 15m，且不应设在地下室或半地下室内。

3) 储存应有良好的通风、降温等设施，要避免阳光直射，要保证运输道路畅通，应设有足够的消防栓和干粉或二氧化碳灭火器（严禁使用四氯化碳灭火器）。

4) 乙炔瓶应保持直立位置,并应有防止倾倒的措施。

5) 严禁与氯气瓶、氧气瓶及易燃物品同间储存。

6) 储存间应有专人管理,在醒目的地方应设置"乙炔危险""严禁烟火"等标志牌。

(4) 氧气、乙炔气瓶的使用应遵守下列规定:

1) 气瓶应放置在通风良好的场所,不得靠近热源和电气设备,与其他易燃易爆的物品或火源的距离一般不得小于 10m(高处作业时是与垂直地面处的平行距离)。使用过程中,乙炔瓶放置在通风良好的场所,与氧气瓶的距离不得少于 5m。

2) 露天使用氧气、乙炔气时,冬季应防止冻结,夏季应防止阳光直接曝晒。氧气、乙炔气瓶阀冬季冻结时,可用热水或水蒸气加热解冻,严禁用火焰烘烤和钢材一类器具猛击,更不得猛拧减压表的调节螺钉,以防氧气、乙炔气大量冲出而造成事故。

3) 氧气瓶严禁沾染油脂,检查气瓶口是否有漏气时可用肥皂水涂在瓶口上试验,严禁用烟头或明火试验。

4) 氧气、乙炔气瓶如果漏气应立即搬到室外,并远离火源。搬动时手不可接触气瓶嘴。

5) 开氧气、乙炔气阀时,工作人员应站在阀门连接的侧面,并缓慢开放,不要面对减压表,以防发生意外事故。使用完毕后应立即将瓶嘴的保护罩旋紧。

6) 氧气瓶中的氧气不允许全部用完至少应留有 0.1～0.2MPa 的剩余压力。乙炔瓶内气体也不得用尽,应保持 0.05MPa 的余压。

7) 乙炔瓶在使用、运输和储存时,环境温度一般不得超过 40℃;超过时应采取有效的降温措施。

8) 乙炔瓶应保持直立放置,使用时要注意固定,并应有防止倾倒的措施,严禁卧放使用。卧放的气瓶竖起来后需待 20min 后才可输气。

9) 工作地点不固定且移动较频繁时,应装在专用小车上;同时使用乙炔瓶和氧气瓶时,应保持一定安全距离。

10) 严禁铜、银、汞等及其制品与乙炔接触,必须使用铜合金器具时,含铜量应低于 70%。

11) 氧气、乙炔气瓶在使用过程中应按照《气瓶安全监察规程》和《溶解乙炔气瓶监察规程》的规定,定期检验。过期、未检验的气瓶不准继续使用。

(5) 回火防止器的使用应遵守下列规定:

1) 尽可能采用干式回火防止器。

2) 回火防止器必须垂直放置,其工作压力应与使用压力相适应。

3) 干式回火防止器的阻火元件应经常清洗以保持气路畅通。多次回火后,应更换阻火元件。

4) 一个回火防止器只能供一把割炬或焊炬使用,不能合用。当一个乙炔发生器向多个割炬或焊炬供气时,除应装总的回火防止器外,每个工作岗位都须安装岗位式回火防止器。

5) 禁止使用无水封、漏气的、逆止阀失灵的回火防止器。

6) 回火防止器应经常清除污物防止堵塞,以免失去安全作用。

7）回火器上的防爆膜（胶皮或铝合金片）被回火气体冲破后，应按原规格更换，禁止用其他非标准材料代替。

（6）减压器（氧气表、乙炔表）的使用应遵守下列规定：

1）禁止使用不完整或损坏的减压器。冬季减压器易冻结，应采用热水或蒸汽解冻，严禁用火烤，每只减压器只准用于一种气体。

2）减压器内，氧气乙炔瓶嘴中不得有灰尘、水分或油脂，打开瓶阀时，不得站在减压阀方向，以免被气体或减压器脱扣而冲击伤人。

3）工作完毕后应先将减压器的调整顶针拧松直至弹簧分开为止，再关氧气乙炔瓶阀，放尽管中余气后方可取下减压器。

4）当氧气、乙炔管、减压器自动燃烧或减压器出了故障，应迅速将氧气瓶的气阀关闭，然后再关乙炔气瓶的气阀。

（7）橡胶软管的使用应遵守下列规定：

1）氧气胶管为红色，不准将氧气管接在焊、割炬的乙炔气进口上使用。

2）胶管长度每根不得小于10m，以15～20m为宜。

3）胶管的连接处应用卡子或铁丝扎紧，铁丝的丝头应绑牢在工具嘴头方向，以防止被气体崩脱而伤人。

4）工作时胶管不得沾染油脂或触及高温金属和导电线。

5）禁止将重物压在胶管上。不得将胶管横跨铁路或公路，如需跨越应有安全保护措施。胶管内有积水时，在未吹尽之前不得使用。

6）胶管如有鼓包、裂纹、漏气现象，不得采用贴补或包缠的办法处理，应切除或更新。

7）若发现胶管接头脱落或着火时，应迅速关闭供气阀，不得用手弯折胶管等待处理。

8）禁止将使用中的橡胶软管缠在身上，以防发生意外起火引起烧伤。

（8）焊割炬的使用应遵守下列规定：

1）工作前应检查焊、割枪各连接处的严密性及其嘴子有无堵塞现象，禁止用纯铜丝（紫铜）清理嘴孔。

2）焊、割枪点火前必须检查其喷射能力，是否漏气，同时检查焊嘴和割嘴是否畅通。无喷射能力不得使用，应及时修理。

3）不得使用小焊枪焊接厚的金属，也不得使用小嘴子割枪切割较厚的金属。

4）严禁在氧气和乙炔阀门同时开启时用手或其他物体堵住焊、割枪嘴子的出气口，以防止氧气倒流入乙炔管或气瓶而引起爆炸。

5）焊、割枪的内外部及送气管内均不允许沾染油脂，以防止氧气遇到油类燃烧爆炸。

6）焊、割枪不准对人点火，严禁将燃烧着的焊炬随意摆放，用毕及时熄灭火焰。

7）焊炬熄火时应先关闭乙炔阀，后关氧气阀。割炬则应先关高压氧气阀，后关乙炔阀和氧气阀以免回火。

8）焊、割炬点火时须先开氧气，再开乙炔，点燃后再调节火焰；遇不能点燃而出现爆声时应立即关闭阀门并进行检查和通畅嘴子后再点，严禁强行硬点以防爆炸。焊割时间过久，枪嘴发烫出现连续爆炸声并有停火现象时，应立即关闭乙炔再关氧气，将枪嘴浸冷水疏通后再点燃工作,作业完毕熄火后应将枪吊挂或侧放,禁止将枪嘴对着地面摆放,以免引起阻塞而再用时发生回火爆炸。

9)阀门不灵活、关闭不严或手柄破损的一律不得使用。

10)工作人员必须配戴有色眼镜,以防飞溅火花灼伤眼睛。

6. 氧气、乙炔气集中供气系统

(1)大中型生产厂区的氧气与乙炔气宜采用集中汇流排供气——设置氧气、乙炔气集中供气系统。其主要包括供气间(气体库房)、管路系统等,其设计与安装的防护装置、检修保养、建筑防火均应符合《氧气站设计规范》(GB 50030—2013)、《乙炔站设计规范》(GB 50031—1991)、《建筑设计防火规范》(GB 50016—2014)等的有关规定。

(2)氧气供气间可与乙炔供气间布置在同一座建筑物内,但应以无门、窗、洞的防火墙隔开。

1)氧气、乙炔供气间应设围墙或栅栏并悬挂明显标志。围墙距离有爆炸物的库房的安全距离应符合相关规定。

2)供气间与明火或散发火花地点的距离不得小于10m,且不应设在地下室或半地下室内,库房内不得有地沟、暗道。库房内严禁动用明火、电炉或照明取暖,并应备有足够的消防设备。

3)氧气乙炔汇流排应有导除静电的接地装置。

4)供气间应设置气瓶的装卸平台,平台的高度应视运输工具确定,一般高出室外地坪0.4~1.1m;平台的宽度不宜小于2m。室外装卸平台应搭设雨篷。

5)供气间应有良好的自然通风、降温和除尘等设施,并要保证运输通道畅通,应设置足够的消防栓和干粉或二氧化碳灭火器。

6)供气间内严禁存放有毒物质及易燃易爆物品;空瓶和实瓶应分开放置,并有明显标志,应设有防止气瓶倾倒的设施。

7)氧气与乙炔供气间的气瓶、管道的各种阀门打开和关闭时应缓慢进行。

8)供气间必须设专人负责管理,并建立严格的安全运行操作规程、维护保养制度、防火规程和进出登记制度等,无关人员不得随便进入。

(3)管路系统安装应遵守下列规定:

1)管路系统的设计、安装和使用必须符合《氧气站设计规范》(GB 50030—2013)及《乙炔站设计规范》(GB 50031—1991)的规定。

2)氧气和乙炔管路在室外架设或敷设时,应按规定设置防静电的接地装置,且管路与其他金属物之间绝缘应良好。

3)氧气管道、阀门和附件必须进行脱脂处理。

4)乙炔气必须装设专用的减压器、回火防止器,开启时,操作者应站在阀门的侧后方,动作要轻缓。乙炔瓶减压器出口与乙炔皮管,必须用专用扎头扎紧不得漏气。

5)氧气、乙炔气管路必须分别采用蓝、白油漆涂色标识。

6)带压力的设备及管道,禁止紧固修理。设备的安全附件,如压力表、安全阀必须符合有关规定。

7)乙炔汇气总管与接至厂区的各乙炔分管路的出气口均应设有回火防止装置。

任务 7.1　安装现场安全技术

(4) 运行管理规定如下:

1) 系统投入正式运行前,应由主管部门组织按照《氧气站设计规范》(GB 50030—2013)、《乙炔站设计规范》(GB 50031—1991)、《建筑设计防火规范》(GB 50016—2014)等的有关规定,进行全面检查验收,确认合格后,方可交付使用。

2) 作业人员必须熟知有关专业知识及相关安全操作规定,并经培训考核合格方可上岗。

3) 乙炔供气间的设施、消防器材应做定期检查。

4) 供气间严禁氧气、乙炔瓶混放,并不准存放易燃物品,照明必须使用防爆灯。

5) 作业人员应随时检查压力情况,发现漏气立即停止供气。

6) 作业人员工作时不准离开工作岗位,严禁房内吸烟。

7) 检查乙炔间管道时,必须在乙炔气瓶与管道连接的阀门关严和管内的乙炔排尽后方可进行。

8) 气瓶阀冻结时,严禁用火解冻,可用蒸汽及热水解冻。禁止在室内用电炉或明火取暖。

9) 作业人员应严禁让沾有油脂的手套、棉丝和工具同氧气瓶、瓶阀、减压器管路等接触。

10) 作业人员应认真做好当班供气运行记录。

子任务 7.1.7　作业人员安全要求

(1) 作业人员要热爱本职工作,努力学习提高技术业务水平和操作技能,积极参加安全生产的各种活动,提出改进安全工作的意见,搞好安全生产。

(2) 遵守劳动纪律,服从领导和安全监察人员的指挥和监督,工作中思想集中,坚守岗位;严禁酒后上班,不得在禁止烟火的地方吸烟、动火。

(3) 严格执行操作规程,不得违章作业;对违章作业的指令有权拒绝,并有责任制止他人违章作业。

(4) 从事特种作业的人员,必须持有效的特种作业操作证,配备相应的安全防护用具,并遵守其相应的特种作业安全技术规程。

(5) 作业人员要正确穿戴个人安全防护用品,进入施工现场必须带好安全帽,佩戴上岗证。在没有防护设施的高空、临边处必须系好安全带,高空作业不得穿硬底和带钉易滑的鞋,不得投掷物料,严禁赤脚、穿拖鞋或穿高跟鞋。

(6) 在施工现场行走要注意安全,不得攀登脚手架、电气盘柜、通风管道等危险部位。

(7) 正确使用防护装置和防护设施,对各种防护装置、防护设施和安全警示标志等不得任意拆除和随意挪动。

(8) 施工人员必须严格遵守岗位责任制和交接班制度,并熟知本工种的安全技术操作规程。多工种联合作业时,尚需遵守相关工种的安全技术规程。

(9) 施工应配备值班车辆,作业人员发生意外情况时,应及时救助。

(10) 夜间作业时,应保证良好照明,每个施工部位安排至少两人以上工作,禁止单人独立作业。检查密封构件或设备内部时，必须使用安全行灯或手电照明。

（11）作业前，必须认真检查所使用的设备、工器具等，严禁使用不符合安全要求的设备和工器具。若发现事故隐患应立即进行整改或向所在单位领导报告。

（12）从事高处作业时，必须遵守高处作业的相关规定，作业人员不得在脚手架上爬行或不挂保险带在高处移动，禁止手拿任何物件攀登爬梯和构架。

（13）全体施工人员必须遵守现场安全用电规定，学习和掌握现场触电的自救和互救的急救措施和方法。

（14）全体施工人员必须定期进行体检，凡经医生诊断患有高血压、心脏病、贫血、精神病的人员，应立即退出金属结构安装和机电安装作业现场。

任务 7.2　金属结构制作与安装安全技术

【学习目标】

知识目标：能陈述各类金属结构设备制作安装作业的安全技术方法和技术措施。

能力目标：能依据安全技术方法与措施进行各类金属结构设备安装作业安全控制。

子任务 7.2.1　金属结构制作安全技术

7.2.1.1　厂区布置

1. 基本规定

（1）厂房、库房、办公楼等永久或临时建筑物应布置合理，作业区的布置应视制造产品的工艺特点结合施工现场状况统筹安排，使其布局合理、使用方便和节约场地。厂址应尽量避免选择在可能发生洪水、泥石流或滑坡等自然灾害地段。

（2）建筑物的布置、设计还应符合现行工业建筑设计规范及防火、防雷等设计规范。

（3）压缩空气站的设计布置应符合现行《压缩空气站设计规范》（GB 50029—2014）的规定。

（4）氧气站、乙炔气站的设计、布置应符合《氧气站设计规范》（GB 50030—2013）、《乙炔站设计规范》（GB 50031—1991）的规定。

（5）生产用水和生活用水系统尽量应用附近的供水系统，饮用水质量应符合国家有关卫生标准。

（6）空气压缩机及冷却水质应符合下列要求：

1）悬浮物含量不宜大于 100mg/t。

2）pH 值不得小于 6.5，不宜大于 9.0。

3）具有热稳定性。

2. 生产场地

（1）生产车间应符合下列要求：

1）生产场地应按产品制造工艺流程划分作业区，并设有明显的区域标识和隔离带。如原材料堆放区、下料区、单件组装区、部件组装区、焊接区、总拼区、半成品区、成品区等。

2）车间内主通道不得小于2m，各作业区间应有安全通道，其宽度不得小于1m。两侧用宽80mm的黄色油漆标明，通道内不得堆放物品。

3）架空设置的设备平台、人行道及高空作业的安全走道的底板应为防滑钢板，临边应设置挡脚板等钢防护栏杆。

4）车间及作业区照明充足，架空的通道、地面主要安全通道、进出口、楼梯口等处宜设置自动应急灯。

5）应根据作业性质设置相应的消防设施，并安全有效。

（2）露天作业场应符合下列要求：

1）露天作业场的布置应根据场地交通及起吊设备能力进行设计布局，以确保大件产品的吊装及装卸运输。

2）各作业区应有明显标志，其周围严禁堆放杂物。

3）露天场地应有合理的地面排水系统和通畅的运输道路网，为施工创造好的环境。

4）施工场地除布置通用照明外，作业部位还应设置照度足够的工作照明，以保证夜间作业安全和施工质量。

5）电焊机等施工设备应合理布置，并应有专用平台，平台高度不小于300m，有可靠的防雨措施，设备外壳应有可靠的接地和接零保护。

6）施工时地面设置的临时地锚、挡桩、支墩等在施工结束时应及时清除。

7）应根据作业性质设置相应的消防设施，并安全有效。

3. 施工设施

（1）生产供电系统组织设计一般包括：计算用电量、选择电源、确定变压器、布置配电线路和决定导线断面。

（2）机械设备、电气盘柜和其他危险部位应悬挂安全警示标志和安全操作规程。

（3）车间及厂区内应布置接地网，各种用电设备、电气盘柜、钢板铺设的平台的接地或接零装置应与地网可靠连用。接地电阻不得大于4Ω。保护零线的重复接地电阻不应大于10Ω。

（4）电焊机、加热设备应采用独立电源并装有漏电保护器。

7.2.1.2 钢闸门及埋件制作

工作前，铆工、焊工、起重工、机械工、桥机工等各工种应认真检查所使用的工器具、设备等是否正常，有无安全隐患，隐患整改消除后方可使用。

1. 埋件制作

（1）埋件的下料、组装，焊接、总拼应符合闸门制作有关规定。

（2）埋件采用机械矫正时，应有专人指挥，受力点的支垫不准使用铁棒、铁管、铁球等，以防止崩出伤人或工件滚动。

（3）埋件矫正需吊车配合时，其挂钩或绳卡与构件连接应可靠，防止矫正中脱落。

（4）埋件矫正、检查时应可靠放置，防止倾倒。

（5）当埋件需立置状态进行组装调整时，应有可靠的防倾倒的措施。高空作业还应符合有关规定。

2. 钢闸门制作

(1) 下料应符合下列要求：

1) 钢板吊运时应采用平吊，严禁采用厚板卡子吊薄板或厚板卡子中加垫板吊薄板。

2) 下料应采用专用切割平台。当采用栅格式切割平台时，固定栅条的卡板应与平台骨架焊牢。地面切割时其割嘴应离地面 0.2m 以上。

3) 氧气、乙炔气切割下料应遵守有关安全规定。使用平板机、油压机、剪板机、冲剪机、刨边机等机械设备进行下料、加工、矫正等工序作业时，应遵守相关机械设备安全操作规程。

4) 铆工、焊工、切割工在切割后使用扁铲、角向磨光机进行清理打磨时必须配戴防护眼镜，严禁使用受潮或有裂纹的砂轮片。进行等离子切割时操作人员还必须配戴防护面罩。

5) 加热后的材料要定点存放，搬动前应滴水试验，待冷却后，方可用手搬动，防止烫伤。

6) 零件下料后应按区域要求分类码放整齐并标识。切割后留下边角余料应集中放置，不得随意弃放。

7) 用地炉加热工件时，要注意周围有无电线或易燃物品，熄灭地炉时，浇水前应将风门打开，以防爆炸，熄灭后要详细检查，避免复燃起火。

(2) 组装焊接应符合下列要求：

1) 大小锤、平锤、冲子及其他承受锤击的工具顶部严禁淬火，应无毛刺及伤痕，锤把无裂纹。

2) 零部件吊装就位时，起重指挥信号应明确，起重吊具应依据工件大小、重量正确选择和使用。

3) 工件就位时各工种要协调配合，统一指挥。手脚不得探入组合面内。工件在没有可靠固定前，其可能倾倒覆盖范围内严禁进行与之无关的其他作业。

4) 工件就位临时固定应采用定位挡板、倒链等防止倾倒，找正后应及时进行加固点焊；需进行焊接预热的焊缝，点固焊时也应进行预热，以防焊点开裂崩脱。

5) 打大锤时，严禁戴手套，锤头运动前后方严禁站人。

6) 箱梁及空间较小的构件内焊接时应通风良好，使用行灯照明，夏季施焊其构件内部温度不得超过 40℃，如超过时则应进行轮换作业或采取其他保护措施，并设专人监护。

7) 焊工作业时禁止将焊把线缠搭在身上或踏在脚下，当电焊机处于工作状态时，不得触摸导电部分。

8) 电焊工因空间较小，而必须跪姿或卧姿进行施焊时，所使用的铺垫应为干燥的木板或其他绝缘材料。

9) 使用砂轮机、角向磨光机、风铲等工具进行打磨、清理的操作人员必须配戴平光防护眼镜。

(3) 总拼装应符合下列要求：

1) 总拼装技术方案应包括拼装工艺流程，找正加工方案、吊装方案以及吊装设备及器具的选用，地锚、缆风绳的受力计算以及重要支墩、支撑的受力计算，高空作业安全技术措施等,应经有关部门审批后方可实施。

2) 脚手架搭设方案应由技术部门设计、审批,有关部门验收后方可使用,作业的平台必须铺设完整并可靠固定,护栏应符合安全标准。

3) 排架作业面及行走通道应清理干净,作业人员严禁穿硬底鞋。

4) 作业使用的千斤顶、楔子板、大锤、扳手等工器具应放置妥当以防坠落伤人,千斤顶严禁叠摞使用。严禁空中投掷传递工具等物。

5) 交叉作业时,必须设置安全有效的隔离措施,否则禁止作业。

6) 氧气瓶、乙炔气瓶安全间距应大于5m,水平距离火源点应不小于10m。乙炔气瓶应立置,冬期及夏期施工气瓶应有防冻、防晒措施。

7) 起重人员在起吊构件时应保证构件重心与吊钩在同一垂线上,防止构件起吊时撞击设备、排架及人员。

8) 拆除作业一般应按照拼装流程的倒序进行作业,并严格遵守以上各条相关规定,对于难度大,危险性大的拆除作业还应制定专门的拆除安全技术措施。

7.2.1.3 钢管制作

1. 采用油压机预弯瓦片

(1) 预弯时,模具应与油压机压力中心线重合,上、下模具应可靠固定。

(2) 油压机启动前,需经回油口向泵体内灌满工作油,排出主缸及液压系统中的空气,同时检查各部位所有连接部分是否紧固。电动机旋转方向应与要求相符。

(3) 油压机每班作业前应检查管接头及密封件,如发现渗漏应及时修复。设备运行中,不得进行修理及更换。

2. 瓦片卷制

(1) 卷板机开机前应认真检查各机构,系统运转应正常,各润滑部位应按规定加注润滑油。

(2) 板机上卷制刚度较小或弧长较长的瓦片及管节时,应采用弧型托架或者人机配合进行卷制。

(3) 卷制时,设备操作人员应听从指挥人员指挥,指挥信号应明确清楚。多人卷板时应明确统一指挥,操作人员工作完毕或离开设备应切断电源。

(4) 卷制时,严禁卷板人员手扶工件或垫条。

(5) 卷板机翻倒机构翻倒时其覆盖范围内严禁站人和堆放物品。

(6) 卷板机在上料、卸料、调整辊筒时不得开机。设备卷板过程中,进出料方向严禁站人。

(7) 瓦片立置检验或校正时,应有可靠固定和采取防止倾倒的措施。

3. 组装与焊接

(1) 瓦片较大时应采用平衡梁吊装至平台,起吊时应先吊离地面100~300mm高,检查瓦片吊装重心是否平稳。

(2) 管节、管段组装应设有专用组装平台和焊接平台,施工人员操作平台的搭设以及人员的着装应符合高空作业要求。

(3) 钢管拼装时,立置的瓦片应临时固定牢固。瓦组装时,工作人员的手、头、脚

项目 7 水利水电工程与机电设备安装安全技术

不得伸入组合缝内。

(4) 工作中使用的千斤顶及压力架等，必须拴牢或采用其他防倾倒和坠落措施。

(5) 焊接过程中的预热、后热以及焊缝的爆炸效应等应有隔离设施，并应明确安全标识。

4. 支撑与调整结构

(1) 调圆或加固采用的"米"字或"井"字支撑与钢管及支撑间应连接可靠，安装支撑时应将支撑固定后方可松钩。

(2) 内支撑安装完成后应有必需的防松措施，竖井或斜井内的钢管支撑必须焊接防脱落的挡板或拉筋。

7.2.1.4 无损探伤

凡参加无损探伤人员必须进行身体检查，并经培训由上级主管部门和上级技术监督部门考试合格，才允许从事本工作。从事放射工作的人员和单位必须向放射防护监督部门申请和领取放射工作人员证后方可从事放射性作业。

1. 射线探伤作业

(1) 从事射线探伤人员，应经常测量工作场所的射线剂量。

(2) 工作场所的照明应达到防护规程规定的照度，射线机配电盘应装有指示灯。

(3) 工作场所地面，应光滑，无缝隙凹陷，铺设易于清除污染的材料。

(4) 工作场所内外应保持清洁整齐。

(5) 应执行操作规程，遵守安全防护措施。

(6) 射线探伤人员要根据工作情况，佩戴防护用品。防护用品操作前应进行检查，操作后进行清洗。

(7) 操作中不得饮食、吸烟。如发现头晕等现象，应及时通风、治疗。工作完毕后，应及时清洗手、脸或淋浴。

(8) 凡从事射线工作人员，应按国家规定每 3 个月进行一次血液分析，每年进行一次健康检查。

(9) 一人不得单独作业，至少要有两人以上，一人操作一人负责监护。

(10) 射线对人体照射的最高允许剂量是：每天不得超过 0.05rem，每周不得超过 0.3rem。

(11) 在一周内总的积累剂量不超过 0.3rem 的前提下，个别情况可每天剂量高于 0.05rem 但不得成倍增加。

(12) 全年的总积累剂量平均不允许超过 15rem，25 岁以前接触无损探伤工作者，每年积累总量不得超过 10rem。

(13) 进行探伤工作时，应计算安全距离，设置警告牌，并有人警戒，严禁外人进入非安全区。

(14) γ 射线透照时，在无防护情况下的安全距离可按下式确定：

$$R = \sqrt{\frac{mt}{60}}$$

式中　R——离放射源的距离，m；

　　　m——放射性的活动，mrem；

t——照射时间，h。

(15) x 射线透照时，在无防护的情况下，最高允许剂量率可用下面近似的比例关系计算：

$$Pt \approx 15$$

式中　P——该点的剂量率，$\mu R/h$；

t——时间，h。

若将 $Pt=15$ 改写成 $t=15/P$，可以近似计算在照射场内的允许停留时间。

(16) 探伤用的放射源应加装保险套，探伤室的防护须经技术监督、环境保护部门批准后方可启用，以减少射线场的强度，保证人身安全。

(17) 射线探伤室应按防护要求进行设计，设置良好的通风设备。每天开始工作前和工作进行中都应注意换气，并保持清洁。

(18) 射线试验室内，禁止贮藏食品。

(19) 每次操作放射性同位素后，都应仔细洗手。探伤工的指甲应经常修剪，不得留长指甲。

(20) 探伤人员的皮肤裸露部分若有伤口，在未愈合前，不准从事放射性同位素的操作。

(21) 裸源操作一定要在有人监护下进行，使用的夹具长度不得小于 1m。每次操作时间不宜超过 8s，对于 0.5cm 以下的裸源，每一工作日的操作次数限制在 15 次以下。

(22) 操作时，在提取射源过程中，不可直视射线。

(23) 放射源存放地点的选择应考虑到周围居民的安全。存放建筑物的防护层厚度应经过计算，要求室外放射性强度不大于自然本底。室内须有防潮措施，并要求装置有良好的通风设备。

(24) 放射源存放处，应有专人负责看管。并建立启用和储存登记制度。

(25) 放射源应减少频繁运输，控制运输次数。运输设备的防护性能要加强，押运护送者应懂得安全防护知识及处理原则。

(26) 长途运输，应事先与有关交通部门做好联系工作，凡放射源所到地方和运输线路，应事先报告有关公安部门备案。

(27) x 射线机透视操作前，应将外壳安全接地，防止操作者触电。

(28) x 射线试验室的门上，应装置闭门接触器、关门供电，开门断电，同时门面上应装置红色警告牌，防止他人无意打开门时，受到射线损害。

(29) 放射源失落时，应立即报告公安机关和防疫机构。并应立即采取措施，划出非安全区，做好可疑地区的安全保护工作。

(30) 若发生放射性污染时，在被污染的范围内绝对禁止工作。凡参加清理污染的工作人员，应通晓防护原则，以免在工作中受到照射的损害。

(31) 采用超声波、磁力、荧光、着色、涡流探伤应遵守下列规定：

1) 仪器接通电源前，应检查电压是否与仪器使用电压一致，防止仪器烧坏。

2) 利用超声波检验焊缝时，焊缝两侧须打磨至呈金属光泽。如使用电动砂轮机时，应戴绝缘手套，穿绝缘鞋，戴平光眼镜和口罩。

3) 超声波探伤仪接通电源后，应检验外壳是否漏电。如漏电过大，则应更换电源线接线，并将外壳妥善接地。

4) 超声波探伤仪在使用过程中，严禁打开保护罩，防止触电。

5) 超声波仪器在搬运过程中，要特别注意防震。仪器使用场所要注意防磁。

6) 荧光探伤时，应戴防护眼镜，防止强光对眼睛的伤害。工作物上的荧光粉，禁止用手直接触摸。工作完毕后，要将手仔细搓洗干净。

7) 配制着色剂和筛取荧光粉、磁粉时，应戴防护口罩，并应在通风良好的上风处进行。

8) 仪器检修时，应切断电源，不允许带电检修，以防遭高压电击伤。

9) 现场探伤时，应执行高处作业规定，夜间应有充足照明。

10) 工作完毕后，应将耦合剂、着色剂、磁粉、荧光粉清扫干净，防止对周围环境的污染或发生其他意外事故。

11) 凡从事超声波、磁力、荧光、着色、涡流探伤工作人员，要定期进行专业安全防护知识的考核。经考核不合格者，不得从事探伤工作。

2. 其他无损探伤

(1) 其他无损探伤包括超声波、磁力、荧光、着色、涡流探伤等。

(2) 仪器接通电源前，应检查电压是否与仪器使用电压相一致，防止仪器烧坏。

(3) 超声波探伤仪接通电源后应检验外壳是否漏电，如漏电过大，则应替换电源线接线，并将外壳接地，使用过程中严禁打开保护罩防止触电。

(4) 超声波仪器在搬运过程中，要特别注意防震，使用场所注意防磁。

(5) 荧光探伤时，应戴防护眼镜，防止强光伤眼，禁止用手直接触摸工作物上的荧光粉，工作完毕后，要将手仔细搓洗干净。

(6) 配制着色剂和筛取荧光粉、磁粉时，必须戴防护口罩，并应在通风良好的上风处进行。

(7) 仪器检修时，必须切断电源，以防止高压电击伤。

(8) 现场探伤时，应严格执行高处作业规定，夜间应有充足照明，并应划定警戒区和悬挂警告标志。

(9) 工作完毕后，应将耦合剂、着色剂、磁粉、荧光粉清理干净，防止对周围环境的污染或发生其他意外事故。

7.2.1.5 涂装作业

1. 涂料的保管与使用

(1) 各类油漆、汽油、酒精、松香水、香蕉水，以及其他易燃有毒有害材料，应在专门储藏库房内密闭存放，不得与其他材料混放；储藏库房与其他建筑物的距离应符合规定。存储库房的设计、施工应符合有关防火标准的规定。

(2) 油漆库房应有专人管理，严禁烟火和人员住宿。库房内应有良好的通风条件，库房外应设置消防器材。

(3) 施工现场不符合上述存放条件时，应严格控制储存油漆等涂料；少量油漆可在现场短期储存，但应存放在专用的房间内，且必须有专人看护。现场还应备有足够的消防设备,没用完的油漆应及时回收或妥善处置。

(4) 使用时,油漆等涂料应放置在阴凉处,防止挥发。

2. 涂装作业场所布置

(1) 涂装作业场所应符合《涂装作业安全规程》(GB 7691—2003)、《涂漆工艺安全及其通风净化的有关规定》(GB 6514—2008),喷漆室的操作位置所占空间应保证作业人员有充分的活动余地,并应考虑作业人员的操作空间。

(2) 涂装作业场所应设置充分的通风和除漆雾装置,满足规定的安全通风和暖风的要求,以保证涂装作业场所的整体安全。

(3) 喷漆作业人员工作时,工作场所空气中有毒物质容许浓度应符合《工作场所有害因素职业接触限值》(GBZ 2—2007)的规定。喷漆室排入大气中的有机溶剂蒸气,应达到《大气污染物综合排放标准》(GB 16297—1996)中的有关规定。

(4) 必须对现场可燃性气体浓度进行检测。有限空间,空气中可燃性气体浓度应低于可燃烧极限或爆炸极限下限的10%。

(5) 作业区内的所有电气设备、照明设施,应采用防爆型照明灯具,电压应符合安全电压的规定,照度应符合《建筑照明设计标准》(GB 50034—2013)的规定。

(6) 引入有限空间的照明线路必须悬吊架设固定,避开作业空间;照明灯具不许用电线悬吊,照明线路应无接头。

(7) 正在进行喷涂作业的喷漆区不应使用任何便携灯。如喷漆区内无法用固定灯具照明的区域,使用的便携灯应具有防爆功能。

(8) 临时照明灯具或手提式照明灯具与线的连接应采用安全可靠绝缘橡胶套电缆线。

(9) 喷漆室所在建筑物应按《建筑灭火器配置设计规范》(GB 50140—2005)的规定配置足够的灭火器材。喷漆区内不应设置有引起明火、火花的设备和外表超过喷涂涂料自燃点温度的设备。维修喷漆室必须动用明火时,必须履行动火审批手续,并彻底清除室内和排风管道内的可燃残留物。

(10) 当喷漆室内操作和维修工作位置在室内地坪2m以上时,应配置供站立的平台和扶梯,以及防坠落的栏杆、安全网、防护板。

(11) 喷漆室内每年至少进行一次通风系统消防技术测定和电气安全技术测定,并将测定结果记入档案。

3. 喷砂除锈

(1) 人工喷砂除锈时,必须穿戴工作服、工作鞋,配戴防护眼镜、防尘面具等防护用品,喷砂除锈时穿戴的工作服必须带有空气分配器。

(2) 施工前,应严格检查空压机、喷漆机、喷砂罐、油水分离器、管路阀门等是否完好,接头是否通畅。检查所需的照明、通风、脚手架、支墩、支架等设施是否可靠。照明行灯电压不得超过36V。

(3) 喷砂室应设置由不易破碎的材料制成的观察窗,喷砂室内外应同时设置控制开关,并设置与监护人员联络的声光信号。

(4) 砂粒回收地下室内应设有固定上下扶梯、照明装置、排气口和排水设施。

(5) 喷砂枪喷嘴接头应牢固,严禁喷嘴对人,沿喷射方向30m范围内不得有人停留和作业，喷嘴堵塞应停机消除压力后，进行修理或更换。

4. 涂料喷涂

（1）从事涂料喷涂作业的操作人员，应接受喷漆作业专业及安全技术培训后方可上岗。

（2）应备有检测仪器，并设置相应的通风设备，应按《劳动防护用品选用规则》规定发放个人防护用具。

（3）油漆涂装现场严禁焊接、切割、吸烟或点火，严禁使用金属棒搅拌油漆，应使用泡沫二氧化碳型灭火器或干粉灭火器灭火。

（4）油漆涂装环境应通风良好，电线电缆必须按防爆等级进行安装，电动机、配电设备和电线电缆必须按防爆等级配置。

（5）在通风不畅及半封闭的空间内涂装，应戴供气式头罩或过滤式防毒面具，并应有专人监护，作业人员如有头晕、头痛、恶心、呕吐等不适感觉，应立即停止工作。

（6）喷涂电器设备，设备必须断电，并设专人监护。

（7）使用喷浆机，手上沾有浆水时，不准开关电闸，以防漏电。喷嘴堵塞疏通时不准对人。

（8）沾染涂料的棉纱、破布、油纸等废物，应收集在有盖的金属容器内及时处理。

5. 金属热喷涂

（1）喷涂人员及辅助人员，必须熟知喷镀的基本知识和操作技术，否则不得进行喷镀作业。

（2）喷涂人员应穿戴供气式防护服以及其他防护用品，操作地点应有良好通风，人员不得面对喷镀气流。

（3）喷涂人员的帽盔供气管应与氧、乙炔管路分开，不可混杂在一起。

（4）喷涂所用各种设备应符合设计要求，必须装置有效的安全设施，定期进行保养维护及耐压试验，保证设备安全可靠。

（5）金属热喷涂操作前及过程中，应经常检查氧气管、乙炔管接头，严防漏气。喷镀设备中的氧气、乙炔气和喷枪三者应保持一定的安全距离，一般不少于10m。做好防火、防爆措施。

（6）使用喷灯时，加油不得过满，打气不应过足，气孔和喷头应通畅，使用时间不宜过长，点火时火嘴不准对人，暂停工作时必须将火熄灭，待喷灯冷却后方可加油。使用喷灯工作，周围不得有易燃、易爆物品。严禁戴沾有易燃油脂的手套从事作业。

（7）喷涂设备中的氧气、乙炔瓶及其管道附近严禁烟火和其他可燃性物质，要远离火源和高温作业区。操作时不得冲击摩擦产生火花，移动时应避免敲击和撞击，注意轻放。同时氧气、乙炔瓶的温度不得过高，否则应用水强制冷却。氧气和乙炔停用时应关闭瓶阀。若气瓶有污染需用四氯化碳清洗干净。

（8）喷涂操作时遇有回火现象，应及时处理。

（9）所有管路与接头要牢固并经常检查，防止崩脱伤人。

（10）压缩空气必须有效地分离油和水，并检查空气滤清器和定时排污。

（11）在容器内进行喷涂时，应首先检查容器内有无易燃、易爆物及有毒气体。容器外应专人监护。

(12) 食物、饮料、餐具不得放在施工场所，操作完毕应洗漱、更衣后方可就餐或归宿。

7.2.1.6 产品转运与存放

(1) 车间内及厂内用于产品零部件、成品、半成品的转运线及道路应明确划分。路面应平整，无障碍物。

(2) 用于转运的叉车、平板车、汽车、起重机等应符合设备管理有关规定，使用前应认真检查。

(3) 产品在转运车辆上摆放应稳定可靠，对于大件、超长、超宽件在转运装车时必须进行绑扎固定。

(4) 对于运距较远、起吊装车复杂的产品，还应制定专门的装车转运安全技术方案。

(5) 产品应按厂区规划区域进行存放，并应按产品包装要求进行包装标示后存放。

(6) 产品存放支垫应稳定，应采取有效的措施防止构件倾倒或变形，当需要叠层堆放时，层间加垫应采用枕木或木板材料。

子任务 7.2.2 闸门安装安全技术

7.2.2.1 闸门与埋件预组装

1. 场地布置

(1) 闸门堆放与预组装场地一般为临时建筑物，应综合考虑到工程施工特性（包含现场交通运输条件、施工高峰强度等）、闸门拼装方案和现场设备起吊能力诸要素，尽量避免布置在可能发生山洪、泥石流或滑坡等自然灾害的地段。

(2) 场内各设备堆放场和作业区应布局合理，尽量方便施工，且应有明显标志。办公室、仓库、变电所、各作业场所必须有可靠的消防和排水设施，主要的人行道和消防通道畅通，严禁堆放杂物。

(3) 厂区应有完整的接地网，接地电阻值不大于40Ω。厂房等高大建筑物与大型施工机械应有可靠防雷措施。

(4) 场内除布置通用照明外，夜间作业部位和主要运输道路旁还应按规定布置充足的照明设施，保证夜间作业的车辆和人身安全。

(5) 场内作业房应合理布置，各房间应设有单独的配电盘，盘上应有盖板和挂锁及漏电保护装置。房内必须备有灭火器，所有施工设备、电气盘柜等危险部位，均应悬挂安全警示标志和安全操作规程，且应接地良好。

2. 闸门与埋件预组装

(1) 闸门和埋件应堆放平稳、整齐，且支承牢固，不宜叠层堆放，并留有合适的人员和起吊设备的通行便道。

(2) 预组装前，应编制组装技术方案，包括组装程序、吊装方案（确定吊装设备、主要器具、地锚的设置和缆风绳的受力计算）以及临时加固支撑方案等，并制定详细的安全技术措施，报主管部门批准后方可实施。各拼装平台基础应牢固，支承结构应稳定可靠。

(3) 高空作业、脚手架和作业平台的搭设方案应由技术部门设计、审批，安全部门组织相关部门联合验收，合格后方可使用。

(4) 高空作业应遵照相关规定执行，确保施工安全。作业区四周应悬挂安全警示标志及有关安全操作规程，禁止无关人员进入施工作业区内。

(5) 高空作业排架及行走通道应清理干净，不得随意堆放杂物，防护栏杆及安全网的敷设应符合安全标准。作业区应设置足够的消防器材。

(6) 夜间作业应尽量使用低压行灯照明，其他照明设施严禁直接和闸门接触，并接地良好。

(7) 雨雪天气条件下进行露天拼装作业场所，应采取相应的防雨雪和防滑措施。

(8) 使用的千斤顶、楔子板、大锤、扳手等应妥当放置，严禁通过空中投掷来传递工具等物，固定好的千斤顶等机具应使用安全绳绑扎牢固。

(9) 闸门组装用的连接板、螺栓等小型零件，应装于结实的麻包内使用合适的绳具上下传递，禁止随意堆放在排架板上。

(10) 上、下交叉作业时，应搭设安全隔离平台，防止上层作业对下层人员的伤害。

(11) 闸门预组装时，各部连接螺栓至少应装配 1/2 以上，并紧固。

(12) 装配连接时，严禁将手伸入连接面或探摸螺孔，以免发生意外轧、挤、砸伤事故。

(13) 闸门连接板和轴销，应在闸门未竖立前预先组装。在进行连接时工作人员应站在安全的位置，手不得扶在节间或连接板吻合面上。

(14) 使用锉刀、铲等工具，不得用力过猛。不得使用有卷边或裂纹的铲削工具，工具上的油污要及时清除。

(15) 预组装焊接时，应合理分布焊工作业位置，避免相互干扰。

(16) 焊接作业时，焊条应使用保温桶存放，并使用安全绳将其绑扎牢固。

(17) 拆过的包装箱，应及时清理，集中堆放，严禁随地乱放乱弃，箱板上的铁钉、铁条等应进行拔除和打弯处理，避免扎伤手脚。

(18) 闸门预组后的拆除作业一般应按组装顺序倒序作业。

(19) 预组装工作全部结束后，应及时清除地面锚桩、基础预埋件或临时支撑、缆风绳等杂物。

7.2.2.2 闸门的起重运输

(1) 闸门安装前，施工单位应编制详细的起重运输专项安全技术方案，经主管技术、安全部门审核，报业主和监理工程师审批后，方可予以实施。

(2) 参与起重、运输作业的各工种（含司机）应持证上岗，且身体健康，作业时必须严格遵守本工种安全操作的技术规定。

(3) 参与起重运输的车辆必须执行公安部制定的交通规则，严禁无证驾驶，酒后开车，无令开车。用于闸门起重运输的施工机械，应符合设备管理的有关规定，投入使用前应对其状态进行全面认真检查，保证设备的完好与正常运行。

(4) 大件起重运输作业的有关规定：

1) 大件、超长、超宽件的运输与吊装前应制定安全技术措施并成立专门临时组织机构，负责统一指挥，每次作业前必须提前向有关部门办理相关运输许可手续。

2) 大件运输与吊装专门临时组织机构应分工明确，责任到人。各专业组在大件吊装前必须按职责认真检查各项安全准备工作应满足安全技术措施的要求，在大件吊装过程中进行监控，发现问题及时向总指挥报告。在非紧急情况下不得擅自越级指挥。

3) 大件运输应根据设备的重量、外形尺寸、道路条件等因素，选用适当的运输和装卸车路段，对线路沿途路宽、限高和最小弯道半径，路面上方架空线的垂直高度，道路所经桥梁、涵洞、隧道允许通过的最大重量、尺寸，以及沿线最大纵坡率等进行仔细勘测，选择满足大件运输的道路进行运输。清除有影响的障碍物，并对不良路段进行处理。

4) 大件的装载须选用适宜的装载车辆，不允许超载。装车前须复核大件的重心，计算运输车辆的轮压力，根据大件的尺寸、重量计算货物在运输车辆上的稳定性。为加强对大件的保护以及运输的安全，装车时须根据设备的状况，制作必要的托盘、支架、垫板等，并在车辆与大件接触部位支垫橡皮或软木板。

5) 装载车辆要停在坚实平整的地面，注意离边缘的距离。装车前须在车板上放样，标出大件货物摆放位置并在支垫位置摆放支垫物，装载要均衡平稳且应将闸门中心对准车辆中心，不得偏装、偏运。

6) 闸门在运输车辆上必须摆放平稳可靠，并对参与大件运输的车辆、捆绑工器具以及支垫物要进行严格的检查。选用合适的钢丝绳、纤维带、卡环、倒链、拉紧器等器械将货物捆绑牢靠。经检查捆绑合格后方可发令开车。

7) 构件绑扎确认无误后，还需在车头尾使用红旗等标志，大件运输车队应由清障车、大件运输车、工具车等车辆组成。必要时应与当地交通管理部门联系，得到许可后派人全程封道，避免其他车辆冲撞和阻挡，影响大件运输安全。

8) 运输时必须根据大件的特点，控制车速，并应有防止冲撞与震荡、受潮、损坏以及防止变形的措施。

9) 大件吊装作业：

a. 吊装作业应统一指挥，操作人员对信号不明确时，不得随意操作。

b. 闸门上的吊耳、悬挂爬梯应经过专门的设计验算，由技术部门审批，质量安全部门检查验收，经检查确认合格后方可使用（吊耳材质和连接焊缝须检验）。

c. 采用临时钢梁或龙门架起吊闸门时，应对其结构和吊点进行设计计算，履行正常审查、验收手续，必要时还应进行负荷试验。

d. 起吊大件或不规则的重物应拴牵引绳，防止部件摇晃旋转。

e. 闸门起吊离地面 0.1m 时，应停机检查绳扣、吊具和吊车刹车的可靠性，仔细观察周围有无障碍物。上下起落 2~3 次确认无问题后，才可继续起吊。已吊起的闸门做水平移动时，应使其高出最高障碍物 0.5m。

(5) 指挥起重机械工作时，吊钩应在重物的重心上，严禁在倾斜状态下拖曳重物，防止起吊时撞击设备与人员。严禁使用起重机对就位的闸门进行强行纠偏处理。

(6) 闸门起吊前，必须将闸门区格内、边梁筋板等处的杂物清扫干净，以防吊起后落下伤人。

(7) 闸门翻身，宜采取抬吊方式，在没有采取可靠措施时，禁止单车翻身。闸门立放时，应采取可靠防倾翻措施。

（8）吊装作业时，重物下面不得有人，只有当部件接近接合面时才允许用手扶正。

（9）闸门吊装过程中，门叶上严禁站人。闸门入槽下落时，作业人员禁止站在门槽底槛范围内或在下面穿行。

（10）严禁在已吊起的构件设备上从事施工作业。未采取稳定措施前，禁止在已竖立的闸门上徒手攀登。

（11）所吊构件没有落放平稳和采取加固措施前，不得随意摘除吊钩。

（12）多台千斤顶同时工作时，其轴心载荷作用线方向必须一致，以防重物倾倒。

7.2.2.3 闸门埋件安装

（1）闸门埋件安装前，应编制施工技术方案和安全技术措施，明确安装施工与土建各专业之间的相互关系，做好相应的应急预案，对作业人员进行详细的安全技术交底，在施工过程中加强控制。

（2）埋件安装前，应对门槽内模板以及脚手架跳板上钢筋头、凿毛的水泥块等杂物进行彻底清理。

（3）采用专用升降操作平台进行门槽安装作业的，应符合国家特种设备的有关监督检验规程的规定，未经当地技术监督部门同意使用的，不得随意动用。

（4）敞孔作业时，孔口顶部应设置栏杆和安全警示标志，并在栏杆底部 0.5m 范围内设置帷幔，确保井内作业的人身安全，作业期间应派专人在孔口顶部值班监护，严禁往孔内抛掷任何物品。

（5）作业间隙时，埋件安装测量用的钢丝线如影响人员通行，一般应予以拆除。

（6）下层埋件没加固好之前，不得将上层埋件摆放其上。

（7）埋件二期混凝土浇筑完毕，拆除的模板应及时吊出，不得长时间堆放于排架跳板上，并将脚手架上所有杂物清理干净。

（8）闸门安装现场条件恶劣，空气潮湿，且人员多与金属构件接触，应遵守施工用电和使用手持电动工具的相关安全规定。

7.2.2.4 平面闸门安装

1. 平面闸门现场拼装与安装

（1）闸门安装前，对门槽埋件进行复测，并对可能影响闸门启闭的障碍物进行全面清除，保证闸门入槽安装作业的安全。

（2）闸门拼装的支承梁应牢固可靠。临时加固件或缆风绳应固定在专门埋设件上。

（3）闸门立拼完起吊前，在确认起重机吊钩与闸门可靠连接并初步受力后，方可拆除临时支撑和缆风绳。

（4）使用启闭机起吊闸门入槽时，吊钩或抓梁轴销应穿到位。

（5）闸门拼装完成吊装入槽后，应及时清除高出地面的锚桩或插筋。

（6）闸门入槽时，所有人员严禁在底槛附近逗留或穿行，临时悬挂的作业和检查用爬梯、活动平台应牢固可靠。

2. 水封与附件安装

（1）水封现场粘接作业应严格按照说明书和作业指导书进行施工，使用模具对接头处固定和加热时,应采取防止烫伤和灼伤的保护措施。

(2) 水封接头清洗或粘接用的化学易燃物品,应注意妥善保存,禁止随地泼洒。作业时应远离火源。

(3) 水封螺栓孔采用专用钻头加工,作业时应对水封可靠固定,并在下部垫上木板加以保护,严禁用手脚对钻孔部位进行定位固定。

(4) 水封装配时,应使用结实的麻绳捆绑牢固,以防吊装时脱落砸伤作业人员。

(5) 滑块等附件吊装,应使用带螺栓固定的吊具,不得直接使用绳具捆绑。

(6) 滑块、平压阀座等附件就位时,严禁将手伸进组合面或轴孔内。

7.2.2.5 弧形闸门安装

1. 支铰座及支臂安装

(1) 弧形闸门安装施工前,对安装临时悬空作业用的悬挑式钢平台、起吊钢梁以及滑车组及钢丝绳等应进行刚度、强度校核,并经主管技术部门批准,检查验收合格后,方可交付使用。

(2) 固定支铰座锚栓架一般为一期埋件,安装前利用事先预埋的锚板或型钢搭设施工作业平台,平台下应悬挂安全网,平台四周布设防护栏杆。

(3) 设计固定支铰座锚栓架作业平台时,应考虑将悬空部分的弧门支撑牛腿的混凝土卸载。

(4) 吊装固定铰座时应保证其呈大致水平状态。作业人员应在铰座基本靠近锚固螺栓时,才可进入作业部位。调整用的千斤顶应拴挂安全绳。

(5) 固定铰座穿入螺栓,并将四角的四个螺帽紧固后,才能摘除吊钩。

(6) 弧门下支臂一般应先与活动铰组装成整体吊装就位,以保证施工安全。

(7) 活动支铰与固定铰座装配前,应随专用穿轴工装一起先将铰轴吊入,并使用工艺螺栓可靠固定在固定铰座上。

(8) 活动、固定铰座孔内壁的错位测量,必须在两铰座静止状态下进行,严禁调整过程中用手探摸。

(9) 支臂、铰座连接螺栓紧固,应严格按照设计图纸和说明书,遵照施工程序逐步进行,紧固力矩应符合设计要求。

(10) 支臂吊装前,可先将相互连接的纵向杆件吊入,卧放于下支臂梁格内,且须可靠固定,防止滑脱。

2. 门叶与附件安装

(1) 弧门门叶吊装前,一般不宜进行坝顶门机轨道梁(针对表孔)和液压启闭机支撑梁(针对潜孔)混凝土施工(弧门采用从大坝上下游拖入进行安装的除外)。

(2) 横向分缝的门叶现场安装时,应该遵循从下至上,逐节吊装、组装的顺序,下节门叶没有组装或连接好之前,不得吊装上一节门叶。

(3) 在弧门吊装作业结束后,孔口上部仍有作业时,应在门叶顶部及时搭设安全隔离平台,敷设安全网,并悬挂安全警示标志。

(4) 侧、顶水封安装作业时,所使用的工具(如扳手、千斤顶等)应系安全保险绳,防止坠落伤及人员和设备。

(5) 底止水封安装作业，一般应在弧门与启闭机连门后进行。门叶开启离地面约1.0m时，停机并对启闭机的锁定状况进行仔细检查，确认无误后，方可开始底止水封的装配作业。

(6) 底水封作业时，应安排专人监护启闭机，并随时与作业人员保持联系，机房内悬挂安全警示标志，禁止任何人启动。作业人员不得在门叶底部穿行。

7.2.2.6 人字闸门安装

1. 埋件安装

(1) 人字门埋件安装前，应在闸墙顶部敷设栏杆及防杂物滚落的帷幔，作业时，派专人在闸墙顶部监护。

(2) 人字门底枢吊装就位时，不得用手伸入配合面扶持。

(3) 蘑菇头安装就位后，应注意对其进行遮盖保护。

(4) 镗制顶枢轴孔时，作业人员严禁戴手套作业，镗刀工作时，严禁用手清除镗刀附近的铁屑。

(5) 顶枢楔块装配时，手指不得伸入配合面。

2. 门叶吊装

(1) 门叶拼装专用支承座或梁、施工脚手架应经技术部门审批，验收合格后，方可交付使用。使用的悬挂作业平台的挂钩耳板应焊接牢固可靠，外侧布设栏杆高度不得小于1.2m，并拴上安全保险绳。

(2) 土建施工时，应在门龛闸墙壁上埋设符合规定的铁板凳，以便门叶立拼时的加固，保证立拼作业安全。

(3) 人字门调整应使用四台千斤顶（优先选用液压千斤顶），四个支点中心应与门叶重心重合，调整作业时，应统一指挥，保证行程均匀，防止门体发生倾斜。

(4) 门叶就位临时固定应采用倒链等防止倾倒，调整合格后，应及时进行加固点焊，需进行焊接预热的焊缝，点焊时也应进行预热。

(5) 每节门叶焊接完成后，应将其与闸墙之间采用型钢可靠加固，然后吊装其他门叶。

3. 门叶焊接

(1) 现场施工设施应合理布置，方便施工。焊机和热处理等施工设备应离地面0.3m放置，且有可靠的防雨措施，应使用单独的配电盘供电，设备应有良好的接地保护。

(2) 门叶节间焊缝焊接时，一般一个梁格内安排一人作业，避免相互干扰。

(3) 当焊接作业区域通风不良时，应采用风机加强空气流动，改善作业环境。夏季焊接作业时，还应采取防暑降温措施。

(4) 焊缝热处理作业时，应在现场悬挂安全警示标志，禁止无关人员进入。

(5) 采用电加热进行热处理作业时，加热板必须可靠固定。

4. 附件安装与门体调整

(1) 顶枢安装工作完成且经确认顶枢与门叶可靠连接后（顶枢二期混凝土应具有足够强度），方可拆除门体底部支承千斤顶及门体与闸墙间的横向加固构件。

(2) 拆除门体背后与闸墙间的横向加固件时，应按从上至下的顺序，逐层进行，割除构件时,作业人员不得倚靠其上,作业区下方不得有人工作和穿行。

(3) 门叶跳动量调整时,应由专人指挥,无关人员不得靠近或从门底部穿行。

(4) 背拉杆应采用平衡梁多点或抬吊吊装,以免因单吊吊装造成构件变形,产生大的晃动或碰撞,损伤设备和人员。

(5) 主、副背拉杆应逐级张拉,张拉作业时应采用专用张拉工具,严禁用脚蹬。使用特制扳手时,要用力平稳,禁止使用猛力。

(6) 支、枕垫块吊装应使用特制的螺栓吊环,螺栓要可靠紧固,以免造成吊装过程中,发生构件脱落。构件吊入枕槽时,手指不得伸入,避免挤伤。

(7) 门体合拢操作时,应清除门体活动范围内的障碍物,且安排专人全程监视,任何人员不得进入门叶转动范围内,严禁手脚伸入支、枕块及导卡等配合面,更不得进入门轴柱上、下游侧。

5. 填料灌注作业

(1) 作业人员必须掌握填料各组分材料的基本性能,熟悉灌注工艺,填料配制和灌注时,严格按照操作程序和安全规程进行,作业前应进行详细的技术及安全交底。

(2) 各组分材料应视其各自性能要求分别堆放,专人保管,放置在低温、避光、通风良好、远离火源的库房内。易燃或腐蚀品应有专人保管,用剩的填料注意及时回收处理,严禁随处泼洒。

(3) 熬制环氧等动火作业时,应有专人监护,操作人员不得擅离岗位,必须准备好湿麻袋、砂土和铁锹等消防设施。

(4) 熬制环氧的人员下班前,必须将火熄灭,检查无余火残存时,方可离开现场。遇六级以上大风时,应立即停止作业。

(5) 填料灌注作业时,作业人员应穿戴好专用工作服和劳动保护用具,传递填料时应小心谨慎,防止盛装的浆液泼洒。出现漏浆时应立即停止灌注。

6. 底水封安装

底水封(或防撞装置)安装时,门体应处于全关(或全开)状态,启闭机挂停机牌,并派专人值守,严禁擅自启动。

7.2.2.7 现场涂装作业

(1) 闸门现场涂装作业的时机应合理安排,避免和土建施工之间的干扰。

(2) 高空作业使用的脚手架,应由持证的架子工搭设,其他人员不得随意搭、拆。使用吊篮进行门槽埋件的防腐涂装作业时,吊篮、提升绳及提升设备均应安全可靠,吊篮和轨道面之间应有滚轮支承,严禁直接与墙壁发生摩擦,操作人员应严格按照有关安全技术规程进行作业。处于作业状态时,吊篮应停靠平稳,不得晃动。

(3) 现场进行表面处理时,磨料应及时收集,以免行人通行时滑倒摔伤。

(4) 当天喷涂工作完毕后,应整理工器具并将工作场地及储藏室清扫干净,如发现遗留或散落的物品,应及时清除干净。

7.2.2.8 闸门的试验与试运行

1. 一般要求

(1) 闸门试验与试运行前,应编制试验大纲,上报设计、监理等单位审批后,制定详细的试验程序，指导试验工作。

（2）应组织专门的机构，设专人指挥、协调各部位的工作，参与金属、机械和电气安装施工的人员，职责明确，各负其责。

（3）闸门试验与试运行时应与其他施工隔离，无关人员禁止入内。

（4）各设备应编号挂牌，重要部位应挂警示标志。

（5）各试验部位应照明充足，通风良好，通信可靠。

（6）闸门启闭机必须在其空载试运行符合设计要求后，方可连接闸门，进行闸门的启闭试验和负荷试验。

（7）闸门启闭前，应确认启闭机吊具与闸门连接正确可靠。采用液压挂脱梁进行自动穿轴销时，应确保轴销到位，以免闸门启闭时轴销脱出。

（8）闸门试验与试运行前，应对启闭机与闸门进行全面验收检查，确认设备运行范围无障碍物阻塞，各项安全防护设施完好。

（9）试验和运行过程中，任何人不得接触设备的机械运动部位，头和手不得伸入机械行程范围内进行观测和探摸。当系统发生故障或事故，应立即停机检查，严禁在设备运行情况下进行检查和调整。

2. 闸门无水试验

（1）闸门入槽进行无水条件下的全行程启闭试验前，应对闸门所有转动部位进行检查，确保其转动自如，润滑良好。

（2）闸门启闭时，对其实施全行程监护，清除影响闸门启闭的所有障碍物，保证设备安全。

（3）对闸门水封进行冲水润滑，防止出现干摩擦减而磨损闸门水封或因摩擦力过大而影响运行。

（4）启闭试验中，检测人员应在保证自身安全的情况下工作，其他人员不得靠近闸门运行范围。

（5）闸门处于全关状态，启闭机停机并有专人监护时，试验人员方可进入闸门，进行水密性检查。

3. 闸门动水试验

（1）闸门动水试验应在无水调试合格方可实施。

（2）动水试验应由业主、设计、监理和施工等单位联合进行。

（3）电站进水口快速事故门动水试验时，应加强与机组试验的协调，由机组试运行部门统筹安排。

子任务7.2.3　启闭机安装安全技术

7.2.3.1　基本要求

（1）安装前，施工人员应详细了解施工现场情况，并根据现场实际存在或潜在的不安全因素制定有效防范措施，以免发生意外。

（2）高处作业的脚手架或工作平台，应根据有关规范和使用要求进行设计，起用前应按设计及相关规程规范进行检查验收。

(3) 高处进行调整紧固作业所使用的千斤顶、大锤、扳手等工具应可靠拴挂,调整用具及加固材料应放于稳固的地方,防止落物伤人。

(4) 启闭机上运行部位的安全距离,固定物体与运动物体之间的安全距离均不应小于0.5m。

(5) 通向启闭机及启闭机上的通道应保证人员安全、方便地到达,任何地点离地净空高度应不低于1.8m,其梯子、栏杆和走台应符合《起重机械安全规程》的有关规定。

(6) 设备清扫与组装应符合下列要求:

1) 进行设备连接部位锈蚀处理和保护漆清扫作业的人员应配戴防护眼镜和防尘口罩。金属清洗液、剂和其他具有腐蚀性液体等,应及时回收。

2) 机械设备零部件(齿轮、联轴器等)清扫和添加润滑油作业时,施工人员动作应协调一致,以防挤压伤手指。用过的棉纱、油液等易燃物应放入专用的回收容器内集中处理,不得随手抛弃。

3) 现场组装平台或支撑件应牢固可靠。

(7) 启闭机的各转动部分的防护罩不得随意拆除。

(8) 电气设备的金属非载流部分应有良好的保护接地并应保证电气设备的绝缘良好。

(9) 焊接、切割作业时应清理周围易燃物并采取隔离措施,防止飞溅火花及氧化铁水引燃易燃物。离开安装现场时,必须认真检查、妥善处置工作面上的火源。

(10) 电气、液压设备上方需进行气割和焊接作业的,应先将设备电源切断并对设备使用阻燃物遮护。施工现场应有足够的消防设施。

(11) 在启闭机柱和梁等机构内施工作业时,必须使用低压(24V)工作行灯照明。

7.2.3.2 固定式启闭机安装

1. 液压式启闭机安装

(1) 吊装:

1) 油缸采用双机抬吊翻立或采用平衡梁抬吊就位时,应根据两吊车在抬吊工况下的许用起重能力,计算布置抬吊点,合理分配荷载;油缸若采用单机翻立时,其下支点宜采用铰支形式,避免油缸吊头直接支撑于地面。

2) 成批液压油管应采用装箱方式起吊、避免采用直接捆绑方式将其吊至安装现场,以免管件变形受损。

(2) 机房、泵站设备及液压管路安装调试:

1) 高空配管时,管件必须用安全绳拴挂,拴挂位置应安全可靠。

2) 管件进行酸洗钝化时,必须穿戴防护用品,配制酸、碱溶液的原料应有明确标志,妥善保管,酸洗废液不得随意排放,应统一回收处理。

3) 酒精、丙酮、油品、抹布等易燃物,不得存放在机、泵房内。

4) 机、泵房内严禁吸烟,并按消防安全规定配置消防器材。

5) 机、泵房必须设专人值班,值班人员不得在机、泵房内用碘钨灯或电炉。

6) 机、泵房不得擅自动火作业,必须动火时应严格执行动火审批制度,并采取可靠的防火措施。

7) 管路进行循环冲洗时,冲洗设备操作人员不得擅离职守。

8）对于压力继电器、溢流阀、调速阀、仪表、电气自动化组件等安全保护装置必须按设计要求检测。

9）禁止在启闭机运行过程中调整压力继电器、溢流阀、调速阀、仪表、电气自动化组件等安全保护装置。

10）所有常开常闭手动阀及电源开头必须挂警示标志，严禁非操作人员启闭。

11）管路或系统试压时，不得近距离察看或用手触摸检查高压油管渗漏情况。当打开排气阀时，人应站在侧面。

12）当系统发生渗漏或局部喷泄现象，应立即停机处理，严禁用手或物品去堵塞。

13）对于有渗漏的管件，应先停机泄压后，将其拆下并将管内存油排放干净，在机、泵房以外的安全地方进行焊补作业。

14）联门调试运行中必须有专人监视安全保护装置、仪器、仪表，启闭闸门的压力变化应在设计范围内。

2. 卷扬式启闭机安装

（1）启闭机基础必须牢固可靠，其基础承压接触面，标高、水平应符合设计要求。

（2）机房、配电室、电气盘柜等设备周围应按消防安全规定配置消防器材。

（3）禁止将易燃易爆物品存放机房、电气室、操作室内。

（4）在卷筒与滑轮组之间进行钢丝绳穿绕时应设专人指挥，信号清晰，指挥明确，参加施工人员必须服从指挥，统一行动。钢丝绳穿绕中的临时拴挂、引绳与钢丝绳的连接均应牢固可靠，钢丝绳尾端固结应符合设计要求。

（5）行程开关、过载限制器、仪表、电气自动化组件等设施应正常可靠；电子秤的灵敏度及制动器的调整应符合设计要求。

（6）空负荷调试及联门启闭时，必须有专人监视各安全保护装置、仪表、卷筒排绳等工作，启闭力应在设计允许范围内。

7.2.3.3 移动（门）式启闭机安装

1. 轨道安装

（1）轨道安装前宜采用压力机进行预校正，当采用自制工装校正时，夹具应安全可靠，支顶应对中，支垫应平稳。

（2）轨道应采用专用吊具或捆绑方式吊装，不得兜吊。

（3）轨道上不应有裂纹、材质缺陷、严重磨损等影响启闭机安全运行的缺陷。

（4）固定轨道的螺栓和压板不应缺少。压板固定应牢固，垫片不得窜动。

2. 门架安装

（1）启闭机安装部位的轨道混凝土应有足够的强度。大车行走机构各组台车吊装就位后，必须可靠支撑。

（2）门腿安装：

1）门腿如采用抬吊翻立，应根据两吊车在抬吊工况下的许用起重能力，计算布置抬吊点。

2）吊装就位后，应在底部完成螺栓连接、门腿垂直度大致调整到位，各方向缆风绳或型钢支撑张力相当时，方可摘钩。

3) 缆风绳应采用倒链进行调整,型钢支撑应采用螺旋拉紧器调整,调整时必须由专人统一指挥。

4) 组装好的门腿,必要时也可考虑增设刚性支撑将上、下游门腿临时连接成稳定的构架。

(3) 大梁安装:

1) 门机大梁必须在门腿间横梁完成安装、各项检测指标符合要求后吊装。

2) 连接部位配合面的清扫应在地面进行,清洗和打磨作业应遵守有关安全作业的规定。

3) 大梁采用双机抬吊就位时,应根据起吊设备许用起重能力、作业位置等情况,结合大梁结构特点精心计算布置吊点,抬吊作业应遵守相关规定。当采用单机吊装时,在梁两端应系防止大梁摆动的拉绳。

4) 大梁与门腿组装部位的作业平台应与门腿可靠连接,脚手板、栏杆、安全网应固定牢固。

5) 大梁靠近门腿就位时,起吊高度应高出门腿 0.5m,门腿上部作业平台上应有专人监视指挥,吊车司机操作应遵照其指令,通过地面辅助拉绳人员的配合调整使大梁初步就位,然后使用千斤顶进行细微调整。

6) 高空作业人员必须将安全绳拴牢于门腿上,在吊车起吊大梁调整至落下的过程中,身体不得随意高出门腿顶面,更不得用手强行推拉大梁就位。

7) 连接部位调整、对位时使用的千斤顶和"过冲""大锤"等应用绳索拴牢或采取其他防坠落措施。

(4) 小车安装:

1) 小车预组拼时,拼装平台必须稳定牢固。

2) 小车安装前,门架应已组成稳定的框架结构,大车行走机构一般应具备行走条件。小车轨道及其两端车挡应安装完毕,轨道附近所有杂物应清理干净。

3) 除影响吊车作业的部位外,梁顶面的永久安全防护栏杆应已安装;小车安装部位下方应敷设水平安全防护网。

4) 小车吊装到位后,应将机械式夹轨器夹紧,并将锚销插入锚坑。

5) 门机大车夹轨器未投入前,必须采取可靠措施防止门机在风荷载作用下移动。

6) 回转吊臂杆吊装后应采取措施防止其在风载荷作用下转动。

3. 主要零部件及机构的安装调试

(1) 机械传动装置安装调试:

1) 传动轴、联轴器及齿轮安装调整与检测作业应严格遵守工艺规程,施工人员应协调一致,服从统一指挥。

2) 制动轮与摩擦片之间应接触均匀,其接触面及间隙应符合规定要求。制动器应调整适宜,制动平稳可靠。

3) 对于油泵式制动闸或液压电磁铁应检查注油油位是否合乎要求,动作是否灵敏可靠。

4) 桥机主、副钩、动滑轮组的自重如未采取防止其下落措施时,严禁拆卸起升机构减速箱盖、调整制动闸、松动制动轮轴的止退螺帽及制动轮与后传动轮法兰联结螺栓。

(2) 钢丝绳、滑轮及吊具安装调试：

1) 新钢丝绳缠绕前应进行"破劲"处理，以免起升时发生扭转打绞，影响启闭机的安全运行。

2) 钢丝绳穿绕时要戴手套作业，钢丝绳穿绕方式及选用长度、尾端在卷筒上固定方式和螺杆压紧力矩参数应按技术文件和图纸的规定执行。

3) 卷筒端固定应牢固、可靠，固定装置应有防松或自紧的性能；除固定钢丝绳的圈数外，卷筒上至少保留 2 圈钢丝绳作为安全圈。

4) 钢丝绳安装穿绕作业时，严禁在桥机安装作业范围内进行电焊施工作业，以防导线漏电或回路短路钢丝绳带电造成电击火花，损伤钢丝绳。

5) 钢丝绳清扫涂油应用毛刷或涂油机具，不得用钢丝刷清扫和用手直接涂油。

6) 滑轮安装应符合要求，应有防止钢丝绳脱槽的安全装置；滑轮组应润滑良好，转动灵活。

7) 启闭机的液压挂脱梁自动穿轴销动作应正确无误，轴销应进退自如且行程准确。

4．电气设备及安全防护装置的安装调试

(1) 电气设备安装调试工作场所，应设有专门用于电气消防的消防器材。

(2) 大车电缆卷筒应与大车行走速度同步，卷筒装置应涂安全色。

(3) 启闭机应通过大车轨道与水工设施的接地网可靠连接。电气线路对地绝缘电阻一般不低于 $0.8M\Omega$，潮湿环境中应不低于 $0.4M\Omega$。

(4) 启闭机电源应设总电源开关，该开关应设在便于地面人员操作的地方；开关出线端不得连接与启闭机无关的电气设备。

(5) 启闭机的电气保护（电气隔离装置、电源回路的短路保护、失压保护、零位保护、过流保护装置等）、安全防护装置及安全防护设施（高度限位器、行程限位器、防风装置、门开关扫轨板等）应按规定进行安装调试，功能齐全，运行可靠。

(6) 启闭机的司机室、通道、电气室、机房等应有合适的照明。

(7) 启闭机总电源状态在司机室内应有明显的信号指示。

(8) 启闭机应设置紧急断电开关，在紧急情况下，应能切断在司机室内的启闭机总电源，且应不能自动复位；紧急断电开关应设置在司机方便操作的地方。

5．调试与负荷试验

(1) 试验前，必须编制试验大纲和相关的作业指导书，报主管部门、业主（或监理）审批后实施。

(2) 试验前必须完成启闭机的安装验收。然后进行一般性安全技术检验，检查所有重要部件是否符合性能参数及技术要求或检查这些部件的状态。

(3) 试验前必须将大、小车行进范围内的所有杂物清理干净，回转吊工作范围不得有任何障碍物。

(4) 动负荷试验块吊架应进行专门设计，焊缝的检验应符合有关标准的规定。

(5) 无负荷空载试验正常后可进行带负荷试验。

(6) 负荷试验时，按要求进行规定的各个工作运动（试验间歇期间应投入锚定装置），考核起重机的性能，并遵守如下规定：

1) 负荷试验的试件及吊具重量应校准，各次试验重量及顺序、负荷偏差等均应符合设计要求。

2) 负荷试验的试件在吊具中应对称布置，固定牢靠，防止重心偏移。

3) 负荷试验运行的行程应符合设计行程，垂直方向不得超限试验。

4) 负荷试验应设专人指挥，且应指挥清楚、信号明确。试验现场应设警戒线，无关人员不得进入。

5) 无负荷调试及负荷试验时，必须有专人监视，各安全保护装置、仪表、卷筒排绳制动器等工作应正常。

6) 必须按设计要求检测行程开关、过载限制器、仪表、风速仪、夹轨器、激光测距仪、电气自动化组件等，设施应正常可靠；电子秤的灵敏度及制动器的调整应符合设计要求。

7.2.3.4 桥式启闭机安装

1. 轨道安装

(1) 轨道安装应注意下层门槽或闸门井内有无施工人员，如有应协调安排，尽量减少多层作业，如果难以避免多层作业应拉好安全防护网，并采取严格的防坠落措施，严防物品或工具坠落伤人。

(2) 轨道安装施工应执行高处作业的有关规定。在轨道梁上安装作业时，临空面应布设临时安全防护栏杆。

(3) 大车轨道未全部安装前，需临时动用桥机时，应在工作区段轨道上，增设临时限位器挡板。

2. 桥架安装

(1) 轨道大梁吊装前必须将安装部位杂物清理干净。

(2) 桥机大梁必须在行走台车安装调整完毕并可靠支撑后吊装。

(3) 露天布置的桥式起闭机的大梁、端梁组装完成后，夹轨器未投入前必须采取可靠措施，防止桥机在风荷载作用下移动。

3. 电气设备及安全防护装置的安装调试

(1) 滑触线安装采用搭设的悬空操作平台或利用的检修吊架布置工作平台，其固定端应牢固可靠。

(2) 滑触线固定要牢靠，与桥机轨道梁及滑线支架应有安全距离。

(3) 滑线支架、滑线安装时，传递或绳索溜放应相互呼应，确定对方接稳后才能松手。安装、调整作业时，工具及材料应摆放平整，或用绳索系拴牢靠。

7.2.3.5 启闭机的调试、运行与维护

(1) 启闭机的调试、运行区应与其他施工区隔离，无关人员禁止入内。

(2) 调试运行前，应保证设备机械运动和摩擦部位无杂物阻塞，安全防护设施完好。

(3) 调试现场应设专人指挥，统一协调各部位调试人员对启闭机系统进行多专业联合调试。各调试设备应挂编号牌，重要部位必须挂警示标志。

(4) 各调试部位应照明充足,通风良好,通信可靠。

(5) 调试运行中,任何人不得接触设备的机械运动部位,头和手不得伸入机械行程范围内进行观测和探摸。

(6) 调试运行中,当系统发生故障或事故,应立即停机检查,严禁在设备运行情况下进行调整。

(7) 启闭机的空载试运行必须在机、电、液压各单项调试及联合调试合格后进行。空载试运行符合设计要求后,方可进行负荷试验及连接闸门进行启闭试验。

(8) 启闭机与闸门连接进行启闭试验前,应彻底清理闸门行程范围内的杂物,且要求启闭机上的各种安全装置与防护措施符合有关安全技术规范的规定。

(9) 启闭机运行期间,应建立严格的运行值班制度,严禁无关人员进入供电房、控制室等主要部位,并应设立工作区和安全区,悬挂警示标志。防洪度汛期间,应严格遵照防汛部门的统一指挥调度。

(10) 应根据工程项目与设备运行的特点,制定保养与检查、运行维护和维修制度,以确保启闭机安全运行。

子任务 7.2.4 升船机安装安全技术

1. 基本规定

(1) 所有施工人员必须严格遵守各工种的安全技术规程,特殊工种需持有效的特种作业操作证。施工人员应正确使用个人防护用品和安全防护设施,按规定着装。

(2) 使用升降操作平台进行埋件安装时,应严格按照升降操作平台的操作规程进行操作,当吊篮发生故障时,必须立即排除,故障排除后,方可继续使用。

(3) 吊篮上不得放置过多的安装材料和工具,严禁超铭牌规定负荷运行。

(4) 利用卷扬机吊装时,卷扬机性能要安全可靠,钢丝绳、导向滑轮、地锚、卡扣要完好无损。卷扬机的基础要稳固结实,并应将卷扬机固定牢固。

(5) 升船机安装前应依据施工组织设计编制单项工程施工技术方案和安全作业指导书。按程序审批后,施工前由施工技术负责人向施工人员进行安全技术交底。

(6) 提升设备安装、承船厢及设备安装、升船机调试运行等具有重大潜在危险项目施工,应成立现场领导小组,分工负责、协调配合、统一指挥。

2. 埋件安装

(1) 基础埋件应与预埋钢筋连接牢固,并辅以加固材料将基础撑牢垫实,确保机架就位稳定。

(2) 埋件吊装时,应保证升降操作平台的钢丝绳与吊装埋件的卷扬机钢丝绳之间有一定的安全距离,防止钢丝绳互相缠绕。

(3) 埋件吊装时,应设专人指挥,必须采取防止埋件碰撞施工排架或升降操作平台的保护措施,轨道就位找正时,作业人员的头、手不得伸进组合面。

(4) 收放焊把线时必须先关电焊机电源,然后再收放焊把线,以免将钢丝绳打坏。

(5) 埋件安装所使用的机具和电动工具必须绝缘良好,手持式行灯电压不得超过 36V。

3. 提升设备安装

（1）在设备安装之前，应将场地清理、清扫干净，在机房周边窗口和吊物孔等位置设立栏杆，吊物孔可根据起吊高度，设置活动栏杆。

（2）提升平台上的绳孔等孔洞平时应使用活动盖板封盖严实，使用时临时打开，完工后应及时恢复。

（3）提升设备等大型设备设施现场放置时，应核算机房梁、板的承载能力，并应征得设计或监理的同意后方可堆放。临时存放的设备应垫平放稳，并不得临边堆放。

（4）机架吊装时，应注意观察基础螺栓穿入螺孔情况。

（5）大型设备吊装应选用合适的吊耳和吊点。设备吊装就位后，应将连接螺栓套入，确保设备稳定后方可摘钩。

（6）应制作专用平台对设备进行调整、固定及检查，不得在设备上徒手攀爬。

（7）钢丝绳吊装时，应先固定上端，然后逐步向下放，施工人员应注意保持距离观察，禁止无关人员就近观看。

（8）不准将手伸进齿轮箱探摸或用手指在连接板和传动轴处找正对孔。

（9）电气设备的金属非载流部分应有良好的保护接地并应保证电气设备的绝缘良好。

（10）提升机构运转调试期间，应设立隔离防护区。

4. 平衡重系统安装

（1）平衡重系统安装前，应根据现场实际情况制定切实可行的吊装方案，吊装时所选用的钢丝绳、滑轮组、卷扬机、吊具、吊车等均应经过计算校核，论证可行并报监理、业主审批后方可进行施工。

（2）平衡重块运至施工现场后，卸车时应用平衡重块上的吊环水平吊装，并用枕木垫平平放，分层码放时在每层间加设木条或橡皮类支垫，防止平衡重块受损。

（3）平衡重组在上或下锁锭位置进行拼装时，应在平衡重室四周布置安全防护栏杆，每一组平衡重组拼装完后，均应用型钢可靠加固，方可拼装下一组。在下锁锭拼装时，应避免上下交叉作业，做好防高处坠落的安全措施，并设置安全警戒线。

（4）在平衡重导架安装好之前，对其承重钢丝绳要采取可靠的防旋转措施。

5. 承船厢安装

（1）承船厢分节吊装，必须根据现场情况选择合适的吊装方法，由最大吊装单元的外形尺寸、重量和放置的位置来确定起吊设备。

（2）吊装前，应对吊装设备及钢丝绳等进行严格的安全技术检查，根据重物结构，布置合理的临时吊耳。

（3）承船厢安装时，要及时将永久爬梯、栏杆和通道形成。

（4）设备单件就位后要垫稳，防止垮塌和倾倒，应使用缆风绳等进行固定。

（5）利用卷扬机进行吊装和拖运时，卷扬机操作人员应严格遵守相关的起重安全技术规程。卷扬机运行时，禁止跨越或用手触摸钢丝绳。

（6）使用台车等拖运结构件时，必须垫稳扎牢，台车底部应设置导向轨道，拖运时应缓慢进行，要有专人监护，施工人员不得钻入台车底部，不得站于物件易于倾倒的方向。

（7）节间对缝时，严禁将头、手、脚伸入或扒在接合面上，以防扎挤伤。

(8) 底铺板等就位后,若放置时间较长,则应在其周边设置临时的防护措施,以防人员坠落和落物伤人。

6. 承船厢设备安装

(1) 承船厢底部设备安装时,应建立临时人行通道和作业平台,布置通风排烟设备,并在合适的位置布置灭火器材。

(2) 安装设备时,各种监测仪表(如电压、电流、压力、温度等)和安全装置(如制动机构、限位器、安全阀、闭锁装置、负荷指示器等)必须齐全、配套、灵敏可靠。

(3) 管道试压应分级缓慢进行,稳压后方可进行检查。

(4) 电气设备及线路安装应满足防爆要求,电动机械拆除后,不准留有可能带电的电线和部件,否则必须切断电源,并且将接头可靠绝缘。

(5) 承船厢室内设备安装时,应保证通风良好,并应敷设安全低压照明。

7. 升船机调试与运行

(1) 升船机调试,应按单机调试、分系统联动调试、无水联调、有水联调和过船联调的步骤进行。升船机调试和运行应建立指挥机构,编制安全技术方案和安全运行操作规程,并按规定程序审批后严格执行。

(2) 设备运转调试前,应仔细检查设备运行通道、设备运转部分和摩擦部分有无杂物阻碍,防护装置是否完好。在首次调试时必须派专人分部位进行监护,并与指挥人员、操作人员保持通信畅通。

(3) 调试过程中,系统发生故障或事故,应立即停机检查原因,严禁不停机检查和调整。

(4) 无水联调前,应完成消防系统并进行相应试验。

(5) 有水联调前,应完成排水系统,并进行检查和试验。

(6) 在过船联调前,应完成疏散通道相关设备的安装。

(7) 升船机运行期间,应建立严格的运行值班制度,严禁无关人员进入集控室、主提升系统等重要部位,并应明显设立工作区和安全区,悬挂警示标志。

子任务 7.2.5 引水钢管安装安全技术

7.2.5.1 钢管运输

1. 道路运输

(1) 超长、超高、超宽的钢管运输时,事先必须组织专人对路基、桥涵的承载能力、弯道半径、险坡以及沿途架空线路高度、桥涵净空和其他障碍物等进行调查分析,确认可行并办理相关运输审批后,方可实施。

(2) 钢管在运输中,必须垫稳扎牢,转弯时须缓慢,应有人监护,防止倾翻。车辆在施工区域行驶,时速不得超过15km/h,洞内时速不得超过8km/h,在会车、弯道、险坡段时速不得超过3km/h。

(3) 超长或超宽的钢管运输时,运输车辆必须有相应托架或拖车,托架或拖车必须与运输车辆联结牢固。

(4) 对"三超"钢管运输时必须配备开道车、工具车和指挥车。

(5) 用于钢管运输的各种机动车均不准带病或超载运行。

(6) 运输时必须对钢管进行捆绑,在棱角处必须垫木板、管子皮、胶皮板或其他柔软垫物,以免绳索被割断或磨损。

2. 明管安装运输

(1) 用于明敷钢管运输的轨道及其支墩应牢固可靠。轨道跨距应满足钢管侧向稳定性的要求,宜按钢管直径的0.5~0.6倍进行选取;支墩间距应以钢轨能承受钢管运输时产生的载荷、不发生明显弯曲为宜。

(2) 使用临时拖运小车进行钢管运输的,小车宜设有车轮;如采用滑动运输则应在钢轨表面涂抹油脂润滑,以减小摩擦阻力。

(3) 主滑车及其锚环、牵引钢丝绳等应经过计算校核,且具有足够的安全系数,正式运输前还需进行仔细的外观检查和必要的负荷试验。

(4) 斜坡道上进行钢管运输时,应对钢管可能存在的倾翻力矩进行验算,必要时应采取合适的抗倾翻措施。

(5) 钢管应与运输载具之间可靠固定,牵引钢丝绳应尽量与钢管运输方向一致。

(6) 钢管运输时,无关人员不得靠近受力的钢丝绳和滑车,不得进入破断可能回弹的一侧,更不得在可能倾翻的下侧停留。

(7) 如使用滚杠运输钢管,其两端不宜超出钢管直径过长,摆滚杠的人不得站在倾斜方向的一侧,不得戴手套,而且不得把手指插在滚杠筒内操作。

3. 地下钢管安装运输

(1) 地下钢管轨道运输时,其两侧应留有0.6m以上的空间,满足人员的安全通行的需要。

(2) 钢管洞内卸车和运输牵引的主地锚钩采用预埋锚杆(或锚杆群)固定的,正式投入使用前,必须进行负荷试验,以验证其承载能力。

(3) 竖井或斜井内运输钢管时,所有人员不得进入钢管下部。

(4) 牵引钢丝绳与地面接触处,应设置导引或承载辊轮,以减小钢丝绳的磨损。

(5) 在直井或隧洞内工作,若发现洞内岩石松动有塌方征兆时,工作人员应立即离开险区,并立即上报,经采取安全防护措施后方可恢复施工。

7.2.5.2 钢管吊装与组装

1. 钢管吊装

(1) 起吊前应先清理起吊地点及运行通道上的障碍物,通知无关人员避让,工作人员应选择恰当的位置及随物护送的路线。

(2) 钢管吊运时,应计算出其重心位置,并保证平衡。还应系绳索拉紧,确保上升或平移时的稳定;钢管起吊前应先试吊,确认可靠后方可正式起吊。

(3) 吊运时如发现捆绑松动或吊装工具发生异样怪声,应立即停车进行检查。

(4) 翻转时应先放好旧轮胎或木板等垫物,工作人员应站在重物倾斜方向的对面。翻转时应采取措施防止冲击。

(5) 吊装钢管,应将钢丝绳绕钢管一圈后锁紧,或焊上经过计算和检查合格的专用吊耳起吊,不得用钢丝绳兜钢管内壁起吊。

(6) 大型钢管抬吊时，应有专人指挥，多人监控，且信号明确清晰。

(7) 钢管存放时要垫稳，防止倾倒和滚动。

(8) 利用卷扬机吊装井内钢管时，卷扬机操作人员除严格执行起重安全技术规程外，还必须遵守下列规定：

1) 井口上下必须有清楚的联系信号和通信设备。

2) 卷扬机房和井内必须装设示警灯、电铃。

3) 操作司机不得在精神疲乏下工作。

4) 卷扬机运行时，禁止跨越或用手触摸钢丝绳。

5) 竖井工作人员应将所有工具放置工具袋内或安全位置。

6) 使用卷扬机载人时，必须使用专门的载人吊笼，运行前必须锁好吊笼安全门，搭乘人员身体任何部位不得露出笼外。载人吊笼卷扬提升系统必须经专门设计、校核、检查、验收合格后方可使用。

7) 使用电动卷扬机或绞磨安装钢管时，要听从指挥人员的信号，信号不明或可能引起事故时，应暂停作业，待弄清情况后方可继续操作。

2. 调整与组装

(1) 工作中使用的千斤顶及压力架等，必须拴牢或采用其他防坠落、翻倒等措施。

(2) 钢管吊装对缝时，严禁将头、手、脚伸入或放在管口上，以防轧挤伤。

(3) 钢管上临时焊接的脚踏板、挡板、压码、支撑架、扶手、栏杆、吊耳等，焊后必须认真检查，确认牢固后方可使用。

7.2.5.3 钢管焊接

1. 焊接

(1) 脚手架的常规负荷量不得超过 3.0kPa，脚手架搭成后，须经有关部门检查验收合格方准使用。

(2) 脚手架应定期检查，发现材料腐朽、绑扎松动时应立即加固处理。靠近爆破地点的脚手架，每次爆破后应进行检查。

(3) 在焊接的场所必须设有消防设施。

(4) 焊接的工作场所应光线良好，夜间作业应照明良好。

(5) 使用风动工具时，先检查风管接头是否牢固，选用的工具是否完好无损。

(6) 在钢管内进行焊接时，采用 36V 的安全照明，并保证通风良好和设置必要的防尘设施。

(7) 焊接场所周围应设挡光屏，防止弧光伤眼。

(8) 清除焊渣、飞溅物时，必须戴平光镜，并避免对着有人的方向敲打。

(9) 露天作业遇下雨时，必须采取防雨措施，不得冒雨作业。

(10) 在钢管内焊接时，其内部温度不得超过 40℃，否则应实行轮换作业，或采取其他防暑降温措施。

(11) 在深井焊接时，必须首先检查有无积聚的可燃气体或一氧化碳气体，如有应排除并保持其通风良好。必要时应设防尘措施。

(12) 工作时禁止将焊把线缠在或搭在身上或踏在脚下，当电焊机处于工作状态时不得触摸导电部分。

(13) 操作自动焊、半自动焊、埋弧焊的焊工应穿绝缘鞋和戴皮手套，以防触电或灼伤。

(14) 气体保护焊弧光强，工作人员必须穿白色工作服，戴皮手套和防护面罩。

(15) 装有气体的气瓶不能在阳光下曝晒或接近高温，以免引起瓶内压力增加发生爆炸。

2. 无损探伤

(1) 无损探伤可参照本项目前面所述的相关要求。

(2) 射线探伤操作区域应规定安全范围，设置警告牌，并有人警戒，限制非作业人员进入警戒区内。

(3) 在现场进行 γ 射线透照时，如安全距离得不到保证，应设置铅屏隔离防护。

(4) 射线探伤人员根据工作情况，必须穿戴合适的防护用品。包括工作服、口罩、手套、铅玻璃眼镜等，对这些防护用品使用前应进行检查，使用后进行清洗。

(5) 操作中不得饮食、吸烟。如发现头晕等现象应及时通风、治疗。工作完毕后应及时清洗手、脸或淋浴。

(6) 现场探伤时，工作场所应有足够的照明，射线机配电盘应装有指示灯，高处作业时，应严格遵守高处作业的相关规定。

3. 爆破法消除焊缝残余应力

(1) 爆炸作业应由有相应资质的单位承担，相关人员须经过专业知识培训合格并取得资格证后，方可从事此类作业。

(2) 作业前，施工单位应严格按照有关规定编制"爆炸法消除焊缝残余应力"的施工组织设计，报请相关的主管部门批准后，方可实施。

(3) 爆炸作业现场应符合防火安全规定。

(4) 正式引爆前，应对现场周围进行清理检查，并严格划定安全警戒范围，派专人监护，禁止任何无关人员进入。

(5) 爆炸后，对施工脚手架及有关安全设施应进行检查，如有损坏应按原要求加以恢复，保证后续施工作业的安全。

7.2.5.4 钢管现场焊缝防腐涂装

(1) 各类油漆和其他易燃、有毒材料，应存放在专用库房内，库房应根据存放物品的特性配备消防器材。施工现场不得存储大量油漆。

(2) 调制、制作有毒性的或挥发性强的材料，必须根据材料性质配戴相应的防护用品。室内要保持通风或经常换气，严禁吸烟、饮食。

(3) 在坡度大的钢管上涂装，应设置活动板梯、防护栏杆和安全网，必须戴安全带并挂在牢固的地方。

(4) 在封闭的钢管内防腐时，应配戴防毒面具。

7.2.5.5 钢管内支撑拆除

(1) 压力钢管内支撑拆除工程，应制定专项施工方案和安全技术措施，并按照管理程序，经相关部门审批后方可实施。大型压力钢管内支撑拆除方案必须经业主（监理）审批。

（2）用于支撑拆除的自制台车和作业平台，必须经过专门设计计算，并经有关部门检查、空车试验合格后方可使用。在使用过程中应经常检查其可靠性和稳定性。

（3）牵引台车的卷扬机应安装在坚固的基础上，制动装置灵敏可靠，锚、桩埋设牢固可靠。

（4）支撑拆除使用的起重工具，如倒链、滑车、卡扣、钢丝绳等，应仔细检查无破损，且安全系数满足要求。

（5）所有施工爬梯、扶手、作业平台和防护栏杆，必须焊接牢固。平台上作业的焊工、铆工必须拴安全带。

（6）支撑割除前，应先将顶杆上的双头螺栓拧松或采取其他固定措施，以免支撑割除的内应力释放伤人或损坏钢管。

（7）支撑割除应严格按施工方案进行，切割时，站位一定要安全可靠，切除的支撑应用倒链或绳索拴挂牢固、缓慢放下，严防坠落砸伤钢管内壁和人员。

（8）作业所用的配电盘及手持电动工具必须安装漏电保护器；必须使用低压照明，并应有保护配电盘及绝缘导线的措施。

（9）拆除的支撑应及时清除，吊运时应捆绑牢固。

（10）支撑拆除现场应配备消防器材和消防水管，并有专人进行安全监督。

7.2.5.6 钢管水压试验

（1）水压试验前应编制水压试验的施工组织设计和作业指导书，报主管部门批准后实施。

（2）水压试验应成立专门的小组，由专人统一指挥，各工种的施工人员必须按照程序听从指挥进行操作。

（3）水压试验的各运行部门和检修人员应坚守岗位，发现问题及时反映处理。

（4）水压试验现场应清理干净，照明充足、道路畅通，各部门应有电话或对讲机联系，信号装置应可靠。

（5）水压试验时，需用设备及监测仪表必须安全可靠。

（6）升压前，应确认水已充满（在闷头最高点设排气口，将空气排净），待钢管壁温与水温相同时，才能缓慢升压至规定的试验压力，保持 10～30min，然后将压力降至设计压力，并至少保持 30min，同时进行检查。水压试验应注意下列事项。

1）试验介质应采用洁净水（水中氯离子含量一般不超过 25ppm）。

2）试验温度应不低于 5℃。

子任务 7.2.6　钢网架安装安全技术

1. 现场组装

（1）钢网架的现场组装应在专用平台或牢固的支墩上进行。

（2）钢网架组装的螺栓和焊接连接部位应符合施工图样和有关标准的规定，经验收合格后，方可交付安装。

(3) 用于高空作业的悬挂平台或吊篮应与网架连接可靠，安全绳与安全网应绑扎牢固。

2. 钢网架安装

(1) 钢网架安装，应按规定完成其支承立柱或支墩埋件安装，混凝土应达到设计要求的龄期，禁止在钢网架安装后进行基础螺栓二期混凝土的浇筑。

(2) 钢网架安装与厂房其他专业存在交叉作业时，安装区域下方作业人员必须全部撤离至安全区域后，方可进行安装，在网架就位后，在作业部位下方及时敷设水平安全网或安全隔离平台，保证下方作业的安全。

(3) 钢网架安装时，除严防本作业面火灾发生外，还应对焊接和气割作业部位采取安全隔离措施，以免火星或熔渣等飞溅物飘散导致下方作业面失火。

3. 地面厂房钢网架安装

(1) 应尽量组装成具有稳定的单元后，逐片进行安装。应对吊点强度及吊装时钢网架的刚度进行校核，对刚度不够的，应采取临时加固措施后方能起吊。

(2) 对于受施工条件所限而不能采取上述方案的，应先将单跨屋架组装成整体，再逐榀进行安装，在独立的单榀屋架就位并使用缆绳或其他支撑固定后，方可摘除吊钩。

(3) 对于跨度较大、钢网架或单榀屋架刚度较小的，吊装时应采用专用吊架或平衡梁，吊绳宜尽量垂直，避免引起构架吊装变形。

4. 地下厂房钢网架安装

(1) 地下厂房钢网架一般先安装屋架，形成整体后，随后穿插进行檩条及其他附件的安装，有关要求与地面厂房钢网架施工相同。

(2) 采用临时天车进行屋架吊装前，应先进行负荷试验或试吊，以检验锚吊的可靠性。

(3) 采用厂房内桥机作为钢网架安装施工的转运手段或在其上搭设作业平台的，正式使用前应全行程通行检查，与墙或岩壁应留有 0.5m 以上的安全距离。

(4) 作业过程中，应有专人巡回监视厂房顶拱等处的岩体，如发现岩爆或碎裂现象应及时停工，待险情妥善排除后方可恢复施工。

子任务 7.2.7 供料线系统钢结构安装安全技术

1. 现场组装

(1) 对于采用钢管立柱的，组装平台应能防止其滚动。

(2) 桁架和立柱安装使用的悬空安全平台、栏杆及安全网等设施的敷设应符合高处作业的安全技术要求。

2. 供料线安装

(1) 供料线立柱基础螺栓埋设应严格符合设计图纸的要求，基础混凝土未达龄期的，不得进行立柱安装。

(2) 立柱基础节的螺栓紧固预紧力矩应符合设计和有关标准的规定。

(3) 立柱与桁架就位安装时，头和手脚不得伸入组合面探摸。

(4) 立柱与桁架吊起时，任何人员不得停留其上。

子任务 7.2.8　钢栈桥安装安全技术

栈桥基础埋件安装应严格按设计要求进行，栈桥柱安装前，二期混凝土应有足够的强度。

1. 栈桥钢结构安装

（1）栈桥立柱安装前，应在需要作业的部位敷设临时作业平台及联系安全梯道。

（2）立柱安装时，应注意观察基础螺栓穿入螺孔情况，禁止在不明荷载情况下使用吊车强行拖拽。

（3）栈桥立柱之间纵、横向联系杆件连接好之前，不得摘除立柱临时缆绳。

（4）栈桥梁安装前，立柱所有紧固螺栓紧固预紧力矩应符合设计和有关标准的规定。

（5）栈桥支承的铸钢和盆式支座的固定应符合设计和有关标准的规定，活动支座应能滑动自如。

（6）应设有通向各作业部位的专用安全梯道。施工人员不得在梁、柱上徒手攀爬。

2. 桥面系统施工

（1）栈桥两侧人行通道宽度应不小于 1.0m，栈桥外侧临空边应按规定设置安全防护栏杆。

（2）供风、供水与供电的管路等应布置在栈桥面外侧的支架上，不得占用桥面有效通行空间。

（3）栈桥桥面采用钢面板的，预留空洞应使用钢盖板封盖，且应与梁面板牢固连接；人行道和汽车通道上均应敷设防滑层。

（4）栈桥钢梁面采用混凝土面板的，应在钢梁面板布设足够的锚筋，使混凝土与栈桥面之间接触牢固，避免因混凝土脱落而影响车辆通行安全。

（5）栈桥桥面不得任意集中堆放设备和材料，栈桥的出入口处，应设置醒目的允许载重量、安全注意事项等警示标志。

子任务 7.2.9　安装作业工安全

7.2.9.1　电焊工

（1）焊接及切割作业人员应符合如下规定：

1）身体健康，经专业培训考试合格，取得操作证后方可上岗作业。

2）熟练掌握焊、割机具的性能和有关电气、防火安全知识以及触电急救常识。

3）遵守各项安全管理制度，并应按规定穿戴劳动防护用品。

（2）固定式、移动式电焊机和电焊变压器的外壳以及开关金属外壳应有可靠的接地保护。

（3）焊接用的电焊钳（把）及导线的绝缘应良好，不得有损坏现象。严禁用竹片等绑夹作电焊钳（把）使用。

（4）焊接及切割作业应遵守如下规定：

1）作业前应了解焊接与切割工艺技术以及周围环境情况，并应对焊、割机具进行工前检查，严禁盲目施工。

2) 工作面应设置防弧光和电火花的挡板或围屏，以免伤害他人。

3) 严禁在易燃易爆场所和盛装有可燃液体或可燃气体的容器上进行焊、割作业。

4) 焊、割盛装过可燃液体或气体的容器时，应事先对容器清洗干净，并打开容器孔盖，确认容器内无易燃液体或易燃气体后，方可作业。

5) 在密闭或半密闭的工件内焊、割作业，应有两个以上通风口，并应设专人监护。

6) 焊、割作业乙炔瓶、氧气瓶之间的距离应不小于5m，气瓶与火源（火点）的距离应不小于10m。

7) 焊、割后的灼热工件不得堆放在电焊钳（把）线、焊枪软管旁，也不得将电焊钳（把）线与焊枪软管绞在一起。

8) 作业完成后，应切断电源和气源，盘收电焊钳（把）线和焊枪软管，清扫工作场地，做到工完场清。

7.2.9.2　铆工

1. 一般要求

(1) 作业前，应检查作业用的工具，大小锤、平锤、冲子及其他承受锤击的工具顶部应无毛刺及伤痕，锤把应无裂纹痕迹、安装应结实。凡承受锤击之工具的顶部严禁淬火。

(2) 使用大锤时，严禁戴手套操作，锤头甩落方向不准站人。

(3) 凿冲钢板时，不得用圆形物体（如铁管、铁球、铁棒等）作垫块。

(4) 进行铲、刮、铆等作业，严禁对着人操作，并应戴好防护眼镜。使用风铲，在工作间歇时，应将铲头取下。噪声超过规定时，应戴防护耳塞。

(5) 加热后的材料与工件应定点存放，待冷却后，方可用手搬动。

(6) 连接压缩空气管，应先打开气源侧阀门将管内的脏物（油水污物）冲净后再接，气管不准从轨道上方通过。

(7) 用行车翻转材料与工件时，作业人员应离开危险区域；所用吊具应事先检查，并应遵守行车起重安全操作规程。

(8) 工件吊装就位时，作业人员身体各部位不得探入其接触面，取放垫铁时，手指应放在垫铁的两侧。工件吊装就位，应支撑或固定牢靠后方准松钩。

(9) 拼装工件时，不得用手插试钉孔，应用尖头穿杆找正，然后穿钉。打冲子时，冲子穿出的方向不得站人。

(10) 高处作业时，应系安全带，并检查脚手架、跳板的搭设是否牢固。在圆形工件上作业，下面应垫牢。

2. 划线

(1) 在翻转大型工件时，人应离开翻转范围，不准向转动中的工件安放垫块，工件堆放应平稳。

(2) 重量不均衡的工件，应有配重，否则不可移动。

(3) 在工件上划线打样冲时，应将工件固定。

(4) 严禁在吊起的工件下面划线。

3. 剪床

(1) 不得剪切淬过火的钢板和超过手剪床允许剪切厚度的材料。

(2) 剪切时，手指距离刀口不得小于 50mm。
(3) 剪切较小的零件时，应用压板螺丝固定。
(4) 测量剪切长度，不得将手伸入刀片下。

4. 卷板机开机

(1) 电动机地脚螺丝应紧固，升降丝杆应正常。安全防护装置应完好，各转动部位润滑油位正常。
(2) 传动三星齿轮无杂物，上下滚轴应平行。

5. 卷板机起动运行

(1) 运转的声音应正常，板料落位后及机床开动过程中，进出料方向严禁站人。
(2) 钢板进料，滚筒运转应停止。
(3) 应控制加工钢板厚度，严禁超负荷运行。
(4) 严禁压滚厚度不均匀的钢板。
(5) 严禁在辊筒上击敲钢板。
(6) 调整辊筒、板料，应停车。
(7) 作业完毕，应切断电源，清除辊筒上氧化铁皮。

6. 操作刨边机

(1) 开车前，机床各部位润滑油应充足，电源开关应灵活；工作台行程内无障碍物，多人操作时应有统一指挥。
(2) 调正工件时，应先用手动千斤顶将工件轻轻压紧，调好后再开启油泵，打开总开关阀和各液压千斤顶开关，使液压千斤顶压紧工件，然后将手动千斤顶一一压紧。
(3) 加工工件长度，不得超过机床规定范围。
(4) 作业完毕，应对机床、导轨进行清扫，加好润滑油，切断电源。

7. 操作油压校正机

(1) 起动前，应经回油口向泵体内灌满工作油，排出主缸及液压系统中的空气。同时检查各部位连接部分是否紧固，电动机旋转方向应符合要求。多人操作时应有统一指挥。
(2) 每班应检查一次所有管接头及密封件，如发现渗漏应及时修复。
(3) 设备运行中，不得进行修理及更换工具。
(4) 操作人员离开本设备时，应停机并切断电源。

8. 操作砂轮机

(1) 砂轮机应装有防护罩和吸尘装置，托刀架与砂轮工作面的距离不得大于 3mm。
(2) 开机工作前应空转 2～3min，待运转正常后，方可作业。
(3) 禁止在砂轮侧面上磨削，禁止两人同时使用一片砂轮，操作者应站在砂轮的侧面。
(4) 使用手提砂轮机时，严禁将气管或电缆盘绕在身上。
(5) 作业人员应戴防护眼镜，严禁戴手套作业。

7.2.9.3 金属结构安装工

(1) 金属结构件或设备应存放在坚实的基础上，并应垫平放稳。
(2) 设置开箱后，应将箱板上的钉子拔出或打弯，并堆放到指定的地点。构件拼装，应垫平放稳，不得用脚踩撬杠施力。在可能滚动或滑动的物体前方不得站人。

（3）构件或设备吊装到基础就位时，作业人员身体各部位不得探入其接合面，取放垫铁时，手指应放在垫铁的两则。

（4）构件或设备吊装就位松钩前，应垫实或支撑牢固。

（5）设备组装连接螺栓时，不得用手插螺栓孔，应用尖头穿杆找正，然后穿螺栓。打过眼冲时，冲子穿出的方向不得站人。

（6）施工用的吊篮应牢靠方便，钢丝绳的安全系数应大于 14，禁止使用麻绳或尼龙绳作吊绳。

（7）高处作业时，应系安全带，并检查脚手架、跳板的搭设是否牢固。作业人员不得在脚手架上爬行。

（8）作业人员在爬梯上行走时，应手扶扶栏。

（9）在坑、洞、井内作业应保持通风良好。井口应设保护网，并指定专人看护。

（10）检查密封构件或设备内部时，应使用安全行灯或手电照明，严禁明火照明。

（11）采用压码对缝，使用大锤时，严禁戴手套操作，锤头甩落方向不准站人。

（12）金属结构设备上临时焊接的吊耳、脚踏板、爬梯、栏杆等构件应检查，确认牢固后方可使用。工作中使用的千斤顶及压力架等应拴系或采取其他防坠措施。

（13）闸门在起吊前，应将闸门区格内以及边梁筋板等处的杂物清扫干净。严禁在立起的闸门上徒手攀登。

（14）闸门进行启闭试验时，起吊范围及下方，除测量人员外严禁站人，测量人员也应站在安全的地方。

（15）金属结构设备各转动部分的保护罩不得任意拆除。用酸、碱液体清洗管路时，应穿戴防护用品，酸碱液体应妥善保管，并应有明显标识。

（16）液压系统试压时，不得靠近高压管道，泄压时，操作人员应站在泄压阀侧面。

7.2.9.4 热处理工

（1）作业前应穿戴好防护用品，并应采取防火、防爆、防毒、防烫、防触电的安全措施。

（2）化学物品应由专人管理，并应按有关规定存放。各种设备的操作应由专人负责。

（3）配制各种化学试剂时，应执行化学试验安全操作规程，并应戴防毒面具。

（4）禁止无关人员进入氰化室、化学药品储藏室，中频发电机房和高频淬火室。

（5）设备危险区（如电炉的电源引线、汇流条、导电杆和传动机构等），应设防护栏、罩。

（6）淬火油槽周围禁止堆放易燃、易爆物品。

（7）使用行车时应有专人指挥，钢丝绳应定期检查。

（8）零件在校直时，校直机直线方向两端不得站人。

（9）各种废液、废料，应分类存放，统一回收处理，严禁倒入下水道和垃圾箱。

（10）采用煤炉、煤气炉、油炉加热进行热处理时，作业人员应遵守有关炉型司炉工安全操作规定，入炉工件、工具应干燥。

（11）大型热处理炉发连续处理炉，工作前各传动部件应无烧损、腐蚀、轨道上应无障碍物，工件堆放高度和宽度应符合规定。工件出炉卸车时，应采取防烫、砸措施。

（12）冷处理作业应遵守如下规定：

1）零件在冷处理前应将油迹洗净，并进行干燥处理。

2）不准在冷冻器附近吸烟和用火。

3）操作人员作业时应穿戴好防护用品。

4）零件放入冷却器时，应使用长柄工具，避免人体直接接近冷却器。

5）禁止将液氨与易燃易爆材料放在一起；不得将液氨放置于强热环境。

7.2.9.5 金属防腐工

（1）作业前，应对除锈设备、喷涂设备、空压机等进行检查，储气筒、油水分离器、喷嘴、高压软管等部件，应无堵、卡或固定不牢现象。

（2）作业人员应按规定配戴好防护服、防护镜、口罩和手套，高处作业时应配戴好安全带。

（3）作业时工件的摆放应平稳，并应留有安全通道。

（4）作业现场严禁使用明火，沾有油漆、溶剂的棉线、破布等应收集存放在有盖的金属容器内，并应及时处理。

（5）采用机械喷砂除锈时，应掌握好压力。喷砂时，出现喷枪嘴或风管堵塞，应停机消压后，方可进行修理或更换。

（6）表面预处理作业，作业人员应站在上风方向，喷砂时严禁枪口对人，沿喷射方向30m内不得有人停留。

（7）在室内或容器内进行喷、刷漆作业，应采取通风措施并根据不同的喷涂材料，配戴相应的防毒面具或口罩。

任务7.3 安装施工脚手架及平台施工安全技术

【学习目标】

知识目标：能陈述安装施工脚手架及施工平台搭建拆除安全技术方法与要求。

能力目标：能进行设备安装施工脚手架与施工平台施工的安全控制。

子任务7.3.1 施工脚手架搭设安全技术

（1）在工程设计和施工中要兼顾土建施工与金属结构埋件安装，为后续安装施工提供必要的便利条件，用于平台和脚手架搭设的必要的埋设件要应事先规划布置，不得取消和遗漏。

（2）闸门门槽施工脚手架必须按照国家颁布的有关安全技术规范和标准的规定进行设计、施工。严格履行方案的设计审批、验收程序，使用过程中，应加强维护和管理。不经过主管部门批准，严禁随意修改和变动其结构。

（3）脚手架搭设施工前，应编制施工组织设计或作业指导书，制定相应的安全技术措施，搭设施工时严格遵照执行。

（4）脚手架施工人员（架子工等）应严格按照本工种安全技术规程进行施工，凡不适合高处作业的人员不得安排从事脚手架的搭设。

(5) 对于门槽孔口宽度较小的，左、右侧脚手架应形成整体，以增强其稳定性。孔口中央应留有合适的通道，通道上方距离地面不低于 4m 处满铺竹跳板或木板，并固定牢靠。

(6) 对于孔口宽度过大的，左、右侧脚手架可自成体系，但脚手架必须与闸墙之间可靠连接，一般每隔 3m，采用圆钢与墙上拉条或铁板凳相连，防止脚手架倾斜。脚手架外侧按规定全面敷设安全网，保护孔口中央通道的安全。

(7) 门槽安装用脚手架高度小于 25m 的，一般应采用扣件式钢管脚手架，其设计施工应符合《建筑施工扣件式钢管脚手架安全技术规范》的规定。

(8) 高度大于 25m（含 25m）的脚手架应符合下列规定：

1) 对于闸门井的脚手架（高深闸门井或潜孔式闸门门槽），除符合（7）的要求，还应根据脚手架结构网进行承载力、刚度和稳定性计算，编写设计计算书。设计方案应报上级主管部门批准。

2) 对于闸墙外的脚手架（适用于露顶式及大坝上游的闸门门槽），应每隔 25m，在建筑物上游埋设型钢或铁板凳，并利用埋设件设置悬臂支承牛腿，由其承担相应层次的脚手架载荷，以降低计算高度。

3) 上述高度的脚手架在投入使用前，应履行主管技术、质量和安全部门验收合格签证手续（必要时可通过承载试验来检验）。搭设高度大于 50m（含 50m）或有特殊要求的脚手架，还应组织相关部门和人员进行技术论证和设计。

(9) 脚手架搭设施工前，应对现场施工人员进行技术、安全交底，没有参加现场技术、安全交底的人员不得上架作业。

(10) 对进场的材料、构配件等应分别进行质量检查验收，确保满足设计要求。严禁使用不符合设计要求的材料、构配件，严禁不同材质和不同规格的材料、配件在同一脚手架上混用。严禁使用变形或校正过的材料作为立杆，严禁使用滑丝扣件。

(11) 脚手架搭设过程中严禁交叉作业，一次搭设高度不应超过相邻连墙体以上两步。

(12) 门槽二期混凝土施工时，脚手架上不得超标准堆放荷载，拆除的模板等应及时清走。混凝土下料时，不得碰撞脚手架。

(13) 因混凝土施工需要，增设临时悬挑式平台受料点（如悬挑式操作平台等）时，应对脚手架承载力、刚度和稳定性进行复核计算，不合格或不经补强处理的，严禁随意增设。

(14) 施工脚手架的验收以设计和相关规定为依据，逐层、逐流水段进行，验收的主要内容有下列几项：

1) 脚手架的材料、构配件等应符合设计和规范的要求。

2) 脚手架的立杆、横杆、剪刀撑、斜撑、间距、走道、爬梯、栏杆应符合设计、规范要求。

3) 各杆件搭接和结构固定部分应牢固可靠。

4) 大型脚手架的避雷、接地等安全防护、保险装置应有效。

5) 脚手架的基础处理应符合设计和规范的要求。

子任务 7.3.2　临时施工平台搭设安全技术

移动式操作平台与悬挑式钢平台应针对使用要求和现场条件进行设计，其承载力应有足够的安全系数，设计方案应经主管部门审批后方可用于施工。未经允许，施工过程中不得随意修改。

1. 移动式操作平台

（1）移动式操作平台适用于在轨道或地面上平移的临时操作平台（但不适用于特种设备范畴的垂直提升的升降作业平台），一般采用型钢或脚手架钢管制作，后者可参照《建筑施工高处作业安全技术标准》进行设计。

（2）竖井和斜坡道上使用的移动式操作平台除有专用牵引系统外，停留作业面时，还应另外设置保险绳，平台两侧还应有辅助的活动导向装置或支点，避免平台产生晃动。平台下侧应敷设有完整的安全防护网。

（3）移动式操作平台每层以及上下联系梯道上均应设置安全防护栏杆，梯道底部离地面距离应控制在 0.3～0.5m。

（4）移动式操作平台的面积不应超过 $10m^2$，高度不应超过 5m，装设轮子的移动式平台，轮子与平台的接合处应牢固可靠，立柱底端离地面不得超过 0.8m。

（5）移动式操作平台在其全行程范围内，应无任何障碍。

2. 悬挑式钢平台

（1）悬挑式钢平台应与侧墙预埋件可靠连接，预埋件应事先设计并随土建施工同步埋设，不得随意减少或取消。

（2）悬挑式钢平台上敷设的脚手板应固定可靠，平台临空边应设置安全防护栏杆和安全网。

（3）平台与外界应设安全联系梯道。

（4）钢平台的吊装与使用应符合《建筑施工高处作业安全技术标准》中关于操作平台的有关规定。

子任务 7.3.3　施工脚手架与平台的使用及维护安全技术

（1）脚手架搭设完成后，未经检查验收或在检查验收中发现的问题没有整改完毕的，或安全防护设施不完善的，不得投入使用。

（2）在脚手架醒目的位置应挂告示牌，注明脚手架通过验收时间、使用期限、一次允许在脚手架上的作业人数、最大承受荷载等。

（3）脚手架在使用过程中，实行定期检查和班前检查制度。如遇大风、大雨、撞击等特殊情况时，应对脚手架的强度、稳定性、基础等进行专门检查，发现问题及时报告处理。

（4）使用单位应根据脚手架的设计要求，合理使用，作业层上的施工载荷应符合设计要求，严禁超载。

（5）不得将模板支架、缆风绳、泵送混凝土和砂浆的输送管等固定在脚手架上。严禁在脚手架上悬挂起重设备。

(6) 雨、雪天气施工，应采取必要的防雨、防雪、防滑措施。

(7) 出现 5 级以上大风时，应停止闸墙外的脚手架上的施工作业（如露顶式及大坝上游的闸门门槽等）。

(8) 在脚手架上进行电、气焊或在有脚手架的部位从事吊装作业时，必须采取防火和防撞击脚手架的措施，并派专人监护。

(9) 脚手架在使用期间，严禁拆除主节点处的纵、横向水平杆，纵、横向扫地杆，连墙件。未经主管部门同意，不得任意改变脚手架的结构、用途，或拆除构件，如必须改变排架结构，应征得原设计同意，重新修改设计。

(10) 在施工中，若发现脚手架有异常情况，应及时报告脚手架的设计部门和安全部门，由设计部门和安全部门对脚手架进行检查鉴定，确认脚手架的安全稳定性后方可使用。

子任务 7.3.4　施工脚手架的拆除安全技术

(1) 脚手架拆除前，应编写拆除作业指导书，其作业指导书应按该脚手架的设计报批程序进行报批。无作业指导书或安全措施不落实的，严禁拆除作业。

(2) 拆除作业前，必须将经批准的作业指导书、施工方案向现场施工技术人员和作业人员进行交底。并检查落实现场安全防护措施。

(3) 脚手架拆除前，必须先将脚手架上留存的材料、杂物等清除干净，并将受拆除影响的机械设备、电气及其他管线等拆除，或加以保护。

(4) 脚手架拆除应统一指挥，严格按批准的施工方案、作业指导书的要求，自上而下顺序进行，严禁上、下层同时拆除。

(5) 拆下的材料、构配件等，禁止往下抛掷。应用绳索捆绑牢固缓慢下放，或用吊车、吊篮等方法运送到地面，并集中在指定位置堆放。

(6) 脚手架拆除后，必须做到工完场清，所有材料、构配件应堆放整齐、安全稳定，并及时转运。

任务 7.4　机电设备安装施工安全技术

【学习目标】

知识目标：能陈述各类机电设备安装作业安全技术方法与技术措施。

能力目标：能正确应用安装技术方法与措施进行各类机电设备安装作业安全控制。

子任务 7.4.1　水轮机安装安全技术

7.4.1.1　清扫与组合

(1) 使用脱漆剂或汽油清扫设备时，工作人员应戴口罩、防护眼镜和皮手套，严防溅落在皮肤和眼睛上。清扫现场应配备灭火器。

(2) 在露天场所清扫组装设备，必须搭设防雨棚。防雨棚应满足设备清扫组装的温度、湿度、通风及消防等安全操作要求。

(3) 设备组合前应对螺栓及螺母的配合情况进行检查。对于精制螺纹应按照编号装配或选配，螺母、螺栓应能灵活旋入，不得用锤击或强力振动的方法进行装配。

(4) 组合分瓣大件时，先将一瓣找平垫稳，支点不得少于三点。组合第二瓣时，应防止碰撞组合面，且工作人员手脚不得伸入组合面，组合螺栓至少要对称拧紧四个，垫稳后，才能松开吊钩。

(5) 设备翻身时，设备下方应设置方木或垫层予以保护。翻身过程中，设备下方不得有人逗留。

(6) 用大锤紧固组合螺栓时，扳手应靠紧，与螺帽配合尺寸应合适。打锤的与拿扳手的人要错开一个角度，锤击应准确。高处作业时，应有牢固的工作平台，扳手应用绳索系住。

(7) 用加热法紧固组合螺栓时，工作人员应戴电焊手套，严防烫伤。直接用加热棒加热螺栓时，工件应做好接地保护，防止触电。

(8) 进入转轮体内或轴孔内清扫时，连续工作时间不宜过长，应设置通风设备，加强通风，派专人监护，防止人员晕倒。

(9) 用液压拉伸工具紧固组合螺栓时，操作前应仔细阅读设备使用说明书，检查液压泵、高压软管及接头应完好。拉伸器活塞应压到底，承压座接触良好。升压应缓慢，如发现渗漏，应立即停泵，操作人员应避开喷射方向。升压过程中，应仔细观察螺栓伸长值和活塞行程，严防活塞超过工作行程。操作人员应站在安全位置，严禁头手伸到拉伸器上方。

(10) 有力矩要求的螺栓连接时，应使用配套的力矩扳手或专用工具进行连接。严禁使用呆扳手或配以加长杆的方法进行拧紧。

7.4.1.2 埋件安装

1. 尾水管安装

(1) 尾水管安装前，应对施工现场的杂物进行清理。

(2) 施工现场应配备足够的照明和配电盘，配电盘应设置漏电保护装置。潮湿部位应使用安全电压等级的照明设备和灯具。

(3) 在安装部位应设置必要的人行通道、工作平台及爬梯，并配置护栏、扶手、安全网等设施。设施基础应固定牢靠，并满足承载要求。

(4) 尾水管扩散段施工部位环境复杂，地面较为潮湿，使用电焊机、角磨机等电气设备时应进行可靠的防漏电保护。工作人员进入施工现场，必须佩带安全帽、安全带。

(5) 机组标高、中心等位置性标记的标示应清晰、牢靠，且进行有效防护。防止设备安装过程中丢失、损坏或移动。

(6) 肘管及锥管安装前，应对其部件几何尺寸进行检查、校正，各部件支撑架固定应牢靠。安装过程中，用于设备调整固定的楔子板、千斤顶、拉伸器等应进行可靠固定。

(7) 安装在肘管、锥管上的补气管、测压管等管口应采取可靠封堵保护措施。

(8) 拆除工作平台、爬梯等施工设施时，应采取可靠的防倾覆、防坠落等安全措施。

2. 座环与蜗壳安装

(1) 施工部位应搭设牢固的工作平台和脚手架，部件高度超过2m者，内外均应搭设，平台和脚手架的搭设应符合相关安全规范。在平台和脚手架上工作应遵守高处作业的有关规定。

（2）分瓣座环组装时，组装支墩应稳固。首瓣座环就位调平后，应采取防倾覆措施。第二瓣就位后应先调平，并用组合螺栓临时固定。其余各瓣按照同样方法就位，然后再将分瓣座环对称均匀组合成整体。

（3）使用电动工具对分瓣座环焊接坡口进行打磨处理时，应遵循其有关安全操作规程要求。

（4）分瓣座环焊接前，应进行焊接工艺评定，并按照通过评定的焊接工艺进行焊接。

（5）座环吊装就位时，应将座环平稳地落于基础支承上，确认支承平稳后，才能松去吊钩。

（6）安装蜗壳时，焊在蜗壳环节上的吊环应有足够的强度，位置应合适，使蜗壳能平稳吊起。蜗壳各环节就位后，应用临时拉紧工具拉牢靠，下部用千斤顶支牢，然后才能松去吊钩。

（7）蜗壳各环节焊口之压板等调整工具和站人踏板，应焊接牢固。

（8）蜗壳节在调整过程中，斜楔与压卡板工作面必须经过加工，压卡板（压码）的焊缝高度要与蜗壳钢板厚度及两节错位情况相适应（一侧全焊，另一侧为段焊）。

（9）施工用钢平台高度在起点 10m 以上时，应先进行设计，并经技术部门批准。组装后，应经质检和安全部门检查验收，合格后方能使用。

（10）在蜗壳内或水轮机过流面等密闭场所进行防腐、环氧灌浆或打磨作业时，应配备相应的防火、防毒、通风及除尘等设施。

（11）埋件需在现场机加工时，应遵守机加工设备的相关安全规程。

（12）蜗壳要求做水压试验或蜗壳保压浇筑混凝土时，其混凝土支墩或钢支墩应与蜗壳接触良好，以保证每个支墩均匀承受荷载。

（13）蜗壳安装完毕，进入内部清扫检查工作时，进出人员应清点人数，无问题后才能关闭蜗壳进人门。

3. 蜗壳水压试验

（1）蜗壳进行水压试验前，主要监测部位应配备充足的照明。

（2）水压试验前应对所有管口进行封堵，并进行渗漏检查。

（3）试压闷头吊装就位后，应对闷头进行可靠支承。防止调整过程中翻转或倾倒。

（4）试压环吊装应平稳就位，严禁将手指放入组合面内。

（5）蜗壳水压试验期间，应设专人对各试压停留点的水压、水温、蜗壳变形及位移进行监测和记录。发现异常，应立即停止试压。

（6）对蜗壳、固定导叶等部件进行应力测量时，各测点的设备及导线应固定牢靠，防止试验过程中被意外损坏。

（7）试压过程中，因固定导叶被拉伸，可能会导致试压环与连接板的间隙增大而发生渗漏，一旦发生渗漏，应立即停止试验。

（8）蜗壳保压浇筑混凝土之前，应对加压设备进行彻底检查，保压浇筑混凝土期间，水压应保持在设计要求范围内。

(9) 蜗壳水压试验的监测压力表计及超压泄水安全阀等应由具有资质的单位校对正确，且灵敏可靠。

7.4.1.3 导水机构安装

(1) 机坑清扫测定时，机坑内必须搭设牢固的工作平台，并作为导水机构预装用的安全防护平台。

(2) 在机坑内进行基础环及座环机加工时，基础平台应有足够的刚度。加工设备操作人员应具备专业操作技能，并严格按照有关安全操作规程进行操作。

(3) 吊装导水叶，一次最多只能吊两个，中间应留有安全距离。吊环和钢丝绳必须事先检查。

(4) 吊装顶盖等大件安装前，对组合面必须彻底清扫干净，磨掉高点，吊至安装位置 0.4～0.5m 处，再次检查清扫安装面，此时吊物必须停稳，桥机司机和起重人员必须坚守岗位。

(5) 导叶轴套、拐臂安装时，头、手不得放在轴套、拐臂下方，防止轴套、拐臂突然落下伤人。调整导水叶端部间隙时，导叶处与水轮机室应有可靠的信号联系。转轮四周应设置防护网，转轮周围人员行走的通道应保持清洁无油污。

(6) 在蜗壳内工作时，应随身带手电筒。如遇停电而又无手电筒时，应就地等待，不可随便乱走，以防掉入尾水管。

(7) 导水叶工作高度超过 2m 时，研磨立面间隙和安装橡胶止水条导叶密封，应有合适牢固的工作平台。

(8) 水轮机室和蜗壳内，应设置通风设备（如有可能则设吸潮机），促进空气流通，降低湿度。工作人员应戴护膝，并定期进行红外线检查。当在尾水管、蜗壳内进行环氧砂浆作业时，水轮机室和蜗壳内的安装工作应停止。

(9) 水轮机室和蜗壳内的通道，应在安装前形成，保持畅通，严禁利用吊物孔作为通道、进人门及排水等用。

(10) 调速系统带导叶进行动作试验时，应事先通告相关人员，应在蜗壳进人门处悬挂警示标志，严禁进入导叶附近，并应有可靠的信号联系。

(11) 使用电镀或刷镀对工件缺陷进行处理时，工作人员应做好安全防护，避免化学试剂对人身造成伤害。使用金属喷涂法处理工件缺陷时，应防止高温灼伤。

7.4.1.4 转轮组装及连轴

1. 转桨式转轮

(1) 使用制造厂提供的专用工具安装部件时，首先应了解其使用方法，并检查有无缺陷损坏情况。

(2) 转轮各部件装配时，吊点要选择合适，吊装应平衡，速度应缓慢均匀。工作人员应服从统一指挥。

(3) 装配叶片转动机构时，每装一件都应临时固定牢固，防止自由转动或倒下。

(4) 用桥机紧固螺栓时，应事先计算出紧固力矩，选好钢丝绳和卡扣。紧固过程中，应设置有效的监视手段，随时注意扳手与钢丝绳夹角（一般在 75°～105°范围）。导向滑轮位置应合适,并应采取防止扳手滑出或钢丝绳崩出的措施。

(5) 使用电热器紧固螺栓时,应事先检查加热器与加热装置绝缘是否良好。工作人员应戴绝缘手套,严格遵守操作规程。

(6) 转桨式转轮油压试验时,应遵守以下规定:

1) 叶片上和场地应清扫干净无杂物。现场禁止吸烟,附近不得有明火作业,配备足够的灭火器。

2) 油压试验装置的管路应完好,接头、法兰连接应牢固、无渗漏,使用经检验合格的压力表。使用电动油泵时,应装设防止油压过高的保护阀组。

3) 油压装置的操作、试验、测量,应统一安排,进行操作时应分级缓慢升压,停泵稳压后,方可进行检查。叶片转动时,严禁站在叶片上或在转动范围内停留。

4) 试验中如发现缺陷,补焊处理前,应将油压降到零,进行排油和清理,切断油压装置电源,并设专人监护。

5) 工作人员不得站在堵板、法兰、焊口等处。

6) 试验用油应经化验合格,油温不应低于5℃。

(7) 不得使桥机长时间地吊物于空中,应及时进行安装作业。如因结构原因必须持续使用桥机施工,则应采取设置辅助支撑点的安全措施。

(8) 对转轮体进行翻身时,应先对厂内起升机构制动系统进行检查,确保安全可靠。

2. 混流式转轮

(1) 分瓣转轮组装时,应预先将支墩调平固定。分瓣转轮吊装就位后调整其错牙及水平,再用组合螺栓均匀紧合成整体。对于卡栓连接结构,卡栓烘烤时应派专人对烘箱温度进行监测,卡栓安装时应佩带防护手套。

(2) 混流式分半转轮做刚度试验时,力源应安全可靠,支承块焊接应牢固,工作人员应站在安全位置,服从统一指挥。

(3) 在专用临时棚内焊接分半转轮时,应有专门的排烟、消防措施。当连续焊接超过8h时,工作人员应轮流工作和休息。

(4) 转轮焊接前应进行焊接工艺评定及试块焊接试验。参加焊接的焊工必须具备相应的焊接资质,焊前对焊工进行焊接培训和考核,合格后持证上岗。

(5) 焊接所使用电焊条的材质、型号必须符合设计要求,焊前必须按照要求对焊条进行烘烤,使用时焊条应保存在密封良好的保温桶内。

(6) 转轮焊接时,应设置专用引弧板,引弧部位材质应与母材相同。严禁在工件上引弧。

(7) 转轮进行静平衡试验时,必须在转轮下方设置方木垫或钢支墩。对于支承式平衡装置,在焊接转轮配重块时,应将平衡球与平衡板脱离或连接专用接地线。

3. 连轴

(1) 转轮与主轴连接前,转轮应固定并处于水平位置。在安装间连接时,转轮应可靠支撑。

(2) 使用脱漆济、汽油等化学物品清扫主轴法兰、轴颈时,工作人员应佩戴防护镜、防护手套,工作区域严禁动火作业,并设置警戒线及警示标志。

项目 7 水利水电工程与机电设备安装安全技术

(3) 研磨主轴法兰时,研磨平台应由两人以上操作,平台要扶稳,并用绳索系住。

(4) 起吊和竖立主轴前,主轴应经测量、检查,合格后方允许起吊。

(5) 主轴竖立起吊时,下方法兰处应垫设木方加以防护,尺寸及重量较大的主轴宜采用专用的翻身靴进行翻身。

(6) 穿入联轴螺栓时,应选用合适的钢丝绳和链式起重机(或其他提升机械)将螺栓提起穿入孔内,螺栓下方严禁站人。不得用身体托抬螺栓。

(7) 使用液氮冷冻零件时,必须用杜拉容器盛装和运送,被冷却零件置于防护容器内,缓缓注入液氮,严防飞溅,冻伤皮肤。操作人员必须戴防护眼睛。在条件许可的情况下,尽量使用干冰冷冻。

(8) 测量主轴水平度、垂直度时,在主轴法兰上的人员必须系安全带。

7.4.1.5 转轮吊装

(1) 轴流式机组安装时,转轮室内应清理干净,工作平台在转轮吊入前拆除。混流式机组应在基础环下搭设工作平台,直到充水前拆除,平台应将锥管完全封闭,防止人员坠入肘管。

(2) 水轮机转轮吊装前,应对机坑杂物进行全面清理。

(3) 轴流式转轮吊入前,叶片上应清理干净无油垢杂物,叶片与叶片间应设安全保护网并绑扎牢固,以防工作人员滑下。

(4) 轴流式转轮吊入机坑后,如需用悬吊工具悬挂转轮,悬挂方式应牢固,并经检查验收后,方能继续施工。

(5) 大型水轮机转轮在机坑内调整,宜采用桥机辅助、专用工具进行调整的方法,应避免强制顶靠或锤击造成设备损坏或损伤。

(6) 转轮在机坑内安放高程的确定,应满足发电机连轴或推力头热套要求,防止发电机转子吊入机坑或推力头热套时碰撞而造成设备损坏。

(7) 使用楔子板对转轮进行定位时,楔子板应对称、均匀楔紧,严禁重力锤击而造成设备损伤。

(8) 混流式转轮调整合格并固定后,应对下止漏环缝隙进行遮盖,以防止杂物掉入。

(9) 进入主轴内部进行清扫、焊接、设备安装等作业,应设置通风、照明、消防等设施,焊接应设专用接地线。

(10) 水轮机大件起吊应遵循起重作业有关操作要求。

(11) 转轮室应有足够照明,并配备一定数量的行灯,行灯电压应为 36V。

(12) 在转轮室工作的人员,必须两名以上,并配备手电筒,不得一人单独工作。

7.4.1.6 导轴承与密封装置

(1) 使用脱漆剂、汽油等化学物品清扫导轴瓦时,工作人员应戴口罩和手套,工作场所严禁进行任何易产生高温火花的作业活动。清扫后的污油应进行妥善处理。

(2) 对导轴承轴颈进行研磨时,所使用的研磨剂应进行过滤检查,防止大颗粒或杂物损伤配合面。

(3) 导轴瓦进行研刮时,导轴承、轴颈摩擦面应用无水酒精或甲苯擦拭干净,严禁杂物进入。轴瓦研刮现场应通风良好,防尘、消防设备齐全。

(4) 导轴承和密封件先行吊放于支持盖(或顶盖)内时,不得乱堆乱放,应按安装顺序排列整齐、放平、垫稳。

(5) 零部件存放及安装地点,应有足够照明,并配备一定数量的电压不超过36V的行灯。

(6) 导轴瓦安装前应对油槽进行清扫,擦拭油污时应使用细布或丝绸,不要使用棉纱,以防止棉絮掉入油槽内。

(7) 导轴承油槽做煤油试验时,应做好防漏、防火安全保护,不得将任何火种带入工作场所。其他场所进行电焊或电气试验时,应采取措施预防火星溅入油槽,造成在油槽周围产生电火花。

(8) 轴瓦吊装方法要稳妥可靠,单块瓦重在40kg以上者,严禁人工搬运,必须采用倒链等机械方法吊运。

(9) 导轴承油槽上端盖安装完成后,应对密封间隙进行防护,防止杂物进入。

(10) 在水轮机转动部分上进行电焊作业时,应安装专用接地线,以保证转动部分处于良好的接地状态,防止导轴瓦发生过流而烧伤乌金瓦面。

(11) 密封装置安装部位如有积水油污杂物,应排除。与其他工作上下交叉作业时,中间应设防护板。

(12) 使用链式起重机,在支持盖(或顶盖)内部安装导轴承或密封装置时,链式起重机固定要牢靠,部件绑扎要牢靠,吊装要平稳,工作人员应服从指挥,防止挤伤。

7.4.1.7 接力器安装

(1) 分解接力器时,必须垫稳,以防转动。

(2) 抽出或安装活塞时,以及接力器整体安装于坑衬内时,吊装要平衡,不得碰撞。

(3) 在拆装有弹簧预压力的零件时,要防止弹簧突然弹出伤人。

(4) 拆装活塞涨圈时,应用适当工具,防止挤手。

(5) 油压试验应遵守下列规定:

1) 应使用校验合格的压力表,试验用管路应完好,接头、法兰连接应牢固、无渗漏。

2) 使用电动油泵时,应装设防止油压过高的保护阀组。

3) 操作时应分级缓慢升压,停泵稳压后,方可进行检查。

4) 遇有缺陷,需拆卸处理时,应将油压降到零并排油后进行。补焊处理时,应有专人监护。

5) 工作人员不得站在堵板、法兰、焊口、丝扣处对面,或在其附近过久地停留。

6) 试验场地应配置防火器材,附近不得有明火作业,禁止在现场吸烟。

7.4.1.8 进水阀安装

1. 蝴蝶阀安装

(1) 组装蝴蝶阀活门用的木方支墩应牢靠,并相互连成整体。

(2) 蝴蝶阀平压阀、排气阀等操作阀门安装前应进行密封试验。试验时阀门应支撑牢固,防止翻倒伤人。

(3) 对真空破坏阀进行压力检查时,应防止弹簧伤人。操作过程中不得将手指或杂物放入密封面之间。

(4) 伸缩节安装时,钢管与活动法兰之间配合间隙应保持均匀。密封压环应均匀、对称压紧,避免偏压造成渗漏或密封损坏。

(5) 蝴蝶阀动作试验前、应检查钢管内和活门附近有无障碍物,不得有人在内工作,试验时应在进入门处挂"禁止入内"警示标志,并设专人监护。

(6) 进入蝴蝶阀、钢管内检查或工作时,应关闭油源,投入机械锁锭,并挂上"有人工作,禁止操作"警示标志。

(7) 蝴蝶阀首次进行动作试验时应缓慢进行,防止快速动作造成止水密封损伤。对于空气围带密封,活门动作之前应撤除气压,避免磨伤围带。

2. 筒形阀安装

(1) 筒体组装时,组装支墩应与基础固定牢靠。

(2) 筒体组装后,应对其水平及圆度进行检查,当圆度超差过大时,不宜采用大面积火焰校正。

(3) 接力器清扫检查时,应做好人员、设备安全防护,零部件组装前应对清扫好的精密部件进行防尘保护。

(4) 活塞杆与筒体连接后应进行垂直度测量,需在活塞杆底部加设垫片时,垫片应进行可靠固定,防止运行过程中发生松动。

(5) 单个接力器进行油压和动作试验时,压力接头及表计应连接牢靠,防止蹦脱伤人。试验用透平油应化验合格。

(6) 进行导向板打磨时,操作人员应戴防护镜,使用电气设备应做好防漏电及触电防护。

(7) 筒形阀在无水动作试验期间,监测人员不得将头、手伸入筒体下方。不得对同步机构进行任何操作。

子任务 7.4.2 发电机安装安全技术

7.4.2.1 基础埋设

(1) 在发电机机坑内工作,应遵守高处作业有关安全技术规定。

(2) 下部风洞盖板、下机架及风闸基础埋设时,应架设脚手架、工作平台或安全防护栏杆,与水轮机室要有隔离防护措施。

(3) 向机坑中传送材料或工具时,应用绳子或吊篮传送,严禁抛扔传送。

(4) 禁止将工具、混凝土渣等杂物掉入水轮机室。不能向水轮机室排放冷却器及管道的试压用水以保证水轮机室的良好工作环境。

(5) 在机坑中进行电焊、气割时,应检查水轮机室及以下是否有汽油、破布和其他易燃物,并派专人监护。

(6) 修凿混凝土时,应戴防护眼镜,手锤、钢钎要拿牢,严禁戴手套工作。掉入水轮机室的杂物应及时予以清除。

7.4.2.2 定子安装

1. 分瓣定子组装

(1) 定子基础清扫及测定时,应制定和遵守机坑作业安全技术要求,以及防止落物或坠落的安全措施。

(2) 定子起吊前应检查起吊工具是否可靠,钢丝绳是否完好,定子吊运应有专人负责和指挥。

(3) 分瓣定子组合,第一瓣定子就位时,应临时固定牢靠,经检查确认垫稳后,才能松开吊钩。此后每吊一瓣定子与前一瓣定子组合成整体,组合螺栓全部套上,并均匀地拧紧 1/3 以上的螺栓,并支垫稳妥后,才能松开吊钩,直到组合成整体。

(4) 定子在安装间进行组装时,组装场地应整洁干净。在机坑内组装时,机坑外围应设置安全栏杆,栏杆高度应满足要求。机坑内工作平台应牢固,孔洞应封堵,并设置安全网和警示标志。

(5) 定子在安装间组合时,临时支墩要垫平稳牢固,调整用楔子板有 2/3 的接触面,测圆架的中心基础板要埋设密实、牢靠。

(6) 在机坑内组装定子时,使用测圆架调整定子中心和圆度时,测圆架的基础应有足够的刚度,并与工作平台分开设置,工作平台应有可靠的梯子和栏杆。

(7) 定子组合时,上下定子应设置梯子,禁止踩踏线圈,紧固组合螺栓时,要有可靠的工作平台和栏杆。

(8) 定子组合时,工作人员的手不能伸进组合面之间。

(9) 对定子机座组合缝进行打磨时,工作人员应戴防护镜。

(10) 在定子的任何部位施焊或气割时,必须遵守焊接安全操作规程并派专人监护,严防火灾。

2. 铁芯迭装

(1) 定位筋安装调整过程中,千斤顶、C 形夹等调整工具应固定牢靠,防止脱落伤人。安装定位筋的工作平台应固定牢靠,并连接成整体。

(2) 定子铁心叠装及整形时,工作人员应戴防护手套。铁芯整形安装"三棒"时,应使用橡胶或环氧锤轻轻敲击,不得使用金属器具直接锤击。叠装过程应防止硅钢片受损和漆膜脱落。

(3) 定子铁心叠装时,应搭设牢固的工作平台,工作平台内侧应有栏杆,在工作平台上压紧铁芯,如使用扳手时,扳手的手把上应系有安全绳。

(4) 定子铁心组装完成后,在定子连接件上进行焊接作业时,应对铁芯进行接地保护。

(5) 有热压要求的定子铁芯,加热设备及电缆应可靠固定,加热前应进行仔细检查,避免漏电或直接烘烤导致铁芯绝缘破坏。

(6) 铁心磁化试验时,现场应配备足够的消防器材;定子周围设临时围栏,挂警示标志,并派专人警戒。定子机座、测温电阻接地可靠,接地线截面积符合规范要求。

(7) 励磁电源、开关柜、电缆必须经核算满足试验容量要求。励磁电缆与铁芯凸棱之间必须可靠衬垫,衬垫物采用橡皮,且其厚度不小于 10mm。

(8) 铁心磁化试验时,所有现场试验人员必须服从试验指挥的统一指挥和安排。定子周围的检测人员不准携带除测试仪器以外的金属品,如钥匙、手表、手机等;必须穿绝缘鞋;不得用手触摸穿芯螺杆,不准用双手同时触摸铁芯。

3. 定子下线

(1) 使用机械手下线时,机械手应固定可靠,经试验可靠后,方能使用,用手工下线时,工作平台内侧应设有扶手栏杆。

(2) 采用无尘下线时,宜采用防尘工作棚,工作棚内应有防潮设施及通风设备,保持工作棚内温度及湿度符合要求。

(3) 易燃化学品应单独存放,并由专人保管,库房应保持通风并配有消防器材。

(4) 配制环氧复合物时,场地应通风良好。环氧树脂等化学材料不得用明火直接加温,以防起火。当工作中使用化学物品时应戴上手套、防护镜、防护衣和防护鞋。工作完后应洗手。

(5) 打槽楔时,精力要集中,防止伤手或手锤脱落伤人,不得有击伤线圈及铁芯现象。

(6) 焊头前,应做好防火准备,必须戴防护眼镜、手套和脚盖。中频焊接时,应使用硬云母片将感应圈和电接头隔离开,防止短路损坏感应圈和溢出的冷却水损伤绕组。

(7) 喷漆作业周围不得有明火,场地应通风良好。

(8) 耐压试验时,现场应设临时围栏,挂警示标志,并派专人警戒。

(9) 试验人员使用高压试验设备时,外壳必须接地。接地线应采用截面积不小于4mm 的多股软铜线,接地必须良好可靠。

(10) 耐压试验必须有专人指挥,升压操作必须有监护人监护。升压过程中,指挥人发布口令应清晰。操作人员应穿绝缘鞋。

(11) 发电机定子线圈干燥时,应按下列措施进行:

1) 定子线圈的上、下端部、铁芯的每个通风墙(孔)必须经专人分段负责检查,并经复查无金属及其他杂物后,方可用无水、无油污的压缩空气进行彻底清扫。

2) 采用定子线圈内部通电并辅以电热器辅助配合干燥时,保温用的蓬布,必须与电热器保持一定的安全距离,其电气接线应符合电气操作规程。

3) 利用铁损法进行定子线圈干燥时,在定子铁芯上敷设励磁绕组时,应在绕组与铁心接触部位垫绝缘材料,避免绕组与铁芯直接接触。

4) 采用温度计测温时,应使用酒精温度计,不得使用汞温度计,防止汞温度计破裂导致汞进入定子线槽。

5) 加温时,初期控制温升为:2~3℃/h,3h 后,最高温升温度不应超过 5℃/h。

6) 加温过程中,禁止在发电机风洞内各基础面进行任何工作。

7) 必须配备有 1211 灭火器或 MT 二氧化碳灭火器。

(12) 定子内部介质冷却的线棒,在与冷却介质的管路连接以前,在线棒两端应严格临时密封,严防杂物进入内冷线棒和管道。

4. 定子安装与调整

(1) 定子吊装必须成立专门的组织机构,由专人负责统一指挥。

(2) 定子安装调整时，测量中心的求心器装置，应装在发电机层，其测量人员在机坑内的工作平台，应有一定的刚度要求，且应有上下梯子、走道及栏杆等。

(3) 使用千斤顶调整定子高程、中心时，应选择机座上合适的受力部位，使机座受力均匀，调整量较大时，应逐步小量调整，防止铁芯产生变形。

(4) 定子调整过程中，对定子上下端绕组应有防尘、防杂物进入绕组之间和防止电焊或气割飞溅烧伤绕组的保护措施。

(5) 定子在机坑调整过程中，应在孔洞部位搭设安全网，作业人员应拴安全带。

7.4.2.3 机架安装

1. 机架组装

(1) 机架各部件应整齐、平放、有序，不允许立放，以防倒下伤人和阻塞通道。

(2) 组装场地应平整，各部支撑基础应稳固可靠。

(3) 机架组装时，中心体应支撑平稳牢固，并基本调平以防倾倒。机架支腿应对称挂装。待支腿垫平、放稳，穿入四个以上螺栓并初步拧紧后，才能松去吊钩。

(4) 在较窄的机架支腿上行走和作业时应采取防滑和防坠落措施。

(5) 对机架组合缝进行打磨时，工作人员应戴防护镜。对机架组合缝进行焊接时，应遵循焊接有关规定。

2. 机架安装调整

(1) 机架吊装前应清除支腿各区间的杂物，以防掉下伤人，所有焊缝的药皮等氧化物必须敲打干净，并用压缩空气将金属微粒及尘土等彻底吹净方能起吊就位。

(2) 机架应在焊接与气割工作做完后再吊装，如必须在机坑内进行焊接与气割时，应采取严格的保护措施，并派专人监护，严防火花或割下来的铁块等物掉入发电机定子与转子的各部位。

(3) 上机架盖板、上挡风板、灭火水管等，应在上机架吊装前组装焊接完毕。

(4) 上机架吊装后，必须做好防止杂物掉入定子、转子空气间隙的保护措施。

7.4.2.4 转子组装

1. 轮毂热套

(1) 当采用轮毂套轴时，主轴垂直度找正后应用螺栓将主轴紧固在基础上，考虑到套装故障时可能拔出轮毂，轮毂的起重绳应有足够的安全裕度，轮毂的起吊高度应能满足套装要求。当采用轴插轮毂时，轮毂找正后，应采取措施将轮毂固定在基础地面混凝土上，同时起吊高度应满足轴捅入轮毂后的翻身高度要求。

(2) 采用电热器或涡流铁损法加热时，瓷套管或石棉布与铁支撑架间要有良好的绝缘，轮毂下部的各个电热器，按圆周排列顺序编号，其电气接线应单号与单号相连，双号与双号相连，分别控制加温。

(3) 保温箱应采用钢结构制作，周围用阻燃材料（如石棉布、石棉板）隔热，同时应配备一定的消防器材。一旦发生意外，必须先切断电源，再进行灭火。

(4) 控制总电源的导线要有足够的截面积，以保持送电安全可靠，并应由专业维护电工作业。

(5) 如采用涡流铁损法加温，所用的通电裸导线与轮毂间应垫以石棉布绝缘。控制线与电热器的电源线，均采用绝缘导线。绝缘导线在保温箱内的部分要有良好的隔热层覆盖。

(6) 闸刀开关操作必须戴绝缘手套，穿绝缘胶鞋，不得正对电源开关操作。

(7) 加温过程中必须有卷线工（或维护电工）两人值班，监视控制温升，值班人员应坚守工作岗位，不得擅离职守。

(8) 开始通电，温升不得超过 6~8℃/h，根据轮毂孔径过盈量及要求的套装间隙计算出加温的极限温度，保持恒温，未经有关技术负责人许可，不得任意提高温度。

(9) 进入保温箱内校核轮毂孔径实际膨胀量时，必须切断箱内电源，测量人员应穿戴防高温灼伤的防护用品，方能进入箱内进行短时间的测量工作。

2. 转子支架组装

(1) 使用丙酮等化学溶剂清洗转子中心体时，场地应通风良好，周围不得有火种，并有专人监护，现场配备灭火器材。

(2) 中心体、支臂焊缝坡口打磨时，操作人员应带口罩、防护镜。

(3) 支臂挂装时，中心体应先调平并支撑平稳牢固，防止倾倒。支臂应对称挂装，待支臂垫平、放稳穿入四个以上螺栓，并初步拧紧后才能松去吊钩。

(4) 上下转子支架应有专用的带扶手的梯子。

3. 磁轭堆积

(1) 转子铁片清扫场地地面要平整，照明要适宜，通风要良好，并设围栏及专用消防器材。

(2) 铁片清扫时，工作人员应戴口罩及手套；使用铁片清洗机时，应戴眼镜穿帆布围裙。严禁在工作场地内吸烟，附近不得有明火或电焊气割作业。

(3) 铁片堆放要整齐，不得歪斜，堆放高度不得大于 1.2m，底部应有足够的支撑点，防止铁片弯曲变形，各堆之间应有不小于 0.5m 的通道。

(4) 采用铁片清洗机工作时，使用前应经检查，操作时应遵守安全操作规程。

(5) 转子铁片堆积，应有可靠的专用钢支墩，钢支墩应能承受转子重量与安装可能出现的全部负荷。

(6) 轮臂连接或圆盘组装时，其轮臂或圆盘支架的扇形体，必须对称挂装。同时须穿上组合螺栓或与中心体连接可靠并垫平稳后，才能松开吊钩。

(7) 参加焊接的焊工必须具备相应的焊接资质，焊前对焊工进行焊接培训和考核，合格后持证上岗。

(8) 转子焊接前应进行焊接工艺评定及试块焊接试验，并编制详细的焊接工艺方案，经监理工程师审批后执行。若制造厂提供转子焊接工艺方案，应按制造厂的工艺实施。

(9) 焊接所使用电焊条的材质、型号必须符合设计要求，焊前必须按照要求对焊条进行烘烤，使用时焊条应保存在密封良好的保温桶内。

(10) 转子焊接时，应设置专用引弧板，引弧部位材质应与母材相同。严禁在工件上引弧。焊接完成后，割除引弧板并对焊接接口部位进行打磨。

(11) 对焊缝进行探伤检查时，应设置警戒线和警示标志。

(12) 铁片堆积时操作应符合下列要求：

1）应沿转子外围搭设宽度不小于 1.2m 的工作平台，外侧应设有栏杆，上下应有牢固的梯子。如为轮臂结构，轮臂上平面之间应用木板或钢板铺平。

2）工作人员应听从指挥，精神集中，随时注意手脚勿被压伤。

(13) 使用铁片堆积机堆积铁片时，应制定和遵守安全技术操作规程。

(14) 堆积铁片用的扳手、垫圈、套管、螺栓等工具及零件，应放在工具箱内指定地点，不可随便放置。

(15) 磁轭铁片的压紧和压紧力应遵守制造厂的规定，压紧力不宜过大，严防拉紧螺杆损伤。使用风动扳手、电动扳手、液压拉伸器紧固铁片螺栓时，应遵守设备安全操作规定。

(16) 转子周围要设围栏，非工作人员不得随意出入。

(17) 参加铣孔的作业人员应戴安全帽及配戴防护眼镜。铣孔时应按铣削量逐步加大铣刀等级。使用气锤铣孔时，气锤应悬吊平稳，不得用手直接扶持接力冲杆；用桥机对 T 型槽或轮环螺孔拉铣时，钢丝绳应对正垂直，不得歪斜，提升应缓慢，防止铣刀拉出时突然弹出伤人。

(18) 磁轭热套应采取下列安全措施：

1）在转子磁轭上布置的热电耦、电线及测量元件应固定牢靠，并进行对地绝缘电阻测量，做好安全防护，防止意外损坏。

2）在磁轭上布置电加热器、加热风机时，应采取防止与磁轭直接接触的保护措施，防止磁轭局部过热。

3）工作人员不得直接用手触摸高温磁轭。

4）热打键或安装胀量垫片前，应对胀量进行测量。

5）制造厂提出磁轭方案时，按厂家方案执行。

4. 磁极挂装及试验

(1) 磁极竖立与挂装应使用专用工具，磁极挂装时，磁极下部 T 型槽内应用千斤顶撑牢，磁极中心找正后，将磁极键打紧后，方能松开专用工具与吊钩。

(2) 使用大锤打键时，工作人员严禁戴手套工作，当两人工作时，不准两人面对面工作。

(3) 使用拔键器拔磁板键时，桥机吊钩中心应与键中心保持一致，同时键应用麻绳系住，以防突然置出键槽。

(4) 磁极干燥应采用下列措施：

1）检查磁极线圈周围及轮环上下部、通风洞等处应无金属工器具、铁屑及其他杂物，并用干燥的压缩空气彻底清扫后，才能开始加温工作。

2）用直流电焊机或硅整流屏直接对磁极线圈通电加温时，裸铝母线必须与磁轭垫有良好的绝缘。

3）以电热器做辅助配合磁极通电加温时，应遵守轮毂热套的有关规定。

4）磁极通电后，转子周围应划分有磁场区域的界限，设置围栏，悬挂"有磁"警示标志。

5）加温过程中，应有严格的防火措施，并配备足够的消防器材。发生意外火灾时，应先切断电源，再用相应的灭火器灭火。

(5) 磁极试验时，应采取下列措施：

1）试验区域设置围栏，并挂警示标志，严禁无关人员进入试验区域。

2）所有试验设备外壳必须可靠接地，所有非被试磁极必须可靠接地。

3）电源开关设专人值守，遇紧急情况时，应立即跳闸断电。在试验接线过程中，严禁合空气开关。

4）在进行高压线操作时，必须将主电源及控制电源全部断开，并在高压端挂临时接地线，待操作完毕后，再取下临时接地线。

5. 喷漆

(1) 转子喷漆前应对转子进行彻底清扫，转子上不得有任何灰尘、油污或金属颗粒。对非喷漆部位应进行防护。

(2) 涂料存放场、喷漆场地应通风良好，并配备相应的灭火器材，设置明显的防火安全警示标志。

(3) 操作人员应穿戴工作服、防护眼镜、防毒口罩或防毒面具。

7.4.2.5 主要部件的吊装

(1) 主要部件吊装前，桥机和吊具要进行全面检查，制动系统要重新进行调整试验，采用两台桥机或两台小车进行吊装时，要进行并车试验，检查两台桥机的同步性，起吊时电源应可靠。

(2) 主要部件吊装时，应制定安全技术措施和进行安全技术交底，成立临时专门组织机构负责统一指挥。

(3) 主要部件吊装前，应对部件本身和将要吊入的部位彻底清扫干净。

(4) 定子在非自身机坑中组装，在定子吊装时，必须采用专用吊具。吊具安装完后，要经过认真检查，确认没有安全问题后，方可进行吊装。

(5) 主要部件起吊时应检查桥机起升和下降、大车和小车行走情况和制动器试验。起升的刹车制动试验在部件起升 0.1~0.3m 时进行，确认制动器工作正常后，再正式起吊。

(6) 定子吊装就位时，水轮机机坑中，应暂时停止作业，人员撤离。

(7) 转子吊装：

1）转子吊装必须计算好起吊高度。吊具安装时应使平衡梁推力轴承中心与转子中心基本同心。

2）当转子完成试吊并提升到一定高度后，可清扫法兰、制动环等转子底部各部位，如需用扁铲或砂轮机打磨时，应戴防护眼镜，需要采用电火焊作业时，应及时清除汽油、酒精、抹布等易燃物后再进行，还应有专人监护。

3）当转子吊进定子时，应缓慢下降。定子上方派人手持木板条插入定、转子空气间隙中，并不停上下抽动，预防定、转子碰撞挤伤。站在定子上方的人员应选择合适的站立位置，严禁踩踏定子绕组。

4）转子未落到安装位置时，除指挥者外，严禁其他人员在转子上随意走动或工作。

5）当转子靠近法兰止口时，应派专人进行检查，防止相碰。检查人员不得将手伸入组合面之间。

7.4.2.6 轴瓦研刮

(1) 镜板、轴瓦开箱后，装箱板应堆放整齐，铁钉要拔下或打弯，所有镜板的包装布（纸）及清扫用的白布、酒精等，应集中按防火要求堆放，并远离火源。

(2) 镜板、轴瓦的吊运翻身应平稳可靠，放置时瓦面应垫毛毡或泡沫塑料遮盖，镜板面应用白布或泡沫塑料保护。推力瓦吊运时，吊绳应用软绳或软布包扎的钢丝绳。

(3) 轴瓦研刮场地应防尘、清洁干燥、通风良好、照明适宜，其上空禁止进行其他作业，周围5m内不得有明火。

(4) 使用脱漆剂、汽油等化学物品清扫导轴瓦时，工作人员应戴口罩和手套，工作场所严禁进行任何易产生高温火花的作业活动。清扫后的污油应进行妥善处理。

(5) 对导轴承轴颈进行研磨时，所使用的研磨剂应符合质量要求，并需进行检查或过滤，避免大颗粒或杂物损伤配合面。

(6) 推力瓦和导轴瓦进行研刮时，镜板、推力瓦、导轴瓦、轴颈摩擦面应用无水酒精或甲苯擦拭干净，严禁杂物进入。无水酒精和甲苯以及擦拭的白布及其他材料应妥善保管，废旧材料应集中处理，严禁乱堆乱放。

(7) 导轴瓦研刮时，主轴放置平稳，轴颈处要搭设工作平台，且平台四周应搭设栏杆，并有不小于1m的通道。

(8) 镜板和轴在轴瓦的研磨部位，应设限位装置，人工刮瓦时应有两人以上工作，严防轴瓦滑下。机械研磨时，事先应对机械进行检验，确认可靠后才能进行。

(9) 导轴瓦研磨部位，应有灵活的起吊轴瓦装置，起吊绳要用软布包扎或用软绳吊装，吊耳要安全可靠。

7.4.2.7 推力轴承及导轴承安装

(1) 油槽做煤油试验时，附近严禁明火作业，工作人员应穿不易产生静电的服饰，现场要有专人值班负责监护，同时应配有消防器材。

(2) 在油槽内工作的人员，应穿戴专用工作服、工作鞋、工作帽及口罩等。

(3) 油槽内各部件表面用酒精擦拭，并用面团粘起细小杂物。油循环管路用白布蘸汽油反复拖拉，保证内壁清洁无异物。轴承安装期间，无人工作时油槽应临时封闭。油槽封闭前，应全面清扫，仔细检查确认油槽清洁、无杂物后才能封闭油槽。

(4) 推力头热套应采用下列安全措施：

1) 推力头热套前，应校核轴承部件安装高度满足热套要求，避免尺寸超差造成热套不到位或部件直接接触产生高温变形。

2) 进行推力头胀量测量时，施工人员及测量工具应采取防止高温灼伤和损坏工具的安全防护措施。

3) 当推力头吊离地面1.0m左右时，用白布蘸酒精擦拭推力头内孔和底面，并在孔内涂一层薄薄的润滑剂，套装过程中，若发生卡阻现象，应果断拔除，查明原因后再进行套装。

4) 卡环安装在推力头温度降至室温后进行，卡环与推力头之间间隙不得进行加垫处理。

(5) 推力轴承强迫建立油膜的高压油顶起装置的油系统管路装配好后，应仔细检查，确认接头和法兰已连接牢靠，止回阀已做耐压试验后，方可充油，经检查无渗漏现象，才能进行高压油顶起试验。

(6) 安装与试验用的压力表，应经校验合格。

(7) 推力瓦或导轴瓦就位后，在机组内进行电焊工作时，焊接部位一定要搭设专用地线，严禁在没有专用地线的情况下进行电焊作业；若采用直流焊接必须负极接地或地线绝缘良好。并且要严格做好防护措施，防止焊渣飞溅到油槽的定、转子内。

(8) 在机组内部采用盘车方法刮推力瓦时，推入与拉出推力瓦要小心，手不要放进瓦架滚轮与推力瓦之间，以防搓伤。两人以上作业时，动作要协调，以免瓦掉下造成事故或打伤人。

(9) 有绝缘要求的导轴瓦或上端轴，安装前后应对绝缘进行检查，试验时应对试验场所进行安全防护，设置安全警戒线和警示标志。

(10) 导轴承油槽上端盖安装完成后，应对密封间隙进行防护，防止杂物进入。

7.4.2.8 制动闸试验与安装

(1) 制动闸分解清扫时，各零部件应垫平放稳。皮碗、压环必须调整到与活塞保持同心，并将压环紧固螺丝垫片锁牢。

(2) 耐压试验工具应经计算和试验，不合格者禁止使用。

(3) 制动闸做耐压试验时，如果发现有缺陷，必须在消除压力后才能进行处理，严禁在有压力的情况下处理缺陷。

7.4.2.9 机组轴线检查与调整

(1) 机组盘车前应对机组转动部位进行全面清理，对定转子气隙、转轮迷宫环及轴密封装置等部位，均应进行认真检查，确认其干净后，方能进行盘车，严禁有人在上述部位工作。

(2) 采用高压油顶起状况下人工盘车时，高压油顶起装置应清扫干净，油槽已经渗漏试验合格，高压油顶起装置已具备充油升压条件，方能进行盘车。

(3) 采用电动盘车，应经计算后采用合适的电气装置，并由电气工作人员安装、维护和操作，所有电气设备应设围栏，并挂警示标志。

(4) 采用机械盘车，选用滑轮、钢丝绳及预埋的地锚，应进行详细计算，经审查后方能使用，使用前还要进行实际检查。

(5) 机组盘车必须在统一指挥下进行。应设置专用电话、电铃或对讲机进行联系。联络、信号、操作和记录等均应分工明确。

(6) 机组盘车时，地锚、钢丝绳及滑车附近，不得站人或停留。

(7) 制动闸使用前，应进行检查，管道系统要试验完毕，油泵压力表经校验合格，安全阀经调试动作可靠，并有专人操作，油泵电源闸刀要加强控制，以防他人误操作损坏机组设备。

(8) 进入发电机内工作时，与工作无关的东西不应带入。需要携带的工器具及材料应进行严格的检查和出入登记。

（9）严禁在有压力或充满油的管道上进行焊接作业。

（10）在发电机内进行电焊、气割时应做好消防措施，并严禁四周放有汽油、酒精、油漆等易燃物品。擦拭过的棉纱头、破布等放在带盖的铁桶内，并及时带出机组。

（11）在发电机转动部分或固定部分上进行电焊作业时，应在焊接部位搭接专用地线。

（12）在发电机内进行钻、铣孔工作时，工作场所应配备充足的照明。电器设备的电线、电缆应绝缘良好。钻铣出的铁屑应及时进行清理。

（13）发电机内应始终保持清洁，每班作业必须将杂物清理干净，做到工完场清。

7.4.2.10 机组整体清扫、喷漆

（1）转子、定子喷漆前应将定子上、下通风沟槽（孔）内用干燥无油的压缩空气清扫干净。

（2）喷漆时一定要戴口罩或防毒面具，以防中毒。

（3）喷漆时附近严禁烟火或电焊和气割作业，以防火灾。

（4）工作场地必须配备有灭火器等防火器材。

（5）喷漆前必须了解所用材料、设备对油漆的要求、油漆的性能等。

（6）工作时照明应装防爆灯，闸刀及开关的带电部分不能裸露。

（7）所用的一切溶剂、油漆应盖严。油漆、汽油、酒精、香蕉水等以及其他易燃有毒材料，应在专门储藏室内密封存放，专人保管，严禁烟火，使用时应放在阴凉处，以防挥发。

（8）用剩的油漆应将同一类和同一颜色的合并，过滤后覆盖密闭，分类堆放整齐，不能乱倒、乱扔、乱放。

（9）工作结束后，工器具应整洁干净，将工作场地及储藏室清理干净，如发现遗留或散落的危险易燃品，应及时清除干净。

子任务 7.4.3 辅助设备安装安全技术

7.4.3.1 调速系统安装

1. 安装与调试

（1）调速系统设备具备安装条件时，应将施工部位周围建筑垃圾清理干净，运输道路清理畅通，施工照明按使用要求进行布置。

（2）根据设备布置，应先在一期混凝土浇筑时埋设吊装、转运锚钩，锚钩材质、规格应按设备重量 5 倍进行强度计算后选择。

（3）设备吊装时应按设备重量选择吊装设备及吊装器具。

（4）在集油箱、压油罐内部清扫、补漆时，应派专人在罐外监护，罐内人应经常轮换，并戴专用防毒面具，穿专用工作服和工作鞋。并应采取通风措施。

（5）调速系统分解清扫，应在专用房间或场地内进行，拆装要小心，零件应放平垫稳。

（6）调速系统各部的调整试验，应有单项安全技术操作规程。工作人员应熟悉调速系

统动作原理，并了解设备布置情况。

（7）调速系统充气油前，各部阀门应处于正确位置，各活动部位应无杂物，无人工作，并挂警示标志，一切就绪后才可充气充油。

（8）调速系统充气、充油前，漏油装置应具备自动运行条件。

（9）压油罐耐压试验前，应将油罐上安全阀、压力变送器等全部拆除后利用标准堵板封堵，罐顶待罐内试验介质注满后封堵。耐压试验时分阶段平稳缓慢地上升至试验压力，禁止使用永久电动油泵直接升压。

（10）调速系统调正试验前，油压装置应调试完毕，并投入自动运行状态。调速系统调试时，应派人监视压油罐油面。

（11）调速系统调试动作时，应装设专用电铃和电话，各部位联系应畅通及时，统一指挥，各活动部位（活动导叶之间、控制环、双联臂、拐臂等处），严禁有人工作或穿行。水轮机室和蜗壳内要有足够的照明，严禁将头、手脚伸入活动导叶间，各活动部位应有专人监护和悬挂警示标志。

（12）调速系统和自动化液压系统充油时，压力升高应逐段缓慢进行，只有在低压阶段一切正常的情况下，才允许继续升压。升压过程中，严禁工作人员站在阀门或堵板对面。

（13）调试过程中，个别零件需检修时，应在降压和排油后进行。在有压力存储时，严禁乱动或随意拆除阀门和零部件。

（14）测绘接力器行程与导水叶开度关系曲线时，调速器操作及监护人员应坚守岗位，认真监护设备，操作前应与导水叶开度测量人员电话联系，确认他们也撤到安全位置后，才允许操作，严禁盲目操作造成伤亡事故。

（15）调试中断或需离开工作岗位时，应切除油压，并中断电源，挂上"严禁操作"警示标志。在试验过程中，工作人员不得擅离岗位。

（16）压油装置油泵试运转，应逐级升压，无异常情况时，才能升到额定压力。需检修或调试阀组时，应停泵降压至零后进行。

2. 透平油过滤

（1）油罐清扫刷漆应执行容器内部施工安全技术有关规定。

（2）滤油场地应设置防火设备，严禁吸烟。地面保持干净，无易燃物，滤油纸等材料要存放在小库房内，设备布置要有条理，通道要畅通。

（3）工作人员应穿专用工作服和耐油工作鞋。

（4）使用电热鼓风干燥箱应遵守下列规定：

1）该箱应安放在室内干燥处，水平放置。

2）供电线路中，要装专用闸刀开关，并用比电源线截面积大一倍的导线做接地线。

3）通电前检查干燥箱的电气性能，绝缘要良好，炉丝摆放应整齐。

4）待一切准备就绪后，放入试品，关上箱门，在箱顶排气孔内插入温度计，并将排气阀旋开约10mm，然后通电工作。在干燥滤油纸过程中，必须定期检查温度变化情况，一旦箱内着火时，首先要切断电源，进行灭火。

5）不得任意卸下侧门，扰乱或改变线路。如有故障，应由电气维修工进行检查。

6）严禁将易燃易挥发的物品放入干燥箱内，以免发生爆炸。

（5）滤油机的电动机绝缘应良好，供电线路中应接启动器和闸刀开关。油路接通前，电动机转向应正确，外壳应接地。

（6）滤油用管路和管件应完好，不得漏油。

（7）在滤油过程中，工作人员要坚守岗位加强巡视。如有漏油，应停机、切断电源后进行处理。

7.4.3.2 供排气系统设备安装

（1）供排气系统设备安装前，应将施工部位清理干净，保证运输道路畅通，有足够的施工照明以及必要的消防设施，并使施工区符合环保要求。廊道和水轮机层等部位的供排气系统设备安装时，应采用低压安全照明。

（2）根据设备布置事先在一期混凝土浇筑时埋设吊装、转运锚钩，锚钩材质、规格应按设备重量5倍进行强度计算后选择。

（3）设备吊装时应按设备重量选择吊装设备及吊装器具。

（4）检查设备内部，要用安全行灯或手电筒，严禁使用明火。拆卸设备部件应放置稳固，装配时严禁用手插入连接面或探摸螺孔，取放垫铁时手指应放在垫铁的两侧。

（5）设备清扫分解时，场地应清洁，并有良好的通风，使用的清洗有机溶剂应妥善保管，使用后的溶剂应立即回收，用过的棉纱、布头、油纸等应收集在有盖的金属容器中。清扫区域应设置警示标志，严禁明火或在清扫区域焊接或切割作业。

（6）设备试运转应严格按照单项安全技术措施进行。运转时，不准擦洗和修理。

（7）设备试运转前压力气罐安全阀应按设计要求整定合格后进行铅封，然后进行安装。

（8）气罐上压力表计、压力传感器以及控制盘柜上的自动化组件等应经校验合格后方能进行试运行。

（9）空压机试运行时，试验人员至少两人。

（10）空压机试运转前，检查系统设备和管路以及系统阀门开启或关闭的正确性，并将空压机安全卸载阀调至卸荷状态。空压机启动后，使其在空载状态下运转正常后再逐步调整使其缓慢上升至额定压力，试验过程中派专人进行监护气罐和控制盘柜上的仪表及自动化组件。

（11）压力气罐严密性试验合格后即可对系统管路充气，充气时缓慢调整减压阀，使减压阀阀后压力符合设计要求。沿线派专人进行监护，发现漏气，立即停止充气。

（12）系统管路吹扫的排气压力应符合规范要求，排出的废气应接到室外指定的安全地点。

7.4.3.3 供排油系统设备安装

（1）油系统管路焊接通常采用氩弧焊封底，手工电弧焊盖面。在打磨钍、钨棒的地点，必须保持良好的通风，打磨时应戴口罩、手套等个人防护用品。

（2）油系统管路需酸洗时，在配制酸洗和钝化液时要注意戴口罩、防护镜、防酸手套，穿好防酸胶鞋等防护用品。配方时，先加清水后加酸。

(3) 用酸清洗管子时,应穿戴好规定的防护用品,酸、碱液槽必须加盖,并设明显的警示标志。

(4) 厂内油罐应在厂房封顶前吊装,油罐吊装时应按设备重量选择吊装设备和吊装器具。

(5) 油罐内部清扫刷漆应派专人在罐外监护,罐内人应经常轮换,并戴专用防毒面具,穿专用工作服和工作鞋。

(6) 油处理设备试运转前,首先应调整安全卸载阀至卸荷状态,使设备在空载状态下运转正常后,再逐步调整使其缓慢上升至额定压力,试验过程中派专人进行监护。

(7) 系统充油前,检查系统各阀门开启或关闭位置的正确性,准备漏油处理的各种容器和器具。充油时应统一指挥,沿线派专人进行监护,出现漏油时应立刻停止充油。

(8) 管路循环冲洗应派专人巡回监护,冲洗区设明显警示标志,禁止在油冲洗区进行电焊作业,并配备一定数量的灭火器材。

7.4.3.4 供排水系统设备安装

(1) 设备运输至厂房后,利用厂内桥机将设备从发电机吊物孔吊至设备安装层,吊装时吊点应选择合适,吊装器具应符合设备重量要求。设备从安装层利用运输小车转运至安装部位时,装车重量不得超过小车的运输载荷。设备在运输车上应平稳放置,绑扎应牢固,运输途中人不得站在小车的侧面。

(2) 对泵类、滤水器、电动阀、减压阀、管件等,其重量超过 80kg 以上的采用三角扒杆配合手拉葫芦进行吊装。每次吊装前应对三角扒杆和手拉葫芦等进行定期和不定期检查,吊装过程中三角扒杆扒角应符合安全吊装要求。

(3) 对排水盘形阀类设备应在一期混凝土浇筑时,在盘形阀接力器操做坑顶部埋设吊装锚钩,吊装锚钩的材质、规格按盘形阀的最大吊装重量的 5 倍核算强度后进行选择。

(4) 盘形阀操作杆的吊装专用工具和卡具按盘形阀的最大吊装重量的 5 倍核算强度后进行加工,吊装过程中应随时进行检查。

(5) 排水深井泵吊装前检查起吊专用设备和器具,检查和核对厂家到货的专用工具及夹具,泵组及扬水管吊装组对时,手拉葫芦链条应锁死。

(6) 潜水排污泵通常安装在集水井底部,潜水排污泵泵座安装时应将集水井底部积水抽干,建筑垃圾清理干净;使用 36V 以下安全照明灯。潜水排污泵导向装置应在泵座安装合格后自下而上进行安装,搭设的脚手架必须牢固可靠,侧面应有栏杆,脚手架铺设的跳板应结实,两端应绑在脚手架上。在井内施工时,应设置专用通风排烟装置。

(7) 设备清扫分解时,对出厂已装配调整好的部件不得拆卸,拆卸部分应放平放稳,对精密易损件应加以保护。

(8) 泵类设备试运转前应检查转动部分是否灵活,驱动机转向是否与泵的转向一致,试运转过程中调试人员至少应有两人,并派专人对各指示仪表、安全保护装置以及电控装置进行监护。

7.4.3.5 采暖通风系统设备安装

(1) 通风机的搬运和吊装应符合下列规定:

1) 整体安装的风机，搬运和吊装的绳索不得捆绑在转子和机壳或轴承盖的吊环上。

2) 现场组装的风机，绳索的捆绑不得损伤机件表面，转子、轴颈和轴封等处均不应作为捆绑部位。

3) 输送特殊介质的通风机转子和机壳内涂有保护层，应严加保护，不得损伤。

（2）大型风机使用滚杠转运时，其两端不宜超出物体底面过长，摆滚杠的人不得站在重物倾斜方向一侧，不得用手直接调正滚杠。

（3）无吊装手段就位时，可利用千斤顶将设备四周对称顶升至略高于安装基础平面，顶升时千斤顶应同时均匀上升，保持高度一致。底部枕木应垫平、垫稳后才能拆除千斤顶。

（4）风机底部需要加垫调整时，不可将手伸入风机底部。

（5）皮带传动的风机应在风机和电机安装调整符合要求后，及时安装皮带罩。

（6）通风设备安装时作业平台应搭设牢固，并有安全防护措施，设备的支、吊架按设计要求固定牢固后才能将通风设备进行吊装。个人防护用品应配戴齐全，安全带、安全绳应挂在安全可靠的固定物体上。

（7）在建筑物顶部平台安装组合式空调机组，起吊设备的选择应根据设备的吊装重量、高度、安装位置进行选择和布置。

（8）室外机安装时，作业起升吊篮机构应经有关部门审批后方能使用，作业过程中使用的电动工具及绝缘等级应符合规范要求；安装支、吊架应按设计要求固定牢固后才能进行室外机安装。

（9）用手拉葫芦吊起设备清洗时，应将链条锁死。

（10）暖通设备试运转过程中，调试人员至少应有两人，并派专人对各指示仪表、安全保护装置以及电控装置进行监护。

（11）通风系统管路检漏灯应使用 36V 以下带保护罩的安全照明灯。

7.4.3.6 消防系统设备安装

（1）消防给水设备安装采用三角扒杆配合手拉葫芦进行吊装时，三角扒杆支撑夹角应符合安全吊装要求。

（2）消防给水设备起动试运行前，对转动部分进行手动盘车，检查消防管路系统各控制阀门的正确性。首次起动试运行时，调试人员至少应有两人，并派专人对各指示仪表、安全保护装置以及电控装置进行监护。

（3）消防喷嘴待系统管路冲洗合格后才能进行安装，对喷嘴安装高度高于 2.5m 以上时，应搭设临时脚手架平台，脚手架平台应搭设牢固。在高凳或梯子上作业时，高凳或梯子要放稳，梯脚要有防滑装置，防止滑倒伤人。

（4）消防给水系统通水试验应通知消防主管部门参加，应统一指挥，派专人进行监护。

（5）消防灭火器材应按设计要求高度进行安装，移动式消防灭火器材待工程完工可移交时，按设计布置要求进行摆放。移交前应做好消防灭火器材设备的保管措施。

（6）气体消防灭火系统设备安装时应对钢瓶、钢瓶阀组及自动控制组件进行保护，防止物体打击，损坏消防设备。

(7) 气体消防灭火系统管路压力试验时，应统一指挥，制定详细的单项安全技术措施，通知现场监理工程师参加。压力试验过程中，试验区严禁站人，试压分阶段缓慢升压。每个阶段持续一段时间，对系统管路连接、焊接、封堵部位进行检查，检查时不得正对连接、焊接、封堵部位。发现渗漏立即卸压，将试验介质排尽后，方能进行处理。处理完毕后继续试验，直至达到试验压力要求。

(8) 管路焊缝进行射线探伤检查时，应设置警戒线，所有非工作人员不得进入射线探伤区。

(9) 消防系统安装、试验完工后，应报请当地公安、消防、监理部门检查验收。

7.4.3.7 管路安装

1. 架空管路安装

(1) 管道吊入作业时，管道吊装的吊点应绑扎牢固，起吊时应统一指挥，动作协调一致。非作业人员不得进入作业区域。

(2) 吊入作业部位的管材，严禁超高堆放，底部管材应垫牢防滚动，人不得随意上去采蹬。

(3) 作业平台应搭设牢固，应定期和不定期进行检查。发现材料腐朽、绑扎松动时，应及时加固处理。

(4) 高空作业时应检查脚手架及跳板是否牢固，防止蹬滑及踩探头板，必要的地方应装设护栏。

(5) 搬运器材和使用工具时，必须时刻注意自身和四周人员的安全。传送器材或工具时，不可投掷。

(6) 高处作业使用的工具、材料等，严禁使用抛掷方法传送。小型材料或工具应该放在工具箱或工具袋内。高处作业使用的材料应随用随吊，在脚手架或其他物架上临时堆放的物品严禁超过允许负荷。

(7) 高处作业下方应设专人看管，严禁人员通行。高处作业人员必须系安全带，精神要集中，不得打闹，不得麻痹大意，防止坠落。

(8) 管道支、吊架安装时，若为焊接方式，应与一期埋板焊接牢固，且符合规范要求。

(9) 管道就位于管架上后，应及时将其固定牢靠，至少要采取临时加固措施，以免掉下伤人。

(10) 移动管子或进行管子对口时，动作应协调，操作人员不得将手放在管口连接处。

(11) 阀门吊装时，绳索应拴在法兰上，禁止拴在手轮或阀件上，以防折断手轮或阀杆造成事故。

(12) 管道用玻璃棉保温时，操作者要穿戴防护用品，应戴长筒手套、口罩，并将衣领、袖口和裤脚扎紧，否则不准施工。

(13) 在高凳或梯子上作业，高凳或梯子要放置稳固，梯脚应有防滑装置。

2. 廊道及井下管路安装

(1) 在管井施工时，必须盖好上层井口的防护板，安装立管时应把管子绑扎牢固，防止脱落伤人。支架安装时，上下应配合好，当天完工后，应及时盖好井口。

(2) 在光线暗淡的地方施工时,必须要有安全行灯照明设备,且其安全电压不超过 36V。

(3) 廊道及井下施工使用的电动工具和焊接设备应接漏电保护装置,电源线不得破损、芯线裸露、接触潮湿地面以及直接绑挂在金属构件上。

(4) 廊道及井下施工应设置专用通风排烟装置。

(5) 在潮湿部位作业,应采取相应的防护措施,穿戴专用防护用品。

3. 管路试验

(1) 管道进行压力试验时,必须要有可靠的安全技术措施,并应悬挂警示标志和设专人监护。

(2) 管道压力试验时应缓慢进行,停泵稳压后方可进行检查。检查时,检查人员不得对着管道盲板、堵头、焊缝等处站立。处理管道泄漏等缺陷时,必须在泄压后进行,严禁带压处理。

4. 管路刷漆

(1) 管路刷漆使用的各类油漆和其他易燃、有毒材料应存放在专用库房内,不得与其他材料混放。在施工部位的临时配料间,不得储存大量油漆及易燃易挥发的有机溶剂。库房及配漆间应配备相应数量的灭火器材。

(2) 管路刷漆部位应有良好的照明,配备专用通风设备及油漆工必备劳保防护用品。高空作业部位应搭设临时脚手架,脚手架搭设应牢固可靠。在高凳或梯子上作业,高凳或梯子要放置稳固,梯脚要有防滑装置。

(3) 管路刷漆时,同一工作区应至少要有两人,施工过程中应相互照应。

(4) 刷漆和配漆时,使用过的沾染油漆的棉纱、破布、油纸等不得随意乱丢,应收集存放在有盖的金属容器内,并及时进行处理。

(5) 调制、操作有毒性的和挥发性强的材料,必须根据材料性质配戴相应的防护用品。室内要保持通风或经常换气,严禁吸烟和饮食。

子任务 7.4.4 电气设备安装安全技术

7.4.4.1 主变压器与带油电抗器安装

1. 基础埋设

(1) 进行电、气焊及配合工作人员,应按规定使用劳动保护用品,以防触电、烧伤及弧光照射眼睛。

(2) 电焊机外壳必须接地,其电源的装拆应由维护电工进行。

(3) 焊钳与焊把线必须绝缘良好、连接牢固,焊接及更换焊条应戴皮手套,在潮湿地点作业穿绝缘鞋。

(4) 电焊机、氩弧焊机等焊接设备应安放于干燥、通风部位,不应放置在易燃、易爆、有腐蚀性气体或有严重尘垢的环境内。室外使用焊接设备,应采取防雨、防尘措施。

2. 变压器、电抗器现场搬运

(1) 变压器、电抗器的装卸及运输,应对运输路径及两端的装卸条件进行充分的调查，制定出相应的安全措施，并经主管部门审查批准后执行。工作前，应向所有参与作业人员进行安全技术交底。

（2）在运输前，对运输的路况应进行仔细检查，所有的路况都必须符合设备的运输条件，否则应按要求进行处理和加固。

（3）变压器、电抗器在运输过程中的速度（包括加速度）、倾斜度都应限制在允许的范围内，运输道路上如有电线，应保持安全距离，或采取相应的安全措施。

（4）利用机械的方法牵引变压器、电抗器本体时，牵引点的布置和牵引的坡度均应满足设备运输要求。当坡度不能满足要求时，应采取相应的措施。

（5）使用滚杠运输时，道木接缝应错开，搬动滚杠、道木时应防止碾压手脚。

（6）搭设卸车（卸船）平台时，应考虑车、船卸载时，下沉或上浮的位差情况及船体的倾斜情况。

（7）在使用两种不同速度的牵引机械卸车（卸船）时，应采取措施使变压器、电抗器受力均匀，牵引速度一致，牵引的着力点应符合设备厂家的要求。

（8）变压器在运输过程中应有防雨、防潮和防冲击振动的措施，应安装冲撞记录仪，检测沿途受振情况。

3. 变压器、电抗器器身检查

（1）起吊前应事先由专业技术人员制定安全技术措施，并进行安全技术交底。

（2）吊运工作应有专人统一指挥，指挥信号应清晰、明确。

（3）在变压器顶部捆绑钢丝绳时，作业人员应穿防滑鞋，站位正确可靠。

（4）起吊前应检查桥机、起吊工具及索具质量是否良好，不符合要求的，严禁使用。

（5）起吊时，应绑扎正确牢固。起吊后，变压器外罩吊离底座近 10cm 时，应停机复查，确认安全可靠后，方可继续起吊。

（6）充氮变压器在充分排氮，通入干燥空气，并测定含氮浓度降低到要求值后，工作人员才进入变压器内。工作人员进入变压器箱内时，变压器箱外必须有相应的人员进行安全监护。

（7）吊罩检查时，在未移开外罩或做可靠支撑前，不得在铁芯上进行任何工作。

（8）进入变压器、电抗器内检查工作时，应穿戴无扣及金属制品的耐油工作服、耐油鞋，戴头套、袖口、裤脚必须扎紧。对工作人员带入的所有工器具、材料等应登记，工作完后应全部带出并检查核实，不能将任何物品遗留在设备内。

（9）主变压器、电抗器进行器身检查应在晴天进行且环境相对湿度及器身暴露的时间应满足规范的要求。

（10）松大罩法兰螺栓时，必须对称分次拧松，防止大盖突然蹦起拉断螺栓引起事故。

（11）检查变压器铁芯时，使用的梯子必须安全可靠，防止滑倒伤人。

（12）变压器铁芯（或变压器罩、上盖）吊离箱体后，应用枕木垫平、放稳，防止倾倒。

（13）处理引线时，应采取绝热和隔离措施，避免着火。

（14）设备检查现场，应消除一切火源，并应设置消防器材。

（15）进行各项电气试验时，应设立警戒线，悬挂警示标志。

4. 附件安装及电气试验

(1) 检查起重机械是否灵活、可靠，绳索是否牢固，检查固定式吊锚、吊筋、吊具是否牢固可靠。

(2) 吊装高压套管时，应绑扎正确、牢固，对套管瓷质部件要采取防护措施。套管吊装应缓慢垂直起降，防止碰撞其他任何物体。

(3) 套管与引线连接时，负责拉引线的工作人员要系好安全带，在箱体内配合人员应防止挤手。

(4) 在变压器顶部安装附件时，随身不得携带任何无关物品，使用的工具应用白布带系在变压器外壳上，防止掉入变压器内。

(5) 变压器附件如有缺陷需进行焊接时，应运至安全地点焊接，防止着火。

(6) 在变压器顶部工作人员，要注意防滑，必要时系安全带。

(7) 使用高压试验设备时，外壳必须接地，接地线应采用截面不小于 $4mm^2$ 的多股软铜线，接地必须符合安全要求。

(8) 现场高压试验区应设遮栏，并悬挂警示标志，设警戒线，派专人看护。

(9) 高压试验合闸前，必须复查接线是否正确，调压器应置于零位。

(10) 做完直流高压试验后，应先用带电阻的接地棒放电，然后再直接接地。

5. 安装就位

(1) 检查变压器轨道两侧空间有无障碍物，以免碰撞。

(2) 搬运工作应有专人统一指挥，指挥信号应清晰明确。

(3) 变压器在轨道上行走时，应有至少两人对运输情况进行监视，防止出现卡轨或脱轨现象发生。

(4) 搬运时，严禁跨越钢丝绳和用手接触在运行中的绳索及传动机械。

(5) 搬运中途暂停时，应有专人监护，并采取停止牵引装置、卡牢钢丝绳、楔住滚轮等安全措施。

(6) 变压器转向或停止时，使用千斤顶应随时注意用垫物支承牢固，以免千斤顶倾倒压脚、挤手。

(7) 变压器安装调整定位后，应及时安装前后的卡轨器或焊接挡块，并将外壳进行可靠接地。

6. 变压器干燥

(1) 变压器干燥前，应制定安全技术措施。

(2) 干燥用的电源、导线和设备的容量经计算应满足干燥要求，并设置负荷保护和温度报警装置。

(3) 干燥过程中，应设值班人员。操作时应戴绝缘手套并设专人监护，以免发生事故。

(4) 用涡流干燥时，应使用绝缘线。使用裸线时，必须是低压电源，并应有可靠的安全绝缘措施。

(5) 用抽真空干燥时，对被抽壳体应采取可靠的安全监视措施（如设备厂家有保证可不设安全监视）。

(6) 干燥现场不得放置易燃物品，并应备有足够的消防器材。

(7) 变压器干燥现场周围应设遮栏，挂警示标志。

(8) 干燥过程中的温度监视装置，应齐全、可靠并装设在便于观察的地方。

7. 绝缘油过滤

(1) 滤油机及金属管道应接地良好，避免由于油流摩擦产生静电。

(2) 滤油机开机前应检查电气部分工作状态，其主电源导线应经过计算达到负荷值，并设置负荷保护。

(3) 滤油场所应设置防尘设施，雷雨天气应采取防雨、防雷措施。

(4) 进行热油过滤或用热油循环加热器身时，应先开启油泵，后投入加热器，以免油过热。停机时，操作程序相反。

(5) 火源及烤箱应和滤油设备隔离，并配备相应的消防器材。

(6) 滤油纸烘干过程中应经常检查，严防温升过高起火。

(7) 滤油场地必须清洁，严禁吸烟及使用明火。出现漏油或其他异常现象应及时处理。

7.4.4.2 构架、铁塔安装

(1) 构架、铁塔的安装必须制定专项的安全技术措施，经主管部门批准后执行，施工前应进行安全技术交底。

(2) 高空作业应设专职（或兼职）安全监护人员。

(3) 遇有雷雨、暴雨、浓雾、冰雪及六级以上的大风天气，不得进行高空作业、杆塔的起吊工作。

(4) 构架、铁塔安装使用的保护用具应定期检查或试验，存在安全隐患的用具不得使用。

(5) 高处作业的人员应定期检查身体。患有高血压、心脏病等的人员不得从事高处作业。

(6) 高处作业人员的衣袖、裤脚应扎紧，系好安全带，并应穿布底或胶底鞋。

(7) 设备上的爬梯、步道应一次安装焊接完毕，不得虚搁，未经检查验收，不得使用。

(8) 构架上的垂直爬梯，应单人顺序上下，不得多人同时上下。

(9) 高处作业区附近有带电体时，传递绳必须用干燥麻绳或尼龙绳，严禁使用金属线。传递绳暂时不用时，下端应临时固定，防止风吹摆动，造成接触或非接触带电设备，而发生的触电或拉弧。

7.4.4.3 高压开关安装

1. 分解、清扫

(1) 瓷质件吊装时应按设备厂家指定的吊装点，用专用的配套工具进行吊装。

(2) 组件翻身、移位时，要有专人统一指挥，以免挤手、压脚。

2. 安装、调试

(1) 起吊组件时，要捆绑牢靠，确认无误后，方可起吊。

(2) 起吊时，应有专人指挥，信号应明确、清晰。

(3) 脚手架应牢靠，脚手板必须固定牢靠，爬梯必须方便可靠，平台周围应设防护栏杆和挡脚板。移动式作业车底部应垫平稳。

(4) 安装上部组件时，应采取措施防止扳手滑脱发生事故。

(5) 对于液压、气动及弹簧操作机构，禁止在存有应力及弹簧储能的状态下进行拆装检修工作。

(6) 空气开关初次动作时，应从低气压开始，工作人员应与空气开关保持一定的安全距离，或设防护措施，以免爆炸伤人。

(7) 就地操作分合声响很大的空气开关时，调试人员应戴耳塞或耳罩并应通知附近的工作人员。

(8) 调整开关时，应将跳闸机构锁住，防止误操作伤人。

(9) 对封闭开关（SF_6）进行充气时，其容器及管道必须干燥，以防产生低氟化硫，影响人体健康，拿取 SF_6 容器中的吸附物时，工作人员应戴手套和口罩。

(10) 在带电设备附近调试时，应有预防感应电击人的防护措施。

(11) 配置气体回收装置，排放 SF_6 气体，用专用的气体回收装置回收，禁止排入大气。

(12) 试验区域要有安全警戒线和明显的安全警示标志。被试物的金属外壳应可靠接地，加压引线应牢固，并尽量短一些。

(13) 试验接线必须经过检查无误后，方可开始试验，未经监护人同意不得任意拆线。雷雨时，应停止高压试验。

7.4.4.4 母线安装

1. 软母线安装

(1) 骑行在软母线上工作时，应系好安全带，并应检查金具连接是否良好，横梁是否牢固。

(2) 测量软母线的档距时，应有妥善措施，严防感应电伤人，并防止绳、尺接触带电体。

(3) 母线架设前，应检查金具材料是否符合要求，构架横梁是否牢固。

(4) 接线时，导线下方不得有人站立或行走。

(5) 紧线时应缓慢升起，并观察导线有无碰挂现象。禁止人员跨越正在拉紧的导线。

(6) 切割导线时，两侧应固定，以免切断时弹起伤人。

(7) 搭接母线用的油压机应有完好的压力表。油压机不得超负荷使用，并严禁在夹盖卸下的状态下使用。

(8) 进行母线爆破压接的操作人员应经专门训练并考试合格，持证上岗。

(9) 炸药、导爆索及雷管应分别存放，并应设专人管理，用毕后多余器材应立即如数退库。

(10) 药包应在专用的房间内制作。填捣炸药时，禁止用铁器，药包安放雷管作业应在爆破前进行。

(11) 施爆时，应事先通知周围作业人员，并设警戒。遇有瞎炮，需待 15min 后，方可去处理。

2. 硬母线、封闭母线安装

(1) 母线切割时应戴防护眼罩，搬运时应戴防护手套。

(2) 母线吊运时应捆绑牢固，封闭母线应按设备厂家规定的吊点及吊装方法进行吊装。

(3) 母线焊接或进入母线筒内检查时，工作处使用安全电压照明，并应照明充足、通风良好，工作人员应戴口罩。进入母线筒内检查时，不应少于两人。

(4) 母线焊接时，设备应良好接地。

(5) 安装在同一区域的瓷件，应按由上而下的顺序进行。

(6) 安装母线时，有力矩要求的，应使用力矩扳手，并应采取防止扳手滑脱的措施。

(7) 母线与母线、母线与设备对接时谨防手指挤伤。

(8) 在高空安装硬母线时，工作人员应系好安全带，并设置安全警戒线及警示标志。

7.4.4.5 开关站设备安装

1. 户外开关站

(1) 使用的吊具，必须经检查无误后，方能使用，通常应优先使用设备厂家提供的专用吊具。

(2) 进入运行区域内施工的工作人员应办理工作票，并应采取安全措施。

(3) 在调整、检修开关设备及传动装置时，必须有防止开关意外脱扣伤人的可靠措施，工作人员必须避开开关可动部分的动作空间。

(4) 安装瓷件时，法兰螺栓应按对称受力顺序均匀反复拧紧。有力矩要求时，应使用力矩扳手，并应防止扳手滑脱。

(5) 对于液压、气动及弹簧操作机构，禁止在有压力及弹性储能状态下进行拆装检修工作。

(6) 放松、拉紧开关的返回弹簧及自动释放机构的弹簧时，应用专用工具，禁止快速释放。

(7) 凡可慢分慢合的开关，初次动作不得快分快合，如有手动装置应用手动装置分合。

(8) 在运行的变电所及室内高压配电室，搬动梯子、升降式作业车、线材等长物时，应放倒搬运或降至最低，并应与带电设备保持一定的安全距离。

(9) 两人不得合用一个梯子，梯子上有人时，不得移动。

(10) 高度在4m以内的工作可使用靠梯，超过4m时，应采取辅助措施。梯子必须结实，不得缺档，底部应有防滑措施，放置角度应在60°～50°之间，人字梯应有限制张开角度的拉绳。

(11) 不得攀登和在组合式阀型避雷器上进行工作。

(12) 油开关注油时，应注意防火，注油人员要防止滑倒伤人。

(13) SF_6开关检漏时，检漏人员要防止滑倒伤人。

(14) 测量开关的分合闸时间，应在手动调整后进行，并应有专人指挥。开关分合闸时，工作人员应离开传动机构。

(15) 试验接线必须经过检查无误后,方能合闸。未经监护人同意不得任意拆线。

(16) 隔离开关采用三相组合吊装时,应检查基础框架是否符合起吊要求,否则应加固。

(17) 进行电、气焊、熔接工作及配合人员,应按规定使用劳保用品,以防触电、烧伤及弧光打眼。

2. 户内开关站

(1) 封闭开关站室内通风、照明应良好,采用 SF_6 气体绝缘组合封闭式电气设备安装时,应在房间下部安装排风量达到设计要求的通风设备。

(2) 进入 SF_6 气室(箱、壳)以前,应首先确认室(箱、壳)内 SF_6 气体已排尽,在室(箱、壳)内工作时,室外应有专人监护。

(3) 设备吊装及移动时,应走运输通道。

(4) 绝缘子、导体、外壳安装、对接、调整时,严禁用手在连接缝隙中调整密封胶垫(圈),防止挤伤手指。

(5) 户内与户外设备连接或户内设备穿出户外安装时,户内、户外都要设有专人监护人并统一指挥,户内、户外都要设置安全设施。

(6) 对设备应采取保护措施,严禁在设备表面上行走或直接作为脚手平台。

(7) 地面、室顶的孔洞、沟坑要用临时封盖进行封堵,吊物孔洞要设置安全围栏。

(8) 设备或系统进行高压试验或测试、测量,应按试验、测试大纲进行设置安全设施。

(9) SF_6 气体应排放至专用的 SF_6 气体回收装置,禁止直接向大气排放。

7.4.4.6 配电盘(柜)安装

1. 设备基础处理

(1) 在墙面或地板上开沟或打孔时,必须采取措施,以防从孔洞另一端掉下工具、杂物等,砸伤设备或人员。

(2) 开凿孔洞时,施工人员应戴防护眼镜,把握凿子的手应戴手套。

2. 开箱、检查、搬运

(1) 设备开箱时,撬棍不宜插入过深,以防伤及设备。撬开的箱体将有钉子尖锐的一端朝下并及时清理。

(2) 设备开箱后,应检查其元器件固定有无松动,防止脱落伤人。

(3) 搬运设备时,应找出重心,起吊和运输过程中,应用绳索绑扎牢固。行走应缓慢,放置应平稳。

3. 盘柜安装

(1) 移动盘柜就位时,应有足够的人力,防止倾倒伤人,位置狭窄处应防止挤伤人。

(2) 盘底加垫时,不可将手、脚伸入盘底。多面盘并列安装时,应防止挤手。

(3) 对重心偏移一侧的盘,在未固定以前,应有防止倾倒的措施。

(4) 装于墙上的箱体,应做好临时支撑,埋入混凝土的基础螺丝,须待二期混凝土强度达到标准后,方能紧固并拆除临时支撑。

(5) 在已装仪表的盘上补开孔时,应先将精密仪表卸下,并应防止铁屑散落到其他设备及端子上。

4. 元器件安装及配线

(1) 安装盘面及安装盘内较大、较重的零部件时,应有人扶持,待固定好后,方可松手。

(2) 屏盘内的熔断器,凡竖立布置的,应一律上端连接电源,下端连接负荷。

(3) 盘上小母线在未与运行盘上的小母线接通前,应有隔离措施。在配电盘上工作时,配电盘应有可靠的接地措施。

(4) 在部分带电盘上工作时,应注意下列规定。

1) 由工作负责人办理工作票后,方可工作。

2) 应了解盘内带电的情况,处理好工作区域与带电区域的关系,并做好有效隔离。

3) 应穿好绝缘鞋,必要时戴上绝缘手套。

4) 使用的工具应有绝缘手柄。

7.4.4.7 监控系统设备安装

1. 设备基础埋设、处理

(1) 在墙面或地板上开沟或打孔时,必须采取措施,以防从孔洞另一端掉下工具、杂物等,砸伤设备或人员。

(2) 开凿孔洞时,施工人员应戴防护眼镜,把握凿子的手应戴手套。

2. 开箱、检查、搬运

(1) 设备开箱时,不宜用撬棍开箱,以防伤及设备,应用专用开箱工具进行开箱。

(2) 设备开箱后,应检查其元器件固定有无松动,监视屏、监视器有无破碎,防止脱落伤人。

(3) 搬运设备时,应找出重心,起吊和运输过程中,应用绳索按规定位置绑扎牢固。行走应缓慢,放置应平稳。

3. 盘柜、监视屏、监视器、监视输出终端设备安装

(1) 设备安装前应对其安装部位、区域或房间依据设备的安装对环境的要求进行检查,尤其是土建装修应已完成。

(2) 移动设备就位时,应有足够的人力,防止倾倒伤人,位置狭窄处应防止挤伤人。

(3) 设备加垫时,不可将手、脚伸入盘底。多面盘并列安装时,应防止挤手。

(4) 对重心偏移一侧的盘,在未固定以前,应有防止倾倒的措施。

(5) 装于墙上或抬架上的设备(如监视器),应做好临时支撑,埋入混凝土的基础螺钉,须待二期混凝土强度达到标准后,方能紧固并拆除临时支撑。

4. 设备间配线及连线

(1) 设备间配线及连线应有人扶持或配合安装。

(2) 在有电区间或房间施工前应做好高压电的隔离措施,将要施工的设备的基架或台棹应进行有效接地。

(3) 盘上小母线在未与运行盘上的小母线接通前,应有隔离措施。在配电盘上工作时,配电盘应有可靠的接地措施。

(4) 在部分带电区或房间工作时,应遵守下列规定:
1) 由工作负责人办理工作票后,方可工作。
2) 工作区域与带电区域应有效隔离。
3) 应穿好绝缘鞋,戴上绝缘手套。
4) 使用的工具应有绝缘手柄。

7.4.4.8 电缆安装

1. 电缆管、电缆架基础埋设

(1) 电缆架去锈、刷漆时,应戴口罩、手套,禁止使用砂轮。
(2) 弯制电缆管时,必须正确使用弯管机,防止铁管弹起伤人。
(3) 高处作业应搭设脚手架,使用高处作业平台或采用其他可靠安全措施。
(4) 电缆管的吊装就位应有专人指挥,管子安装合格后必须立即电焊牢固,在高处作业时,必须拴好安全带。

2. 敷设电缆

(1) 用电吹风和其他方式清理电缆管道时,电缆管道的另一端不允许有人对着管口看,敷设电缆前,对电缆通道沿线的沟坎孔洞要设围栏,立警示标志
(2) 电缆的敷设通道,应畅通并应有足够的安全照明。通道沿线的沟坎孔洞要设围栏,立警示标志。
(3) 超高压电缆敷设前必须编制出较详细的技术和安全措施,并经主管部门审查批准,并在敷设前进行技术、安全交底。
(4) 各锚固装置在使用前按要求做试验,试验合格后方能投入使用。
(5) 放电缆时,必须有专人指挥。
(6) 由高处向低处部位敷设电缆时,必须采取防下滑措施。
(7) 严禁从车上直接推下电缆盘。破损的电缆盘不得滚运。
(8) 参加敷设电缆的工作人员应戴手套,穿绝缘鞋。
(9) 选用合适的电缆放线架,将其架在稳固的位置。
(10) 在已经投入运行的电缆沟或廊道内敷设电缆时,应采取安全措施,防止损伤运行电缆造成漏电事故。
(11) 电线、电缆通过孔洞、管子时,对侧应设监护人,不允许人员接近洞口、管口,更不能用头部接近洞口、管口。
(12) 电缆拐弯处,作业人员必须站在外侧,手不要放在拐弯的尖角处。
(13) 在路口、过道敷设电缆时,应及时整理排列并设警示标识,防止绊倒伤人。
(14) 电缆穿入带电的盘柜时,盘上要有专人接引,严防电缆触及带电部位。
(15) 电缆敷设完毕,端头应妥善处理,以免妨碍通行和绊倒行人。

3. 电缆头制作

(1) 制作电缆头时,应有防火、防漏电措施。
(2) 熔化焊锡的容器和工具应干燥,严防水滴带入熔锅引起爆溅伤人。
(3) 挂焊锡的工作人员,应戴防护眼镜、手套、鞋盖,并穿长袖工作服及其他必要防护用品。

(4) 环氧树脂必须采用间接加温，禁止用明火直接加温。

(5) 制作环氧树脂头时，应在通风良好的地方进行，操作人员应戴防毒口罩、手套，防止中毒和烫手。

(6) 高压电缆头的制作场应清洁、无尘，环境温度及空气湿度等应满足制造厂技术文件的要求，在制作前应进行安全技术交底，制作时应在厂家的指导下进行。

(7) 现场高压试验区应设遮栏，挂警示标志，并设专人监护。

(8) 用兆欧表测定绝缘电阻时，应采取措施防止人体与被试物接触，试验后被试物必须放电。

7.4.4.9 电气试验

(1) 试验区应设围栏、拉警戒线并悬挂警示标志，将有关路口和有可能进入试验区域的通道临时封闭，并安排专人看守。

(2) 涉及其他施工面或带电区域的试验要执行工作票制度，采用切实可行的安全措施，并在试验期间与其他施工面保持及时联系。

(3) 带电试验前，仔细检查试验设备是否符合要求，检查试验接线的正确性，特别注意串电和短路情况。

(4) 所有带电试验须有两人及两人以上参加，严禁一个人进行带电电气试验。

(5) 高压试验装置的电源开关，要使用带明显断口的刀闸，试验装置的低压回路中应有不少于两处的断开点，且有过载保护装置。

(6) 在进行高压试验和试送电时，应由一人统一指挥，并派专人监护。高压试验装置的金属外壳要可靠接地。

(7) 试验结束以后，设备应进行充分的放电处理，及时拆除试验中所用的各种临时短路接线、绝缘物等，恢复设备试验前的正常状态。

7.4.4.10 全厂接地系统测试

(1) 试验区应设围栏或拉警戒线，悬挂警示标志，将有关路口和有可能进入试验区域的通道临时封闭，并安排专人看守。

(2) 涉及其他施工面或带电区域的试验要执行工作票制度，采用切实可行的安全措施，并在试验期间与其他施工面保持及时联系。

(3) 带电试验前，仔细检查试验设备是否符合要求、试验结线的正确性，特别注意串电和短路情况。

(4) 所有带电试验须有两人及两人以上参加，严禁一个人进行带电电气试验。

(5) 试验装置的电源开关，要使用带明显断口的刀闸，试验装置的低压回路中应有不少于两处的断开点，且有过载保护装置。

(6) 在进行系统接地电阻测量需打接地极时，打桩人员应防铁锤伤人。

(7) 在进行系统接地电阻测量时，如借用高架线（或新装高架线），应对高架线进行检查和验电，确认无电后才能开始作业。作业时应将线路接地。高处作业时，应执行高处作业的安全规范。

(8) 无论是在对系统进行接地电阻测量还是对区域或设备进行跨步电压测量、接触电压测量,试验和试送电时,应由一人统一指挥,并派专人监护。

(9) 试验结束以后,设备及线路(包括长距离测试架空线)应进行充分的放电处理,及时拆除试验中所用的各种临时短路接线、绝缘物等,恢复设备试验前的正常状态。

子任务 7.4.5 水轮发电机组起动试运行安全技术

1. 充水前检查

(1) 检查机组内部,必须三人以上,并应配带手电筒,特别是进入钢管、蜗壳和发电机风洞内部时,应留一人在进入口处守候。

(2) 当进入转子、定子内部检查时,衣服内不得装杂物,所带工器具等金属制品应进行登记,出来后逐件检查是否带出。

(3) 水轮机过水部分的进入门封堵,应经审批,在统一安排下进行,封前应由两名工作人员进入内部检查,确认尾水盘形阀及蜗壳盘形阀关闭严密并确认无人后,才能封闭。

(4) 机组充水前,水轮机的密封装置和顶盖排水泵应进行试验,运行应良好。

(5) 运行现场应干净,照明应充足,道路应畅通,各部位电话联系通畅,信号装置应可靠。运行和检修人员应配带手电筒。

(6) 机组自动操作回路及辅助设备自动操作回路必须经试验合格。进行开停机模拟试验时,应有人统一指挥。

(7) 模拟试验中的故障处理工作应慎重,并应在有人监护的条件下进行,不得随意变动设备或组件。

(8) 励磁回路试验时,应断开可能反送到一次设备的所有回路,以防串联变、并联变、电压互感器带电。

(9) 调节器单独通电检查时,应断开与功率柜的连线,盘前盘后均应挂警示标志。

(10) 功率柜的临时交流电源及直流侧负载电阻上的接线必须可靠。交流电源应经开关接入功率柜。

(11) 机组辅助设备的调试工作,应在全套装置安装完毕后进行,周围场地要清理干净,进出部位应无障碍。

(12) 附属设备的调试工作,至少应有两人进行。带电调试时应采取安全措施。

(13) 对电压互感器的二次回路做通电试验时,二次回路必须与电压互感器断开,防止一次产生高压伤人。

(14) 电流互感器二次回路严禁开路,经检查确无开路时,方可在一次侧进行通电试验。

(15) 室外高压配电装置区和高压开关室内不准堆放易燃、易爆物品及其他杂物。

(16) 在低压配电装置的前后两侧通道上不应堆放其他物品。

(17) 低压配电装置的前后两侧的操作维护通道上,均应铺设绝缘垫。

(18) 在低压配电装置前后设置的固定照明灯应齐全完好。其控制开关宜设在配电装置的出入口处,重要用电处所,应设事故照明电源。

(19) 对一次、二次设备应进行全面检查,对所缺零件应配齐,操作回路应完善、可靠,并悬挂警示标志。

(20) 在配电设备及母线送电以前,应先将该段母线的所有回路断开,然后再接通所需回路,防止窜电到其他设备。

(21) 全厂消防系统经全面检查试验合格,机旁盘、开关室、附属设备等处,应备有足够的消防器材。

(22) 检查尾水及进水口启闭设备工作正常,尾水门、工作门处于关闭状态。

(23) 检查制动闸应处于制动状态,油、气系统压力正常,管路无渗漏。

(24) 检查活动导叶处于关闭状态,接力器锁定处于投入状态。

(25) 检查确认电站机组检修排水系统、厂房渗漏排水系统和厂房抽排系统已投入正常运行。

(26) 所有轴承已注入合格的透平油,油位符合要求。

2. 充水试验

(1) 机组充水应建立充水试验领导小组,明确相关人员安全职责,试验过程应统一指挥,严密观测,出现异常情况时要立即通知试验指挥,所有试验指令由试验指挥下达。

(2) 机组充水必须按规定的程序和操作票执行,各部运行和检修人员应坚守岗位,发现问题及时报告、处理。

(3) 尾水充水前应完成水轮机检修密封,并将导叶开启2%~5%开度,满足排气要求。尾水充水完后应立即关闭导叶,动作前,检测人员应远离导水机构。

(4) 尾水充水过程中应密切监视各部位渗、漏水情况,确保厂房及其机组设备安全,发现漏水等异常现象时,应立即停止充水进行处理,必要时将尾水管排空。

(5) 提升尾水门时,尾水平台应设置安全围栏,工作人员应做好安全防护,防止坠落入尾水门槽内。

(6) 压力钢管及蜗壳充水前应再次对机组各系统进行全面检查,确认机组处于可以随时起动状态时,方可准备进行蜗壳充水。

(7) 压力钢管及蜗壳充水前应关闭导叶,投入接力器锁锭装置及制动器。运行人员对设备工作状态进行检查时,应两人同行。

(8) 充水过程中,应检查过水流道各部进人门、蜗壳盘形阀、尾水盘形阀、水轮机顶盖、导叶轴密封、各测压表计及管路等部位渗漏水情况,发现渗漏应立即停止充水。

(9) 压力钢管充水后,应对厂房混凝土结构等水工建筑进行全面检查,观察是否有渗漏、裂缝和变形。观察厂房内渗漏水情况,检查渗漏集水井、检修集水井水位不应有明显变化。

3. 空载运行

(1) 在机组转动部分附近工作时,工作人员着装应整齐,并应与机组转动部分保持一定的安全距离。

(2) 各部通道、梯子、脚踏板等处应清洁无杂物、无油垢、畅通无阻。

(3) 试验信号应明确,指挥要统一。电话、电铃应可靠,各部运行和检修人员应坚守岗位,其他无关人员禁止进入工作区域。

(4) 机组运转时,严禁有人站在活动的零件上或在其上行走。

(5) 运行试验项目按操作票或工作票进行,禁止随意变动设备。

(6) 检修工作应签发工作票，写明所需安全措施，并在安全措施实现后，方能进行检修。检修完毕，应将场地清理干净。在检修过程中，试运行值班人员应坚守岗位，监护设备状态。

(7) 机组起动前，应对机组进行一次系统地全面检查，工作票应全部收回，确认机组内部无人后，风洞加锁。

(8) 机组进行过速试验时应密切监视各部转动部位的振动、摆度，以及水轮室的异常情况。过速后应进行全面检查，检查无问题后方可进行下步试验。

(9) 在停机状态导叶锁锭应投入。

(10) 重要部位应挂警示标志。

4. 负载运行

(1) 倒闸操作应由两人进行。

(2) 操作人员与带电体应保持规定的安全距离，并应穿长袖衣和长裤。

(3) 用绝缘杆分、合隔离开关或经传动机构分、合开关及隔离开关时，应戴绝缘手套；操作室外设备时，还应穿绝缘靴。

(4) 雨天操作室外高压设备时，使用的绝缘杆应带防雨罩。雷雨时，应停止室外的正常倒闸操作。

(5) 远程操作机组进行开机与停机时，现场应有人监视，防止意外。

(6) 主要的值班人员，应特别注意防止着火，对变压器的异常状态应及时报告值班长。未经允许不得攀登变压器。

(7) 冬季运行需取暖时，不准用明火，使用电热器取暖时，应有可靠的防火措施。

(8) 发生火警时，应视火源类型及周围情况选用相应的消防器材，迅速进行扑灭。

(9) 进入机组内部对机组技术参数进行测量时，应防止触摸、碰撞运行设备。使用的仪表、仪器应采取绝缘措施，避免触电造成人身伤害。

(10) 机组进行短路试验、机组升压试验、机组并网试验、机组带负荷试验、机组甩负荷试验及机组 72h 连续带负荷试运行时，应严格按有关规程进行。

(11) 机组经过 72h 试运行后，应进行维修处理，同时应做好相关的安全预防措施。

子任务 7.4.6　桥式起重机安装安全技术

1. 清扫与组装

(1) 清扫锈蚀和保护漆时，应戴防护眼镜和防尘口罩。

(2) 清洗设备部件时，工作部位应备有灭火消防器材，并悬挂明显防火警示标志，工作完后清洗油、剂应及时回收入库保管，并对工作地面油迹清除或用黄砂掩盖。

(3) 清扫与组装齿轮箱时，工作人员应互相照顾，动作应统一协调，严防碰撞挤手。

(4) 在桥机主梁底部焊接电动葫芦行走轨道，或在地面组装小车架时，搭设的支撑构架应牢固可靠，地面支撑点应防止沉陷。

(5) 如用汽油、煤油、香蕉水等易燃物清洗设备部件时，应有专项安全防火措施。

2. 轨道、滑触线安装与调整

(1) 用轨道校正器或千斤顶校正轨道时，应使用夹具并应调整找正、不得偏斜，支撑

项目7 水利水电工程与机电设备安装安全技术

受力点应牢固可靠。

(2) 在轨道梁上作业时,应按高处作业有关规定执行,轨道梁上转移轨道时,应靠近厂房边墙侧行走;临空面应布设临时安全防护网架。

(3) 为滑触线安装采用搭设悬空工作吊架的固定端应牢固可靠,转移工作部位时,应有安全可靠的施工措施。

(4) 滑触线安装如采用在桥机检修吊架上布置工作平台时,其固定要牢靠,距桥机轨道梁及滑线支架应有一定的安全距离。

(5) 滑线支架、滑线安装时,工件、工具传递或采用绳索捆绑栓拉(溜放)应相互呼应,确定对方接稳或捆绑牢固后才能松手。安装、调整作业时,工具及材料应摆放平整,或用绳索系拴牢靠。

(6) 轨道、滑触线安装时,应注意下层有无施工人员,如有,应协调安排,并派专人现场监护,尽量减少多层作业。

3. 结构、机械和电气设备安装与调试

(1) 选择起重设备吊装时,应按单件最大重量、外形尺寸、吊装高度、幅度范围来考虑,同时应注意吊装现场及进厂路线是否合乎该吊车运行的条件(包括沿途桥涵通过能力、路障排除等)。

(2) 采用埋设锚杆吊装地下厂房桥机构件时,起吊前应对锚杆按设计起重量的50%、75%、100%做全起吊高程动负荷试验三次,并按设计起重量的125%做静载荷试验,荷载起吊至离地面100mm,悬挂时间不少于30min。

(3) 采用桅杆或厂房构筑物立柱起吊桥机构件时,应经验算,合乎起吊工况条件,方可施工。

(4) 起吊所用的钢丝绳安全系数不小于5倍,钢丝绳捆绑应牢固,不得在起吊过程中滑移。设备棱角处应垫木块或橡皮等柔软的物质。

(5) 起吊主梁等大件时,如采用焊接吊耳板进行吊装,应对吊耳板、焊缝等进行验算,并应满足吊装工况条件,吊耳板布置应合理,两侧应增设加强筋板。

(6) 单吊点起吊主梁、小车架等大件时,应在其端部系绳索拉紧,以免上升或就位过程中因扭转而碰撞起重机臂杆或轨道梁等。

(7) 大车行走轮支承架吊上轨道后,必须用木方、钢索将其垫稳拉紧,或用型钢焊接支撑,以防翻倒。

(8) 传动轴及齿轮安装对位应严格遵守工艺规程,工作人员应相互照顾、防止挤、碰、砸伤手脚。

(9) 制动闸主弹簧应符合设计要求,安装时应仔细检查调整。

(10) 桥机起升机构如使用油泵式制动时,应检查注油油位及油质是否合乎要求,动作是否灵敏可靠。

(11) 桥机主、副钩和动滑轮组的重量未采取防止自由下坠措施前,严禁拆卸起升机构减速箱盖,调整制动闸、松动制动轮轴的止退螺帽及制动轮与后传动轮法兰联结螺栓。

(12) 高处电焊作业时,应遵守高处作业安全技术规定,焊把线应固定牢靠,以防下坠。应采取措施防止火花焊渣引起火灾,避免弧光伤人,并派专人监护。

(13) 钢丝绳安装穿绕作业时，要戴手套作业，钢丝绳穿绕方式及选用长度、尾端在卷筒上固定方式和螺杆压紧力矩参数应按技术文件和图纸的规定执行。

(14) 钢丝绳安装穿绕作业时，严禁在桥机安装作业范围内进行电焊作业，以防造成电击火花，损伤钢丝或绳股。

(15) 钢丝绳清扫涂油应用毛刷或涂油机具，不得用钢丝刷清扫和用手直接涂油。

(16) 脚手架上的荷载应在设计允许范围内，严禁超负荷使用。

(17) 小型施工机具、焊把线、割刀、部分机件可用绳索上下传递，但重物上下桥机必须起吊，不允许上下抛掷任何物品。

(18) 桥机主梁内施工作业时，必须使用安全电压的工作行灯。

(19) 轨道未全部安装完成前，需临时动用桥机时，应在工作区段轨道上，设夹轨器和临时限位器挡板，严禁未设保护装置而使用桥机。

4. 负荷试验

(1) 各电气系统均应经过试验合格，各保护装置、声光信号装置、闭锁回路、限位装置动作正确无误。机械系统用手盘动应无卡阻现象，油质油位应达到要求，钢丝绳穿绕及端头紧固合乎设计要求，主副制动可靠，并且经过仔细检查及监理部门验收签字后，方可进行负荷试验。

(2) 桥机试验区域应设警戒线，并布置明显警示标志，非工作人员禁止上桥机。试验时桥机下面禁止有人逗留。

(3) 轨道附近不得有杂物，不得有人工作，应指派专人监护。试验中对主梁小车轨道进行测量时，工作人员应拴挂安全带保护。

(4) 桥机滑线（或临时电缆）应有人监视并挂警示标志。采用临时电缆供电，拖拉作业人员应带高压绝缘手套和穿绝缘鞋。

(5) 桥机静、动载荷试验的试件（含吊具）重量，应经过核算，并应按桥机的额定起重量核定。

(6) 桥机静载试验布置起吊部位时，应根据厂房结构及现场条件。如没有特定要求，桥机大车行走轮不应选择在同一跨轨道梁上。

(7) 桥机供电电源应符合说明书规定，在试验期间，应保证正常供电。

(8) 制动闸脚踏开关应挂警示标志，严禁乱动，并派专人监护。

(9) 试验时，桥机应按操作规章进行控制。且必须把运行速度、加速度、减速度限制在桥机正常工作的范围内。

(10) 负荷试验前应先进行无负荷试车，试车时，先开动起重机各种机构，使其进行空负荷运行，检查其运行情况及安全装置应符合要求。

(11) 桥机静载试验的负荷应按25%、50%、75%、100%逐级增加，起升至离地面10～20cm处，悬空时间不得少于10min，试验最大载荷为额定起重量的125%。

(12) 桥机动载试验应在各机构动载试验后分级加负荷进行。动载荷试验载荷为额定起重量的110%，并在机构承受最大载荷的情况下进行。

5. 使用与维护

(1) 使用桥式起重机，应严格执行起重机械安全规程和有关技术标准。使用单位必须取得主管部门颁发的准用证，操作人员应经过培训、考核，持证上岗。

（2）每次使用桥机前，应对桥机的安全装置、电气设备及主要零部件进行检查，起动时应先发出信号。

（3）设备起吊时，应先进行试吊，确认制动器工作可靠时，方可继续起吊重物。桥机减速箱体上的变速转换装置，只能在吊钩（或吊具）着地后才能进行转换操作。

（4）禁止在桥式起重机上存放易燃、易爆等危险品，操作室内应配备灭火器。

（5）桥机司机应按照指挥人员的指挥信号进行操作。对于紧急停车信号，无论任何人发出，都应立即执行。

（6）桥式起重机使用单位应建立使用及检修安全技术档案，定期自检和维护保养。

（7）桥式起重机进行维护保养时，应切断主电源并挂警示标志，并做好记录，桥式起重机应每月进行一次常规检查，一年一次定期检查。

子任务 7.4.7　机电设备安装工安全技术

1. 水轮机安装工

（1）工作前应检查所用工具是否完好、牢固，不得使用不坚实的工具。

（2）使用汽油、煤油、酒精等易燃品时，应戴口罩，严禁在现场吸烟和用火，清扫现场应配备灭火器。

（3）进入转轮体内、轴孔内及轴承油箱内用汽油或香蕉水清扫时，应有通风措施和多人轮流工作，连续工作时间不宜过长，并应有专人监护。

（4）沾有油脂的棉纱、抹布等应放在带盖的铁桶内，并及时处理。

（5）吊装设备时，其上不得站人，其下不得有人工作或停留。设备就位稳固后，方可在其上进行工作。

（6）部件在吊装过程中严禁清扫安装面，清扫应在设备停稳后方可进行。

（7）分瓣部件组合、设备吊装就位时，不准将头和手脚等身体部位伸入组合（接合）面。

（8）搬运和穿螺栓时应戴手套。

（9）用大锤紧固螺栓时，不得戴手套，打大锤时手应靠紧，锤击应准确，大锤甩落方向不准站人。多人配合作业时，分工应明确，指挥应统一。

（10）用液压拉伸工具紧固组合螺栓时，操作人员应站在安全位置，严禁头手（脚）伸到拉伸器上（下）方。油压未降到零不得拆运拉伸器。

（11）用试压泵做耐压试验时，应遵守如下规定：

1）试压前，应检查试压泵和管路完好，接头和法兰连接牢固。

2）耐压试压时，应使用经校验合格的压力表。升压应分级缓慢进行，停泵稳压后，方可进行设备各部密封情况检查。试压时，操作人员不得站在阀门法兰、接头的对面，非操作人员不得在上述位置停留。如需修理时，应降压到零，排油（水）后进行。

3）试压完毕，应将压力降到零，待油（水）排尽后，方可拆卸试压设备和管路。

4）耐压试验场地应保持整洁。

（12）进入钢管、蜗壳、转轮室和尾水管等危险部位时，应有两人以上，并有足够照明并配带手电筒。

(13) 机组充水前，必须确认流道内人员与设备、工具全部撤离后，才准封闭进人门 (孔)。

(14) 机组试运行期间，检修作业应按运行规定办理工作票。

2. 水轮发电机安装工

(1) 组装带有毛刺、棱角、笨重的零部件时应戴手套，清扫作业应戴口罩。

(2) 部件吊装就位后，应放置平稳。

(3) 在基坑施工，工具和杂物不得掉入水轮机室。

(4) 发电机部件组合、主轴法兰对装时，头与手脚不得伸入组合面之间。

(5) 使用桥机挂装冷却器，冷却器下部应用支撑垫好，并用千斤顶顶靠在定子上，经检查确认牢固后方可松钩。

(6) 采用去锈机清扫转子铁片时，动作应协调，防止挫伤手脚。在与去锈机作业面相距 10m 以内，不准堆放易燃液体、气体。

(7) 磁轭铁芯加温达到规定胀量后，应断开电源后方可进行热打键工作。

(8) 锤击磁轭键与磁极键时，锤击点应准确，不得戴手套打大锤，大锤甩落方向不准站人。

(9) 用人力锤击铣刀、铣孔或穿螺杆时，锤头应击中铣刀或螺杆的中心位置。

(10) 处理磁极线圈时，应戴工作帽、毛巾和套袖。

(11) 磁极挂装到T形槽底部后，应用千斤顶将磁极铁芯下端撑牢并用方木毛毡保护线圈后，方可打入磁极键，打磁极键时严禁下面站人。

(12) 转子试吊过程中，转子下面严禁站人，试吊完成后，再起升到一定高度，方可进行闸板清扫。

(13) 在机组内部及转子上部作业，应用安全行灯并带手电筒。上下转子应穿胶鞋，防止滑倒。

(14) 尚未固定好的制动闸和管道，禁止攀登或在其上行走。

(15) 用汽油或香蕉水清扫轴承油槽时，应穿戴连体工作服、工作鞋和工作帽，并戴口罩，应由多人轮流清扫，连续工作时间不可过长。

(16) 采用人工方法研瓦，至少应两人以上操作。手应避开棱角并防止轴瓦滑下砸脚。

(17) 盘车时，当转动部位停稳后，测量人员方可进入岗位测量。全部测量人员离开转动部位后，才能盘下一点。

(18) 采用电动盘车时，应切断电源后，方可进行测量。

(19) 机组试运行期间，检修作业应按运行规定办理工作票。

3. 调速机安装工

(1) 调速机分解清扫时，现场严禁使用明火和吸烟。沾有油脂的棉纱、抹布等应放在带盖的铁桶内，并及时处理。

(2) 压油罐等设备翻身吊装过程中，下方不得有人工作与停留。吊装到基础就位时，工作人员身体的任何部位都不得探入其接合面，以防轧、挤伤手。取放垫铁时，手指应放在垫铁的两侧。

(3) 集油箱、压油罐内部清扫刷漆工作应配戴防毒面具,穿专用工作服和工作鞋,作业人员应定时轮换作业,并设专人监护。

(4) 压油罐充油耐压时,作业人员不得站在阀门及堵板法兰等易泄露的零件旁边。

(5) 现场用电设备及电动工具使用前,应检查绝缘是否良好,外壳应接地可靠,不得使用带故障的用电设备及电动工具。

(6) 严禁在干燥箱内存放易燃物品。

(7) 透平油过滤应配置消防设施,工作人员应穿戴专用工作服和耐油工作鞋,并应坚守工作岗位。如有漏油,应停机切断电源后进行处理。

(8) 调速系统调试时,应服从统一指挥,并应检查各部位通信联络畅通,禁止在调速系统传动部分、底环上作业与停留,且应在入孔与水车室处悬挂警示牌,并设专人监护。

(9) 机组试运行期间,检修作业应按运行规定办理工作票。

4. 卷线安装工

(1) 定子绕组施工用吊架和平台,应安全可靠。定子内外应设防护栏杆或保护网。

(2) 在定子下端头的作业人员,应戴安全帽,所用工具材料不得抛掷。

(3) 下线应有专人指挥,动作应协调一致。采用专用下线机下线,等线棒固定牢靠后,方可松钩。

(4) 打槽楔时,精力应集中,防止击伤手和他人,不得击伤线圈及铁芯。

(5) 线棒端头及汇流环焊接前,应准备好防火措施,焊接作业应遵守焊接设备安全操作规程。

(6) 焊锡作业时,作业人员应戴防护眼镜、手套和脚套,严禁水滴入焊锡锅中。

(7) 磁极开箱检查、吊运、装脱线圈工作,要有专人指挥。吊运或装、脱线圈时绑扎应牢固,经检查确认无误后,方可起吊。

(8) 检查处理磁极线圈时,工作人员应穿戴防护用品。线圈就位时,应防止挤压伤人。

(9) 配制环氧复合物时,应戴手套、防护镜、防护衣和防护鞋。工作完后应洗手。

(10) 喷漆作业周围不得有火源,场地应通风良好。喷漆作业每次延续时间不得超过15min,应轮换进行作业。

(11) 线棒耐压试验时,其他作业应停止,应划分安全区域并挂标示牌,并应设专人监护,其他人员不准进入试验区。

(12) 进行直流高压试验后,应用带电阻的接地棒对被测量绕组放电,然后再直接接地放电。

(13) 用兆欧表测定绝缘电阻后,应对被测量绕组放电。

(14) 机组试运行期间,检修作业应按运行规定办理工作票。

5. 电气安装工

(1) 电气安装工应经过专门技术培训,经考试合格,方可进行电气安装工作。

(2) 在屋外变电所和高压室内,搬动梯子等较长物件时,应倒放搬运,并应与带电部分保持安全距离。

(3) 雷雨来临时,应停止室外作业。

(4) 电器设备失火,应先切断电源,然后灭火。对带电设备,应使用干式灭火器,对注油设备应使用泡沫灭火器或干燥砂子等灭火。

(5) 检修设备时,作业人员正常活动范围与带电设备应保持安全距离,工作地点应停电。

(6) 低压带电工作,应有专人监护,作业人员应穿绝缘靴(或站在绝缘台上),戴绝缘手套。

(7) 在运行的低压配电装置上作业,应采取防止接地或短路措施。

(8) 在同杆架设的高压线路上作业,应先检查与高压线的距离,并采取防止误触高压措施。分清火、地线,选好作业位置。断开线路时,先断火线,后断零线,接线时顺序应相反。

(9) 设备或线路停电检修,应有明显的断开点,悬挂"有人工作,禁止合闸"的标示牌并应可靠接地。

(10) 在部分停电的配电盘上作业,应对运行设备设置明显标志。

(11) 在运行的盘柜上进行钻孔等振动较大的作业,应经批准后方可进行。

(12) 在运行的电流互感器二次回路上作业,应采取下列措施。

1) 严禁将电流互感器二次侧开路,短路应可靠。

2) 不得将回路的永久接地断开。

3) 工作时应有人监护,并站在绝缘垫上进行。

(13) 在运行的电压互感器二次回路上作业,应采取下列措施:

1) 防止短路。

2) 接临时负载,应经过刀闸和熔断器。

3) 作业时,应使用绝缘工具,戴绝缘手套。

(14) 电缆头制作,应采取防毒、防烫措施。

(15) 一个负责人、一个班组,在同一时间内,只能执行一张工作票。

(16) 两个班组以上同时交叉工作时,应指定总的负责人并填写一张工作票,由总负责人制定安全措施。班组负责人应向总负责人要令,得到工作许可证件后,方可进行工作。工作完毕后,班组负责人向总负责人交令。

(17) 工作票由工作负责人填好后,应由电气负责人签发。工作票签发人应审查工作票的内容如下:

1) 工作票所划停电范围是否正确,有无其他电源返回的可能。

2) 工作票所填写的安全措施是否正确。

3) 所派工作负责人和工作人员是否满足工作需要。人数是否足够,能否在规定的停电时间内完成工作内容。

(18) 工作票的填写应清楚、整洁、不得涂改。工作票执行后,保存日期不得少于3个月。

(19) 工作完毕后,应清扫整理现场。工作负责人向值班员交代所修项目、试验结果、存在问题等,并注销工作票。

子任务 7.4.8　管路安装工安全技术

(1) 用车辆运输管材、管体，应绑扎牢固。人力搬运，起落要一致。用滚杠运输时，应防止压脚，不得用手直接调正滚杠。管子滚动的前方，不得有人。

(2) 管子煨弯用砂应烘干，灌砂后若用机械敲打时，下方不得站人；人工敲打时，上下应错开。

(3) 管子加热及弯曲作业，应戴手套、穿工作服或帆布围裙，看火者应戴色镜和脚罩。

(4) 使用机械或液压冷弯作业，应先检查地锚或靠桩是否牢固。操作时不得站在钢丝绳内侧或着力点的对面。

(5) 使用火焰弯管机作业，周边现场不得堆放可燃物品。

(6) 螺纹作业，工件应摆平夹牢，工作台应平稳。两人操作时，动作应协调，防止柄把伤人。机械螺纹时，不得戴手套。

(7) 吊装管子的下方，严禁站人。

(8) 采用切割砂轮切割作业，应精力集中，严禁切割砂轮打磨坡口。

(9) 管口窜动和对口作业，动作应协调，手不得放在管口和法兰接合处。

(10) 高处安装与拆除管路，使用的扳手等工器具应栓系防脱落。

(11) 设备分解清扫，装拆零件顺序应合理，拆下的零件应放平垫稳，防止手脚受伤。

(12) 酸洗去锈作业，应穿戴好个人防护用品。

(13) 管道采用玻璃棉、石棉布、石棉泥保温材料，作业时，操作人员应戴长筒手套和口罩。保温层浇筑沥青时，应穿戴防护用品。

(14) 氧气管道安装，吹扫试压所用的工具、零部件、材料等均不得有油污。

(15) 氨系统管道安装，应经过试压合格后方可注入氨液，管道注入氨液后，严禁焊接与切割。

(16) 管道试压，升压应分级缓慢进行，稳压后方可进行检查，作业人员不得在堵板、法兰、焊口、丝扣等处停留。

(17) 管道吹扫、试压的排泄口不得对着带负荷的高、低压导线，变压器，碎石坡和仓库及建设物。

任务 7.5　施工用具及专用工具使用安全技术

【学习目标】

知识目标：能说出设备制作与安装各种工具的使用方法与安全要求。

能力目标：能正确使用各种实用工具安全地进行设备的安全作业。

子任务 7.5.1　电动工具使用安全技术

1. 一般要求

(1) 使用前，应仔细检查电动工具，外观应完好、无污物。

(2) 检查电动工具绝缘是否良好,电源引线及插头应无破损、伤痕。

(3) 检查电动工具零部件应无松动,带电体应清洁、干燥。

(4) 检查电动工具转动轮、转动片应完好、结实、紧固,转动体与非转动体之间应有间隙,无卡阻现象。

(5) 在一般场所,应选用Ⅱ类电动工具,当使用Ⅰ类电动工具时,必须采取装设漏电保护器、安全隔离变压器等安全保护措施。

(6) 在潮湿环境或电阻率偏低的作业场所必须使用Ⅱ类或Ⅲ类电动工具。如使用Ⅰ类电动工具,必须装设额定漏电电流不大于30mA,动作时间不大于0.1s的漏电保护器。

(7) 在狭窄场所,如锅炉、金属容器、管道内等应使用Ⅲ类电动工具,如使用Ⅱ类电动工具,必须装设动作电流不大于15mA,动作时间不大于0.1s的漏电保护器。

(8) 在管道内或通风不良部位使用打磨电动工具时,应布置专用通风设备,并指派专人监护作业。

(9) 使用角磨机、砂轮机时,应配戴防护眼镜,必须要将火星朝向无人、无设备的一边。

2. 手电钻

(1) 应先起动后接触工件,钻斜孔应防止滑钻,运转时不得用手直接清除铁屑。

(2) 操作时可用手和杠杆加压,但人体不得坐于其上,并应视钻屑厚度,适当增减压力。

(3) 使用磁力电钻,应按说明书操作,侧面和顶面作业时,必须使用安全箱或其他防止断电的措施,安全箱事先应进行检查。

3. 电动砂轮机

(1) 砂轮的旋转方向应与砂轮轴端螺帽的旋紧方向相反,并不得安装倒顺开关,工作时旋转方向禁止对着主要通道。

(2) 使用砂轮机时应先启动,达到正常转速后,再接触工件。

(3) 工件托架必须安装牢固,托架平台要平整、防护罩应安装完好。及时调整托架与砂轮外围间隙,一般间隙不应大于5mm。

(4) 工作人员应戴防护眼镜,应站在砂轮机的侧面,且用力不要过猛。

(5) 大型或重量达到5kg以上的物件,不得在固定砂轮机上磨削,砂轮片不圆,有裂纹或磨损接近固定夹板时,应及时更换。

4. 砂轮切割机

(1) 砂轮切割机应放置平稳,坚固件应无松动。

(2) 电机及其操作回路绝缘应良好;电机必须空转检查转向正确后,方可装砂轮机片。

(3) 磨切工件应夹牢放稳,以防切割的工件切断弹起伤人。

(4) 砂轮片接触工件应缓慢,用力不得过猛。

(5) 砂轮片应符合该机的规格以及质量要求。

5. 电锤

(1) 操作前应检查各连接部位螺钉无松动,外壳体应无裂纹及缺损,电源线绝缘良好,且确认钻头已经夹在正确位置上。

(2) 操作时,操作人员应戴安全帽,穿绝缘工作鞋,并需配戴口罩和眼镜。

(3) 高处使用电锤时,操作人员应选择较安全的位置,并拴安全带,下层设专人监护。

(4) 操作时,应注意避开煤气、自来水管道等金属部件和电源线。

(5) 操作时,不可让电缆触及钻头周围部位以及高热物体、尖锐金属边缘和油脂。

子任务 7.5.2 风动工具使用安全技术

(1) 风动工具的供风系统各连接点应牢固可靠,以防突然脱开而伤人。

(2) 风动工具的进气胶管应接在带有进出阀门的气水分离器后面。气水分离器应定时放水。

(3) 根据螺栓紧固力矩选用相应的风板机。风板机不宜在高压下空转。使用风板机松螺帽时,应注意防止螺帽飞出伤人。

子任务 7.5.3 螺栓拉伸器使用安全技术

(1) 使用前,应检查各部零件和密封是否良好。

(2) 气压胶管应完好,接头应牢固密封。

(3) 油管应采用无缝钢管或专用高压软管,接头应焊牢和密封,若发现有渗油现象,必须更换。

(4) 油泵放置要稳固,升压应缓慢。在升压过程中应认真观察螺栓伸长值和油泵压力,以防超压。

(5) 拉伸器应放平,不得歪斜。活塞应压到底。在升压过程中,应观察活塞行程,严禁超过工作行程。

(6) 被紧固的螺栓,连续拉伸次数不得超过3~4次,以防螺纹疲劳破坏。

(7) 工作人员不得站在拉伸器上方,应选择安全位置。

(8) 拉伸器工作完毕,应先降压排油至零,再拆除拉伸工具螺栓。

(9) 拉伸器应经试验合格,方能使用。

子任务 7.5.4 起吊工具使用安全技术

厂内起吊机具应集中保管,并健全检查、试验、保养、更新制度,不符合安全要求的机具,严禁使用。

1. 钢丝绳

(1) 起吊用钢丝绳必须定期检查,严禁超负荷使用,当钢丝绳径向磨损、断丝、腐蚀造成直径变小、松股、打结、芯子外露、整股断裂以及其他损坏达到规定报废标准的应立即报废。

(2) 钢丝绳绳套(又称吊头、八股头)索扣编插,在单根吊索中,每一端索扣的插编部分的最小长度不得小于钢丝绳公称直径的15倍,并不小于300mm。手工插编操作对每一股至少应穿插5次,并且至少5次中的3次用整股穿插。机械操作由三股穿插4次,另外三股穿插 5 次而成（共穿插 27 次）。

2. 卸扣（卡环）

（1）卸扣使用时，必须按所起吊物体的重量对照合理选用；起吊时，应注意卸扣的受力方向是否正确（应为销轴与弯环部位受拉），严禁横向受拉，起吊前应检查卸扣轴销是否旋转到位。

（2）严禁由高空往下摔抛，造成碰撞变形，使内部产生损伤和裂纹。

3. 绳卡

（1）绳卡用于固定钢丝绳头，因此为保证安全，每个绳卡都应拧至卡子内的钢丝绳被压扁 1/3 时为止。

（2）应根据钢丝绳直径大小来选用绳卡，绳卡之间的排列间距为钢丝绳直径的 8 倍左右。钢丝绳直径不同，绳卡之间距离及数量也不同，但至少不能少于 3 个绳卡，见表 7.4。

（3）绳卡 U 形环应卡在绳头（即活头）一边。为便于检查钢丝绳受力后是否有移动，可加装一只安全认别卡，即将绳头放出一段安全弯后与主绳卡紧。

表 7.4　　　　　　　　　　钢丝绳绳卡的间距及数量

钢丝绳直径 /mm	绳卡个数 （骑马式）	绳卡间距 /mm	钢丝绳直径 /mm	绳卡个数 （骑马式）	绳卡间距 /mm
13	3	120	28	4	230
15	3	120	32	5	250
18	3	150	35	5	280
21	4	150	37	5	300
24	4	200	42	6	330

4. 滑车与滑车组

（1）严格按照滑车出厂安全起重负荷使用，不允许超载。

（2）使用前应仔细检查各部分是否良好，不得有变形裂痕和轴的定位装置不完善，检查滑轮柄转动有卡阻时，就不能使用。

（3）选用时，钢丝绳直径大小应与配用的滑轮柄绳槽相适应，拴挂滑车要牢固可靠。

（4）起吊前，应检查滑轮组钢丝绳的穿绕方式是否正确，发现绳股之间有交叉、缠绕立即纠正，并检查钢丝绳尾端固定是否可靠。

（5）定期保养润滑，减少轴承磨损。

5. 卷扬机

（1）工作开始前，应检查卷扬机锚固装置是否牢固，检查离合器、制动器是否灵敏可靠。检查电气设备绝缘是否良好，接地接零完好正确。

（2）钢丝绳在卷筒上要排列整齐，放出时，卷筒上至少要保留 3 圈。

（3）工作中应注意监视运转情况，如发现电压下降、触点冒火、温度过高、响声不正常或制动不灵、钢丝绳发生抖动，应立即停车检修。

（4）要格外注意，勿使钢丝绳与带电电线接触，要防止钢丝绳扭结。

项目7 水利水电工程与机电设备安装安全技术

子任务7.5.5 压线钳使用安全技术

（1）使用压线钳前，选取合适的模具或压口，避免压伤芯线。

（2）使用压线钳时，钳头部位及压接模具严禁敲击，以免变形、损坏和碎裂。

（3）压线钳不准随意加长手柄使用。

子任务7.5.6 千斤顶使用安全技术

（1）使用前应检查千斤顶各部件是否完好，丝杆和螺帽磨损超过20%时应报废，机壳和底座有裂缝，禁止使用。液压千斤顶的活塞、阀门必须良好无损。

（2）操作时，千斤顶应放在坚实的基础上，用枕木支垫千斤顶时，应与载荷作用线对正，不得歪斜。必要时底部和顶部可同时加垫木防滑。要先将重物稍稍顶起，检查无异常现象，再继续顶升。

（3）不得超负荷使用，不应加长摇柄长度，否则会损坏千斤顶，还可能发生事故。

（4）千斤顶顶升工件的最大行程不应超过该产品规定值（当套筒出现红色警戒线时，表示已升至额定高度），丝杆、活塞总高度的3/4。

（5）使用油压千斤顶时，应检查附油箱油位线，如需添加应加入干净无杂质液压油。顶升前应检查换向阀开关是否到位。

（6）使用油压千斤顶时，工作人员不得站在保险塞对面，重物顶升后，应用木方将其垫实，以防逆止阀漏油，重物下降。

（7）用两台及多台千斤顶合抬一重物时，尽量选用同一规格、型号的千斤顶。应考虑动载情况下的不均载系数，按总负荷留20%备用容量，并事先检查和试验所用千斤顶，确认合格后方可投入使用。顶升作业时，必须受力均匀，顶点布置应合理，力矩要对称，顶升速度尽可能同步，设专人指挥和监护，使重物平行上升。发现上升不一致时，及时调整重物水平。一般宜采用分离式液压千斤顶，它由一个油泵同时向几个千斤顶供油，可避免受力不均。

（8）高处使用千斤顶，应用绳索系牢，操作人员不应在千斤顶两侧或下方，防止崩脱伤人或下坠。

（9）顶升重物时，须掌握重物重心，防止倾倒。重物顶起应采取保护措施，随起随垫，保证安全。

（10）大型油压千斤顶的油泵站工作时，应有专人管理和制定操作制度，使用前应经严格检查和试运行合格。

子任务7.5.7 水轮发电机组安装专用工具使用安全技术

1. 拉刀及铣刀

（1）使用铣刀时，应首先分清拉刀或铣刀的等级，然后按拉、铣削量逐步增大拉刀或铣刀的等级。

（2）用拉刀及铣刀对T形槽或轮环螺孔铣孔时，如用桥机拉铣，钢丝绳或拉杆应对正垂直，不得歪斜，应缓慢地提升，防止拉刀或铣刀拉出时，突然弹出伤人。

2. 平衡梁

（1）当吊装定子或转子需要使用平衡梁时，首先需了解平衡梁的结构特点及起吊部件的连接方式，在对平衡梁进行全面清扫干净后，再对各条焊缝和转动部分轴承进行检查和换加新润滑油。

（2）将平衡梁与吊物连接在一起，然后用桥机对平衡梁进行起升试验。

3. 盘车工具

（1）机械盘车：

1）机械盘车时，应计算钢丝绳、滑车及地锚应能满足起重力矩的要求。

2）盘车时，钢丝绳、滑车及地锚附近不得站人或停留。

3）如果用桥机来拉动时，要在专人指挥下进行工作，且信号联络要明确。

（2）电动盘车：

1）当使用电动盘车时，所有电源要精确计算。电气设备的安装接线，应由电气工作人员或维护电工操作。所用电气设备要设围栏并挂警示标志。

2）电动盘车装置应按操作规程操作，防止反转现象出现。

3）电动盘车装置的电气回路中，应设有防止误动作装置。

4）利用高压油顶起装置顶起转子盘车时，应在推力轴承和高压油顶起系统安装完毕并清扫检查合格后进行。

4. 定子下线机

（1）定子下线机的使用，首先需了解下线机的工作原理，下线机的安装和使用程序，操作规程等。

（2）定子下线机安装基础要牢靠，机械手动作应灵活、准确。

（3）操作定子下机线的人员应经过培训方能上岗。

5. 转子铁片清洗机

（1）使用清洗机清扫转子铁片时，应严格按照铁片清洗机的操作规程操作。工作人员应穿防护服，带防护眼镜及工作手套。

（2）工作场地严禁烟火，附近禁止明火作业，或电焊、气割等工作。

6. 推力瓦研磨机

（1）采用推力瓦研磨机刮瓦，首先需了解研磨机的性能、安全操作规程及使用方法。

（2）使用研磨机时，所用的酒精、抹布、油脂等必须有专人保管，分类存放。

（3）工作场地必须保持干燥、整齐、清洁，严禁吸烟及明火作业，附近严禁电焊、气割作业。

（4）工作场地照明要充足，周围要有围栏，要挂安全警示标志。

7. 大型机加工工具

（1）安装使用前，工作人员应熟悉图纸，掌握加工工具的规格、性能、安装调试及使用方法。对于出厂装配好的部件，在施工现场不宜拆卸。

（2）机加工工具的安装基础应固定牢靠，并满足承载要求。

（3）大型机加工工具运转前应制定运转方案，运转时应从无负荷到有负荷，从单体运转到联合运转。每步操作应保证机床运行平稳。

(4) 施工现场应配备运转专用的工具、材料以及风、水、电和现场照明，确保安全可靠运转。

(5) 施工现场的擦洗物、切屑应集中存放，及时处理。

子任务 7.5.8 机组吊装专用工具使用安全技术

(1) 清扫专用工具锈蚀和涂刷保护漆时，应戴防护眼镜和防尘眼罩。用稀释剂渍泡专用工具丝扣，组拼结合面清洗时，严禁烟火，作业现场应配置灭火装置。

(2) 组装专用工具时，应按供货厂家规定的设计值紧固高强螺栓。

(3) 专用工具与桥机（单台或两台）动滑轮组吊耳板组合后，应检查销轴、止退板是否安装到位，螺栓是否紧固可靠。

(4) 螺杆环形专用工具安装时，除压紧螺帽外，还应压紧安全背帽（不带螺帽的，应将丝杆全部旋入）。

(5) 桥机吊具拴挂钢丝绳连接专用工具吊环时，应按被起吊设备的重量配用起吊钢丝绳，其安全系数应不小于8，并应考虑绳索间夹角张力。

(6) 桥机（单台或两台）连接专用工具起吊发电机定子时，应检查连接部位焊缝，确认焊接可靠。

(7) 桥机（单台或两台）连接专用工具起吊发电机转子时，应检查、清洗推心轴承，并涂润滑油脂；与转子起吊轴连接后应检查锁卡装置是否到位，定位螺帽紧固是否可靠，并将情况汇报现场指挥。

(8) 专用工具与设备组合时，应慢速动车（桥机），不得碰撞被起吊设备（特别是定子、转子线棒、导体等）。

(9) 桥机利用吊具起吊机组设备时，桥机定车应与被起吊设备重心相垂直，并应检查专用工具与桥机及被起吊设备连接是否正确，然后将设备吊离地面10～30cm停车，再次检查连接部位是否有异常，确认可靠后方可继续起升。

(10) 设备吊装到位后，摘除专用工具与设备连接件时，应注意不得让轴销、螺栓、螺帽、连接板、定位板等碰撞设备或掉入机窝内。

(11) 专用工具存放前应进行清理、保养，并对加工面、轴承涂油贴蜡光纸保护。存放时，应用枕木支垫平稳，并应能防雨防潮。

思 考 题

1. 简述施工现场临时用电与照明的安全技术要求。
2. 任举一个钢筋结构安全作业过程中工种的安全技术要求。
3. 任举一例手持式电动工具的操作规程。

补 充 知 识

1 安全检查及验收

1.1 安全检查

企业的任何生产过程都会伴随一定的不安全因素。为减少生产安全事故的发生，就必须预测可能发生事故的各种不安全因素（危险因素），针对这些不安全因素，制定防范措施。而安全检查及检查所使用的安全检查表就是发现不安全因素（危险因素）的手段和工具，是最基础、最简便的识别潜在不安全因素（潜在的危险因素）的方法之一。

1.1.1 安全检查的内容

安全检查的内容，主要是查思想、查管理、查制度、查现场、查隐患、查事故处理。

(1) 查现场、查隐患。安全生产检查的内容，主要以查现场、查隐患为主，深入生产现场工地，检查企业的劳动条件、生产设备以及相应的安全卫生设施是否符合安全要求。

(2) 查思想。在查隐患，努力发现不安全因素的同时，应注意检查企业领导的思想路线，检查他们对安全生产是否认识正确；是否把员工的安全健康放在了第一位；特别对各项安全生产法规以及安全生产方针的贯彻执行情况，更应严格检查。

(3) 查管理、查制度。安全生产检查也是对企业安全管理上的大检查。检查企业领导是否把安全生产工作摆上议事日程；"五同时"的要求是否得到落实；企业各职能部门在各自业务范围内是否对安全生产负责；安全专职机构是否健全；工人群众是否参与安全生产的管理活动；改善劳动条件的安全技术措施计划是否按年度编制和执行；安全技术措施费用是否按规定提取和使用；"三同时"的要求是否得到落实等。此外，还要检查企业的安全教育制度，如新工人入厂的"三级教育"制度，特种作业人员和调换工种工人的培训教育制度，以及各工种操作规程和岗位责任制等。

(4) 查事故处理。检查企业对工伤事故是否及时报告、认真调查、严肃处理；在检查中，发现未按"四不放过"的要求草率处理的事故，要重新处理，从中找出原因，采取有效措施，防止类似事故重复发生。

在开展安全检查工作中，各企业可根据各自的情况和季节特点，做到每次检查的内容有所侧重，突出重点，真正收到较好的效果。

1.1.2 安全检查的形式

1. 日常安全检查

日常安全检查是指按企业制定的检查制度每天都进行的、贯穿生产过程的安全检查。

如生产岗位的班组长和作业职工应严格履行交接班检查和班中巡回检查，非生产岗位的班组长和作业职工应依据岗位特点，在作业前和作业中进行检查。各级领导和各级安全生产管理人员应在各自业务范围内，经常深入作业现场，进行安全检查，发现不安全问题及时督促有关部门解决。

2. 专业性安全检查

对易发生安全事故的特种设备、特殊场所或特殊操作工序，除综合性检查外，还应组织有关专业技术人员、管理人员、操作职工或委托有资格的相关专业技术检查评价单位，进行安全检查。应明确重点、手段、方法，如对电气焊、起重、运输车辆、锅炉及各种压力容器、各种反应罐、易燃、易爆场所等。必要时要对某些设备或操作运行长时间的观察和检查，对相关设备运行情况、作业职工操作情况、调试及维修等情况、安全防护措施及个人防护用品使用情况等进行连续检查，以确保其防护功能。发现问题及时纠正，采取相应的防范措施。

3. 季节性安全检查

根据季节特点对企业安全的影响，由安全技术部门组织相关人员进行的检查。如春节前后以防火、防爆为主要内容，夏季以防暑降温为主要内容，雨季以防雷、防静电、防触电、防洪、防建筑物倒塌为主要内容，冬季以防寒、保暖为主要内容的检查。

4. 节假日前后的安全检查

指节假日前，针对职工思想不集中、精力分散，提示注意的综合安全检查。节后要进行遵章守纪的检查，防止人的不安全行为而造成事故。

5. 不定期的特种检查

指由于新、改、扩建工程的新作业环境条件、新工艺、新设备等可能会带来新的不安全因素（危险因素），在这些设备、设施投产前后的时间内进行的检查、竣工验收检查及工程项目开工前的"类比"预先安全检查及检修中、检修后的试运转检查。

1.1.3 安全检查的组织

依据安全检查的范围、规模和内容的不同，安全检查的组织由不同的部门和人员组成，其组织工作大体可分为以下几类。

（1）综合性安全检查由主管领导组织，由安全、生产、设备、技术、保卫、工会等有关部门组成。

（2）车间的安全检查由车间领导组织，由本车间的安全、设备、生产、技术等有关职能人员组成。

（3）专业性安全检查由有关主管部门分别组织，由各专业工程技术人员和安全管理干部组成专业检查组，负责系统和专业安全检查。

（4）班组安全检查由班组长组织，由班组安全员等有关人员组成。

（5）岗位安全检查由岗位操作者在班前、班中和班后对设备和自身防护进行检查。

1.1.4 安全检查的工具

安全检查的最有效工具是安全检查表。它是为检查某一系统的安全状况而事先拟好的问题清单。根据安全检查的需要，可以编制各种类型的安全检查表，其中有针对企业综合安全管理状况的检查表，针对厂内主要危险设备设施的检查表，针对各不同专业类型的检查表，还有面向车间、工段、岗位不同层次的安全检查表。对于新设计的工艺设备，还可以制定设计审查用检查表。制定检查表的主要依据是国家的法规和技术标准，企业的安全生产规章制度，同时，还应考虑企业安全生产的实际。制定检查表的人员应当是熟悉系统或该专业工作的安全技术人员、工程技术人员和操作人员。按照安全检查表进行检查，可以提高检查质量，不致漏掉重要的危险因素。安全检查表的制定、使用、修改完善过程，实际是对安全工作的不断总结提高的过程。通过多年实践，可以形成一整套安全检查表标准，提高企业安全管理水平。

1.1.5 安全检查的准备及实施

为使安全检查达到预期效果，必须做好充分准备，即思想和业务上的准备。思想上的准备，主要是发动群众，开展群众性的自检自查。通过自检，尽早发现危险隐患，形成自检自改、边查边改的局面。

业务上的准备是指：

（1）确定检查目的、步骤、方法，建立检查组织，抽调检查人员，安排检查日程。

（2）针对检查的项目内容，有针对性地学习相关法规、政策、技术、业务知识，提高检查人员的法规、标准和政策水平。

（3）分析过去几年（一般是近5～10年）所发生的各种事故（含无伤害的险肇事故、损失较小的事故）的资料，并根据实际需要准备一些表格、卡片，记载曾发生的事故的次数、部门、类型、伤害性质、伤害程度以及发生事故的主要原因和采取的防护防范措施等，以提示检查人员注意。

（4）准备齐全各项事先拟定的安全检查表，以便逐项检查，做好记录，防止遗漏要检查的项目内容。从实际出发，分清主次，力求检查取得实效，便于对一个单位或部门的安全工作进行评价。

1.1.6 安全检查时应注意的事项

（1）将自查与互查有机结合起来。基层以自查为主，行业（或分区、片）互相检查，相互取长补短，相互学习、借鉴。

（2）坚持检查与整改相结合。检查中发现的不安全因素，要根据检查记录进行整理和分析，采取整改措施。应分情况处理，一时难以整改的，要采取切实有效的防范措施。

（3）制定和建立安全档案、收集基本数据，掌握基本安全情况，实现安全事故隐患及不安全因素源点的动态管理，为及时消除事故隐患（潜在危险因素）提供数据，同时为以后的安全检查奠定基础。

安全检查是企业（行业）安全管理的一种既简便又行之有效的一种方法。而安全检查的记录，是对企业安全工作做出评价的依据，是企业（行业）对安全工作实行现代化管理的基础资料。

1.2 安全验收评价

安全验收评价是在建设项目竣工、试生产运行正常后，通过对建设项目的设施、设

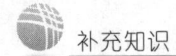

备、装置实际运行状况及管理状况的安全评价，查找该建设项目投产后存在的危险、有害因素的种类和程度，提出合理可行的安全对策措施及建议。

安全验收评价是运用系统安全工程原理和方法，在项目建成试生产正常运行后，在正式投产前进行的一种检查性安全评价。它是对系统存在的危险和有害因素进行定性和定量检查，判断系统在安全上的符合性和配套安全设施的有效性，从而做出评价结论并提出补救或补偿的安全对策措施，以促进项目实现系统安全。其目的是验证系统安全，为安全验收提供依据。

《中华人民共和国安全生产法》第二十四条规定：新建、改建、扩建工程项目的安全设施必须与主体工程同时设计、同时施工、同时投入生产和使用。安全设施投资应当纳入建设项目概算。

安全验收评价是检验和评判"三同时"落实效果的工具，是为安全验收进行的技术准备，"建设项目安全验收评价报告"将作为建设单位申请"建设项目安全验收"的依据。

1.2.1 安全验收评价的基本概念

1. 安全验收评价的目的

安全验收评价的目的是：贯彻"安全第一，预防为主"方针，为建设项目安全验收提供科学依据，对未达到安全目标的系统或单元提出安全补偿及补救措施，以利于提高建设项目本质安全程度，满足安全生产要求。也就是通过检查建设项目在系统上配套安全设施的状况（完备性和运行有效性）来验证系统安全，为安全验收提供依据。

2. 安全验收评价的意义

安全验收评价的意义是：为安全验收把关，确保建设项目正式投产之后，系统能够安全运行；保障作业人员在生产过程中的安全和健康。此外，安全验收评价还可以作为今后企业持续改进、提高安全生产水平的基准。

3. 安全验收评价的内容

安全验收评价的内容是：检查建设项目中安全设施是否已与主体工程同时设计、同时施工、同时投入生产和使用；评价建设项目及与之配套的安全设施是否符合国家有关安全生产的法律法规和技术标准。

安全验收评价工作主要内容有以下3个方面：

（1）从安全管理角度检查和评价生产经营单位在建设项目中对《中华人民共和国安全生产法》执行情况。

（2）从安全技术角度检查建设项目中安全设施是否已与主体工程同时设计、同时施工、同时投入生产和使用；检查与评价建设项目（系统）及与之配套的安全设施是否符合国家有关安全生产的法律、法规和标准。

（3）从整体上评价建设项目的运行状况和安全管理是否正常、安全、可靠。

1.2.2 安全验收评价的工作要求

安全验收是安全"三同时"的最后一关。因此，安全验收评价工作要突出4个方面：安全"三同时"过程完整性的检查；安全设施落实情况调查；安全设施有效性评价；生产经营单位安全生产保障状况的取证和评价。

1. 安全"三同时"过程完整性的检查

这种检查的实质是安全验收评价的"前置性检查"。由于建设项目未配套安全设施或配套安全设施不能投入生产和使用,将成为安全验收的否决条件。为此,"前置性检查"是判断安全验收评价可否正常进行的前提。

检查安全"三同时"过程完整性,就是检查建设项目在程序上、内容上是否按"三同时"的要求进行。避免项目设计施工阶段不考虑安全配套设施,仅以安全验收评价报告提出的整改意见事后再补安全设施。安全验收评价的改进对策,只是补救措施,不能替代安全设施与项目同时设计的要求。对安全验收评价来说,先进行"三同时"程序性检查,可以明确安全责任。

2. 安全设施落实情况调查

建设项目安全"三同时"的各过程都是环环相扣的。安全设施落实情况调查要从"同时设计""同时施工""同时投入生产和使用"3个方面展开。将调查结果形成证据文件,即解决安全设施"有没有"的问题。

3. 安全设施有效性评价

建设项目中的设施、设备、装置必须符合国家有关安全生产的法律、法规和相关标准。因此,还需对安全设施有效性进行评价。这是安全验收评价的核心。

安全设施有效性评价主要包括以下2个方面:

(1) 依据国家有关安全生产的法律、法规和相关标准,用相应的评价方法,定性评价安全、卫生设施与系统是否匹配,即解决安全设施"对不对"的问题。

(2) 依据国家有关安全生产的法律、法规和相关标准,用检测、检验及资料统计等手段,定量评价安全设施是否能达到保障系统(单元)安全效果,即解决安全设施"好不好"的问题。

4. 生产经营单位的安全生产保障情况取证和评价

《中华人民共和国安全生产法》第十六条规定:生产经营单位应当具备本法和有关法律、行政法规和国家标准或者行业标准规定的安全生产条件;不具备安全生产条件的,不得从事生产经营活动。

1.2.3 安全验收评价原则流程

安全验收评价原则流程是规范评价工作、保证评价质量、保障评价工作顺利进行的基础。安全验收评价原则流程可包括5个子过程:前期准备过程、危险识别过程、安全评价过程、安全控制过程、综合论证过程。根据原则流程可以制定安全验收评价的工作程序。

安全验收评价各过程主要工作内容如下:

(1) 前期准备过程,包括前置条件检查、现场条件勘察、资料收集、评价边界或范围确定等。

(2) 危险识别过程,包括工程初步分析(周边、位置、工艺、物料)、危险有害因素分析及识别、重大危险源辨识、判别事故发生的可能性等。

(3) 安全评价过程,包括评价单元划分、评价方法选择和确定、定性或定量评价、各单元评价结果等。

(4) 安全控制过程,包括提出安全补偿对策、应急救援预案检查及对策、持续改进对策等。

(5) 综合论证过程，包括补偿对策落实（计划）检查、做出评价结论等。

2 施工安全技术资料

2.1 施工安全技术资料总体要求

（1）施工现场安全内业资料必须按标准整理，做到真实准确、安全。

（2）文明施工资料由施工总包方负责组织收集、整理资料。

（3）文明施工资料应按照"文明安全工地"的要求分别进行汇总、归档。

（4）文明施工资料作为工程文明施工考核的重要依据必须真实可靠。

（5）文明施工检查按照"文明安全工地"的8个方面打分表进行打分，工程项目经理部每10天进行一次检查，公司每月进行一次检查，并有检查记录，记录包括：检查时间、参加人员、发现问题和隐患、整改负责人及期限、复查情况。

2.2 施工安全资料管理

2.2.1 现场管理资料

（1）施工组织设计。

（2）施工组织设计变更手续。

（3）季节施工方案（冬雨期施工）审批手续。

（4）现场文明安全施工管理组织机构及负责划分。

（5）施工日志（项目经理、工长）。

（6）现场管理自检记录、月检记录。

（7）重大问题整改记录。

（8）职工应知应会考核情况和样卷。

2.2.2 安全管理资料

（1）总包与分包的合同书、安全和现场管理的协议书及责任划分。

（2）项目部安全生产责任制（项目经理到一线生产工人的安全生产责任制度）。

（3）安全措施方案（基础、结构、装修有针对性的安全措施）。要求要有审批手续。

（4）高大、异型脚手架施工方案（编制、审批）。

（5）脚手架的组装、升、降验手续。

（6）各类安全防护设施的验收检查记录（安全网、临边防护、孔洞、防护棚等）。

（7）安全技术交底，安全检查记录，月检、日检、隐患通知整改记录，违章登记及奖罚记录。

（8）特殊工种名册及复印件。

（9）入场安全教育记录。

（10）防护用品合格证及检测资料。

(11) 职工应知应会考核情况和样卷。

2.2.3 临时用电安全资料

(1) 临时用电施工组织设计及变更资料。
(2) 安全技术交底。
(3) 临时用电验收记录。
(4) 电气设备测试、调试记录。
(5) 接地电阻遥测记录；电工值班、维修记录。
(6) 月检及自检记录。
(7) 临电器材合格证。
(8) 职工应知应会考核情况和样卷。

2.2.4 机械安全资料

(1) 机械租赁合同及安全管理协议书。
(2) 机械拆装合同书。
(3) 设备出租单位、起重设备安拆单位等的资质资料及复印件。
(4) 机械设备平面布置图。
(5) 总包单位与机械出租单位共同对塔机组和吊装人员的安全技术交底。
(6) 塔式起重机安装、顶升、拆除、验收记录。
(7) 外用电梯安装验收记录。
(8) 机械操作人员及起重吊装人员持证上岗记录及证件复印件。
(9) 自检及月检记录和设备运转履历书。
(10) 职工应知应会考核情况和样卷。

2.2.5 保卫消防管理资料

(1) 保卫消防设施平面图。
(2) 现场保卫消防制度、方案及负责人、组织机构。
(3) 明火作业记录。
(4) 消防设施、器材维修验收记录。
(5) 保温材料验收资料。
(6) 电气焊人员持证上岗记录及证件复印件，警卫人员工作记录。
(7) 防火安全技术交底。
(8) 消防保卫自检、月检记录。
(9) 职工应知应会考核情况和样卷。

2.2.6 料具管理资料

(1) 贵重物品、易燃、易爆材料管理制度。
(2) 现场外堆料审批手续。
(3) 材料进出场检查验收制度及手续。
(4) 现场存放材料责任区划分及责任人。
(5) 材料管理的月检记录。

(6)职工应知应会考核情况和样卷。

2.2.7 环境保护环境资料

(1)现场控制扬尘、噪声、水污染的治理措施。

(2)环保自保体系、负责人。

(3)治理现场各类技术措施检查记录及整改记录(道路硬化、强噪声设备的封闭使用等)。

(4)自检和月检记录。

(5)职工应知应会考核情况和样卷。

2.2.8 工地卫生管理资料

(1)工地卫生管理制度。

(2)卫生责任区划分。

(3)伙房及炊事人员的三证复印件(即食品卫生许可证、炊事员身体健康证、卫生知识培训证)。

(4)冬期取暖设施合格验收证。

(5)现场急救组织。

(6)月卫生检查记录。

(7)职工应会应知考核情况和样卷。

参 考 文 献

[1] DL/T 5373—2007 水利水电工程施工作业人员安全技术操作规程. 北京：中国电力出版社，2007.
[2] 曾龙. 安全员一本通 [M]. 北京：中国建材工业出版社，2008.
[3] 唐涛. 水利水电工程施工企业主要负责人、项目负责人和专职安全生产管理人员安全生产考核指导书 [M]. 北京：中国水利水电出版社，2004.